U0916669

全国中等职业学校机械类专业通用教材

全国技工院校机械类专业通用教材（中级技能层级）

计算机制图——中望CAD 2023

人力资源社会保障部教材办公室组织编写

中国劳动社会保障出版社

简介

本书主要内容包括中望 CAD 2023 绘图基础知识、基本二维图形的绘制与编辑、复杂二维图形的绘制与编辑、绘制机械零件图、绘制二维装配图、三维实体建模等。

本书由崔兆华任主编，邵明玲、翟旭华任副主编，付荣、崔人凤、刘永强、王华、王鹏飞、尚念鹏、范建锋、曲静参加编写，鲁德海任主审。

图书在版编目（CIP）数据

计算机制图：中望 CAD 2023 / 人力资源社会保障部教材办公室组织编写. -- 北京：中国劳动社会保障出版社，2024

全国中等职业学校机械类专业通用教材　全国技工院校机械类专业通用教材. 中级技能层级

ISBN 978-7-5167-6311-7

Ⅰ.①计…　Ⅱ.①人…　Ⅲ.①计算机制图 - AutoCAD 软件 - 中等专业学校 - 教材　Ⅳ.①TP391.72

中国国家版本馆 CIP 数据核字（2024）第 061981 号

中国劳动社会保障出版社出版发行

（北京市惠新东街 1 号　邮政编码：100029）

*

保定市中画美凯印刷有限公司印刷装订　　新华书店经销

787 毫米 ×1092 毫米　16 开本　23.75 印张　559 千字

2024 年 6 月第 1 版　　2024 年 6 月第 1 次印刷

定价：59.00 元

营销中心电话：400-606-6496

出版社网址：http://www.class.com.cn

http://jg.class.com.cn

版权专有　　侵权必究

如有印装差错，请与本社联系调换：（010）81211666

我社将与版权执法机关配合，大力打击盗印、销售和使用盗版图书活动，敬请广大读者协助举报，经查实将给予举报者奖励。

举报电话：（010）64954652

前　言

为了更好地适应全国技工院校机械类专业的教学要求，全面提升教学质量，人力资源社会保障部教材办公室组织有关学校的一线教师和行业、企业专家，在充分调研企业生产和学校教学情况、广泛听取教师对教材使用反馈意见的基础上，对全国技工院校机械类专业通用教材进行了修订和补充开发。本次修订（新编）的教材包括：《机械制图（第八版）》《机械基础（第七版）》《极限配合与技术测量基础（第六版）》《金属材料与热处理（第八版）》《机械制造工艺基础（第八版）》《电工学（第七版）》《工程力学（第七版）》《数控加工基础（第五版）》《计算机制图——AutoCAD 2023》《计算机制图——CAXA 电子图板 2023》《计算机制图——中望 CAD 2023》等。

本次教材修订（新编）工作的重点主要体现在以下三个方面：

第一，更新教材内容，提升表现形式。

根据机械类专业毕业生所从事岗位的实际需要和教学实际情况的变化，合理确定学生应具备的能力与知识结构，对部分教材内容及其深度、难度做了适当调整；根据相关专业领域的最新发展，在教材中充实新知识、新技术、新设备、新材料等方面的内容，体现教材的先进性；采用最新国家技术标准，使教材更加科学和规范；在教材插图的制作中全面采用立体造型技术，并采用四色印刷，提升教材的表现力。

第二，打造新形态教材，体现时代发展。

《机械制图（第八版）》《机械基础（第七版）》《机械制图（第八版）习题册》为 AR（增强现实）教材。学生在移动终端上安装 App，扫描教材中带有 AR 图标的页面，可以对呈现的立体模型进行缩放、旋转、剖切等操作，以及观察模型的运动和拆分动画，便于更直观、细致地探究机构的内部结构和工作原理，还可以浏览相关视频、图片、文本等拓展资料。其他教材为融媒体教材。针对教材中的教学重点和难点制作了动画、视频、微课等多媒体资源，学生使用移动终端扫描二维码即可在线观看相应内容。

第三，开发配套资源，提供教学服务。

本套教材配有习题册、教学参考书、多媒体电子课件和电子教案，可以通过技工教育网（http://jg.class.com.cn）下载电子课件、电子教案等教学资源。

本次教材的修订（新编）工作得到了河北、辽宁、江苏、山东、广东、广西、陕西等省、自治区人力资源社会保障厅及有关学校的大力支持，在此我们表示诚挚的谢意。

人力资源社会保障部教材办公室

2023 年 4 月

目　录

模块一 中望 CAD 2023 绘图基础知识

任务 1 认识工作空间

1. 能正确启动和退出中望 CAD 2023。
2. 初步认识中望 CAD 2023 工作空间中各功能组件名称及其用途。

中望 CAD 2023 工作空间是中望 CAD 显示、编辑图形的区域。本任务要求初步认识中望 CAD 2023 工作空间中各功能组件名称及其用途。

一、中望 CAD 2023 启动与退出

要使用中望 CAD 2023 进行绘图，首先必须启动该软件。在完成绘制之后，应保存文件并退出该软件。

1. 启动中望 CAD 2023 的方法

安装好中望 CAD 2023 后，启动方法有以下几种。

（1）快捷方式：用鼠标左键双击（后文中简称双击）计算机桌面上的中望 CAD 2023 快捷图标 。

（2）“开始”菜单：用鼠标左键单击（后文中简称单击）“开始”按钮，在菜单中单击“ZWSOFT”→“中望 CAD 2023”命令。

（3）与中望 CAD 相关格式文件：双击打开与中望 CAD 相关格式文件（*.dwg、*.dwt）。

第一次启动中望 CAD 2023 时，系统默认打开的是 ZWCAD 暗色经典界面，如图 1-1 所示。

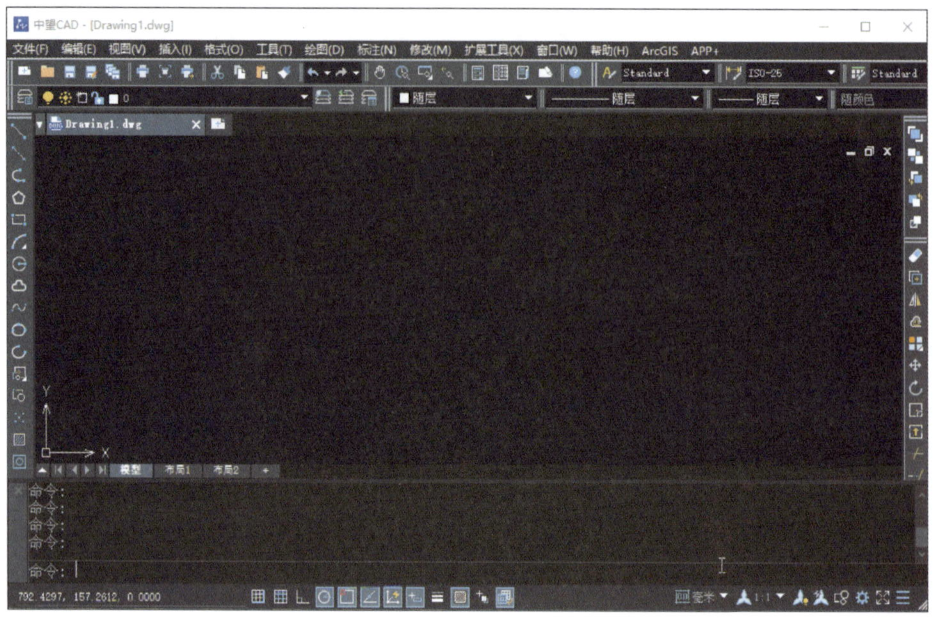

图 1-1　暗色经典界面

启动中望 CAD 2023 后，在绘图区域中单击鼠标右键（后文中简称右击），打开如图 1-2 所示快捷菜单，单击“选项”命令，打开如图 1-3 所示“选项”对话框，选择“显示”选项卡，将“窗口元素”选项组中的“配色方案”设置为“明”，单击“确定”按钮，退出“选项”对话框，此时系统修改为明色经典界面，如图 1-4 所示。

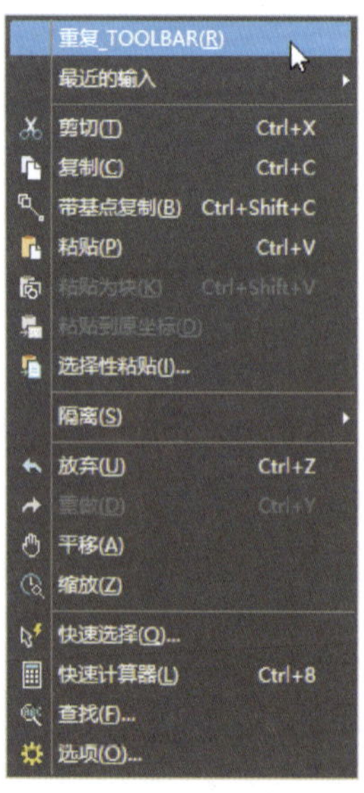

图 1-2　快捷菜单

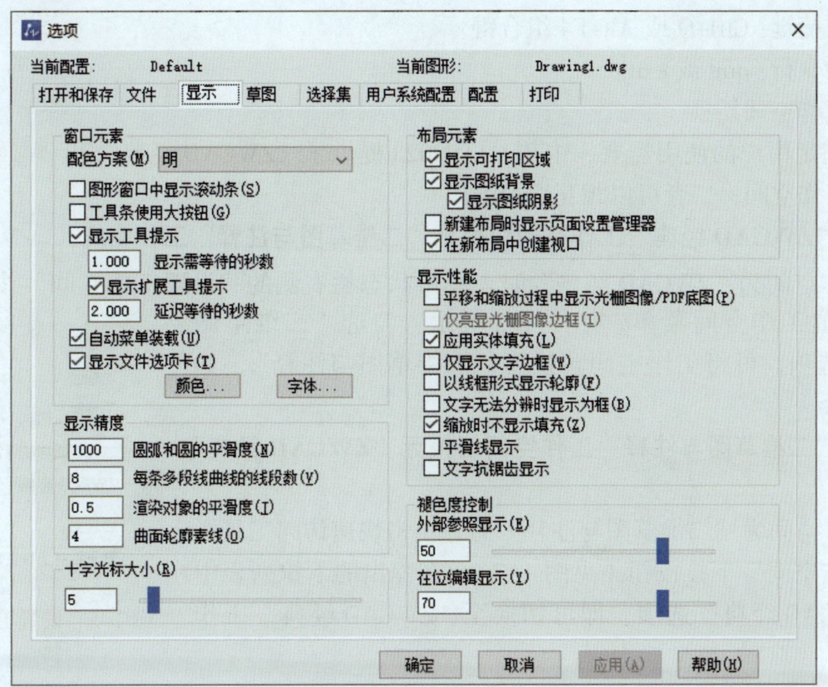

图 1-3 “选项”对话框

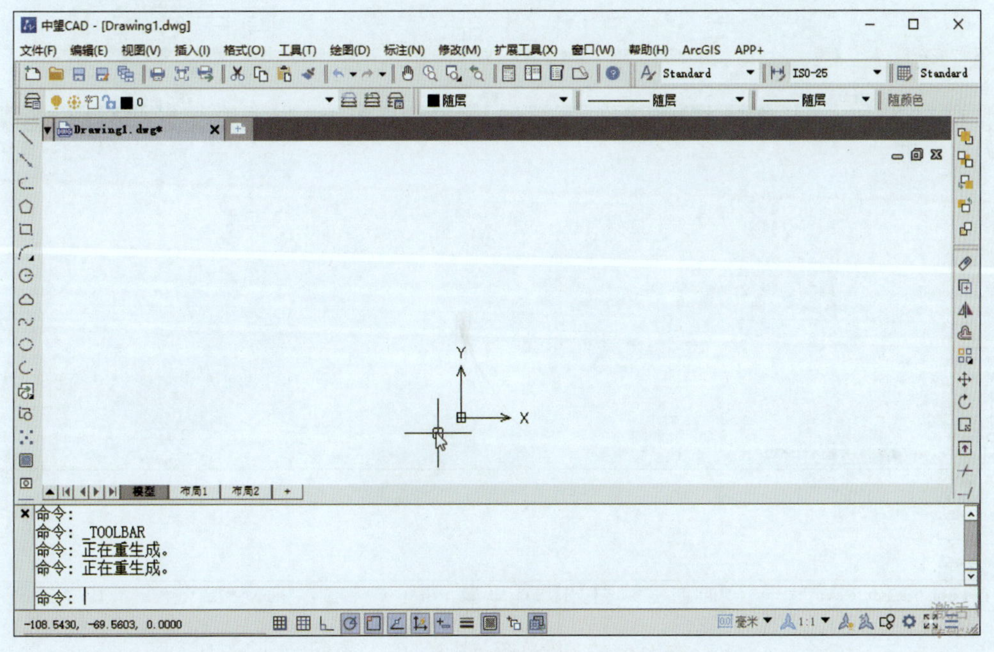

图 1-4 明色经典界面

2. 退出中望 CAD 2023 的方法

（1）菜单栏：单击“文件”→“退出”命令。

（2）“关闭”按钮：单击操作界面右上角的“关闭”按钮 ×。

（3）快捷键：Ctrl+Q 或 Alt+F4 组合键。

（4）命令行：quit 或 exit。

二、工作空间切换

为了满足用户的使用需要，中望 CAD 2023 提供了“ZWCAD 经典”和“二维草图与注释”两种工作空间，二者可以相互切换。

1. 从“ZWCAD 经典”工作空间切换至“二维草图与注释”工作空间

当工作空间为“ZWCAD 经典”时，单击状态栏右侧的“设置工作空间”按钮 ⚙，系统弹出设置工作空间菜单，如图 1–5 所示。勾选“二维草图与注释”选项，可将工作空间转换至“二维草图与注释”，如图 1–6 所示。

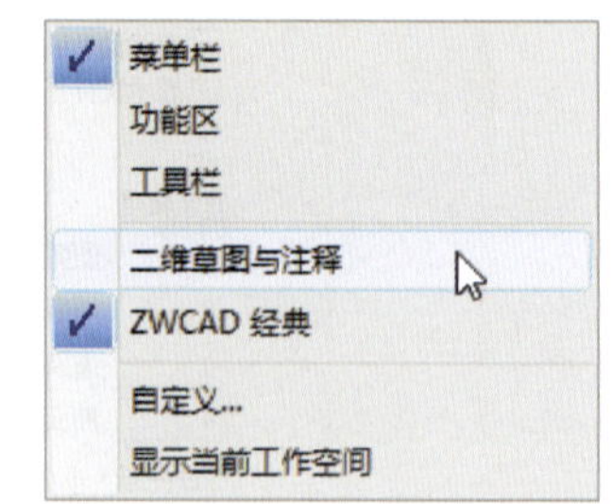

图 1–5　设置工作空间菜单

2. 从“二维草图与注释”工作空间切换至“ZWCAD 经典”工作空间

当工作空间为“二维草图与注释”时，单击快速访问工具栏上的“工作空间”下拉按钮（见图 1–7），在弹出的下拉列表中选择“ZWCAD 经典”选项，即可切换至“ZWCAD 经典”工作空间。

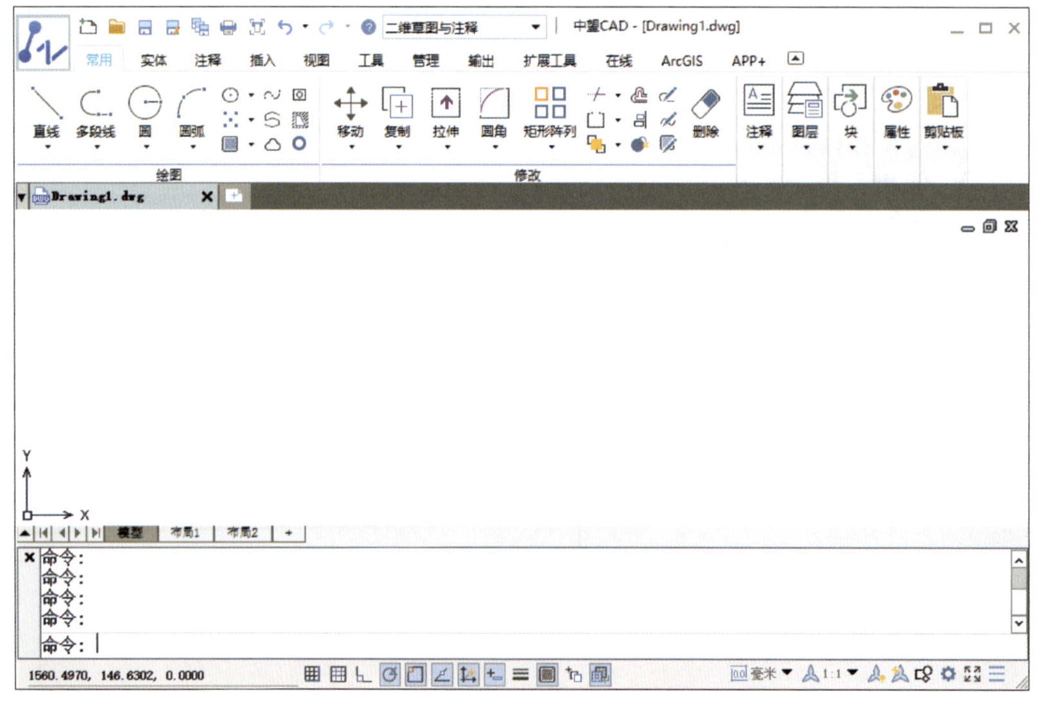

图 1–6　“二维草图与注释”工作空间

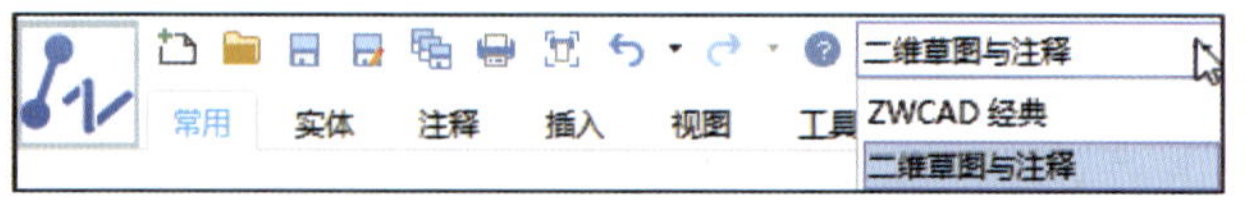

图 1–7　单击“工作空间”下拉按钮

三、工作空间简介

1.“ZWCAD 经典”工作空间

“ZWCAD 经典”工作空间主要由标题栏、菜单栏、快捷菜单、工具栏、图形窗口、命令窗口、文本窗口、状态栏、选项板等部分组成，该工作空间以菜单栏的形式提供了大部分命令的调用方式。

（1）标题栏

在中望 CAD 2023 操作界面的最上端是标题栏。标题栏中显示程序名称和正在使用的图形文件名称“Drawing1.dwg”，如图 1–1 所示。在图形窗口的标题栏中也显示了启动中望 CAD 2023 时自动创建并打开的图形文件的名称“Drawing1.dwg”。

（2）菜单栏

菜单栏是“ZWCAD 经典”工作空间的命令访问形式，用户可通过以下方式打开菜单栏的下拉菜单。

1）单击菜单名称。

2）按“Alt 键 + 菜单名称后字母”组合键。例如，按 Alt+E 组合键可打开“编辑”菜单。

打开菜单后，可单击选择菜单项；也可按↑键、↓键高亮选择菜单项，然后按 Enter 键确认。按←键、→键还可打开或收拢选中菜单项的扩展菜单。

菜单栏可以通过“自定义用户界面”编辑器进行自定义。在菜单栏中单击“工具”→“自定义”→“用户界面”命令，打开“自定义用户界面”编辑器，如图 1–8 所示，

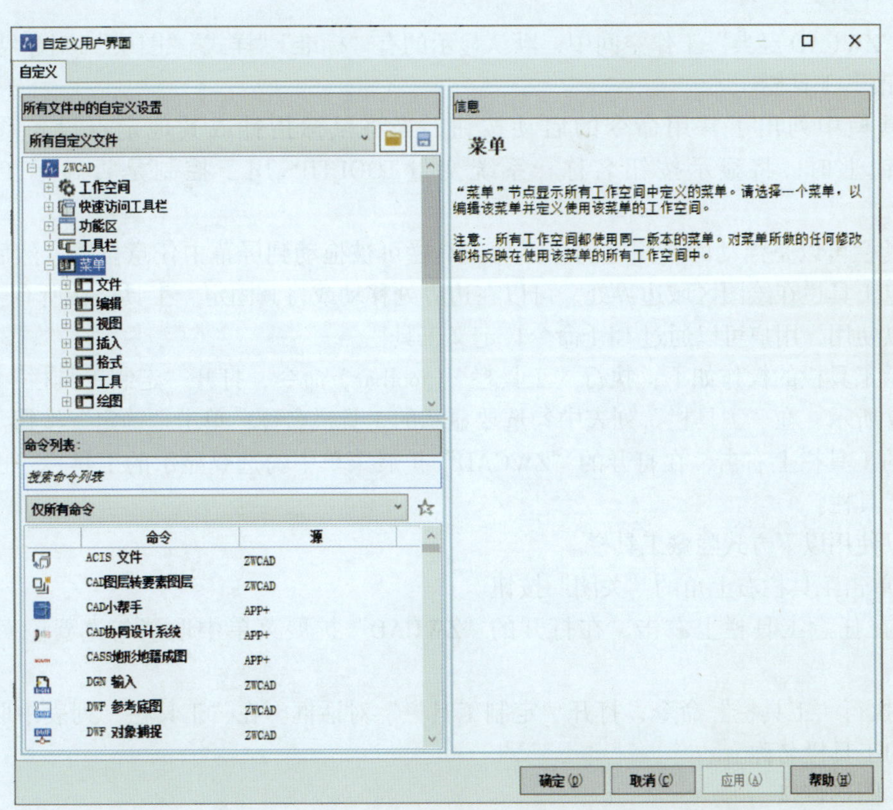

图 1–8 “自定义用户界面”编辑器

单击“菜单”选项将显示所有工作空间中定义的菜单。右击“菜单”选项，系统弹出“新建菜单”提示对话框，选择“新建菜单”选项可以新建菜单。

（3）快捷菜单

快捷菜单提供当前动作相关命令的快捷访问方式。为了加快对当前操作相关命令的访问，用户可以在命令执行过程中通过快捷菜单加快访问速度。例如，在绘图区域按住 Shift 键右击，将显示对象捕捉快捷菜单。

在不同的命令执行过程中右击，弹出快捷菜单中的命令也不相同。快捷菜单中一般包含已执行命令的历史记录、确认和取消命令、复制和粘贴命令以及放弃和重做命令等内容。用户可以使用“自定义用户界面”编辑器来自定义各种命令模式下的快捷菜单。

启用右键单击计时器后，不仅可以通过右击打开快捷菜单，还可以获得与按下 Enter 键相同的效果。

在绘图区域中，快捷菜单功能可以关闭，即在绘图区域右击时不弹出快捷菜单。在绘图区域中关闭快捷菜单的操作步骤如下。

1）启动中望 CAD 2023，然后单击“选项”按钮。

2）在“选项”对话框中选择“用户系统配置”选项卡。

3）清除“Windows 标准”下的“绘图区域中使用快捷菜单”选项。

4）单击“应用”按钮。

（4）工具栏

在“ZWCAD 经典”工作空间中，默认显示的有“标准”“样式”“图层”“对象特性”“绘图”“修改”工具栏。

工具栏中列出了常用命令的启动按钮。当将鼠标指针或其他定点设备移动到工具栏按钮上时，将显示按钮名称。系统变量 TOOLTIPS 用于控制是否显示工具栏提示。

工具栏可以是浮动的或固定的。浮动工具栏可被拖动到屏幕中任意位置，然后将其固定。固定工具栏在绘图区域边界处，可以在边界处移动或将其固定。工具栏在所有工作空间中均可以使用，用户可以通过 CUI 命令自定义工具栏。

显示工具栏的操作如下：执行“工具栏”（toolbar）命令，打开“定制工具栏”对话框，如图 1–9 所示；在“工具栏”列表中勾选要显示的工具栏名称；单击“确定”按钮。在任何已显示的工具栏上右击，在打开的“ZWCAD”扩展菜单中勾选要显示的工具栏，也可显示所选的工具栏。

可以使用以下方式隐藏工具栏。

1）单击工具栏右上角的“关闭”按钮。

2）在任意工具栏上右击，在打开的“ZWCAD”扩展菜单中取消勾选要隐藏的工具栏。

3）执行“工具栏”命令，打开“定制工具栏”对话框。在“工具栏”列表中取消勾选已显示的工具栏名称。

（5）图形窗口

系统默认的图形窗口一般由文档选项卡、绘图区域和底部栏组成，如图 1–10 所示。

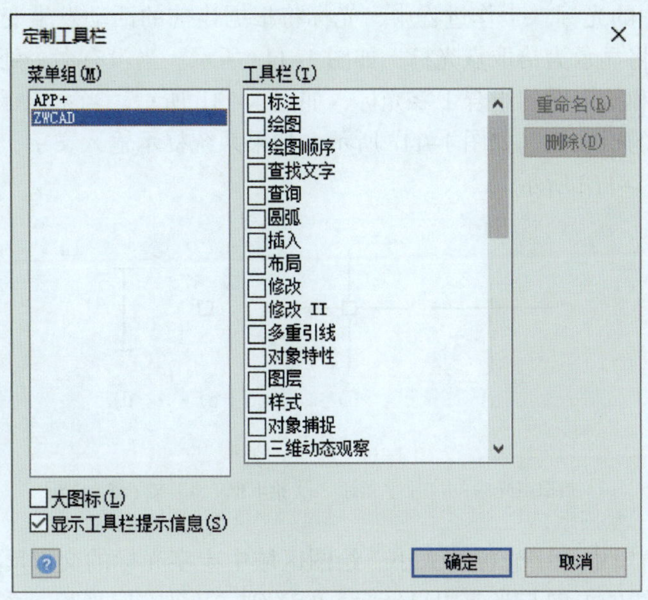

图 1-9 “定制工具栏”对话框

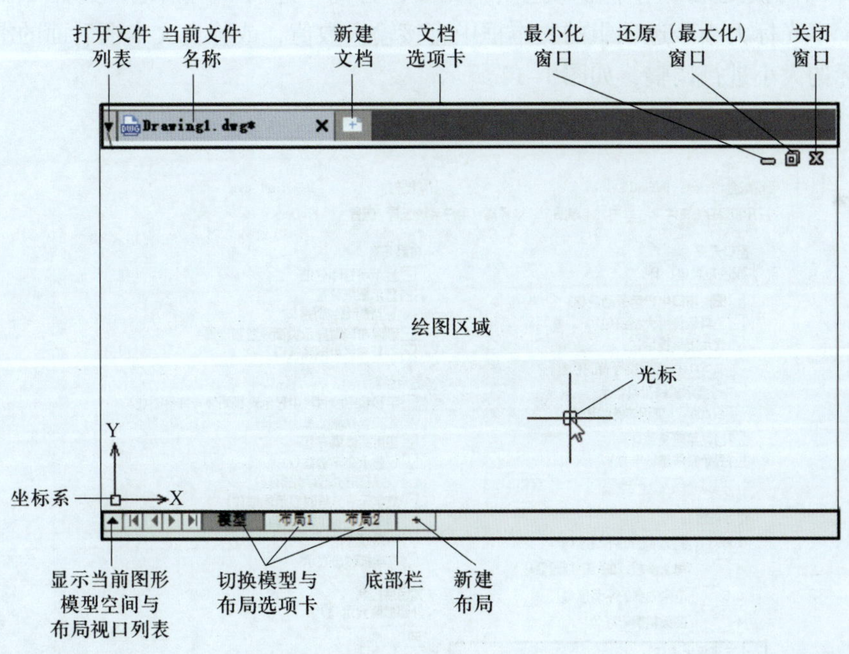

图 1-10 图形窗口

文档选项卡位于图形窗口顶部，从左至右依次为打开文件列表按钮、当前文件名称、新建文档按钮；绘图区域用于显示当前的模型空间或布局视口，在此可以创建、修改、编辑图形对象，绘图区域左下角是坐标系，右上角按钮依次为最小化窗口、还原（最大化）窗口、关闭窗口；底部栏位于图形窗口底部，从左至右的按钮依次为显示当前图形模型空间与布局视口列表、切换模型与布局选项卡、新建布局。

1）图形窗口中的光标。工作过程中，光标将根据当前的活动发生变化。当系统提示指定点位置时，光标将显示为拾取点光标，如图 1–11a 所示。当没有命令处于激活状态时，光标将是拾取点光标和拾取框的组合十字光标，如图 1–11b 所示。当系统提示选择对象时，光标将显示为小方形的拾取框，如图 1–11c 所示。如果系统提示输入文字，光标将是垂直的文字输入光标，如图 1–11d 所示。

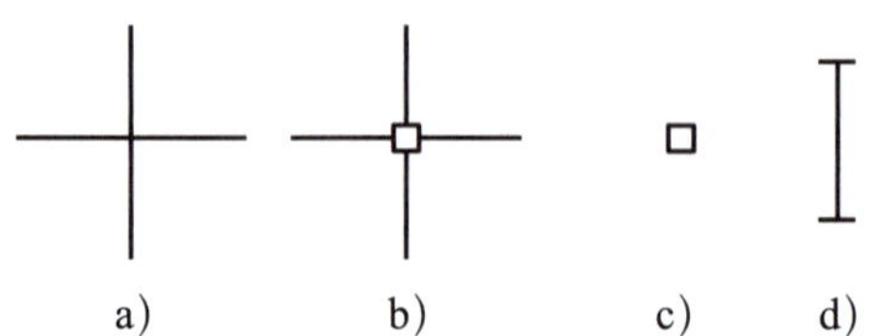

图 1–11　光标的类型

a）拾取点光标　b）十字光标　c）拾取框　d）文字输入光标

2）修改图形窗口中十字光标的大小。绘图区域中十字光标的交点反映光标在当前坐标系中的位置。十字线的方向与当前用户坐标系的 *X* 轴、*Y* 轴方向平行，系统预设十字线的长度为屏幕大小的 5%。用户可以根据绘图实际需要更改其大小。操作方法如下：在绘图区域右击，在弹出的快捷菜单中单击“选项”命令，打开“选项”对话框，选择“显示”选项卡，在“十字光标大小”选项组的文本框中直接输入数值，或拖曳文本框后面的滑块，即可对十字光标的大小进行调整，如图 1–12 所示。

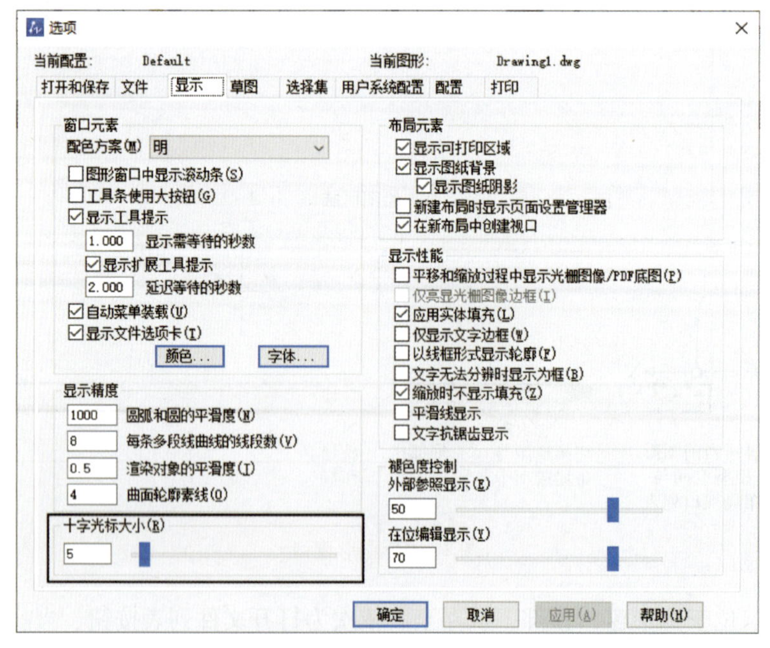

图 1–12　设置十字光标的大小

3）修改图形窗口的颜色。在默认情况下，图形窗口的颜色为黑色背景，白色线条。图形窗口颜色可以根据绘图需要进行修改，操作方法如下：在绘图区域右击，在弹出的快捷菜单中单击“选项”命令，打开“选项”对话框，选择“显示”选项卡，单击“窗口元素”选项组中的“颜色”按钮，打开如图 1–13 所示的“图形窗口颜色”对话框进行设置。

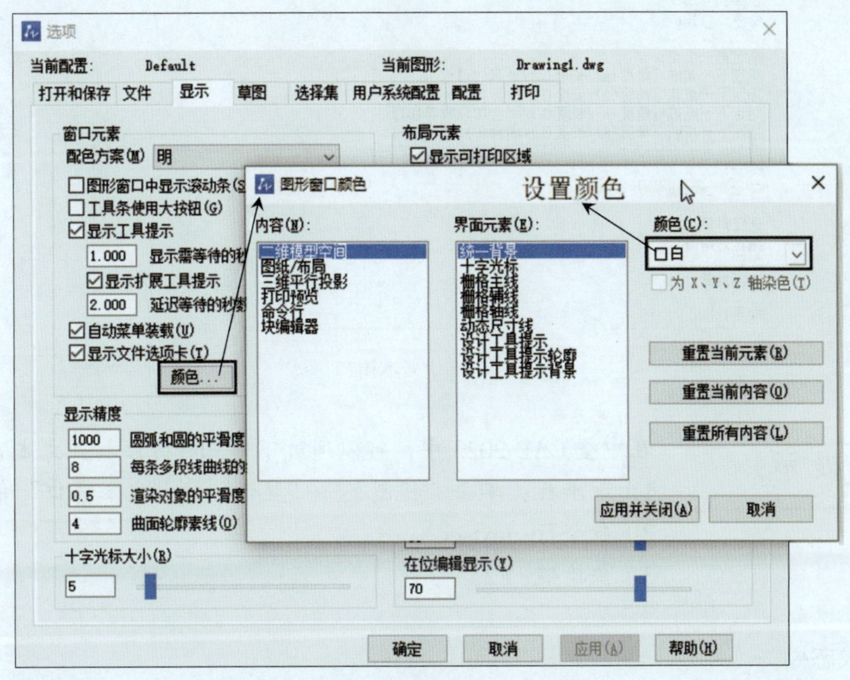

图 1–13　设置图形窗口颜色

在“颜色”下拉列表中选择需要的窗口颜色，然后单击“应用并关闭”按钮，此时图形窗口颜色就变成了选择的颜色。

（6）命令窗口与文本窗口

命令窗口用于输入命令，以及显示正在执行的命令和提示信息，如图 1–14 所示。默认情况下，命令窗口固定显示在绘图区域底部边界处。用户可以拖曳命令窗口，改变其位置和大小。

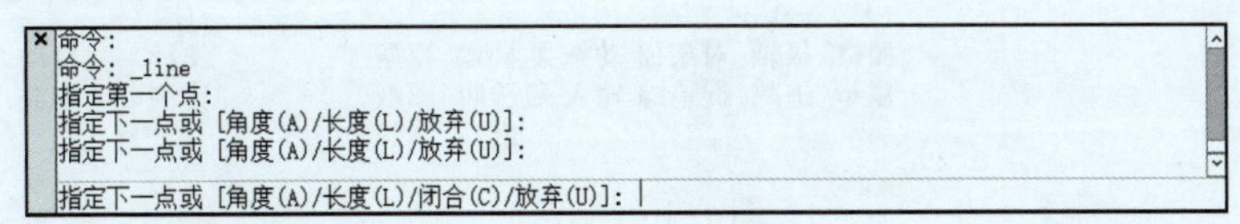

图 1–14　命令窗口

浮动的命令窗口可移动到屏幕的任意位置，拖曳窗口边框可调整窗口大小，改变文字显示行数。双击命令窗口右侧标题栏，可重新将命令窗口固定在绘图区域底部或顶部边界处。

针对当前命令行中输入的内容，可以用文本编辑的方法进行编辑，如图 1–15 所示。文本窗口和命令窗口相似，可以显示当前系统进程中命令的输入和执行过程，在执行某些命令时，系统会自动切换至文本窗口，并列出有关信息。

```
ZWCAD 文本窗口 - Drawing1.dwg
命令:
命令:
命令: _line

指定第一个点:
指定下一点或 [角度(A)/长度(L)/放弃(U)]:
指定下一点或 [角度(A)/长度(L)/放弃(U)]:
指定下一点或 [角度(A)/长度(L)/闭合(C)/放弃(U)]:
指定下一点或 [角度(A)/长度(L)/闭合(C)/放弃(U)]:
命令:
命令:
命令: _erase

选择对象:
指定对角点:
找到 3 个
选择对象:
命令:
```

图 1-15　文本窗口

在中望 CAD 2023 中，可以通过下列三种方法打开文本窗口。

1）菜单栏：单击“视图”→“显示”→“文本窗口”命令。

2）命令行：textscr。

3）快捷键：F2。

（7）状态栏

状态栏用于显示或设置当前的绘图状态。状态栏中显示了当前光标的坐标，当前是否启用了捕捉模式、栅格显示、正交模式、极轴追踪、对象捕捉、对象捕捉追踪、动态 UCS 以及动态输入等功能，显示 / 隐藏线宽、显示 / 隐藏透明度、选择循环、模型图纸空间、图形单位、注释比例、注释可见性、自动缩放、隔离对象、设置工作空间、全屏显示和自定义等信息，如图 1-16 所示。

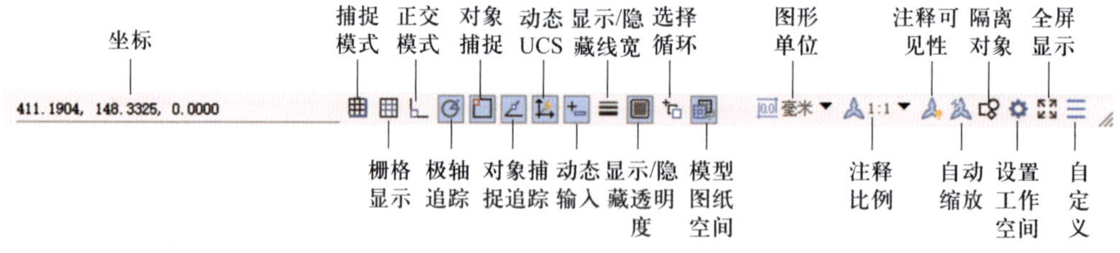

图 1-16　状态栏

状态栏上显示的按钮，均属于开 / 关式按钮，即单击按钮则启动该功能，再次单击则关闭该功能。对于某些工具，可以通过右击来对其进行设置。

（8）选项板

选项板是系统界面中可以选择性显示和移动的组成部分，系统的一些功能或工具通过调用对应的选项板来实现。选项板通常由选项板名称和功能区构成。常用选项板包括“特性”选项板、“设计中心”选项板、“工具”选项板、“图层特性管理器”选项板、“图形修复管理器”选项板、“快速计算器”选项板、“增强选择”选项板、“外部参照”选项板等。

可以拖曳选项板标题栏，使其悬浮于系统界面或停靠在绘图区域侧边，处于悬浮状态的选项板可以设置自动隐藏，拖曳选项板的边框可调整其大小，选项板的透明度也可自行设置。

1）“特性”选项板。在菜单栏中单击“工具”→“选项板”→“特性”命令，打开“特性”选项板，如图 1–17 所示。“特性”选项板用于查看和修改选定对象的颜色、图层、线型、位置等特性，不同类型的对象显示的特性也不同。

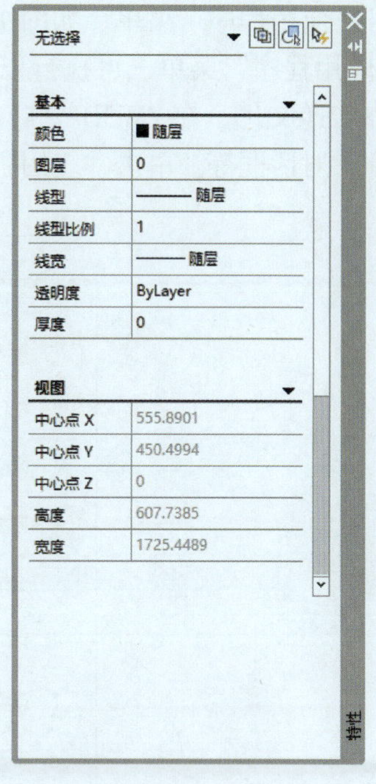

图 1–17 “特性”选项板

2）“图层特性管理器”选项板。在菜单栏中单击“工具”→“选项板”→“图层特性”命令，打开“图层特性管理器”选项板，如图 1–18 所示。

“图层特性管理器”选项板用来管理图层特性，在此可以新建（删除）、打开（关闭）、冻结（解冻）、锁定（解锁）图层，也可以设置图层的颜色、线型、线宽等特性。

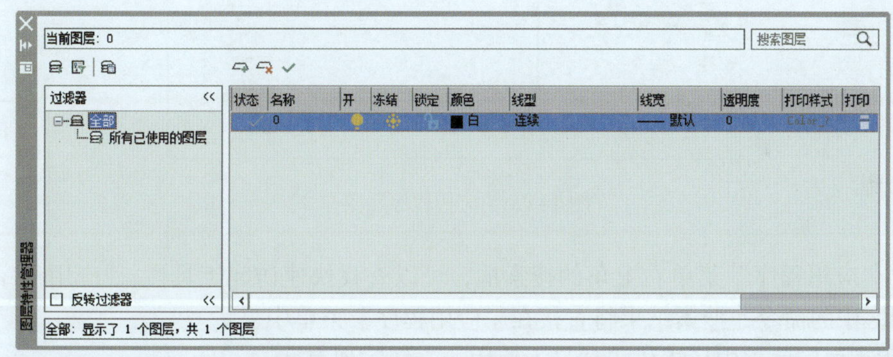

图 1–18 “图层特性管理器”选项板

2.“二维草图与注释”工作空间

“二维草图与注释”工作空间主要由“应用程序”按钮、快速访问工具栏、功能区、绘图区域、命令行以及状态栏等部分组成，该工作空间的功能区中提供了大量的绘图、修改、图层、注释以及块等工具。

右击“设置工作空间”按钮，在弹出的快捷菜单中勾选“菜单栏”，“二维草图与注释”工作空间中可显示菜单栏。

（1）“应用程序”按钮

“应用程序”按钮 位于“二维草图与注释”工作空间的左上角，单击该按钮，可打开“应用程序”菜单，如图 1–19 所示，“应用程序”菜单中提供常用的图形管理工具。通过“应用程序”菜单，可执行以下操作：新建、打开和保存（另存为、全部保存）文件，打印和传递文件，在 ZW3D 中打开文件，核查和修复文件，关闭文件，比较文件以及访问“选项”对话框等。单击“应用程序”按钮，显示应用程序菜单；双击此按钮可关闭应用程序。

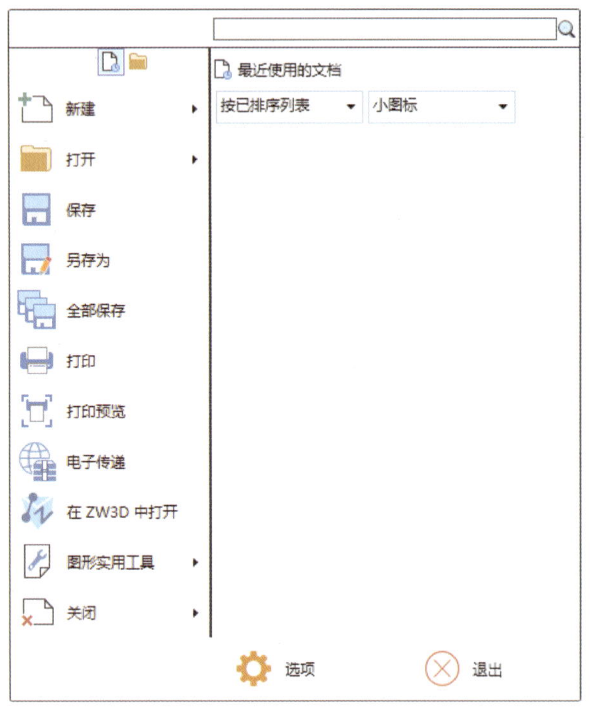

图 1–19 “应用程序”菜单

通过“应用程序”菜单右上角的搜索框，可以查找快速访问工具栏、“应用程序”菜单以及功能区中的命令，搜索结果将直接在“应用程序”菜单中显示。

“应用程序”菜单中还提供了“最近使用的文档”列表。

（2）快速访问工具栏

快速访问工具栏位于“应用程序”按钮的右侧，包括“新建”“打开”“保存”“另存为”“全部保存”“打印”“预览”“放弃”“重做”“帮助”等按钮，如图 1–20 所示。

（3）功能区

功能区在标题栏的下方，由一系列按照逻辑划分的选项卡组成，如图 1–21 所示。每个选项卡由多个面板组成，面板上的每个按钮都代表一个命令，用户单击按钮即可执行相应的命令。

功能区的部分面板还提供了与该面板相关的对话框，“表格”面板如图 1–22 所示。单击“表格”面板右下角的 ↘ 按钮，即可显示相应对话框。

图 1–20 快速访问工具栏

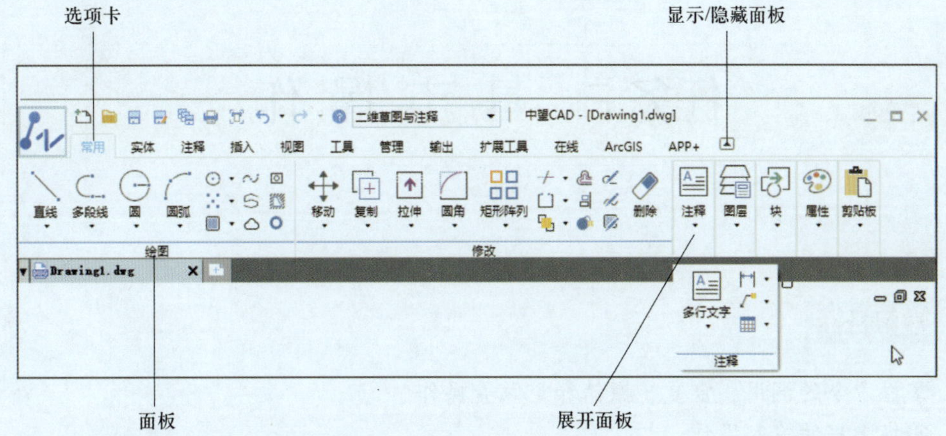

图 1–21　功能区

1）显示和隐藏面板。单击选项卡旁的 ▼ 和 ▲ 按钮，可显示或隐藏面板。隐藏面板后，将仅显示面板标题。

图 1–22　“表格”面板

2）上下文选项卡。在执行某些命令或选择特定类型的对象时，功能区中会显示对应的上下文选项卡。例如执行“矩形阵列”命令时，系统会弹出“阵列创建”选项卡，如图 1–23 所示。命令结束后，该选项卡会自动关闭。

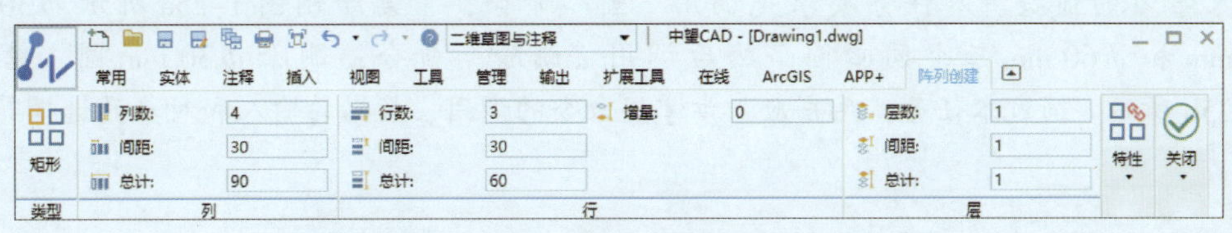

图 1–23　“阵列创建”选项卡

3）单选按钮。单选按钮可用来切换当前显示按钮，单击按钮下半部分的三角形按钮，将显示下拉列表，“多段线”单选按钮如图 1–24 所示，下拉列表中列出相同功能类型的按钮，用户可通过循环选择来切换按钮。

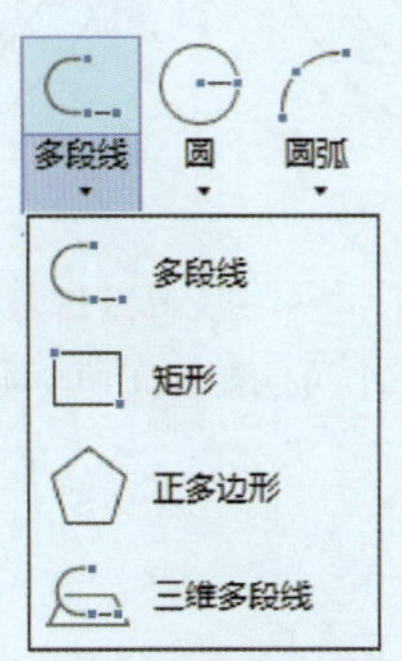

图 1–24　“多段线”单选按钮

任务2 基本操作

学习目标

1. 掌握命令的调用、重复、撤销和重做等操作。
2. 掌握数据的输入操作。
3. 掌握对象的选择方法。

任务引入

应用中望CAD 2023绘制和编辑图形时，必然会用到一些操作，如命令的调用、数据的输入、对象的选择等。这些操作是利用中望CAD 2023进行绘图必备的技能基础，也是深入学习的前提。本任务要求先调用“圆”命令，重复绘制图1–25a所示ϕ30 mm、ϕ50 mm和ϕ60 mm三个同心圆，然后调用“删除”命令，删除ϕ30 mm圆，结果如图1–25b所示。通过本任务，用户应初步掌握命令的调用、数据的输入和对象的选择等基本操作。

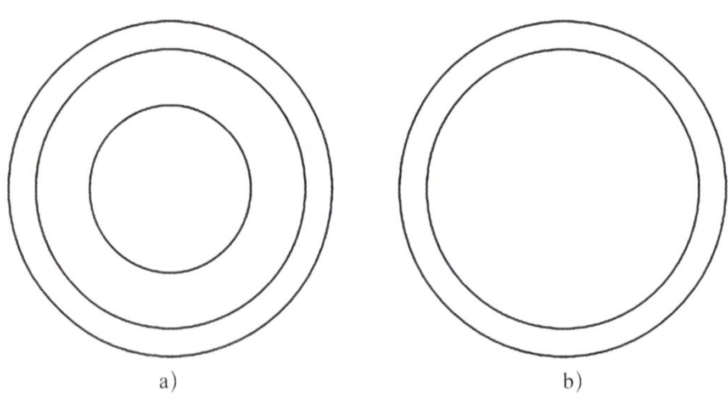

图1–25 基本操作示例

a）三个同心圆 b）两个同心圆

一、命令的执行

1. 命令的调用

在中望 CAD 2023 中，无论进行什么样的操作都必须调用命令。调用命令的方法主要有鼠标输入、键盘命令和快捷键三种。

（1）鼠标输入

在菜单栏、快速访问工具栏、功能区或工具栏等位置找到需要执行命令的选项或按钮，单击即可调用需要执行的命令。如单击功能区“常用”选项卡中“绘图”面板上的“直线”按钮 ╲，即可执行“直线”命令。系统给出如下提示：

命令：_line

指定第一个点：（在绘图区域单击指定直线的起点）

指定下一点或［角度（A）/ 长度（L）/ 放弃（U）］：（在绘图区域单击指定直线的终点，此时，在绘图区域绘制出一条直线）

指定下一点或［角度（A）/ 长度（L）/ 放弃（U）］：（在绘图区域单击指定一点，即可绘制出与第一条直线终点相连的直线）

指定下一点或［角度（A）/ 长度（L）/ 闭合（C）/ 放弃（U）］：（在绘图区域单击指定一点，即可绘制出与第二条直线终点相连的直线）

注意：命令窗口中不带方括号的提示为默认选项（如“指定第一个点”），此时可在绘图区域单击指定一点作为直线的起点或终点，如果要选择其他选项，则应该首先输入该选项的标识字符，如输入“放弃”选项的标识字符“U”，然后按 Enter 键，就会放弃前一步所绘制的直线。在有的命令选项的后面还带有尖括号，尖括号内的数值为默认数值。

（2）键盘命令

在中望 CAD 2023 中，绝大部分功能都有对应的键盘命令。其中一部分十分常用的功能除有标准的键盘命令外，还有一个简化命令。简化命令往往拼写十分简单，便于输入调用。如“直线”（line）命令的简化命令是 l，“圆”（circle）命令的简化命令是 c 等。在命令行中输入键盘命令或简化命令，按 Enter 键，即可调用该命令。

在输入英文字母、数字及其他字符时，必须使用英文半角字符，不能使用全角字符。

（3）快捷键

快捷键又称热键，是指通过某些特定的按键、按键顺序或组合键来完成一个操作。不同于键盘命令的是，按下快捷键后，需要调用的命令会立即执行，不必如键盘命令那样按 Enter 键后才调用命令。因此，使用快捷键调用命令可以大幅提高绘图效率。

在常规的软件设计中，很多组合式的快捷键往往与键盘上的功能键 Alt、Ctrl、Shift 有关。如“新建”命令的快捷键是 Ctrl+N，“复制”命令的快捷键是 Ctrl+C，“另存文件”命令的快捷键是 Ctrl+Shift+S 等。

非组合式的快捷键主要是键盘最上方的 Esc 键和 F 系列功能键（F1 ~ F12），其中 Esc 键用处非常广泛，在取消拾取、关闭对话框、中断操作等方面有广泛的应用。大部分的操作或特殊状态都可以通过按 Esc 键退出或消除。

2. 命令的重复、撤销与重做

（1）命令的重复

在使用中望 CAD 2023 时，用户可以重复执行某个命令。下面以重复执行“圆”（circle）命令为例，说明重复执行命令的三种方法。

1）执行“圆”（circle）命令之后，按 Space 键或 Enter 键可以重复执行该命令。

2）执行“圆”（circle）命令之后，在绘图区域右击，从弹出的快捷菜单中选择“重复 circle”命令，可以重复执行该命令。

3）在命令行中执行“multiple”命令，系统给出以下提示：

```
输入要重复的命令名：
```

输入“c”或“circle”并按 Enter 键，系统给出以下提示：

```
指定圆的圆心或［三点（3P）/ 两点（2P）/ 切点、切点、半径（T）］：（指定圆心位置）
指定圆的半径或［直径（D）］<50>：50↙（指定圆的半径）
指定圆的圆心或［三点（3P）/ 两点（2P）/ 切点、切点、半径（T）］：
```

说明：符号↙表示按回车键，后文同。

系统会重复执行该命令，直到用户按 Esc 键强行中断为止。

（2）重复使用最近使用的命令

在使用中望 CAD 2023 时，用户可以重复以前执行过的命令，而不用在命令行中再输入一遍命令。

1）如执行“圆”（circle）、“直线”（line）、“矩形”（rectangle）等命令后，在命令行提示“键入命令”时，按键盘上的↑键，系统向前依次给出“rectangle”“line”“circle”等命令提示，当找到要执行的命令时，按 Enter 键，可以重复执行该命令。类似地，按↓键可以向后依次给出每个命令提示。用这种方法能够执行多个以前执行过的命令。

2）在命令行中右击，然后从“近期使用的命令”列表中选择要执行的命令。

3）在绘图区域中右击，然后从“最近的输入”列表中选择一个命令。

（3）命令的撤销

在使用中望 CAD 2023 时，不可避免地会出现操作失误的问题。可以使用“撤销”（undo）命令来修正这些错误。执行“撤销”命令的方法有以下几种。

1）工具栏：单击快速访问工具栏或“标准”工具栏中的“放弃”按钮 。

2）菜单栏：单击“编辑”→“放弃”命令按钮 。

3）命令行：undo（u）。

“undo”命令与“u”命令的区别在于：使用“u”命令一次只能撤销一步操作，而使用“undo”命令的命令行选项可以一次撤销多个操作。

注意：使用“undo”命令不能撤销系统变量的设置以及部分命令的操作，例如打开、关闭或保存窗口或图形，显示信息，更改图形显示，重生成图形和以不同格式输出图形的命令。

（4）命令的重做

撤销一个或多个操作之后，又希望恢复某个操作，可执行“重做”命令，进行操作结果的恢复。执行“重做”命令的方法有以下几种。

1）工具栏：单击快速访问工具栏或“标准”工具栏中的“重做”按钮 。

2）菜单栏：单击“编辑”→“重做”命令按钮 。

3）命令行：redo。

4）快捷键：Ctrl+Y 组合键。

注意：“redo”命令必须紧跟“undo”命令或“u”命令之后执行才有效果。

在中望 CAD 2023 中，可以一次执行多重放弃和重做操作。单击快速访问工具栏或“标准”工具栏中的“放弃”按钮 或“重做”按钮 后面的三角形按钮，在弹出的下拉列表中可以选择要放弃或重做的命令，如图 1–26 所示。

二、数据的输入

当执行一个命令时，有时还要为命令的执行提供附加数据，如点的坐标、距离、角度等。

1. 点的坐标

在二维空间创建对象时，可以使用绝对直角坐标或相对直角坐标定位点，也可以使用绝对极坐标或相对极坐标定位点。

（1）绝对坐标

1）绝对直角坐标。绝对直角坐标以原点（0，0）为参照点来定位所有的点，其表达式为（*X*，*Y*），用户可以通过输入点的实际 *X*、*Y* 轴坐标值来定义点的坐标。

如 *B* 点的 *X* 轴坐标值为 35（即该点在 *X* 轴上的垂足点到原点的距离为 35 个图形单位），*Y* 轴坐标值为 15（即该点在 *Y* 轴上的垂足点到原点的距离为 15 个图形单位），那么 *B* 点的绝对坐标表达式为（35，15）。*B* 点在坐标系中的位置如图 1–27 所示。

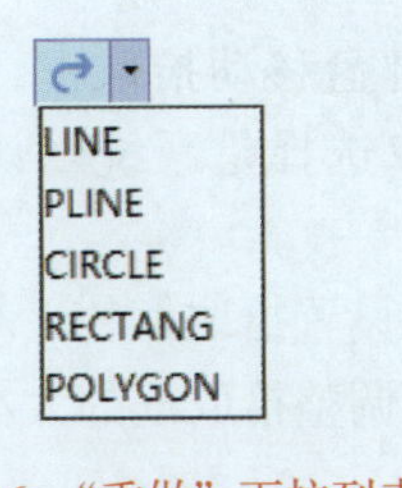

图 1–26 “重做”下拉列表

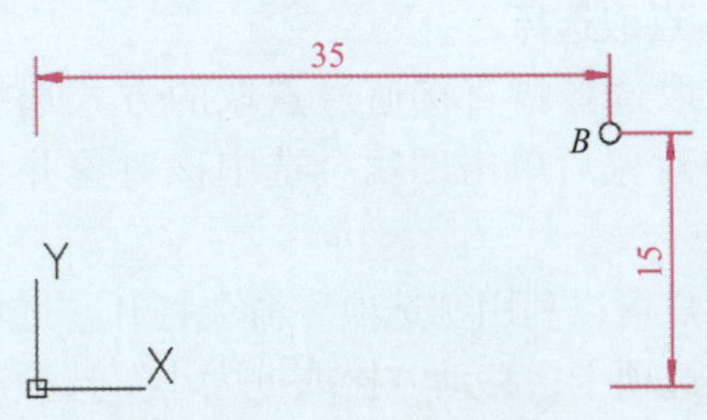

图 1–27 *B* 点的绝对直角坐标

2）绝对极坐标。绝对极坐标以原点作为极点，以 *X* 轴正方向作为极轴，点到极点的距离为极径（*L*），点与极点的连线与极轴的夹角为极角（α）。平面任一点通过相对于极点的极径和极角来定义点的位置，其表达式为（$L<\alpha$）。极角逆时针方向为正，顺时针方向为负。如 *D* 点的极坐标为（20<30），则 *D* 点在坐标系中的位置如图 1–28 所示。

（2）相对坐标

1）相对直角坐标。相对直角坐标是指相对于某一点的 *X* 轴和 *Y* 轴位移。它的表示方法是在绝对坐标表达方式前加上“@”。如 *A* 点相对 *B* 点的相对直角坐标为（@13，8），则 *A* 点相对 *B* 点的位置如图 1–29 所示。

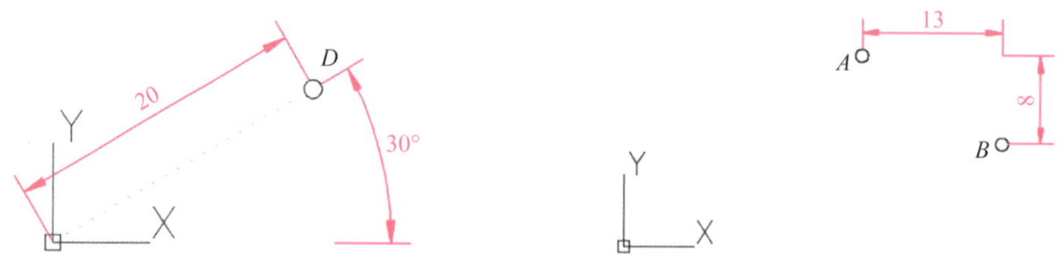

图 1–28　*D* 点的绝对极坐标　　图 1–29　*A* 点相对 *B* 点的位置

2）相对极坐标。相对极坐标是指相对于某一点的距离和角度。它的表示方法是在绝对极坐标表达式前加上“@”。如 *C* 点相对于 *D* 点的相对极坐标为（@11<24），其中，相对极坐标中的角度是新点和上一点连线与 *X* 轴的夹角。*C* 点相对于 *D* 点的位置如图 1–30 所示。

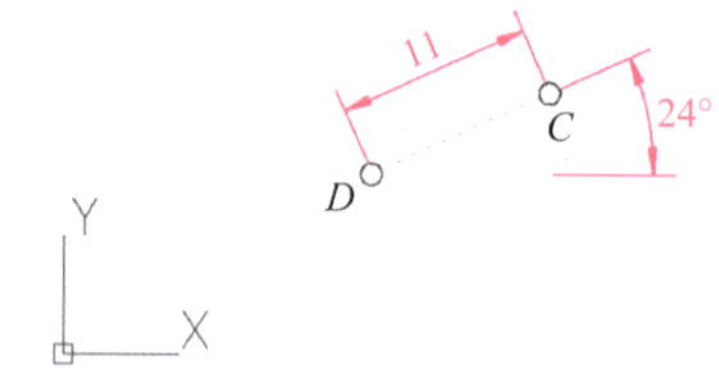

图 1–30　*C* 点相对于 *D* 点的位置

2. 距离值的输入

在中望 CAD 2023 中，有时需要提供高度、宽度、半径、直径、长度等距离值。中望 CAD 2023 提供两种输入距离值的方式：一种是在命令行中直接输入数值；另一种是在屏幕上单击拾取两点，以两点的距离值定出所需数值。

3. 角度值的输入

在中望 CAD 2023 中，有时需要输入角度值，可在命令行中直接输入角度值。中望 CAD 2023 规定 0° 与 *X* 轴正方向相同，90° 与 *Y* 轴正方向相同，即逆时针为正，顺时针为负。

三、对象的选择

中望 CAD 2023 提供多种对象选择方法，如点取选择、窗口选择、窗交选择等。

1. 点取选择

点取选择指直接通过点取的方式选择对象，用鼠标或键盘移动拾取框，使其框住要选取的对象后单击，就会选中该对象并将其高亮显示。点取选择是系统默认的对象选择方法。

用户可以利用“选项”命令打开“选项”对话框，在其中设置拾取框的大小。选择“选择集”选项卡，移动“拾取框大小”选项组的滑动标尺也可以调整拾取框的大小，左侧的空白区域中会显示相应的拾取框的尺寸。

2. 窗口选择

窗口选择指用由两个对角顶点确定的矩形窗口选取位于其范围内的所有图形。使用这种方法时，与边界相交的对象不会被选中。指定对角顶点时应遵照从左向右的顺序，矩形选择框以实线显示，内部为浅蓝色填充，如图 1–31a 所示。被选中的对象高亮显示，如图 1–31b 所示。

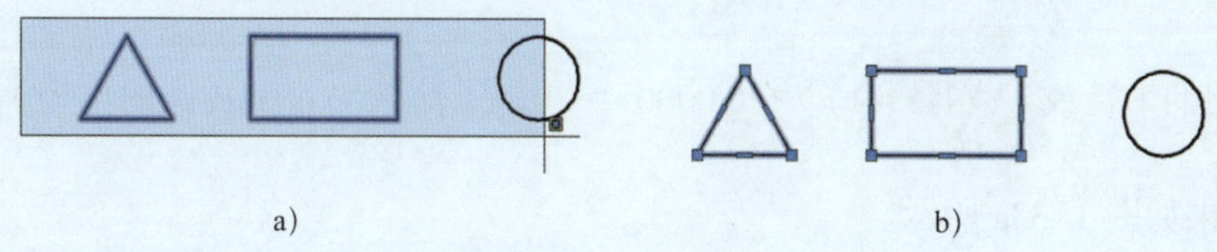

a）　　　　　　　　b）

图 1–31　窗口选择

a）窗口选择过程　b）窗口选择结果

3. 窗交选择

窗交选择与窗口选择类似，二者的区别在于：使用窗交选择不但会选中矩形窗口内部的对象，也会选中与矩形窗口边界相交的对象。窗交选择指定对角顶点时应遵照从右向左的顺序，矩形选择框以点线显示，内部以浅绿色填充，如图 1–32a 所示。被选中的对象高亮显示，如图 1–32b 所示。

a）　　　　　　　　b）

图 1–32　窗交选择

a）窗交选择过程　b）窗交选择结果

1. 启动中望 CAD 2023。
2. 调用“圆”命令，绘制 ϕ30 mm、ϕ50 mm 和 ϕ60 mm 三个同心圆。操作步骤如下：

命令：_circle（在功能区中单击“常用”→“绘图”→“圆”按钮⊖）

指定圆的圆心或［三点（3P）/ 两点（2P）/ 切点、切点、半径（T）］：（在绘图区域单击，指定圆的圆心）

指定圆的半径或［直径（D）］<5.0000>：15↙（输入 ϕ30 mm 圆的半径）

命令：（按 Enter 键或 Space 键重复执行“圆”命令）

_circle

指定圆的圆心或［三点（3P）/ 两点（2P）/ 切点、切点、半径（T）］：（捕捉 ϕ30 mm

圆的圆心）

指定圆的半径或［直径（D）]<15.0000>：25↙（输入 ϕ 50 mm 圆的半径）

命令：（按 Enter 键或 Space 键重复执行“圆”命令）

_circle

指定圆的圆心或［三点（3P）/ 两点（2P）/ 切点、切点、半径（T）]：（捕捉 ϕ 30 mm 圆的圆心）

指定圆的半径或［直径（D）]<25.0000>：30↙（输入 ϕ 60 mm 圆的半径）

绘图结果如图 1–33a 所示。

3. 调用“删除”命令，删除 ϕ 30 mm 圆。操作步骤如下：

命令：_erase（在功能区中单击“常用”→“修改”→“删除”按钮）

选择对象：找到 1 个（移动十字光标至 ϕ 30 mm 圆上，ϕ 30 mm 圆变成虚线，如图 1–33b 所示，右击或按 Enter 键确认）

绘图结果如图 1–33c 所示。

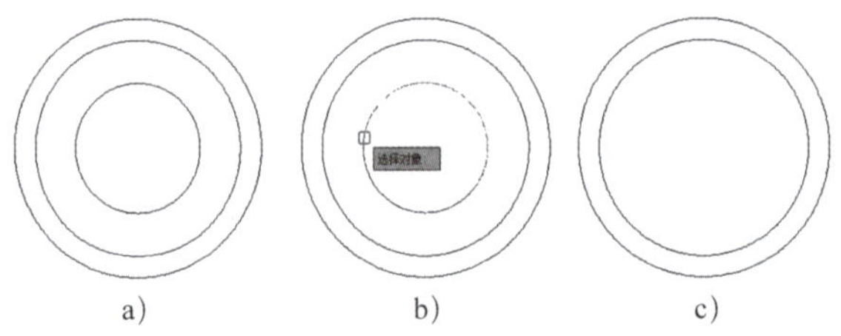

图 1–33　绘制与删除圆

a）绘制三个同心圆　b）拾取 ϕ 30 mm 圆　c）删除结果

自定义快捷键

丰富的快捷键是中望 CAD 2023 的一大特点，用户可以修改系统默认的快捷键，或者创建自定义的快捷键。例如，“重做”命令默认的快捷键是 Ctrl+Y 组合键，这两个键在键盘上距离太远，操作不方便，可以将其设置为 Ctrl+2 组合键。

右击状态栏中的“设置工作空间”按钮，在弹出的快捷菜单中单击“自定义”命令，系统弹出“自定义用户界面”对话框，如图 1–34 所示。在左上角的“所有自定义文件”列表框中选择“键盘快捷键”选项，然后在右上角“快捷方式”列表框中选择要定义的命令，在“特性”列表框中对键值进行修改。需要注意的是，按键定义不能与其他快捷命令重复，否则定义的快捷键无效。

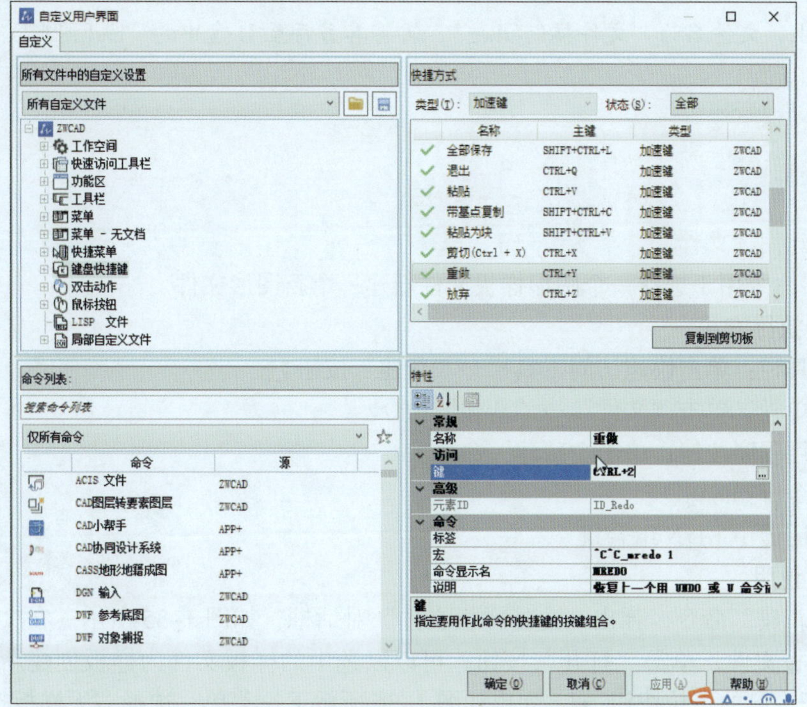

图 1-34 “自定义用户界面”对话框

任务 3 图形文件的管理

1. 掌握新建、打开、保存与另存为、关闭图形文件的方法。
2. 掌握新建、打开、保存与另存为、关闭图形文件的基本操作。

在使用计算机绘图时，各种各样的图形信息都是以文件的形式存储在计算机中，并由计算机管理的。中望 CAD 2023 为用户提供了齐全的文件管理功能，包括新建、打开、保存与

另存为、关闭等。本任务要求新建一个基于“zwcadiso.dwt”样板的图形文件，先将其保存到计算机桌面上，文件名为“文件样例 .dwg”，再将其另存至 D 盘中的“cad 图形”文件夹中。

一、新建图形文件

“新建”命令用于选择一个图形样板文件新建一个新图形文件。

1. 命令执行方法

（1）工具栏：单击快速访问工具栏→“新建”按钮 。

（2）菜单栏：单击“文件”→“新建”命令。

（3）应用程序按钮：单击“新建”命令。

（4）命令行：new。

（5）快捷键：Ctrl+N 组合键。

2. 选项说明

执行“新建”命令，弹出“选择样板文件”对话框，如图 1–35 所示。在文件列表框中选中某一样板文件，单击“打开”按钮，可以以选中的样板文件为样板创建新图形。单击“打开”按钮右侧的下拉按钮 ，弹出如图 1–36 所示下拉菜单，选择“无样板打开 -- 公制 (M)”选项，可创建空白公制图形文件。

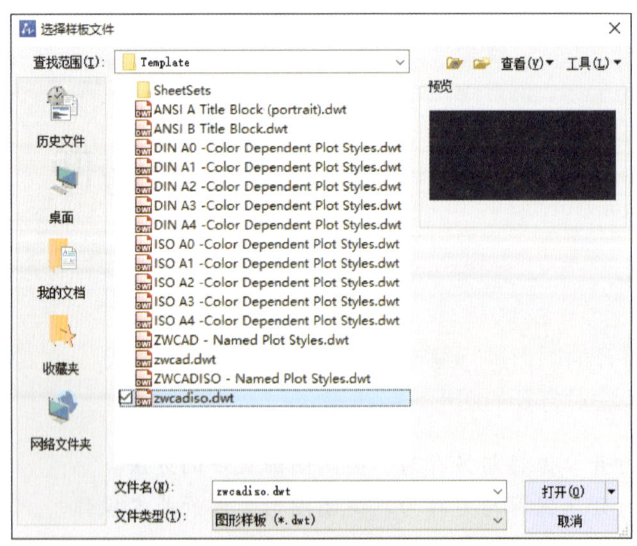

图 1–35 “选择样板文件”对话框

二、打开图形文件

当用户需要查看、使用或编辑已经存盘的图形文件时，可使用“打开”命令将图形打开。

1. 命令执行方法

（1）工具栏：单击快速访问工具栏→“打开”按钮 。

（2）菜单栏：单击“文件”→“打开”命令。

（3）应用程序按钮：单击“打开”命令。

（4）命令行：open。

（5）快捷键：Ctrl+O 组合键。

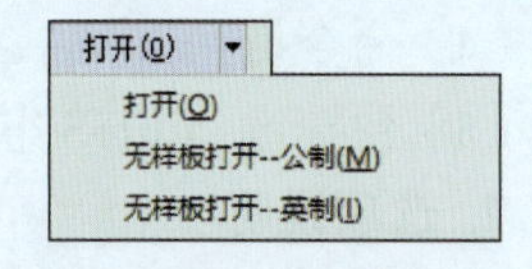

图 1–36　选择“无样板打开 -- 公制 (M)”选项

2. 选项说明

在中望 CAD 2023 中，当执行“打开”命令后，系统弹出“选择文件”对话框，如图 1–37 所示。用户可通过对话框顶部“查找范围”下拉列表查找文件打开的路径，选择需要打开的图形文件，右面的“预览”框中将显示该图形的预览图像，单击“打开”按钮，即可打开图形文件。默认情况下，打开图形文件的格式为“.dwg”。

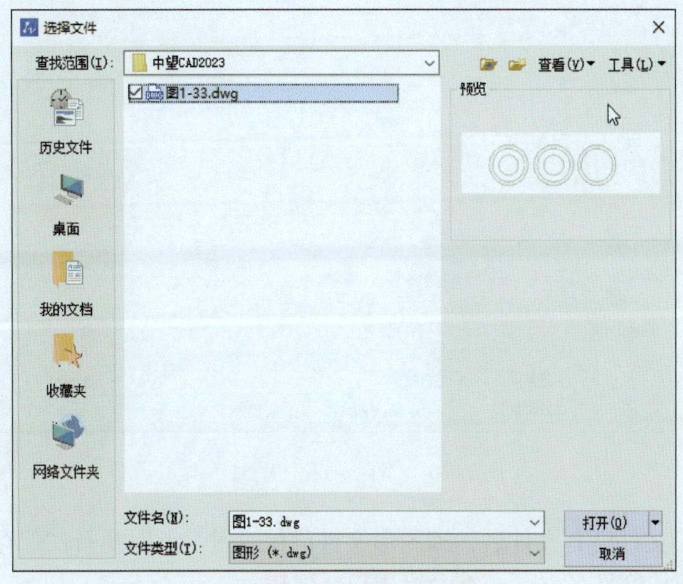

图 1–37　“选择文件”对话框

在中望 CAD 2023 中，可以以“打开”或“只读打开”两种方式打开图形文件，如图 1–38 所示。当以“打开”方式打开图形文件时，可以对打开的图形进行编辑；当以“只读打开”方式打开图形文件时，无法对打开的图形进行编辑。

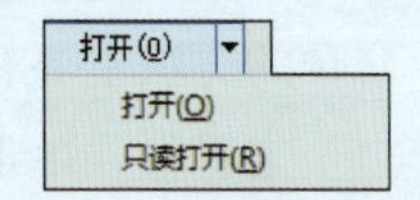

图 1–38　图形文件打开方式

三、保存图形文件

在创建或修改图形后，应将其保存起来，以备日后调用。用户可根据实际情况，选择自动保存、备份文件或仅保存选定的对象。图形文件的扩展名是“.dwg”，用户可用指定的文件名来保存图形文件。图形文件可保存为以下格式：标准图形文件格式（.dwg）、图形交换格式（.dxf）、图形模板格式（.dwt）、图形标准格式（.dws）。

1. 命令执行方法

（1）工具栏：单击快速访问工具栏→“保存”按钮。

（2）菜单栏：单击“文件”→“保存”命令。

（3）应用程序按钮：单击“保存”命令。

（4）命令行：save 或 qsave。

（5）快捷键：Ctrl+S 组合键。

2. 选项说明

如果当前图形文件名是默认名且是第一次存储文件，则系统会弹出“图形另存为”对话框，如图 1–39 所示。用户可以在“保存于”的下拉列表中设定文件的存储位置，在“文件名”文本框中输入文件名，然后单击“保存”按钮，即可完成图形文件保存。

图 1–39 “图形另存为”对话框

如果当前图形文件已有文件名，即图形文件已保存过。此时执行“保存”命令，系统会将当前图形文件以原文件名保存，不会给用户任何提示。

四、另存为图形文件

中望 CAD 2023 还提供了另外一种保存文件的命令，即“另存为”命令。执行“另存为”命令的方法主要有以下几种。

（1）工具栏：单击快速访问工具栏→“另存为”按钮 。

（2）菜单栏：单击“文件”→“另存为”命令。

（3）应用程序按钮：单击“另存为”命令。

（4）命令行：saveas。

（5）快捷键：Ctrl+Shift+S 组合键。

“另存为”命令主要用于将当前图形文件以新的文件名保存。

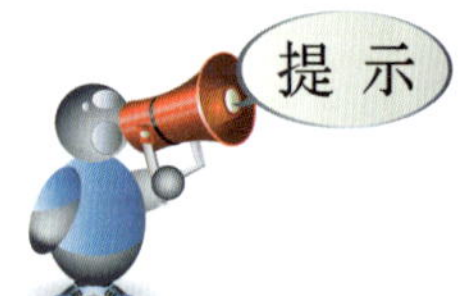

默认状态下，中望 CAD 2023 保存的文件格式为“.dwg”。

五、关闭图形文件

在完成图形的绘制与编辑后，需要关闭图形文件并退出中望 CAD 2023。在图形窗口中单击“关闭”按钮或在菜单栏单击“文件”→“关闭”命令，可以关闭当前图形文件。如果用户没有提前将绘制的图形进行保存，在执行“关闭”命令时，系统将弹出如图 1-40 所示的警示对话框。如单击“是”按钮，系统将弹出“图形另存为”提示对话框，用于对图形进行命名保存；如单击“否”按钮，系统将放弃存盘，退出中望 CAD 2023；如单击“取消”按钮，系统将取消命令，返回到中望 CAD 2023 的工作界面。

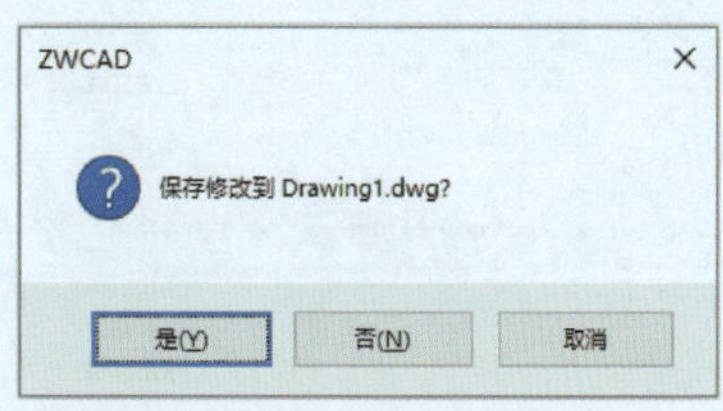

图 1-40　是否保存警示对话框

1. 启动中望 CAD 2023

双击桌面上的中望 CAD CHS 2023 快捷图标，启动中望 CAD 2023。

2. 新建一个基于“zwcadiso.dwt”样板的图形文件

执行“新建”命令，系统弹出“选择样板文件”对话框，选择“zwcadiso.dwt”图形样板文件，单击“打开”按钮，如图 1-41 所示，即可新建一个基于“zwcadiso.dwt”样板的图形文件。

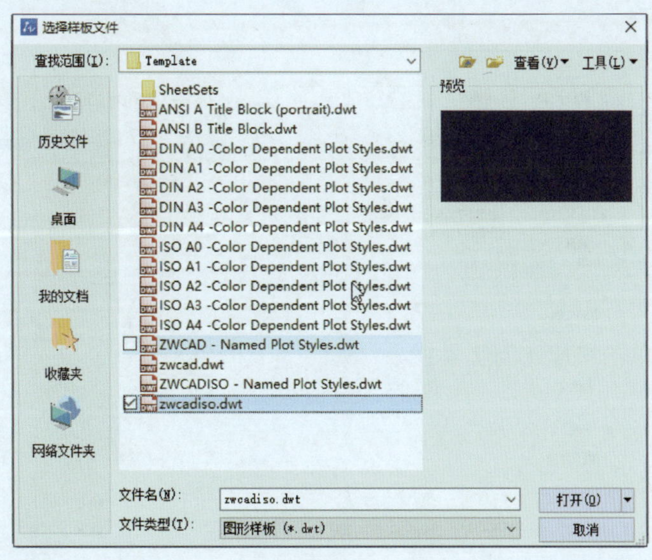

图 1-41　选择图形文件样板

3. 保存图形文件至桌面

执行“保存”命令，系统弹出“图形另存为”对话框，单击对话框左侧蓝色区域中的“桌面”按钮，将“文件名”右侧文本框中的“Drawing2.dwg”改为“文件样例 .dwg”，如图 1-42 所示，单击“保存”按钮，即可将当前文件保存到桌面上。

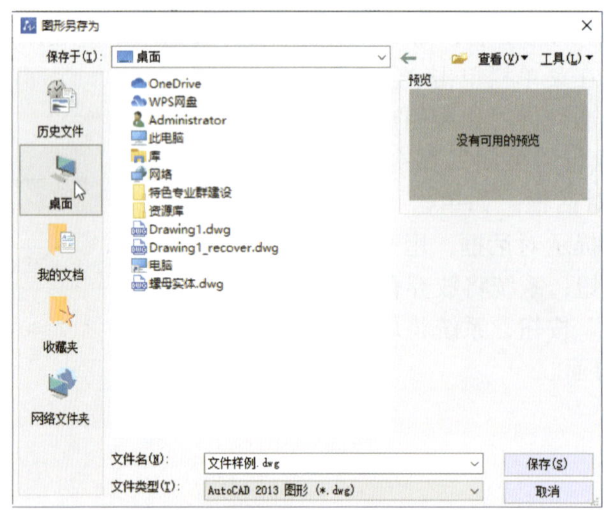

图 1–42　保存名为“文件样例 .dwg”的文件

4. 将图形文件另存至 D 盘中的“cad 图形”文件夹

执行“另存为”命令，系统弹出“图形另存为”对话框，单击“保存于”右侧的下拉按钮，选择 D 盘中的“cad 图形”文件夹，双击将其打开，在“文件名”文本框中输入“另存为样例 .dwg”，单击“保存”按钮，如图 1–43 所示，即可完成图形文件的另存。

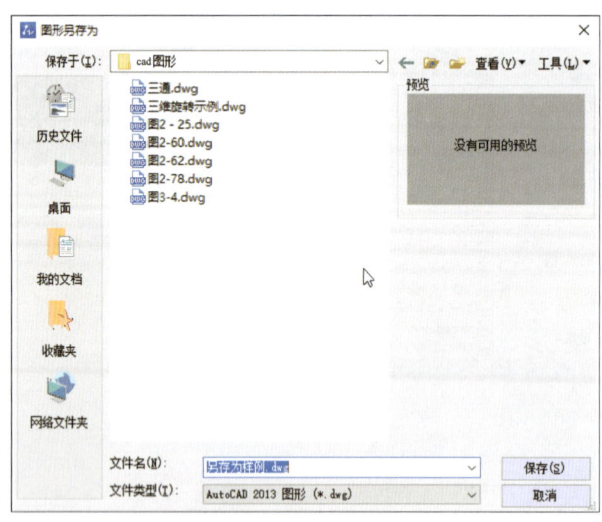

图 1–43　图形文件的另存

5. 打开桌面上的“文件样例 .dwg”图形文件

执行“打开”命令，系统弹出“选择文件”对话框，单击对话框左侧蓝色区域中的“桌面”按钮，在列表中选择“文件样例 .dwg”图形文件，单击“打开”按钮，如图 1–44 所示，即可打开桌面上的“文件样例 .dwg”图形文件。

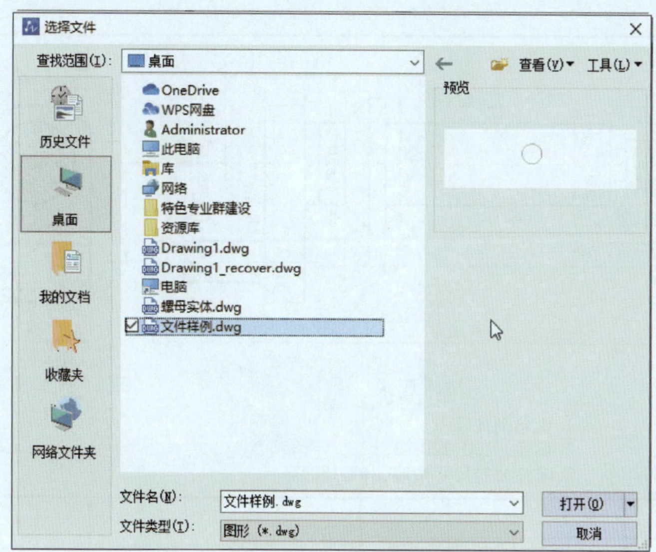

图 1–44　打开桌面上的“文件样例 .dwg”图形文件

6. 关闭“文件样例 .dwg”图形文件

单击功能区下方图形窗口“文件样例 .dwg”标题栏右侧的 × 按钮，即可关闭“文件样例 .dwg”图形文件。注意，此时关闭的是图形文件，而不是中望 CAD 2023。

任务 4　视图的控制

学习目标

1. 掌握“缩放”命令的执行方法，能熟练对视图进行缩放操作。
2. 掌握“平移”命令的执行方法，能熟练对视图进行平移操作。

任务引入

在绘图过程中，为了更好地观察和绘制图形，通常需要对视图进行缩放、平移等操作，本任务通过查看如图 1–45 所示曲轴零件图细节，介绍中望 CAD 2023 视图的控制方法。

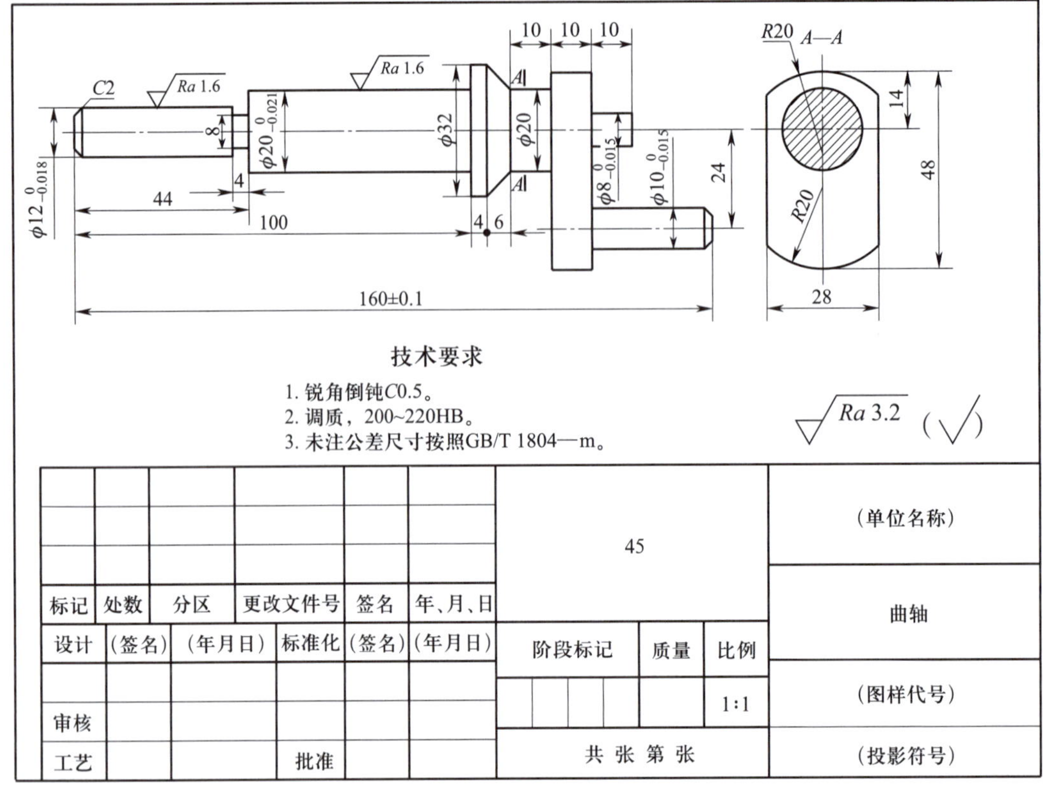

图 1–45　曲轴零件图

在绘图过程中，可以通过缩放来更改视图的放大倍数，通过平移来重新确定视图的位置。它们只改变图形在屏幕上的显示情况，而不能使图形产生实质性的变化。

一、缩放视图

使用“缩放”命令可将视图放大或缩小显示，以便观察和绘制图形，该命令并不改变图形实际尺寸，只是变更视图的显示比例。

1. 执行“缩放”命令的方法

（1）功能区：单击“视图”→“定位”→“范围”下拉列表中的视图缩放按钮，如图 1–46 所示。

（2）菜单栏：单击“视图”→“缩放”中的各类视图缩放命令，如图 1–47 所示。

（3）工具栏：单击“缩放”工具栏或“标准”工具栏中的各视图缩放按钮。

（4）命令行：zoom（z）。

（5）快捷操作：滚动鼠标滚轮，向前滚动放大图形，向后滚动缩小图形。

在命令行输入“zoom”命令并确认后，系统给出如下提示：

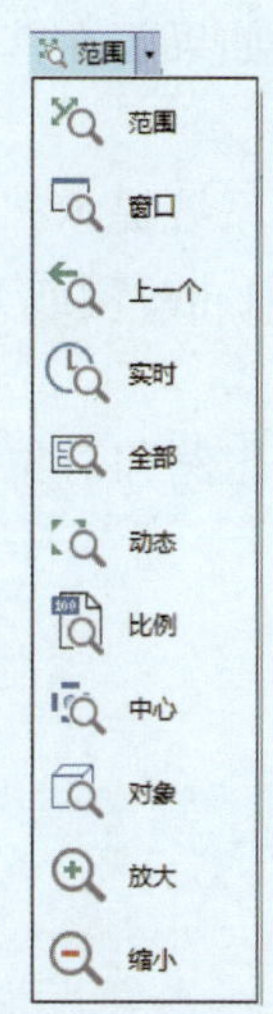

图 1–46　视图缩放按钮

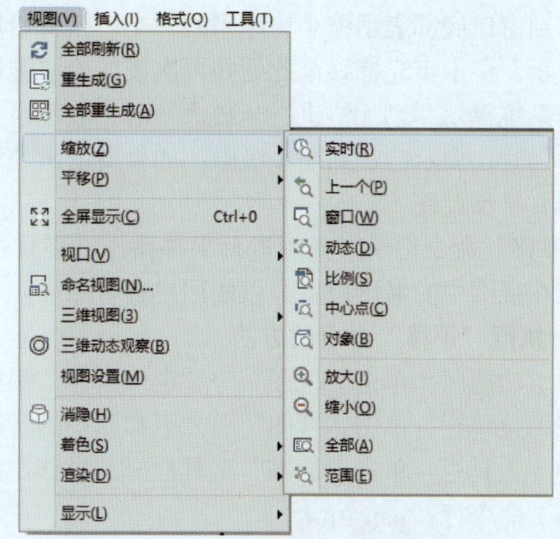

图 1–47　视图缩放命令

命令：ZOOM↙

指定窗口的角点，输入比例因子（nX 或 nXP），或者［全部（A）/ 中心（C）/ 动态（D）/ 范围（E）/ 上一个（P）/ 比例（S）/ 窗口（W）/ 对象（O）］<实时>：

2.“缩放”菜单常用选项的功能

（1）全部：缩放以在当前视口中显示所有可见对象。在平面视图中，所有图形将被缩放至当前范围和栅格界限这两个较大的区域中。即使对象超出了指定的栅格界限，使用此选项仍可以显示所有对象。

（2）中心：缩放以显示由中心点及比例值或高度定义的视图。高度值较小时增加放大比例，高度值较大时减小放大比例。

（3）动态：以视图框方式缩放显示图形的已生成部分。可以通过移动视图框的位置并改变其大小，将其中的图像平移或缩放，以充满整个视口。

（4）范围：按照图形范围来缩放视图，以使所有对象在图形范围内最大化显示。在三维视图中，“全部”选项与“范围”选项功能相同。

（5）上一个：缩放以恢复上一个视图的显示。默认情况下，最多可恢复此前的十个视图。

（6）比例：以指定的比例来缩放显示当前图形。如果输入的值后面带有 X，表示相对于当前视图指定比例。如果输入的值后面带有 XP，表示相对于图纸空间单位指定比例。如果仅输入值，则表示相对于图形界限指定比例。

（7）窗口：缩放以显示指定矩形窗口内的区域。

（8）对象：缩放指定的对象，使指定的对象尽可能大地显示在绘图区域的中心。

（9）实时：按住鼠标左键在屏幕中滑动，在逻辑范围内实时缩放显示当前图形。选择此选项后，十字光标变为带有加号（+）和减号（–）的放大镜 Q⁺。

实时缩放比例因子由当前图形区域确定。按住鼠标左键移动窗口高度的一半距离表示缩放比例为 100%。在窗口的中点按住拾取键，垂直移动到窗口顶部表示放大 100%，垂直向下移动到窗口底部表示缩小为原来的一半。松开拾取键时缩放终止。如果要在其他位置继续缩放显示，将十字光标移至此处并再次按住拾取键即可。

当系统提示“已无法进一步放大”时，表示已达到放大极限；当系统提示“已无法进一步缩小”时，表示已达到缩小极限。如果要退出“缩放”功能，可按 Enter 键或 Esc 键。

二、平移视图

“平移”命令用于对视图进行平移操作。平移视图不改变视图的比例和对象比例，仅改变对象在视图中的显示位置，以便用户查看图形。

1. 执行“平移”命令的方法

（1）功能区：单击“视图”→“定位”→“平移”按钮。

（2）菜单栏：单击“视图”→“平移”中的各视图平移命令。

（3）工具栏：单击“标准”工具栏→“平移”按钮。

（4）命令行：pan（p）。

（5）快捷操作：按住鼠标滚轮拖动，可以快速进行视图平移操作。

2. 选项说明

视图平移可以分为“实时平移”和“定点平移”两种，其含义如下。

（1）实时平移：十字光标形状变为手形，按住鼠标左键不放并移动鼠标，即可实时移动图形。将图形移动到需要的位置后，按 Esc 键或 Enter 键结束平移操作。

（2）定点平移：通过指定平移起始点和目标点的方式进行平移。

在“平移”子菜单中，“左(L)”“右(R)”“上(U)”“下(D)”分别表示将视图向左、右、上、下方向移动。

在没有命令执行的前提下或没有对象被选择的情况下，右击可弹出快捷菜单，如图 1-48 所示，单击“平移”或“缩放”命令，也可以对图形进行平移或缩放。

图 1-48 快捷菜单

1. 打开曲轴零件图源文件，如图 1–49 所示。

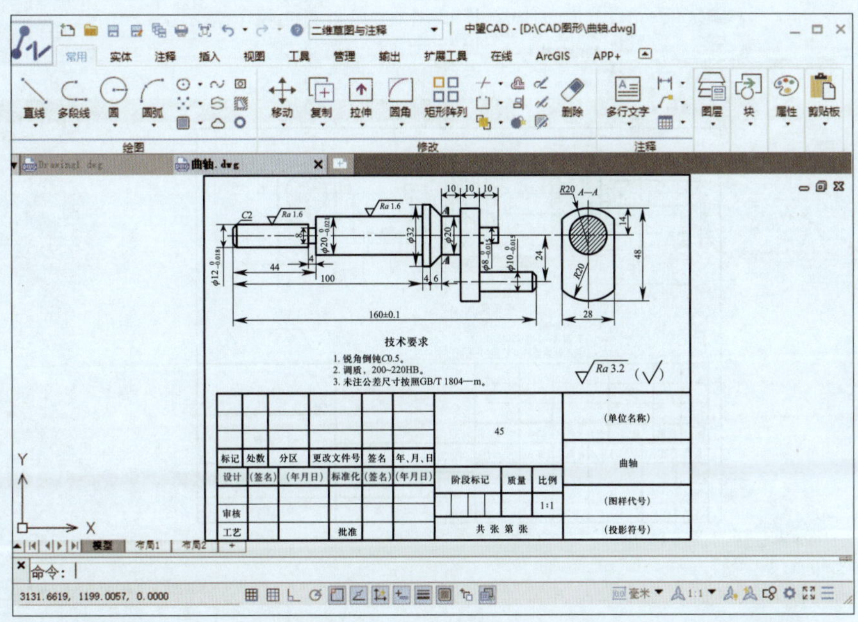

图 1–49　曲轴零件图源文件

2. 执行“平移”命令，按住鼠标左键向右移动图形，如图 1–50 所示。

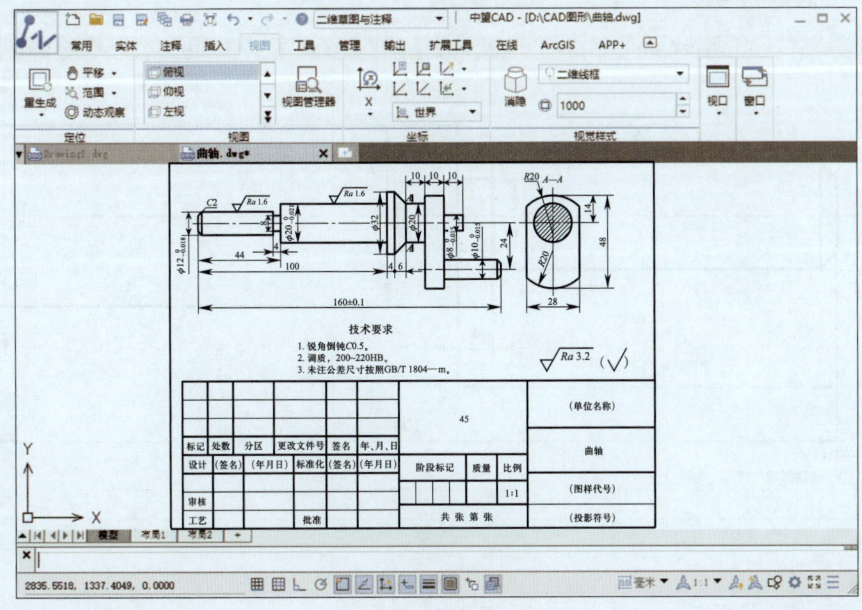

图 1–50　向右平移视图

3. 按住鼠标滚轮，向左移动鼠标，将视图平移至中间位置。

4. 单击功能区“视图”→“窗口缩放”按钮，查看曲轴左端退刀槽的细节。用鼠标左键确定一个缩放窗口，如图 1-51a 所示，缩放结果如图 1-51b 所示。

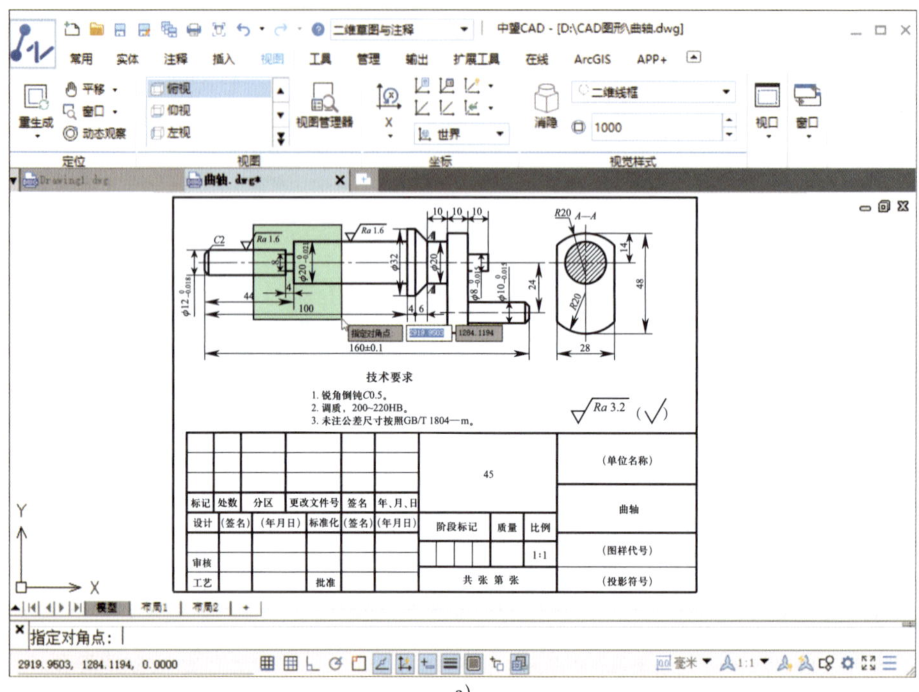

a）

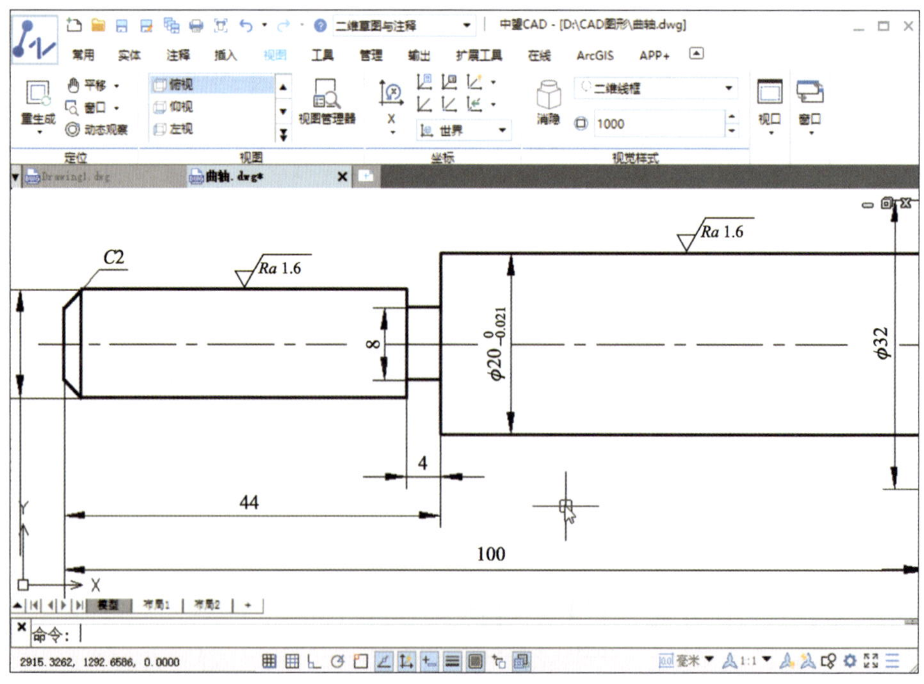

b）

图 1-51　窗口缩放

a）确定缩放窗口　b）缩放结果

5. 单击功能区“视图”→“定位”→“上一个”按钮 上一个，视图缩放回到如图 1–51a 所示的状态。

6. 向上和向下转动鼠标滚轮对图形进行实时放大与缩小。

7. 在空白处右击，在弹出的快捷菜单中单击“缩放”命令，十字光标变为放大镜形状，按住鼠标左键向上移动十字光标，对图形进行缩小显示，按住鼠标左键向下移动十字光标，对图形进行放大显示。按 Esc 键可结束“缩放”命令。

任务 5　创建机械绘图图形样板

1. 掌握中望 CAD 2023 图形单位和图形界限的设置方法。
2. 掌握中望 CAD 2023 绘图系统的配置方法。
3. 掌握中望 CAD 2023 图层的设置方法。

图形样板文件是一种包含特定图形设置的图形文件（扩展名为“.dwt”），是为了保证同一项目中所有图形文件使用相同的图层、颜色、线型等对象特征而设置的。

本任务要求创建一个机械绘图图形样板文件，需要设置绘图环境、绘图系统、图层等。对于文字样式和标注样式的设置，将在后面模块介绍。当采用创建的图形样板文件来新建图形文件时，新建图形文件会保留图形样板文件中的所有设置。这样就避免了大量的重复设置工作，而且可以保证同一项目中所有图形文件的标准和统一。

一、设置绘图环境

一般情况下可以采用计算机默认的图形单位和图形界限，但有时也要根据绘图的实际需要进行设置。在中望 CAD 2023 中，可以利用相关命令对图形单位和图形界限进行具体设置。

1. 图形单位设置

在计算机屏幕上显示的图形需要有实际的单位才能确定其形状和大小，比如尺寸单位是选择英寸（in）还是毫米（mm），角度单位是选择度、分、秒（°、′、″）还是十进制度数，所有这些在绘图前都需要进行设置。此外，还需要对绘图的精度进行设置。

（1）执行“单位”命令的方法

1）命令行：units 或 ddunits（un）。

2）菜单栏：单击“格式”→“单位”命令。

3）应用程序按钮：“图形实用工具”→“单位”命令。

执行“单位”命令后，系统打开“图形单位”对话框，如图 1–52 所示，用户可以在“长度”选项组中对长度的“类型”“精度”进行设置，在“插入比例”选项组中对长度尺寸的单位进行设置，在“角度”选项组中对角度的“类型”“精度”进行设置。

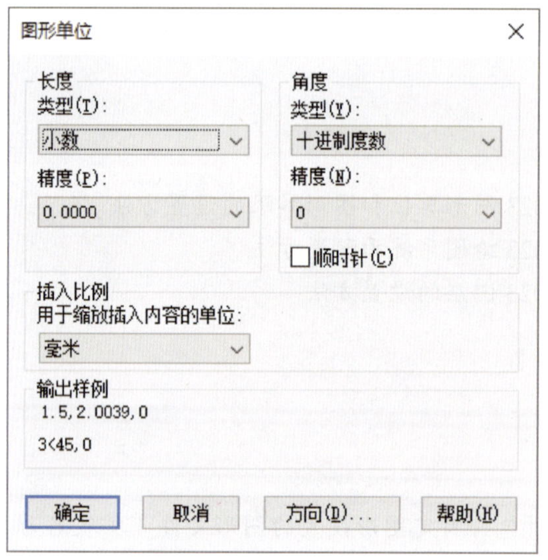

图 1–52 “图形单位”对话框

（2）选项说明

1）长度：“类型”用于指定测量长度尺寸的类型，包括“科学”“小数”“工程”“建筑”“分数”等选项，其中，“工程”和“建筑”选项提供英尺（ft）和英寸显示并假定每个图形单位表示一英寸。“精度”用于设置线性测量值显示的小数位数或分数大小。

2）角度：“类型”用于指定测量角度的类型，包括“十进制度数”“百分度”“度 / 分 / 秒”“弧度”“勘测单位”等选项。“精度”用于指定测量角度的精度。

3）顺时针：用于设置角度的方向，如果选中该按钮，在绘图过程中就以顺时针为正角度方向，否则以逆时针为正角度方向，系统默认逆时针为正角度方向。

4）插入比例：用于缩放插入内容的单位。

5）输出样例：显示用当前单位和角度设置的例子。

6）方向：单击“方向”按钮，系统弹出如图 1–53 所示“方向控制”对话框，可在该对话框中进行方向控制的设置，系统默认“东”为0°方向。

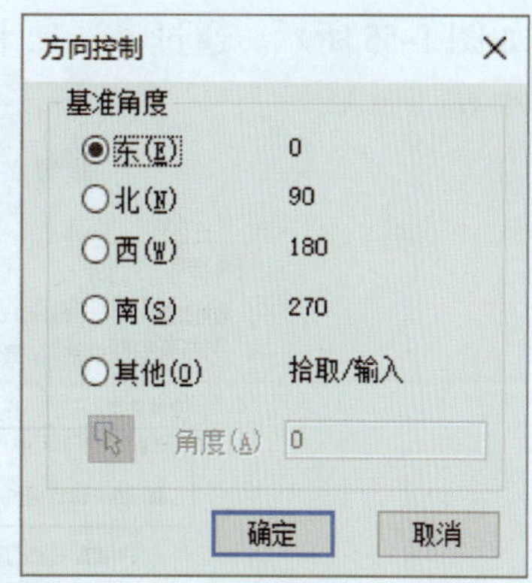

图 1–53 “方向控制”对话框

2. 图形界限设置

设置图形界限就是设置当前视图的图形界限以及栅格显示的范围。其中，图形界限是世界坐标系中的二维点，代表图形所在范围的左下点和右上点。注意，在 Z 轴方向上不能定义图形界限。

（1）执行“图形界限”命令的方法

1）命令行：limits。

2）菜单栏：单击“格式”→“图形界限”命令。

执行“图形界限”命令后，系统给出以下提示：

指定左下点或界限 [开（ON）/ 关（OFF）] <0，0>：（确定边界左下角的坐标后，按 Enter 键确定）

指定右上点 <420，297>：297，210↙（设置边界右上角的坐标。示例设置的是 A4 图幅）

（2）选项说明

1）开：开启图形界限检查模式。当界限检查打开时，用户若在设定的范围外创建对象，系统将拒绝输入。由于界限检查只对输入点进行检测，图形界限将可输入的坐标限制在矩形区域内，所以可能会有对象（例如圆）的某些部分延伸出界限。

打开界限检查后，使用“zoom”命令的“比例”选项显示的区域和“全部”选项显示的最小区域也由图形界限所设置的大小来显示。打印图形时，也可以指定图形界限作为打印区域。

2）关：关闭图形界限检查模式。用户可在设置的范围外创建对象。

二、配置绘图系统

每台计算机所使用的显示器、输入设备和输出设备的类型不同，用户喜好的风格及计算机的具体设置也不同。一般来讲，使用中望 CAD 2023 的默认配置即可绘图。为了使用用户的定点设备或打印机，以及提高绘图的效率，用户可以在开始作图前根据具体情况进行必要的配置。

1. 执行“选项”命令的方法

（1）菜单栏：单击“工具”→“选项”命令。

（2）快捷菜单：在绘图区域右击，在弹出的快捷菜单中单击“选项”命令。

（3）命令行：options 或 preferences。

执行“选项”命令后，系统弹出“选项”对话框。用户可以在该对话框中设置有关选项，对绘图系统进行配置，下面介绍其中常用的选项卡。

2. 选项说明

（1）“打开和保存”选项卡

“选项”对话框中的第一个选项卡为“打开和保存”选项卡，用于文件打开和保存的相关设置，如图 1–54 所示。通过该选项卡，可以设置文件缺省保存格式、文件自动保存时间间隔等。

（2）“显示”选项卡

“选项”对话框中的第三个选项卡为“显示”选项卡，用于控制中望 CAD 2023 的外观，如图 1-55 所示。通过该选项卡可以设置配色方案、绘图区域颜色、显示精度、十字光标大小等。

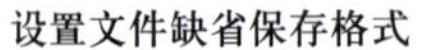

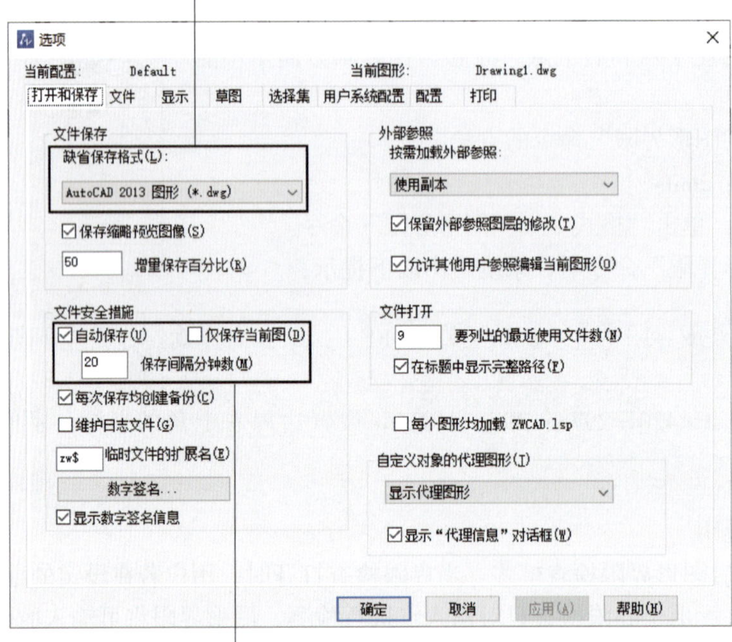

设置文件自动保存时间间隔

图 1-54 “打开和保存”选项卡

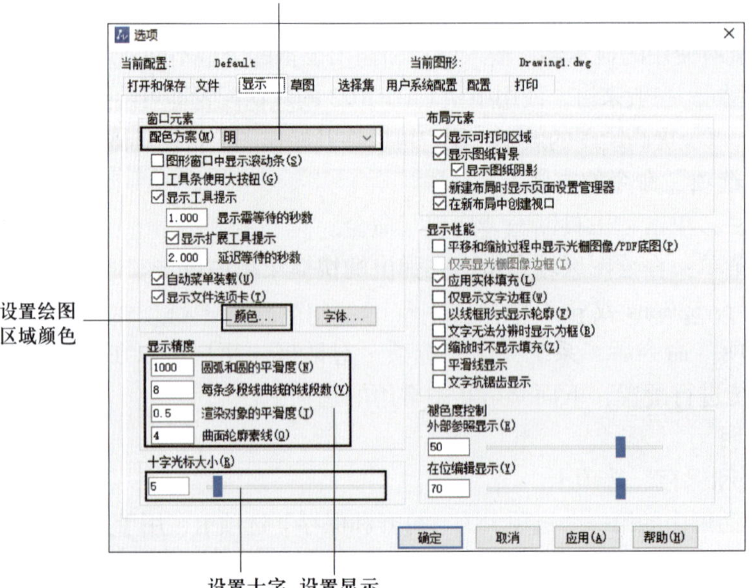

设置十字光标大小　设置显示精度

图 1-55 “显示”选项卡

（3）“选择集”选项卡

“选项”对话框中的第五个选项卡为“选择集”选项卡，用于进行选择对象的相关设置，如图 1–56 所示。通过该选项卡，可以设置拾取框大小、夹点大小、夹点颜色等。

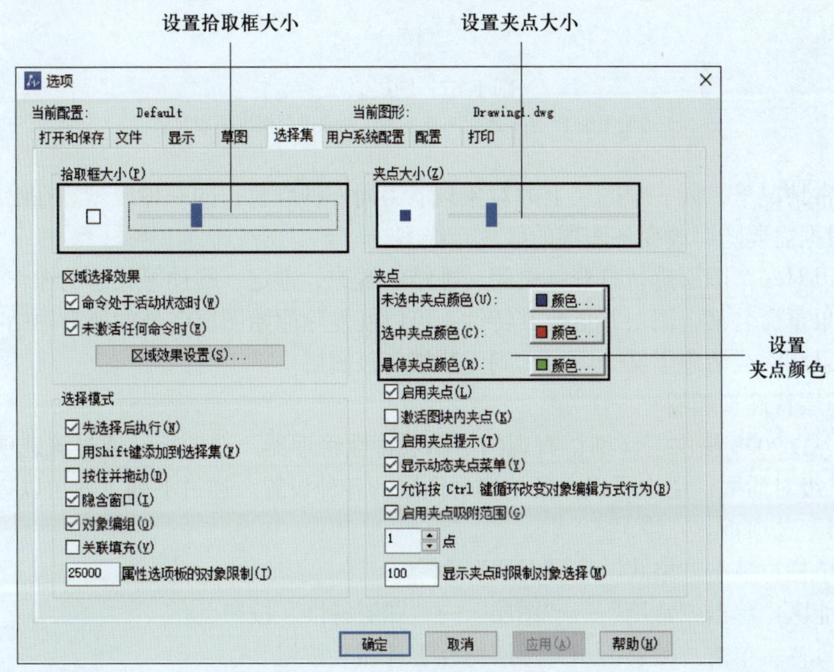

图 1–56 “选择集”选项卡

三、设置图层

1. 图层概述

（1）图层的概念

一幅机械工程图样中包含各种各样的信息，有确定对象形状的几何信息，也有表示线型、颜色等属性的非几何信息，当然还有各种尺寸和符号。这么多内容集中在一张图纸上，必然给设计、绘图工作造成很大负担。如果能够把相关的信息集中在一起，或把某个零件、某个组件集中在一起单独进行绘制或编辑，当需要时又能够组合或单独提取，将使设计、绘图工作变得简单。图层就具备这种功能，可以采用分层的设计方式实现上述要求。

中望 CAD 2023 的图层相当于传统图纸中使用的重叠图纸。它就如同一张张透明的图纸，整个文件就是由若干透明的图纸上下叠加而成的，图层原理如图 1–57 所示。用户可以根据不同的特征、类别或用途，将图形对象分类组织到不同的图层中。同一个图层中的图形对象具有许多相同的外观属性，如线宽、颜色、线型等。

图层具有以下特点。

1）在一幅图形中可以创建任意多个图层，每一个图层中可创建的对象没有限制。

2）每一个图层都必须有一个名称，系统自动创建图层名为“0”，如果图纸或块中有标注，系统会自动设置标注点的“Defpoints”图层，该图层只能显示不能打印。

3）每个图层都可以设置为当前图层，新绘制的图形只能生成在当前图层上。

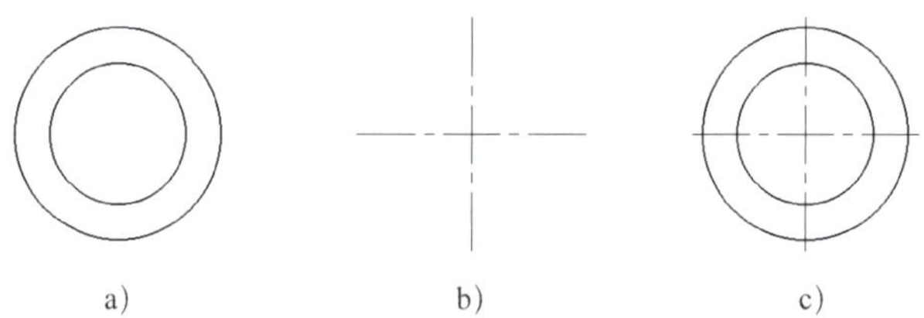

图 1–57　图层原理

a）透明图纸 1　b）透明图纸 2　c）两张透明图纸叠加起来

4）通常情况下，同一个图层上的对象只能为同一种颜色、同一种线型。在绘图过程中，用户可以根据需要随时改变各图层的颜色、线型。

5）可以对一个图层进行打开、关闭、冻结、解冻、锁定、解锁等状态的操作。

6）如果重命名某个图层并更改其特性，可以恢复除原始图层名外的所有原始特性。

7）如果删除或清理了某个图层，则无法恢复该图层。

（2）图层特性管理器

中望 CAD 2023 提供了详细、直观的“图层特性管理器”选项板，通过该选项板中的各选项及其二级对话框，用户可以方便地实现图层的各种设置。通过下列方式可以打开“图层特性管理器”选项板。

1）菜单栏：单击“格式”→“图层”命令。

2）功能区：单击“常用”→“图层”→“图层特性”按钮 。

3）工具栏：单击“图层”→“图层特性管理器”按钮 。

4）命令行：layer（la）。

执行“图层”命令后，系统弹出“图层特性管理器”选项板，如图 1–58 所示。“图层特性管理器”选项板主要分为“图层树状区”与“图层设置区”两部分。“图层树状区”用于显示图形中图层和过滤器的层次结构列表，其中“全部”过滤器用于显示图形中所有的图层，而“所有已使用的图层”过滤器为只读过滤器，过滤器按字母顺序排序。“图层设置区”具有新建、删除、置为当前等功能，并能显示图层具体的特性与说明。

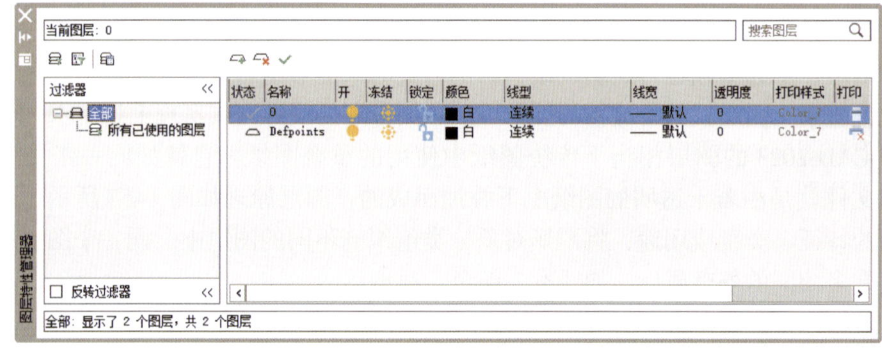

图 1–58　“图层特性管理器”选项板

2. 图层的基本操作

图层的新建、设置等操作通常在“图层特性管理器”选项板中进行。

（1）新建图层

单击“图层特性管理器”选项板上方的“新建”按钮 ，图层列表中将出现一个名称为“图层 1”（默认情况下，创建的图层会依次以“图层 1”“图层 2”等顺序命名）的新图层，如图 1–59 所示。用户可直接使用此名称，也可更改。图层名称可以包含字母、数字、空格和特殊符号，中望 CAD 2023 支持长达 255 个字符的图层名称。新图层继承建层时所选中的已有图层的所有特性（如颜色、线型等），如果新建图层时没有图层被选中，则新图层具有默认的设置。

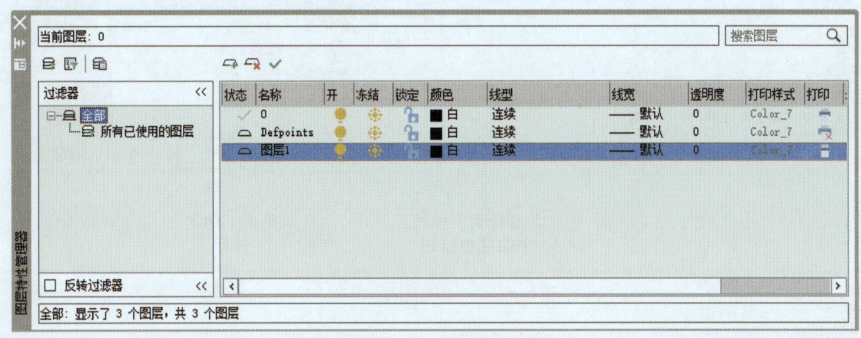

图 1–59　新建图层

当用户创建了新图层后，需要对其重新命名，可以用以下三种方法进入编辑状态更改名称。

1）选择目标图层名称，然后单击名称。

2）选择目标图层，按快捷键 F2。

3）选择目标图层并右击，在弹出的快捷菜单中单击“重命名图层”命令。

（2）设置图层的颜色

为了区分不同的对象，通常为不同的图层设置不同的颜色。设置图层颜色之后，该图层上所有对象均显示为该颜色（修改了对象特性的图形除外）。

单击“图层特性管理器”选项板上某一图层对应的颜色项，弹出“选择颜色”对话框，在调色板中选择一种颜色，单击“确定”按钮，即可完成颜色的设置，如图 1–60 所示。

（3）设置图层的线型

线型是指图形基本元素中线条的组成和显示方式，如实线、中心线、点画线、虚线等。通过线型的区别，可以直观地判断图形对象的类别。在中望 CAD 2023 中，默认的线型为“连续”（实线），其他的线型需要加载才能使用。

在“图层特性管理器”选项板中单击某一图层中对应的线型项，弹出“线型管理器”对话框，如图 1–61 所示。可从已加载的线型列表中选择所需要的线型。若列表中没有需要的线型，可单击“加载”按钮，系统弹出“添加线型”对话框，在线型列表中选择需要的线型，单击“确定”按钮完成添加，如图 1–62 所示。加载后的线型将在“线型管理器”对话框的列表中显示，选择该线型，单击“确定”按钮，即可完成线型的设置。

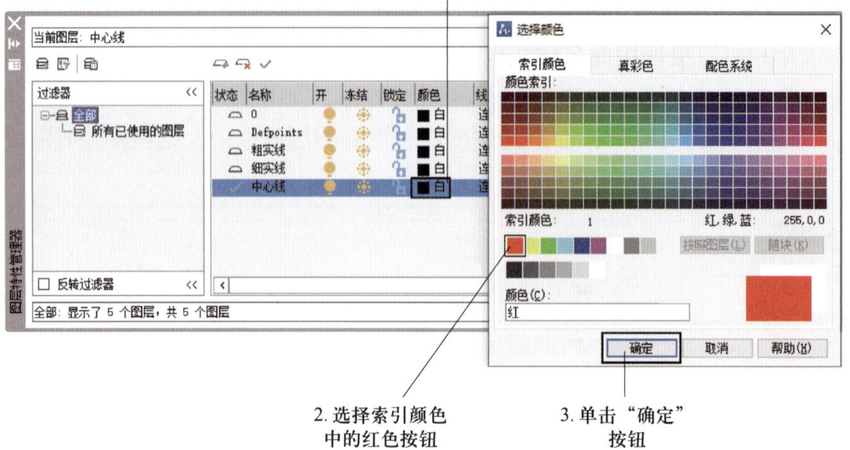

图 1-60　设置图层的颜色

图 1-61　“线型管理器”对话框

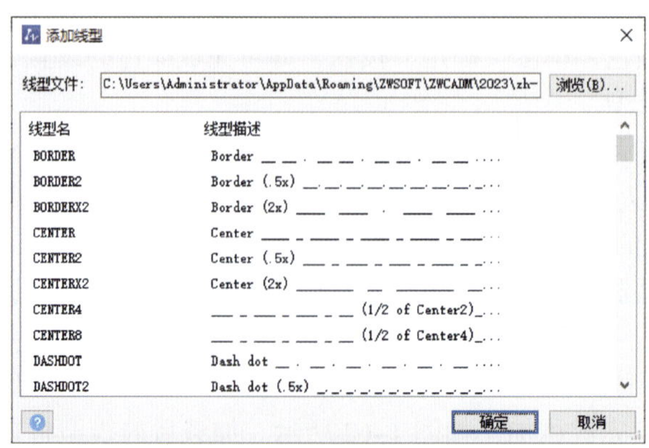

图 1-62　“添加线型”对话框

（4）设置图层的线宽

在“图层特性管理器”选项板中，如果要修改某一图层的线宽，可单击该图层的线宽项，系统弹出“线宽”对话框，如图 1–63 所示，从列表中选择需要的线宽，单击“确定”按钮，即可完成线宽的设置。

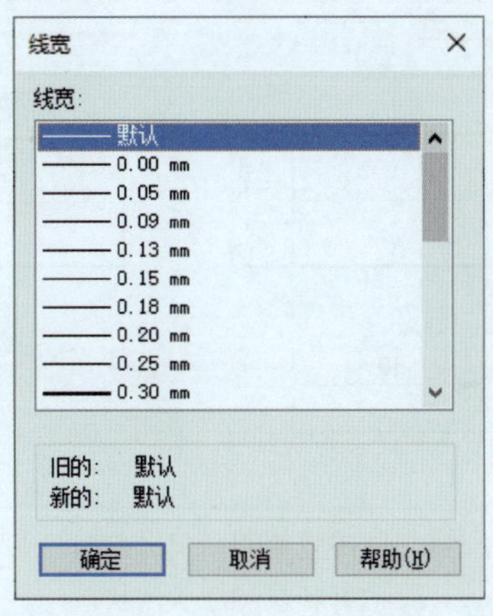

图 1–63 “线宽”对话框

一般情况下，设置线的粗细在屏幕上并不会显示出来（不影响打印）。有时为了方便读图，需要显示线宽，此时可单击状态栏中的“显示 / 隐藏线宽”按钮 ≡，当该按钮为“开”时，屏幕上显示线宽，当该按钮为“关”时，屏幕上不显示线宽。要设置线宽显示的粗细，可单击菜单栏中“格式”→“线宽”命令，打开如图 1–64 所示“线宽设置”对话框，调整显示比例就可以调整线宽显示的粗细。注意，屏幕上显示线的宽度并不影响线的实际打印宽度。

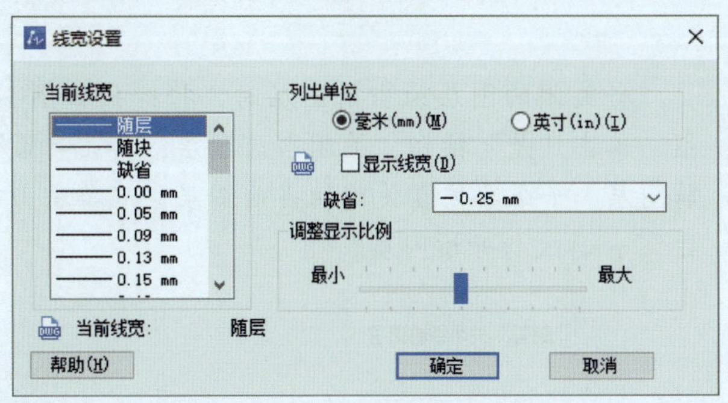

图 1–64 “线宽设置”对话框

3. 图层的管理与控制

在中望 CAD 2023 中，用户还可以对图层进行隐藏、冻结以及锁定等操作，这样在使用中望 CAD 2023 绘制复杂的图形对象时，就可以有效地减少误操作，提高绘图效率。

（1）打开与关闭图层

1）在“图层特性管理器”选项板中选择要打开或关闭图层，单击“开”列中的 或 按钮，当为黄色灯泡时，图层处于打开状态，图层上所有对象会在屏幕上显示或由打印机打印出来。当为蓝色灯泡时，图层上的所有对象将隐藏，在屏幕上不显示，打印机也打印不出来。图 1–65 所示为“尺寸标注”图层打开和关闭的状态。

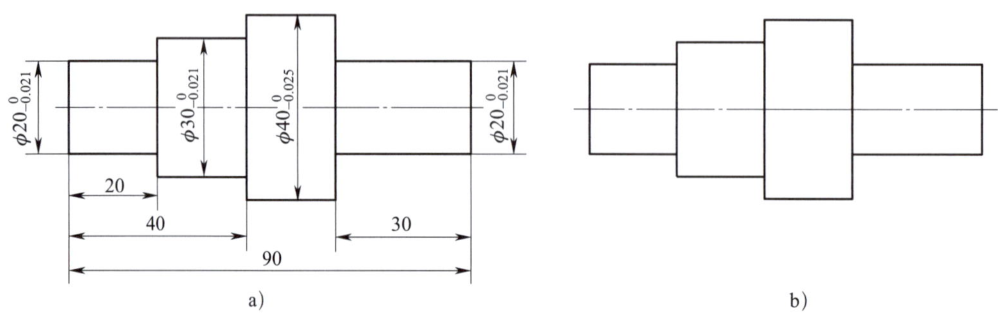

图 1–65　打开或关闭“尺寸标注”图层

a）打开状态　b）关闭状态

2）在“常用”选项卡中，打开“图层”面板上“图层特性”下拉列表，单击需要打开或关闭的图层前的 或 按钮，即可完成打开或关闭图层操作，如图 1–66 所示。

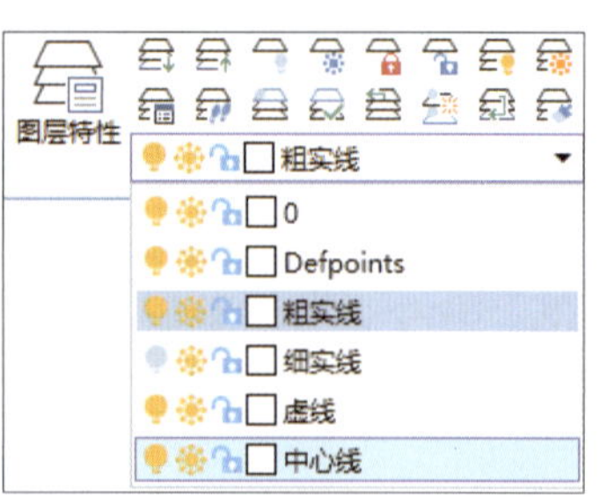

图 1–66　“图层特性”下拉列表

当关闭的图层为当前图层时，将弹出如图 1–67 所示的确认对话框。单击“是”按钮，关闭当前图层；单击“否”按钮，则不关闭当前图层。如果要恢复关闭的当前图层，可单击当前图层的“关闭”按钮 ，再次打开该图层。

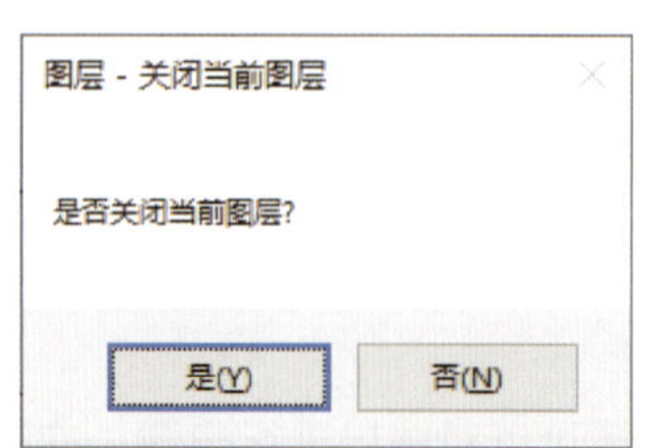

图 1–67　“图层 – 关闭当前图层”对话框

（2）冻结与解冻图层

将长期不需要显示的图层冻结，可以提高系统运行速度，减少图形刷新的时间，因为这些图层将不会被加载到内存中。中望 CAD 2023 不会在冻结图层显示、打印或重生成对象。

1）在“图层特性管理器”选项板中单击要冻结或解冻的图层前的 或 按钮，即可冻结或解冻图层。当为黄色按钮 时，图层为解冻状态；当为蓝色按钮 时，图层为冻结状态。

2）在“常用”选项卡中，打开“图层”面板上“图层特性”下拉列表，单击需要冻结或解冻图层前的 或 按钮，即可完成图层的冻结和解冻。

如果要冻结的图层为当前图层，将弹出如图 1–68 所示的提示对话框，提示“无法冻结此图层，因为此图层为当前图层”。如果要冻结当前图层，必须先将其他图层设置为当前图层。

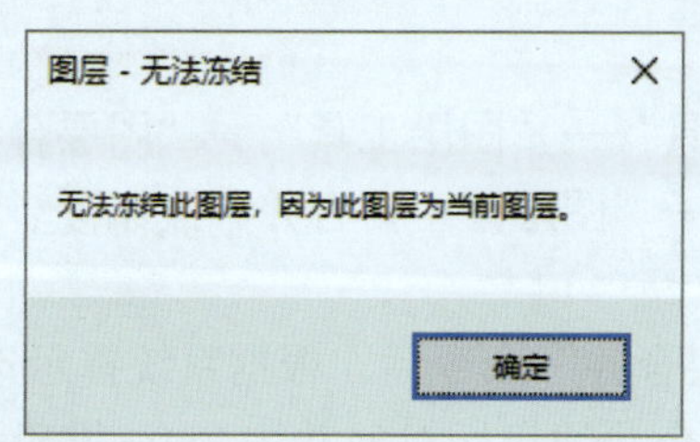

图 1–68 “图层 – 无法冻结”提示对话框

（3）锁定与解锁图层

如果某个图层上的对象只需要显示，不需要被选择和编辑，那么可以锁定该图层。被锁定的图层仍然可见，但会淡化显示，该图层上的对象能够被选择、标注和测量，但不能被编辑和删除。另外，还可以在该图层上添加新的对象。因此，可将重要的中心线、辅助基准线进行锁定。

1）在“图层特性管理器”选项板中单击要锁定或解锁图层前的 或 按钮，即可锁定或解锁图层。当为开锁按钮 时，图层为解锁状态；当为闭锁按钮 时，图层为锁定状态。

2）在“常用”选项卡中，打开“图层”面板上“图层特性”下拉列表，单击需要锁定或解锁图层前的 或 按钮，即可完成图层的锁定和解锁。

（4）设置当前图层

当前图层是当前工作状态下所处的图层。设置某一图层为当前图层之后，接下来所绘制的对象都位于该图层中。如果需要在其他图层中绘图，就需要更改当前图层。

1）在“图层特性管理器”选项板中选择目标图层，单击“当前”按钮 。被置为当前图层的图层前会出现符号 。

2）在“默认”选项卡中，单击“图层”面板上“图层特性”下拉列表，在其中选择需要的图层，即可将其设置为当前图层，如图 1–69 所示。选中图形中的对象，然后单击“图层”面板中“将对象的图层置为当前”按钮，也可把选中对象所在的图层设置为当前图层。

3）在命令行中执行“clayer”命令，系统提示“输入 CLAYER 的新值”，输入图层名称，按 Enter 键，也可把该图层置为当前图层。

图 1–69　设置当前图层

（5）删除图层

在图层创建过程中，如果新建了多余的图层，可以在“图层特性管理器”选项板中单击“删除”按钮将其删除，但中望 CAD 2023 规定以下四类图层不能被删除。

1）图层“0”和“Defpoints”。

2）当前图层。要删除该图层，必须更改当前图层到其他图层。

3）包含对象（包括块定义中的对象）的图层。要删除该图层，必须先删除该图层中所有的图形对象。

4）依赖外部参照的图层。要删除该图层，必须删除外部参照。

（6）图层合并

1）命令执行方法

①菜单栏：单击“扩展工具”→“图层工具”→“图层合并”命令。

②功能区：单击“默认”→“图层”→“合并”按钮。

③命令行：laymrg。

2）操作过程。执行“图层合并”命令后，根据系统提示选择需要合并的对象并按 Enter 键确认，再根据提示选择需要合并的目标对象并按 Enter 键确认。系统弹出文本窗口，并弹出“你想继续吗”提示选项，单击“是”按钮即可完成合并操作。

1. 启动中望 CAD 2023

双击桌面上的中望 CAD 2023 快捷图标，启动中望 CAD 2023。单击快速启动工具栏中的“新建”按钮，系统弹出“选择样板文件”对话框，选择“zwcadiso.dwt”文件，单击“打开”按钮。

2. 设置绘图环境

（1）设置图形单位

单击菜单栏中“格式”→“单位”命令，系统打开“图形单位”对话框（见图 1–70），将“长度”的“类型”设置为“小数”，“精度”设置为“0.000”；将“角度”的“类型”设置为“度 / 分 / 秒”，“精度”设置为“0d00′ 00″”。

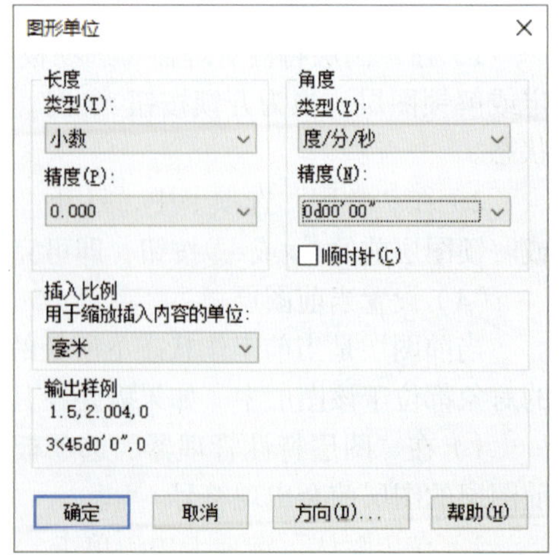

图 1–70　“图形单位”对话框

（2）设置绘图界限

绘制机械图样大多使用 A4 幅面的图纸，因此可以将机械绘图图形样板文件的绘图界限设置为 A4 幅面。

单击菜单栏中“格式”→“图形界限”命令。执行该命令后，系统给出以下提示：

> 指定左下点或界限［开（ON）/ 关（OFF）］<0，0>：↙（以坐标系原点为图形界限的左下点，直接按 Enter 键确认）
>
> 指定右上点 <420，297>：297，210↙（按 A4 幅面，输入右上点坐标，按 Enter 键确认）

执行上述操作，完成图形界限的设置。

3. 配置绘图系统

单击菜单栏中“工具”→“选项”命令，打开“选项”对话框。在“显示”选项卡中，将“配色方案”设置为“明”，绘图区域颜色设置为“白”，“十字光标大小”设置为“10”。在“打开和保存”选项卡中将“自动保存”时间间隔设置为“20”。在“选择集”选项卡中设置拾取框的大小。其他选项采用默认设置。

4. 设置图层

（1）新建图层

单击功能区中“常用”→“图层”→“图层特性”按钮，打开“图层特性管理器”选项板，单击“新建”按钮，新建“粗实线”“细实线”“细点画线”“细虚线”“细双点画线”五个图层，如图 1–71 所示。

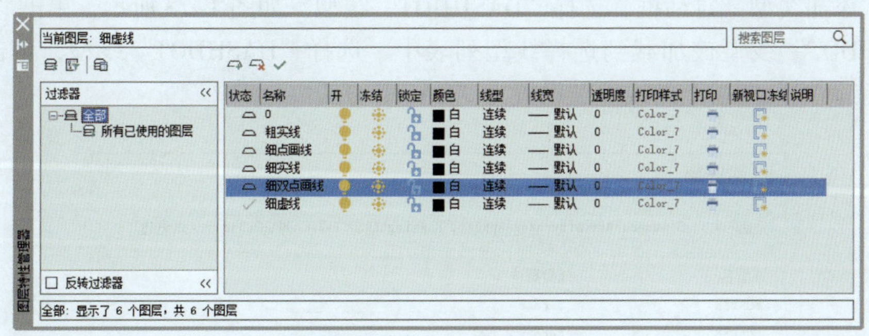

图 1–71　新建图层

（2）设置图层颜色

根据国家标准《机械工程　CAD 制图规则》（GB/T 14665—2012）的规定，图线在屏幕上的颜色可按表 1–1 设置。单击各图层中的颜色项，按照表 1–1 进行设置，结果如图 1–72 所示。

表 1–1　　图线在屏幕上的颜色（摘自 GB/T 14665—2012）

图线类型	粗实线	细实线	细虚线	细点画线	细双点画线
屏幕上的颜色	白色	绿色	黄色	红色	粉红色

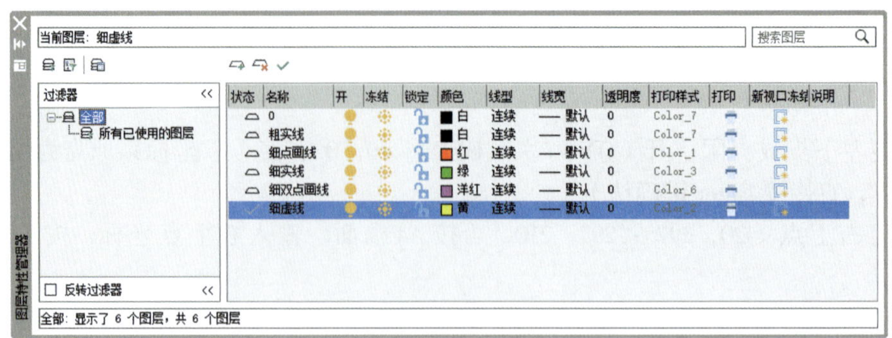

图 1-72　设置图层颜色

（3）设置图层线型

按照国家标准《机械制图　图样画法　图线》（GB/T 4457.4—2002）的规定设置线型，线型设置可以参照表 1-2。

表 1-2　　线型设置

图线类型	粗实线	细实线	细虚线	细点画线	细双点画线
CAD 线型	连续	连续	DASHED	DASHDOT	DIVIDE

1）单击“细点画线”图层上的线型项，打开“线型管理器”对话框，单击“加载”按钮，打开“添加线型”对话框，选择“DASHDOT”线型，如图 1-73 所示，单击“确定”按钮，“DASHDOT”线型被加载到选择线型列表中。选择“DASHDOT”线型，单击“确定”按钮，“细点画线”图层上的线型被设置为“DASHDOT”。

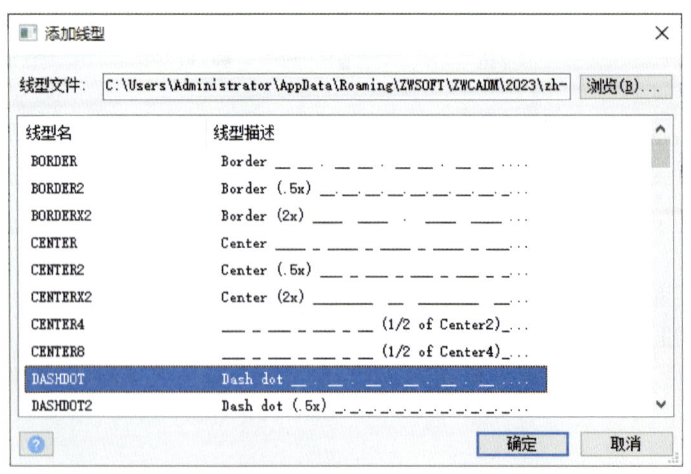

图 1-73　“添加线型”对话框

2）按照上述方法，将“细虚线”和“细双点画线”图层中的线型分别设置为“DASHED”和“DIVIDE”，如图 1-74 所示。

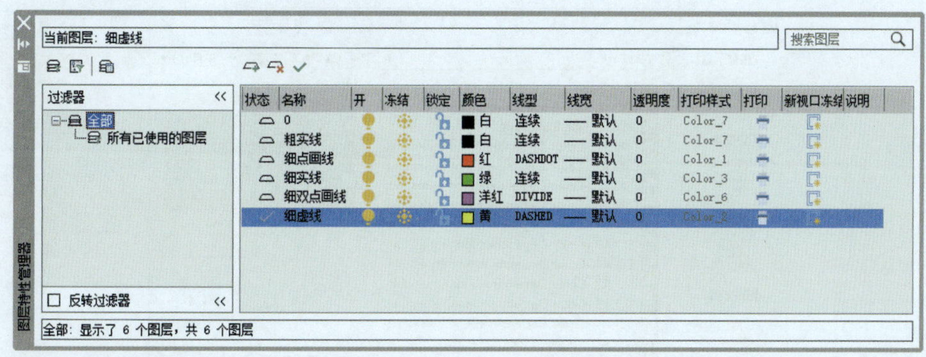

图 1–74 设置图层线型

（4）设置图层线宽

根据机械制图国家标准的有关规定，单击“粗实线”图层中的线宽项，在弹出的“线宽”对话框中选择“0.35”线宽，单击“确定”按钮，即可将“粗实线”的线宽设置为 0.35 mm。按照上述方法，将细实线、细虚线、细点画线、细双点画线的线宽设置为 0.18 mm，如图 1–75 所示。

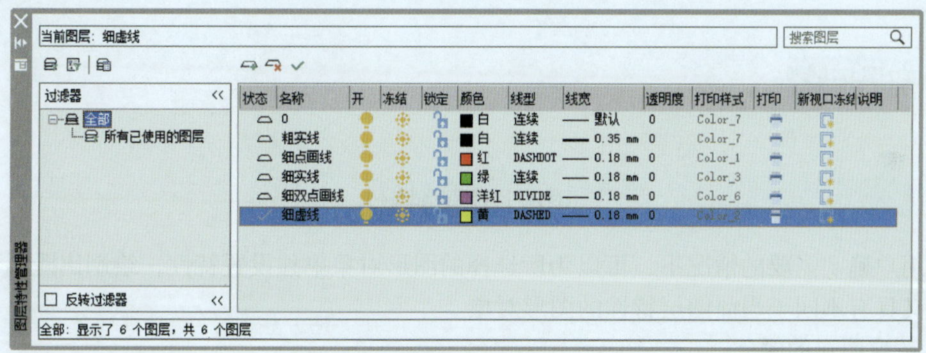

图 1–75 设置图层线宽

5. 保存图形样板

通过前面的操作，图形样板已经设置完毕，可以将其保存成图形样板文件，如图 1–76 所示。操作步骤如下。

（1）单击菜单栏中“文件”→“另存为”命令，弹出“图形另存为”对话框。

（2）在“文件类型”下拉列表中选择“图形样板（*.dwt）”选项，在“保存于”下拉列表中选择“Template”文件夹。

（3）在“文件名”文本框中输入“机械绘图”，单击“保存”按钮，保存图形样板文件。

此时就创建好一个标准的 A4 幅面的机械绘图图形样板文件。

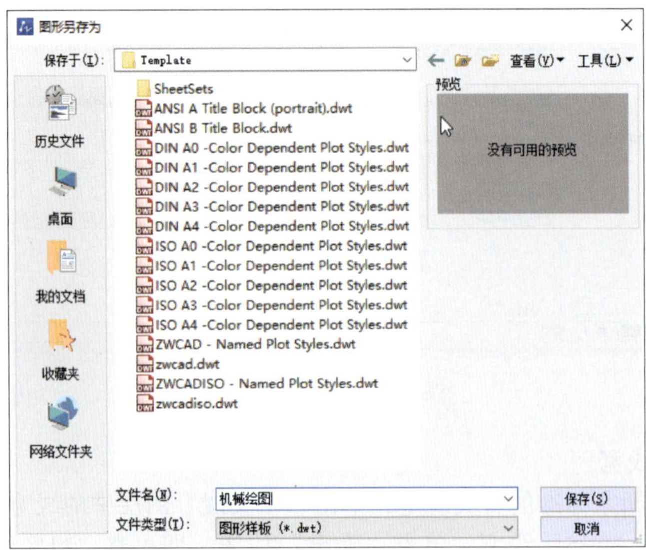

图 1–76　保存图形样板文件

更改图层的特性

在用户确实需要的情况下，可以为所选择的图形对象单独设置特性，绘制出既属于当前图层，又具有不同于当前图层特性的图形对象。

1. 改变图形的颜色

选择所要改变颜色的图形对象并右击，在弹出的快捷菜单中单击“特性”命令，系统弹出所选对象的“特性”对话框，图 1–77 所示为所选“直线”的“特性”对话框。直线的“颜色”设置为“随层”，即与所在图层一致。这种情况下，该直线将使用当前图层的颜色。用户可以通过“颜色”下拉列表，修改图形对象的颜色，如图 1–78 所示。

2. 改变图形的线宽

默认情况下，图形对象的“线宽”设置为“随层”，即与所在图层一致。这种情况下，绘制的图形对象将使用当前图层的线宽特性。用户可以通过“线宽”下拉列表，修改图形对象的线宽。

3. 改变图形的线型

默认情况下，图形对象的“线型”设置为“随层”，即与所在图层一致。这种情况下，绘制的图形对象将使用当前图层的线型特性。用户可以通过“线型”下拉列表，修改图形对象的线型，如图 1–79 所示。

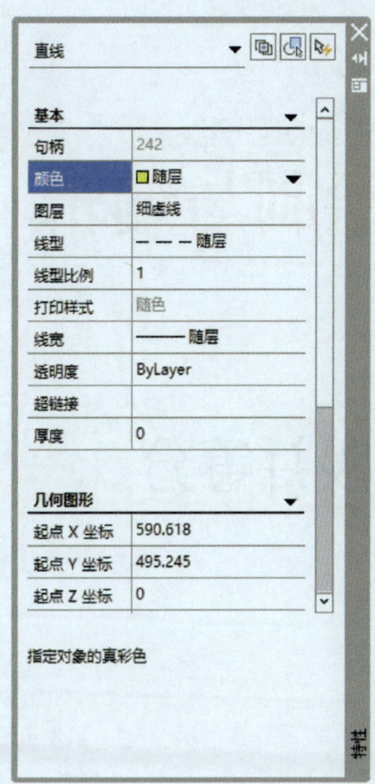

图 1-77 “直线”的“特性”对话框

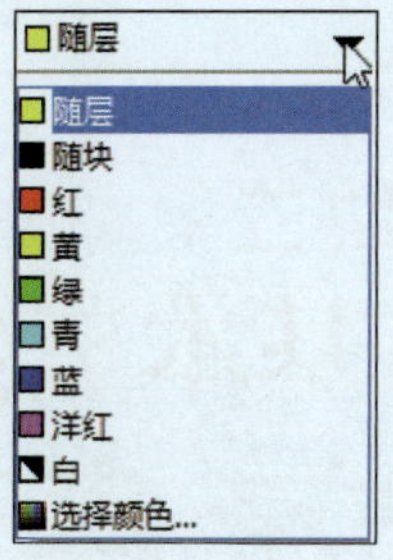

图 1-78 “颜色”下拉列表

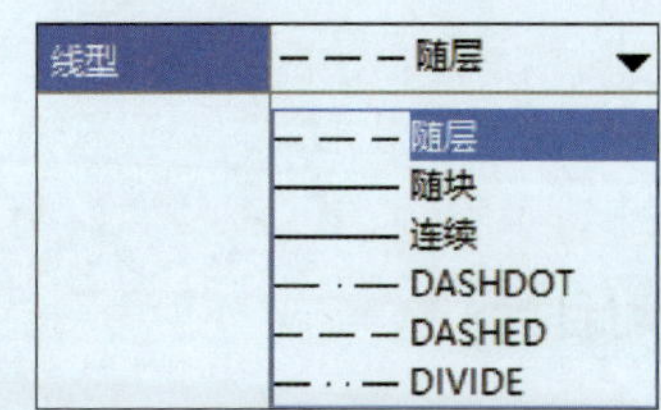

图 1-79 “线型”下拉列表

模块二 基本二维图形的绘制与编辑

任务1　绘制线段并等分

学习目标

1. 掌握“直线”命令的执行方法及直线绘制方法。
2. 掌握点样式的设置方法。
3. 掌握单点、多点、定数等分点和定距等分点的绘制方法。
4. 能够绘制与水平线成任意夹角的线段，并能对其进行等分。

任务引入

本任务要求绘制如图 2-1 所示的三条线段。*AB* 为水平线段，长为 50 mm；*CD* 为斜线段，*D* 点相距 *C* 点在水平和垂直方向上的距离分别为 40 mm 和 30 mm；*EF* 线段长为 50 mm，与水平线段夹角为 45°。同时，对 *AB* 线段进行三等分，对 *CD* 线段进行四等分，对 *EF* 线段进行五等分。通过本任务，读者应掌握“正交”“直线”“点”等命令的应用。

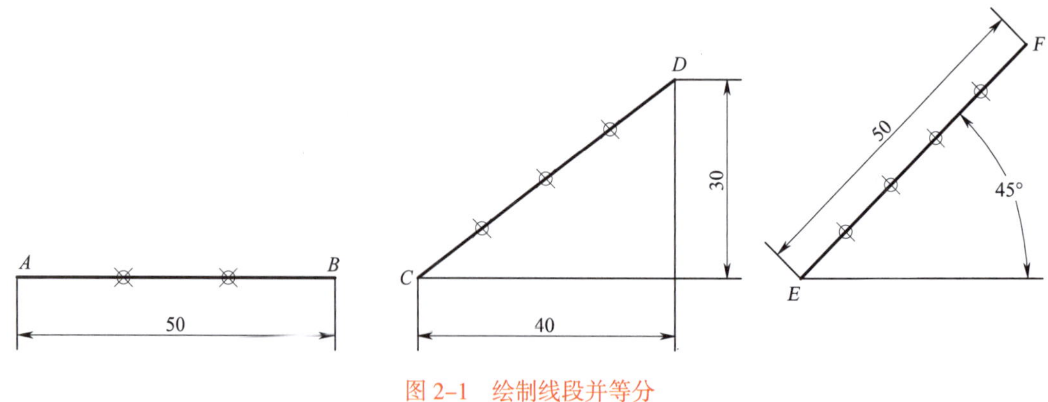

图 2-1　绘制线段并等分

相关知识

一、正交

使用中望 CAD 2023 中的“正交”功能，可以将十字光标限制在水平或垂直方向上移动。使用“正交”功能就如同使用了丁字尺绘图，可以保证绘制的直线呈水平或垂直状态，方便绘制水平线或垂直线。在绘图和编辑过程中，可以随时打开或关闭“正交”功能。

1. 打开或关闭“正交”功能的方法

（1）命令行：ortho。

（2）状态栏：单击“正交”按钮。

（3）快捷键：F8。

通过上述方式，可以打开或关闭“正交”功能。

2. 选项说明

（1）在“正交”功能打开时绘制直线，输入的第一点是任意的，但当移动十字光标准备指定第二点时，引出的线已不再是这两点之间的连线，而是起点到十字光标十字线的垂直线中最短的那段线，此时单击，引出线就变成所绘线段。

（2）在“正交”功能打开时，可直接输入距离来创建指定长度的水平线或垂直线，或按指定的距离水平或垂直移动或复制对象。

（3）在“正交”功能打开时，输入坐标或指定对象捕捉将忽略“正交”功能。

注意：“正交”功能和“极轴追踪”功能不能同时打开。

二、绘制直线（或线段）

“直线”命令用于绘制直线或线段，可通过在绘图区域单击或输入坐标值的方式创建直线或线段。在按 Enter 键结束命令之前，用户可通过指定下一点来创建一系列连续的直线或线段。

1. 命令执行方法

（1）功能区：单击“常用”→“绘图”→“直线”按钮 ╲。

（2）菜单栏：单击“绘图”→“直线”命令 ╲。

（3）工具栏：单击“绘图”→“直线”按钮 ╲。

（4）命令行：line（l）。

2. 操作步骤

执行“直线”命令，系统提示如下：

```
命令：_line
指定第一个点：
指定下一点或［角度（A）/长度（L）/放弃（U）]：
指定下一点或［角度（A）/长度（L）/放弃（U）]：
指定下一点或［角度（A）/长度（L）/闭合（C）/放弃（U）]：
```

3. 选项说明

（1）指定第一个点

指定直线或线段的一个点（起点）。按 Enter 键，则以最近绘制的最后一条直线或线段或弧的端点开始绘制新的直线或线段。

（2）指定下一点

指定直线或线段的另一点（端点）以创建一条直线或线段。

（3）角度

通过先指定线段的角度，再指定线段的长度的方式创建一条线段。

（4）长度

通过先指定线段的长度，再指定线段的角度的方式创建一条线段。

（5）闭合

将第一条线段的起点和最后一条线段的终点连接起来，组成一个封闭区域，同时结束命令。绘制两条或两条以上直线或线段时才可以使用此选项。

（6）放弃

删除直线或线段序列中最近绘制的直线或线段。

4. 直线或线段的绘制方法

（1）使用绝对坐标绘制直线或线段

1）执行“直线”命令。

2）指定第一点。依次输入 *X* 值、逗号和 *Y* 值，输入直线或线段起点绝对坐标。

3）按 Enter 键或 Space 键确认。

4）指定下一点。依次输入 *X* 值、逗号和 *Y* 值，输入直线或线段终点绝对坐标。

5）按 Enter 键或 Space 键确认。

（2）使用相对坐标绘制直线或线段

1）执行“直线”命令。

2）指定第一点。单击指定直线或线段的起点，或输入直线或线段的起点绝对坐标。

3）指定下一点。此时，要相对于第一个点指定第二个点。依次输入 @、*X* 值、逗号和 *Y* 值（如 @40，30）。

4）按 Enter 键或 Space 键确认。

（3）使用长度绘制线段

1）执行“直线”命令。

2）指定第一点。单击指定线段的起点或输入线段的起点绝对坐标。

3）指定下一点。移动十字光标以指示方向和角度，然后输入线段长度。

4）按 Enter 键或 Space 键确认。

（4）使用绝对极坐标绘制直线或线段

1）执行“直线”命令。

2）指定第一点。指定（0，0）为直线或线段起点。

3）指定下一点。输入直线或线段终点极坐标（如 50<55）。

4）按 Enter 键或 Space 键确认。

（5）使用相对极坐标绘制直线或线段

1）执行“直线”命令。

2）指定第一点。单击指定直线或线段的起点，或输入直线或线段的起点绝对坐标。

3）指定下一点。输入直线或线段终点相对起点的相对极坐标（如 @50<55）。

4）按 Enter 键或 Space 键确认。

5. 示例

使用“直线”命令绘制如图 2-2 所示图形。

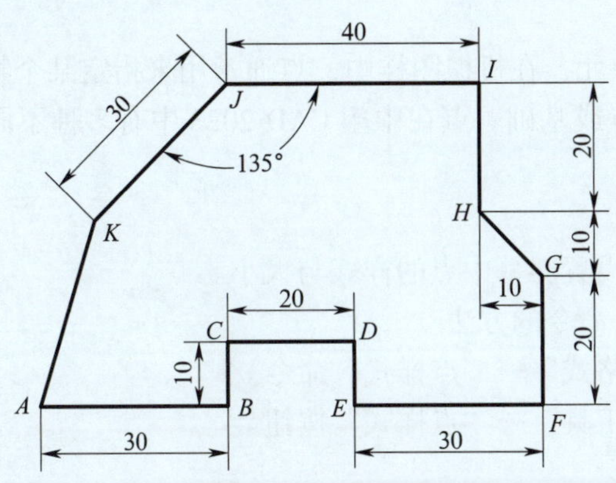

图 2-2　图形示例

操作步骤如下：

命令: _line（执行“直线”命令）

指定第一个点:（单击指定 *A* 点）

指定下一点或［角度（A）/ 长度（L）/ 放弃（U）]: < 正交 开 >30↙（打开“正交”功能，十字光标水平向右移动，输入“30”，绘制出线段 *AB*）

指定下一点或［角度（A）/ 长度（L）/ 放弃（U）]：10↙（十字光标垂直向上移动，输入“10”，绘制出线段 *BC*）

指定下一点或［角度（A）/ 长度（L）/ 闭合（C）/ 放弃（U）]：20↙（十字光标水平向右移动，输入“20”，绘制出线段 *CD*）

指定下一点或［角度（A）/ 长度（L）/ 闭合（C）/ 放弃（U）]：10↙（十字光标垂直向下移动，输入“10”，绘制出线段 *DE*）

指定下一点或［角度（A）/ 长度（L）/ 闭合（C）/ 放弃（U）]：30↙（十字光标水平向右移动，输入“30”，绘制出线段 *EF*）

指定下一点或［角度（A）/ 长度（L）/ 闭合（C）/ 放弃（U）]：20↙（十字光标垂直向上移动，输入“20”，绘制出线段 *FG*）

指定下一点或［角度（A）/ 长度（L）/ 闭合（C）/ 放弃（U）]: @-10，10↙（输入 *H* 点相对 *G* 点的相对直角坐标，绘制出线段 *GH*）

指定下一点或［角度（A）/ 长度（L）/ 闭合（C）/ 放弃（U）]：20↙（十字光标垂直向上移动，输入“20”，绘制出线段 *HI*）

指定下一点或［角度（A）/ 长度（L）/ 闭合（C）/ 放弃（U）]：40↙（十字光标水平

向左移动，输入“40”，绘制出线段 *IJ*）

指定下一点或［角度（A）/ 长度（L）/ 闭合（C）/ 放弃（U）］：@30<-135↙（输入 *K* 点相对 *J* 点的相对极坐标，绘制出线段 *JK*）

指定下一点或［角度（A）/ 长度（L）/ 闭合（C）/ 放弃（U）］：c↙（输入“c”，绘制出线段 *KA*，图形闭合）

三、绘制点

点是最基本的图形单元，在机械图样中，点通常用来指定某个特殊的坐标位置，或作为绘制其他图形元素的起点或基础。点在中望 CAD 2023 中有多种不同的表示方式，用户可以根据需要进行设置。

1. 设置点的样式

“点样式”命令用于设置屏幕中点的样式与大小。

（1）执行“点样式”命令的方法

1）菜单栏：单击“格式”→“点样式”命令。

2）功能区：单击“工具”→“点样式”按钮。

3）命令行：ddptype。

执行“点样式”命令后，系统打开“点样式”对话框，如图 2-3 所示。

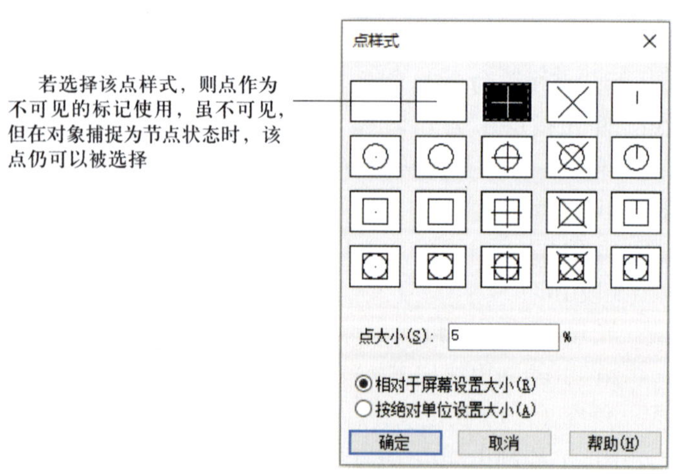

图 2-3 “点样式”对话框

（2）选项说明

设置点的样式包括点样式设置与点大小设置两部分。

1）点样式设置。中望 CAD 2023 提供了 20 种不同的点样式，以适应用户的需求，如图 2-3 所示。单击所要选择的点样式，选中的点样式以黑色显示。

2）点大小设置。点大小设置分为相对于屏幕设置大小与按绝对单位设置大小两种。

①相对于屏幕设置大小：按屏幕尺寸的百分比设定点的显示大小，当进行缩放时，显示的点大小并不改变。

②按绝对单位设置大小：按“点大小”文本框下指定的实际单位设置点显示的大小，进行缩放时，显示的点大小随之改变。

设置完点的样式和大小后，单击“确定”按钮，退出“点样式”对话框。

2. 绘制单点

执行“单点”命令可以一次绘制一个点对象，当执行该命令绘制一个单点后，系统自动结束此命令。

执行“单点”命令主要有两种方法。

（1）菜单栏：单击“绘图”→“点”→“单点”命令。

（2）命令行：point（po）。

3. 绘制多点

执行“多点”命令可以连续地绘制多个点对象，直到按 Esc 键结束命令为止。

（1）执行“多点”命令的方法

1）功能区：单击“常用”→“绘图”→“多点”按钮。

2）菜单栏：单击“绘图”→“点”→“多点”命令。

3）工具栏：单击“绘图”→“多点”按钮。

（2）示例

将点样式设置为“×”，点的大小设置为“2.5”个绝对单位，任意绘制三个点。操作步骤如下。

1）执行“点样式”命令，打开“点样式”对话框。设置点样式为“×”；选择“相对于屏幕设置大小”单选项，并在“点大小”文本框中输入“2.5”，如图 2–4 所示，单击“确定”按钮完成设置。

2）在功能区中单击“默认”→“绘图”→“多点”按钮，绘制三个点，如图 2–5 所示。

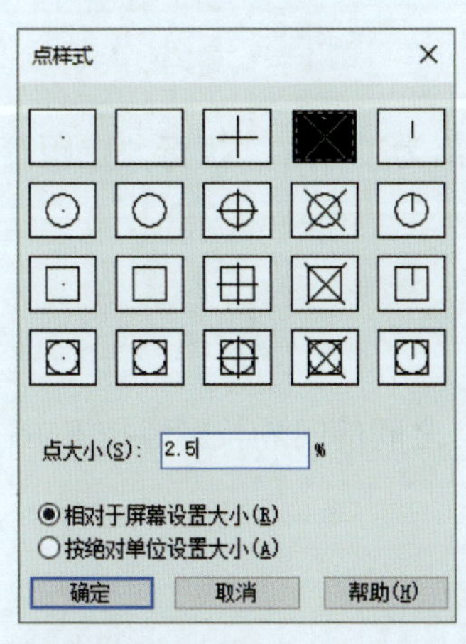

图 2–4　设置“点样式”

图 2–5　绘制三个点

3）按 Esc 键、Space 键或 Enter 键，结束“多点”命令。

4. 绘制定数等分点

定数等分是指通过指定分段数，以点或块作为标记，对选定的对象进行平均分割。执行

“定数等分”命令，会沿着选定的对象放置标记。标记会平均地将对象分割成指定的分段数。定数等分的对象可以是线段、圆弧、圆、椭圆、样条曲线或多段线。放置标记的数目为输入的分段数减去 1。

（1）执行“定数等分”命令的方法

1）菜单栏：单击“绘图”→“点”→“定数等分”命令。

2）功能区：单击“常用”→“绘图”→“定数等分”按钮。

3）命令行：divide（div）。

（2）示例

将图 2-6a 所示线段等分为 5 份。执行“定数等分”命令，系统提示如下：

命令：_divide（执行“定数等分”命令）
选取分割对象：（选择分割对象）
输入分段数或［块（B）］：5↙（输入分段数目）

执行上述操作，结果如图 2-6b 所示。

5. 绘制定距等分点

定距等分是指通过指定分段长度来放置相等间隔的标记。执行“定距等分”命令，会沿着选定的对象，从距离选择点最近的端点开始放置标记。定距等分的对象可以是线段、圆弧、圆、椭圆、样条曲线或多段线。

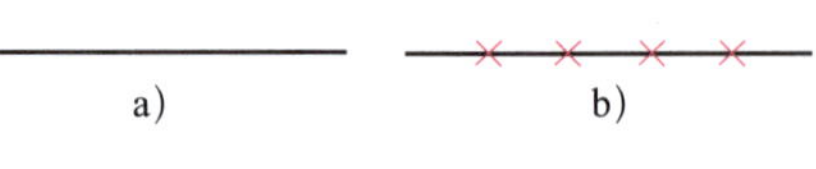

图 2-6　定数等分示例

a）等分前　b）等分后

（1）执行“定距等分”命令的方法

1）菜单栏：单击“绘图”→“点”→“定距等分”命令。

2）功能区：单击“常用”→“绘图”→“定距等分”按钮。

3）命令行：measure（me）。

（2）示例

将图 2-7a 所示线段进行定距等分，等分距离为 15 mm。执行“定距等分”命令，系统提示如下：

命令：ME↙（执行“定距等分”命令）
选择要定距等分的对象：（选择分割对象）
指定线段长度或［块（B）］：15↙（指定点之间的间隔长度，按 Enter 键确认）

执行上述操作，结果如图 2-7b 所示。

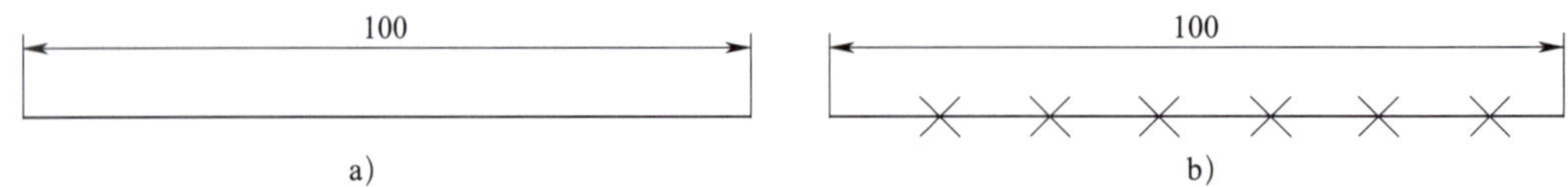

图 2-7　定距等分示例

a）操作前　b）操作后

任务实施

1. 启动中望 CAD 2023，打开“机械绘图”图形样板。
2. 将“粗实线”图层置为当前图层。
3. 绘制 *AB* 线段。

命令：_line（执行“直线”命令）
指定第一个点：（单击确定 *A* 点）
指定下一点或［角度（A）/ 长度（L）/ 放弃（U）］：50↙（打开“正交”功能，十字光标水平向右移动，输入“50”，按 Enter 键）
指定下一点或［角度（A）/ 长度（L）/ 放弃（U）］：（按 Esc 键或 Enter 键退出“直线”命令）

4. 绘制 *CD* 线段。

命令：_line（重复执行“直线”命令）
指定第一个点：（单击确定 *C* 点）
指定下一点或［角度（A）/ 长度（L）/ 放弃（U）］：@40，30↙（输入 *D* 点相对 *C* 点的相对直角坐标，按 Enter 键）
指定下一点或［角度（A）/ 长度（L）/ 放弃（U）］：（按 Esc 键或 Enter 键退出“直线”命令）

5. 绘制 *EF* 线段。

命令：_line（重复执行“直线”命令）
指定第一个点：（单击确定 *E* 点）
指定下一点或［角度（A）/ 长度（L）/ 放弃（U）］：@50<45↙（输入 *F* 点相对 *E* 点的相对极坐标，按 Enter 键）
指定下一点或［角度（A）/ 长度（L）/ 放弃（U）］：（按 Esc 键或 Enter 键退出“直线”命令）

6. 对 *AB*、*CD*、*EF* 线段进行等分。
（1）将“细实线”图层置为当前图层。
（2）设置点的样式。
执行“点样式”命令，打开“点样式”对话框，设置点样式为 ⊠。
（3）定数等分。

命令：_divide（执行“定数等分”命令）
选取分割对象：（选择 *AB* 线段）
输入分段数或［块（B）］：3↙（输入等分线段数目）

按照上述方法，对 CD 线段进行四等分，对 EF 线段进行五等分，结果如图 2-8 所示。

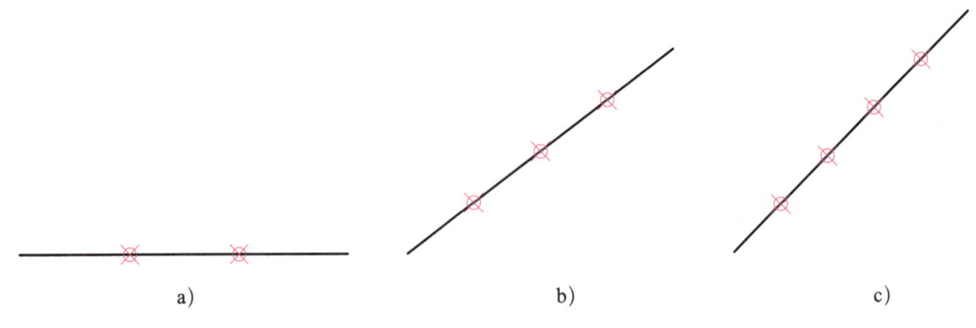

图 2-8　绘制结果

a）AB 线段　b）CD 线段　c）EF 线段

任务 2　绘制三角形及其内切圆

1. 掌握“对象捕捉”功能启用方法及设置方法。
2. 掌握圆的绘制方法。
3. 掌握“删除”命令的使用方法。
4. 能够绘制任意形状的三角形及其内切圆。

本任务要求绘制如图 2-9 所示的 4 个三角形及其内切圆。$\triangle A_1B_1C_1$ 为直角三角形，一直角边 A_1B_1 长度等于 40 mm，另一直角边 B_1C_1 长度为 30 mm；$\triangle A_2B_2C_2$ 为等腰三角形，底边 A_2B_2 长度等于 40 mm，高为 30 mm；$\triangle A_3B_3C_3$ 为等边三角形，边长为 40 mm；$\triangle A_4B_4C_4$ 为普通三角形，A_4B_4 边长等于 42 mm，B_4C_4 边长等于 30 mm，A_4C_4 边长等于 40 mm。通过本任务，用户应掌握“对象捕捉”功能，以及“圆”和“删除”命令的应用。

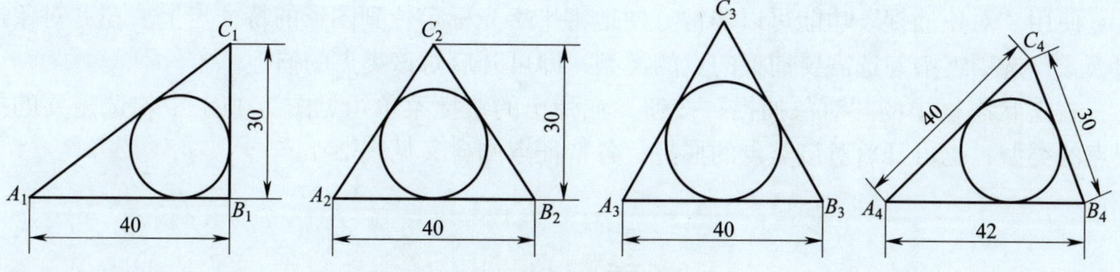

图 2–9　绘制三角形及其内切圆

一、对象捕捉

在绘图的过程中，经常要指定一些对象上已有的点，例如端点、圆心、切点、垂足、中点等。如果只凭肉眼观察来拾取，不可能非常准确地找到这些点。使用中望 CAD 2023 提供的“对象捕捉”功能，可以迅速、准确地捕捉到这些特殊点，从而精确地绘制图形。

1. 启动“对象捕捉”功能的方法

（1）快捷键：按 F3 可以切换“对象捕捉”的开关状态。

（2）状态栏：单击“对象捕捉”按钮 ，若亮显则为开启。

（3）菜单栏：单击“工具”→“草图设置”命令，在打开的“草图设置”对话框中选择“对象捕捉”选项卡（见图 2–10），勾选“启用对象捕捉”复选框。

（4）命令行：执行 osnap（os）命令，将开启“草图设置”对话框中的“对象捕捉”选项卡，勾选“启用对象捕捉”复选框。

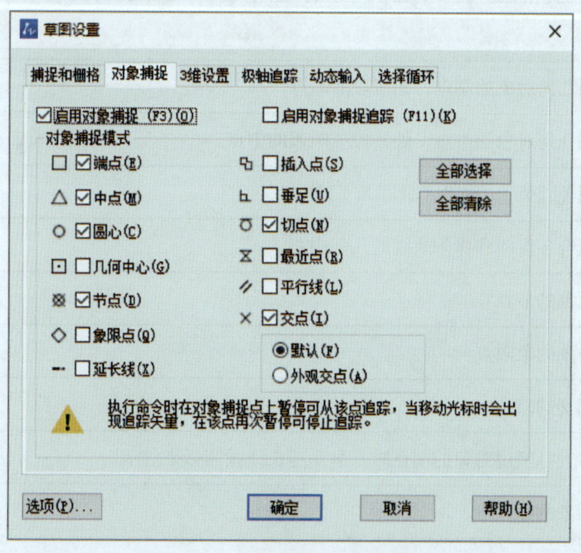

图 2–10　“对象捕捉”选项卡

2. 设置对象捕捉

使用“对象捕捉”功能可以非常方便地将十字光标定位到图形的特征点上。在“对象捕捉模式”选项组中勾选需要捕捉的点的类型，即可开启对该类点的捕捉。

右击状态栏中的“对象捕捉”按钮，在弹出的快捷菜单（见图 2–11）中勾选需要的捕捉点的类型，也可开启对该类点的捕捉。各特征点的含义见表 2–1。

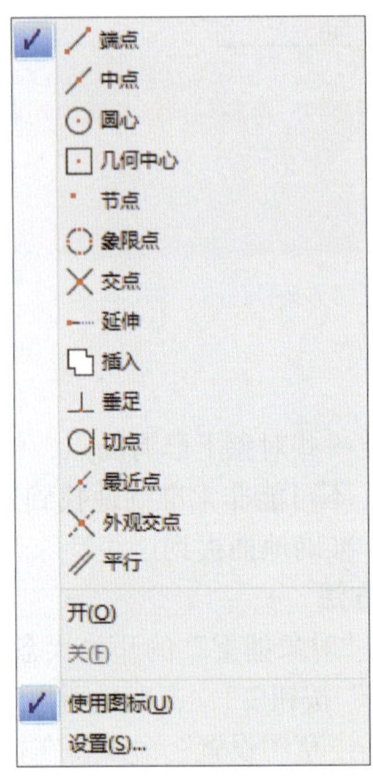

图 2–11　“对象捕捉”快捷菜单

表 2–1　特征点的含义

名称	含　义
端点	捕捉到几何对象的端点，如线段的端点
中点	捕捉到几何对象的中点，如线段或圆弧的中点
圆心	捕捉圆（圆弧）、椭圆（椭圆弧）的中心点
几何中心	捕捉闭合多段线和样条曲线的几何中心
节点	捕捉对象的节点
象限点	捕捉对象的象限点
交点	捕捉相交的端点
延伸	当十字光标经过对象的端点时，显示延长线或圆弧来提示
插入	捕捉对象的插入点
垂足	捕捉新对象到另一对象的垂足

续表

名称	含　义
切点	捕捉对象的切点
最近点	捕捉对象上最接近十字光标中心的点
外观交点	捕捉不在同一个平面，但从当前视图上看起来可能相交的两个对象的视觉交点
平行	将直线、多段线、射线、构造线等绘制为与其他线对象平行

（1）单击“对象捕捉”快捷菜单下方的“设置”命令，也可以打开“草图设置”对话框，并定位在“对象捕捉”选项卡界面。

（2）一旦设置了某种捕捉模式后，系统将一直保持着这种捕捉模式，直到取消为止。

（3）在设置“对象捕捉”功能时，只需要勾选常用特征点即可。不要开启全部捕捉功能，否则会给绘图带来不便。

3. 临时捕捉

为了方便绘图，中望 CAD 2023 提供了“临时捕捉”功能。所谓“临时捕捉”是指执行一次命令后，系统只能捕捉一次。如果需要再次捕捉，则需要再次执行该命令。按住 Ctrl 或 Shift 键，在绘图区域右击即可打开“临时捕捉”快捷菜单，如图 2-12 所示。单击菜单中的相应命令，即可启动相应“临时捕捉”命令。

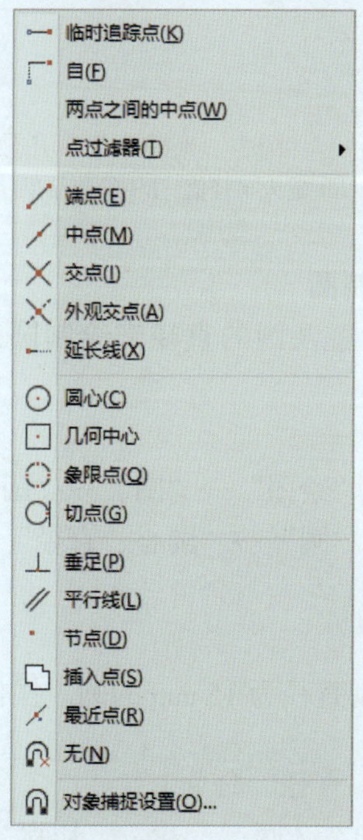

图 2-12 “临时捕捉”快捷菜单

二、绘制圆

圆是常用的图形对象，在中望 CAD 2023 中共有 6 种方式来绘制圆。

1. 用“圆心、半径”命令绘制圆

该方式是通过确定圆心的位置及圆的半径来绘制圆，常用于已知圆的圆心及半径的情况。

（1）命令执行方法

1）功能区：单击“常用”→“绘图”→“圆”→“圆心、半径”按钮。

2）菜单栏：单击“绘图”→“圆”→“圆心、半径”命令。

3）命令行：circle（c）。

（2）示例

利用“圆心、半径”命令绘制半径为 10 mm 的圆。操作步骤如下：

命令：_circle（执行“圆心、半径”命令）

指定圆的圆心或［三点（3P）/ 两点（2P）/ 切点、切点、半径（T）］：（在图形窗口适当位置单击，指定一点作为圆心位置）

指定圆的半径或［直径（D）］：10↙（输入圆的半径“10”，如图 2–13a 所示）

执行上述操作，结果如图 2–13b 所示。

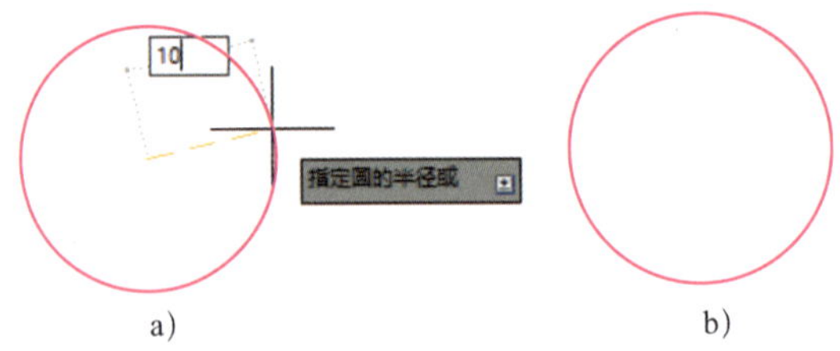

图 2–13 “圆心、半径”命令应用示例

a）输入半径值 b）绘制结果

2. 用“圆心、直径”命令绘制圆

该方式是通过确定圆心的位置及圆的直径来绘制圆，常用于已知圆的圆心及直径的情况。

（1）命令执行方法

1）功能区：单击“常用”→“绘图”→“圆”→“圆心、直径”按钮。

2）菜单栏：单击“绘图”→“圆”→“圆心、直径”命令。

3）命令行：circle（c）。

（2）示例

利用“圆心、直径”命令绘制直径为 15 mm 的圆。操作步骤如下：

命令：_circle（执行“圆心、直径”命令）

指定圆的圆心或［三点（3P）/ 两点（2P）/ 切点、切点、半径（T）］：（在图形窗

口适当位置单击，指定一点作为圆心位置）
　　指定圆的半径或［直径（D）］<10.0000>：_d
　　指定圆的直径 <20.0000>：15↙（输入圆的直径“15”，如图 2–14a 所示）

执行上述操作，结果如图 2–14b 所示。

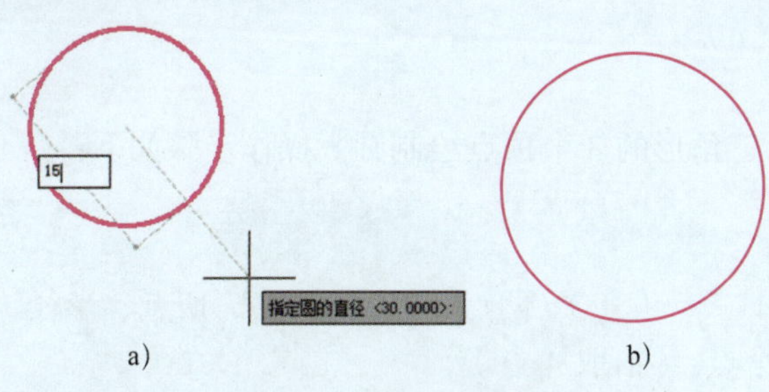

图 2–14 “圆心、直径”命令应用示例

a）输入直径值　b）绘制结果

3. 用“两点”命令绘制圆

该方式通过选择直径上的两个端点来绘制圆。

（1）命令执行方法

1）功能区：单击“常用”→“绘图”→“圆”→“两点”按钮。

2）菜单栏：单击“绘图”→“圆”→“两点（2）”命令。

3）命令行：circle（c）。

（2）示例

以图 2–15a 所示长方形中的 *A*、*B* 两点为端点绘制圆。操作步骤如下：

　　命令：_circle
　　指定圆的圆心或［三点（3P）/ 两点（2P）/ 切点、切点、半径（T）］：_2p
　　指定圆的直径的第一个端点：（拾取 *A* 点）
　　指定圆的直径的第二个端点：（拾取 *B* 点）

执行上述操作，结果如图 2–15b 所示。

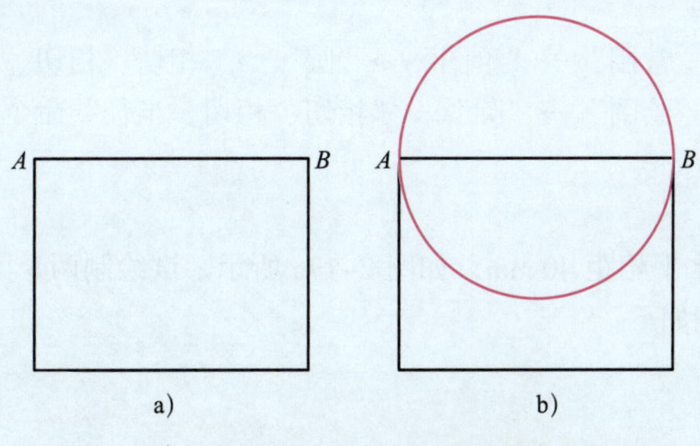

图 2–15 “两点”命令应用示例

a）绘制前　b）绘制结果

4. 用“三点”命令绘制圆

该方式通过确定圆上的 3 个点来绘制圆。

（1）命令执行方法

1）功能区：单击“常用”→“绘图”→“圆”→“三点”按钮。

2）菜单栏：单击“绘图”→“圆”→“三点”命令。

3）命令行：circle（c）。

（2）示例

通过图 2-16a 所示三角形的 3 个顶点绘制圆。操作步骤如下：

```
命令：_circle
指定圆的圆心或［三点（3P）/ 两点（2P）/ 切点、切点、半径（T）］：_3p
指定圆上的第一个点：（拾取 A 点）
指定圆上的第二个点：（拾取 B 点）
指定圆上的第三个点：（拾取 C 点）
```

执行上述操作，结果如图 2-16b 所示。

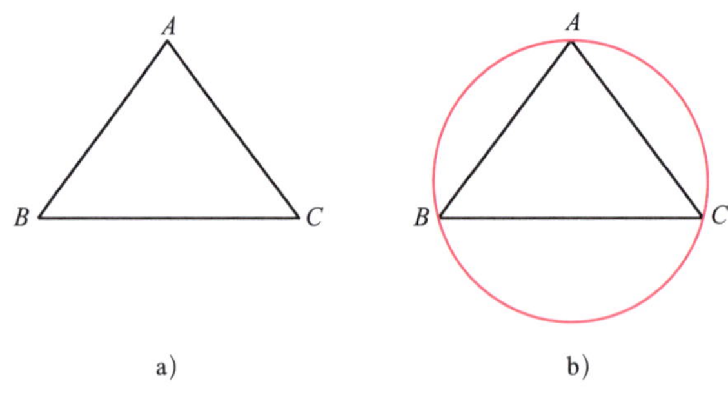

图 2-16 “三点”命令应用示例

a）绘制前 b）绘制结果

5. 用“相切、相切、半径”命令绘制圆

该方式通过指定与圆相切的两个对象和圆的半径绘制圆。

（1）命令执行方法

1）功能区：单击“常用”→“绘图”→“圆”→“相切、相切、半径”按钮。

2）菜单栏：单击“绘图”→“圆”→“相切、相切、半径”命令。

3）命令行：circle（c）。

（2）示例

两个 ϕ20 mm 圆水平相距 40 mm，如图 2-17a 所示，试绘制两个圆的外切圆，外切圆半径为 15 mm。操作步骤如下：

```
命令：_circle
指定圆的圆心或［三点（3P）/ 两点（2P）/ 切点、切点、半径（T）］：_ttr
```

指定对象与圆的第一个切点：（移动十字光标到左侧 φ20 mm 圆的右上角，捕捉第一个切点，如图 2-17b 所示）

指定对象与圆的第二个切点：（移动十字光标到右侧 φ20 mm 圆的左上角，捕捉第二个切点，如图 2-17c 所示）

指定圆的半径 <10.000>：15↙（输入圆的半径）

执行上述操作，结果如图 2-17d 所示。

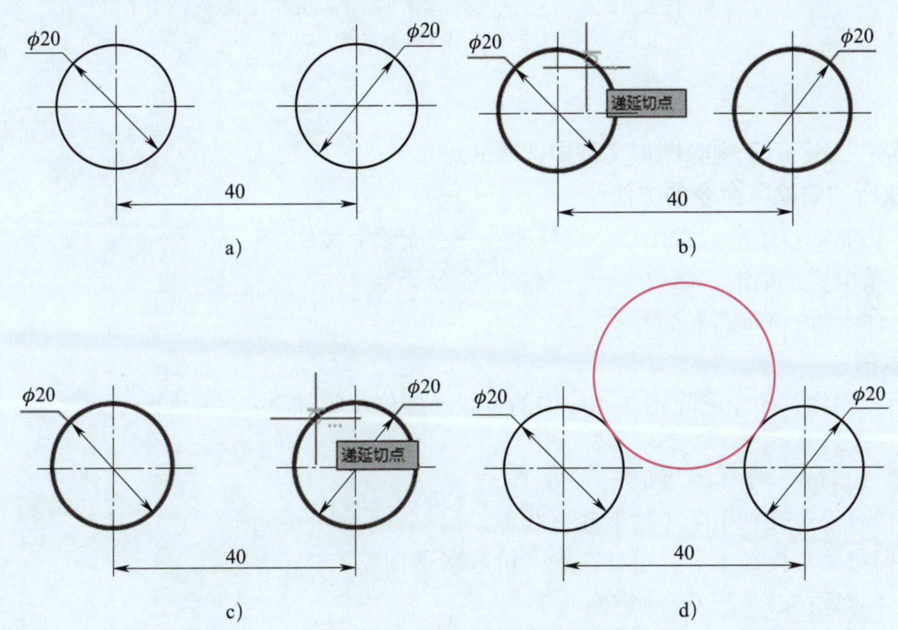

图 2-17 "相切、相切、半径"命令应用示例

a）绘制前 b）捕捉第一个切点 c）捕捉第二个切点 d）绘制结果

6. 用"相切、相切、相切"命令绘制圆

该方式通过选择 3 个与圆相切的对象来绘制圆。

（1）命令执行方法

1）功能区：单击"常用"→"绘图"→"圆"→"相切、相切、相切"按钮。

2）菜单栏：单击"绘图"→"圆"→"相切、相切、相切"命令。

3）命令行：circle（c）。

（2）示例

绘制如图 2-18a 所示三角形的内切圆。操作步骤如下：

命令：_circle

指定圆的圆心或［三点（3P）/ 两点（2P）/ 切点、切点、半径（T）］：_3p

指定圆上的第一个点：_tan 到（拾取三角形任意一条边上的切点）

指定圆上的第二个点：_tan 到（拾取三角形另外一条边上的切点）

指定圆上的第三个点：_tan 到（拾取三角形第三条边上的切点）

执行上述操作，结果如图 2-18b 所示。

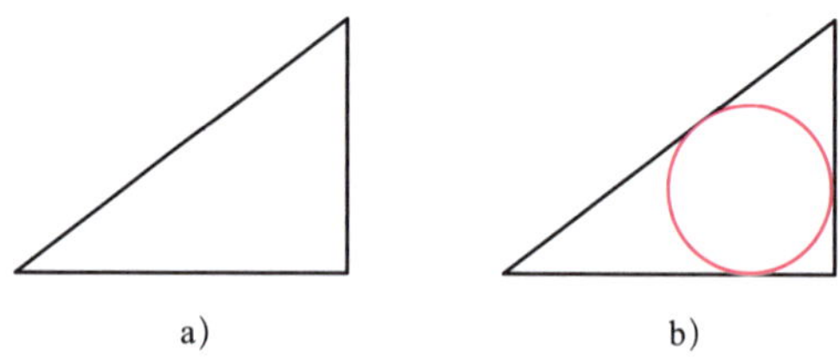

图 2-18 “相切、相切、相切”命令应用示例

a）三角形 b）绘制结果

三、删除

“删除”命令用于删除图形文件中选取的对象。

1. 执行“删除”命令的方法

（1）功能区：单击“常用”→“修改”→“删除”按钮。

（2）菜单栏：单击“修改”→“删除”命令。

（3）命令行：erase（e）。

2. 示例

利用“删除”命令删除图 2-19a 中的直线。操作步骤如下：

命令：_erase（执行“删除”命令）
选择对象：找到 1 个（拾取竖直线）
选择对象：找到 1 个，总计 2 个（拾取水平直线）
选择对象：↙（按 Enter 键确认）

删除结果如图 2-19b 所示。

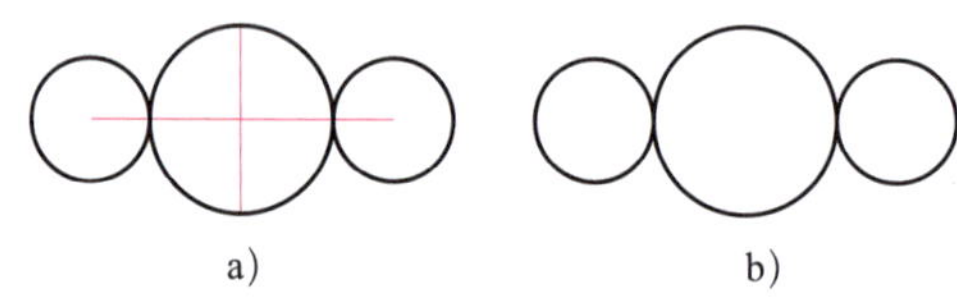

图 2-19 删除直线

a）删除前 b）删除后

1. 绘制直角三角形及其内切圆

命令：_line（执行“直线”命令）
指定第一个点：（单击指定点 A_1）

指定下一点或［角度（A）/ 长度（L）/ 放弃（U）］：40↙（水平移动十字光标，输入距离“40”）

指定下一点或［角度（A）/ 长度（L）/ 放弃（U）］：30↙（竖直移动十字光标，输入距离“30”）

指定下一点或［角度（A）/ 长度（L）/ 闭合（C）/ 放弃（U）］: c↙（输入闭合选项“c”）

命令: _circle（执行“相切、相切、相切”命令）

指定圆的圆心或［三点（3P）/ 两点（2P）/ 切点、切点、半径（T）］: _3p

指定圆上的第一个点: _tan 到（捕捉水平线切点）

指定圆上的第二个点: _tan 到（捕捉竖直线切点）

指定圆上的第三个点: _tan 到（捕捉斜边切点）

执行上述操作，结果如图 2-20a 所示。

2. 绘制等腰三角形及其内切圆

命令: _line（执行“直线”命令）

指定第一个点:（单击指定线段起点）

指定下一点或［角度（A）/ 长度（L）/ 放弃（U）］：40↙（水平移动十字光标，输入距离“40”）

指定下一点或［角度（A）/ 长度（L）/ 放弃（U）］：↙（按 Enter 键退出“直线”命令）

命令：↙（按 Enter 键，重复执行“直线”命令）

_LINE

指定第一个点:（捕捉水平线中点）

指定下一点或［角度（A）/ 长度（L）/ 放弃（U）］：30↙（竖直向上移动十字光标，输入高度“30”）

指定下一点或［角度（A）/ 长度（L）/ 放弃（U）］:（捕捉水平线右侧端点）

指定下一点或［角度（A）/ 长度（L）/ 闭合（C）/ 放弃（U）］：↙（按 Enter 键退出“直线”命令）

命令：↙（按 Enter 键，重复执行“直线”命令）

_LINE

指定第一个点:（捕捉竖直线上端点）

指定下一点或［角度（A）/ 长度（L）/ 放弃（U）］:（捕捉水平线左侧端点）

指定下一点或［角度（A）/ 长度（L）/ 放弃（U）］：↙（按 Enter 键退出“直线”命令）

命令: _erase（执行“删除”命令）

选择对象：找到 1 个（拾取竖直线，按 Enter 键确认）

命令: _circle

指定圆的圆心或［三点（3P）/ 两点（2P）/ 切点、切点、半径（T）］: _3p

指定圆上的第一个点：_tan 到（捕捉水平线切点）

指定圆上的第二个点：_tan 到（捕捉一斜边切点）

指定圆上的第三个点：_tan 到（捕捉另一斜边切点）

执行上述操作，结果如图 2-20b 所示。

3. 绘制等边三角形及其内切圆

命令：_line（执行“直线”命令）

指定第一个点：（在屏幕上指定线段起点）

指定下一点或［角度（A）/ 长度（L）/ 放弃（U）］：40↙（水平移动十字光标，输入距离“40”）

指定下一点或［角度（A）/ 长度（L）/ 放弃（U）］：@40<120↙（输入相对极坐标，绘制斜边）

指定下一点或［角度（A）/ 长度（L）/ 闭合（C）/ 放弃（U）］：c↙（图形闭合）

命令：_circle（执行“相切、相切、相切”命令）

指定圆的圆心或［三点（3P）/ 两点（2P）/ 切点、切点、半径（T）］：_3p

指定圆上的第一个点：_tan 到（捕捉水平线切点）

指定圆上的第二个点：_tan 到（捕捉一斜边切点）

指定圆上的第三个点：_tan 到（捕捉另一斜边切点）

执行上述操作，结果如图 2-20c 所示。

4. 绘制普通三角形及其内切圆

命令：LINE↙（执行“直线”命令）

指定第一个点：（单击指定线段起点）

指定下一点或［角度（A）/ 长度（L）/ 放弃（U）］：42↙（水平移动十字光标，输入距离“40”）

指定下一点或［角度（A）/ 长度（L）/ 放弃（U）］：↙（按 Enter 键退出“直线”命令）

命令：CIRCLE↙（执行“圆”命令）

指定圆的圆心或［三点（3P）/ 两点（2P）/ 切点、切点、半径（T）］：（拾取水平线左侧端点为圆心）

指定圆的半径或［直径（D）］<11.5470>：40↙（输入辅助圆半径“40”）

命令：↙（按 Enter 键重复执行“圆”命令）

CIRCLE

指定圆的圆心或［三点（3P）/ 两点（2P）/ 切点、切点、半径（T）］：（拾取水平线右侧端点为圆心）

指定圆的半径或［直径（D）］<40.0000>：30↙（输入辅助圆半径“30”）

命令：L↙（执行“直线”命令）

指定第一个点：（拾取水平线左侧端点）

指定下一点或［放弃（U）］：（拾取两辅助圆在水平线上端的交点）

指定下一点或［角度（A）/ 长度（L）/ 放弃（U）］:（拾取水平线右侧端点）
指定下一点或［角度（A）/ 长度（L）/ 放弃（U）］: ↙（按 Enter 键退出“直线”命令）
命令: E↙（执行“删除”命令）
选择对象：找到 1 个
选择对象：找到 1 个，总计 2 个（拾取两辅助圆）
选择对象：↙（按 Enter 键确认删除）
命令: _circle（执行“相切、相切、相切”命令）
指定圆的圆心或［三点（3P）/ 两点（2P）/ 切点、切点、半径（T）］: _3p
指定圆上的第一个点: _tan 到（捕捉水平线切点）
指定圆上的第二个点: _tan 到（捕捉一斜边切点）
指定圆上的第三个点: _tan 到（捕捉另一斜边切点）

执行上述操作，结果如图 2-20d 所示。

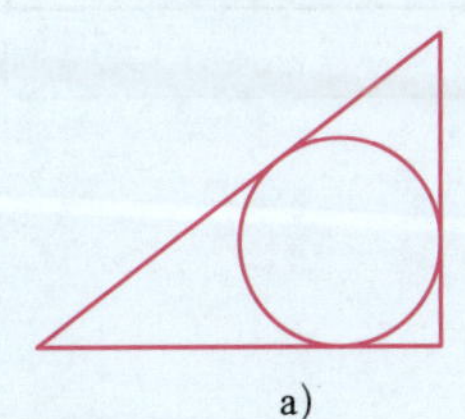
a)

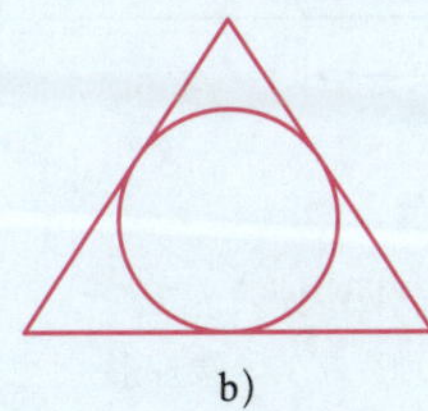
b)

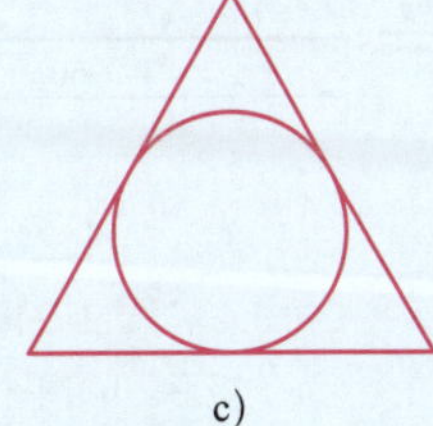
c)

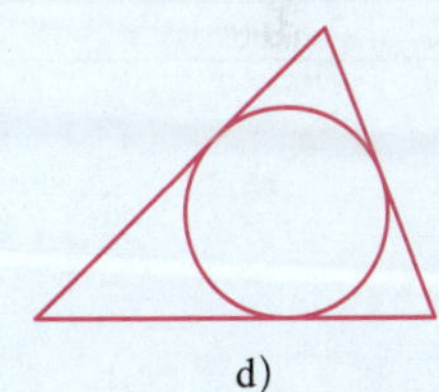
d)

图 2-20　绘制结果

a）绘制直角三角形及其内切圆　b）绘制等腰三角形及其内切圆
c）绘制等边三角形及其内切圆　d）绘制普通三角形及其内切圆

任务 3　绘制四边形

学习目标

1. 掌握“矩形”命令的使用方法。
2. 掌握“极轴追踪”功能的设置与使用方法。
3. 掌握“移动”命令的使用方法。
4. 掌握夹点的概念以及“夹点”功能的使用方法。
5. 掌握四边形的绘制方法。

任务引入

本任务要求绘制如图 2–21 所示的 3 个四边形。图 2–21a 所示为矩形，底边长为 60 mm，高为 40 mm；图 2–21b 所示为平行四边形，底边长为 60 mm，高为 40 mm，斜边与底边的夹角为 60°；图 2–21c 所示为等腰梯形，下底边长为 60 mm，上底边长为 30 mm，高为 40 mm。通过本任务，用户应掌握“矩形”“极轴追踪”“移动”“夹点”等命令的应用。

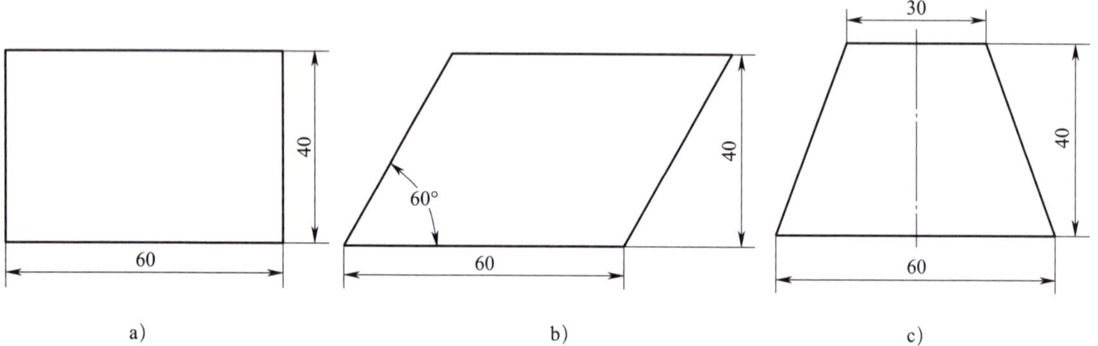

图 2–21　绘制四边形

a）矩形　b）平行四边形　c）等腰梯形

相关知识

一、绘制矩形

在中望 CAD 2023 中，使用“直线”命令可以绘制矩形，系统还提供了直接绘制矩形的命令。使用“矩形”命令，可以按指定的参数（如对角点、倒角、标高、圆角、厚度和宽度）创建闭合矩形多段线。

1. 执行“矩形”命令的方法

（1）功能区：单击“常用”→“绘图”→“矩形”按钮 □。

（2）菜单栏：单击“绘图”→“矩形”命令 □。

（3）工具栏：单击“绘图”→“矩形”按钮 □。

（4）命令行：rectang（rec）。

2. 选项说明

执行“矩形”命令，系统提示如下：

命令：_rectang

指定第一个角点或［倒角（C）/标高（E）/圆角（F）/正方形（S）/厚度（T）/宽度（W）］：

（1）第一个角点

指定矩形的第一个角点。指定第一个角点后，系统提示如下：

指定其他的角点或［面积（A）/ 尺寸（D）/ 旋转（R）］：

1）指定其他的角点：指定另一个角点，通过指定矩形的两个对角点来绘制矩形。默认情况下，矩形的两条边分别与当前用户坐标系 UCS 的 *X* 轴和 *Y* 轴平行。

2）面积：输入以当前单位计算的矩形面积值，通过指定矩形的面积来绘制矩形。当选择“面积”选项时，系统提示如下：

指定其他的角点或［面积（A）/ 尺寸（D）/ 旋转（R）］：a↙（输入面积选项）

输入以当前单位计算的矩形面积 <200>：200↙（输入要绘制矩形的面积）

计算矩形标注时依据［长度（L）/ 宽度（W）］< 长度 >：L↙（输入计算矩形标注时的依据，可以选择“长度”选项，也可以选择“宽度”选项）

输入矩形长度 <20>：20↙（输入矩形的长度）

指定其他的角点或［面积（A）/ 尺寸（D）/ 旋转（R）］：（确定矩形的另一个角点位置）

输入长度值，软件将根据指定的矩形面积和长度来计算矩形的宽度；输入宽度值，软件将根据指定的矩形面积和宽度来计算矩形的长度。在指定了长度或宽度后，根据命令行提示指定一点，以确定矩形另一角点的位置。

3）尺寸：通过指定矩形的长度和宽度来绘制矩形。

4）旋转：通过指定的旋转角度来绘制矩形。设置的旋转角度将保存为下一次调用“矩形”命令时的缺省设置。

（2）倒角

为矩形对象设置倒角距离。设置的倒角距离将保存为下一次调用“矩形”命令时倒角的缺省设置。

（3）标高

设置矩形对象的标高，即指定矩形的 *Z* 值，默认值为 0.0。

（4）圆角

为矩形对象设置圆角半径。设置的圆角半径将保存为下一次调用“矩形”命令时圆角的缺省设置。

（5）正方形

通过指定正方形一条边的两个端点绘制正方形。

（6）厚度

为矩形指定厚度。

（7）宽度

指定组成矩形的多段线的宽度。

3. 示例

绘制如图 2–22 所示的图形。

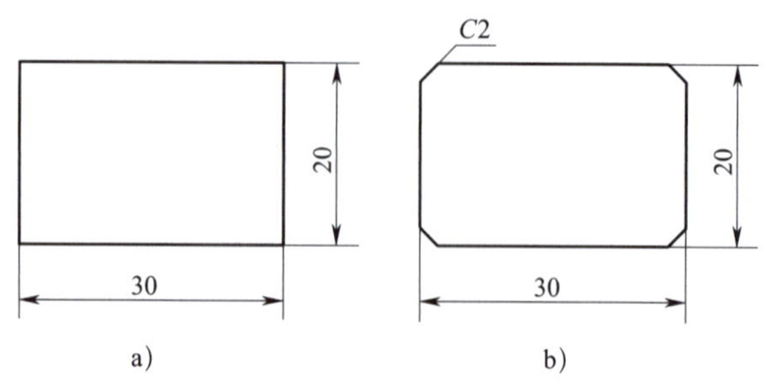

图 2–22 “矩形”命令应用示例

a）不带倒角的矩形 b）带倒角的矩形

操作步骤如下：

命令：_rectang（执行“矩形”命令）

指定第一个角点或［倒角（C）/标高（E）/圆角（F）/正方形（S）/厚度（T）/宽度（W）］：（在绘图区域单击指定一点为矩形的第一个角点）

指定其他的角点或［面积（A）/尺寸（D）/旋转（R）］：@30，20↙（输入相对直角坐标，并按 Enter 键，指定矩形的另一个角点）

执行上述操作，绘制出如图 2–22a 所示矩形。

命令：_rectang（执行“矩形”命令）

指定第一个角点或［倒角（C）/标高（E）/圆角（F）/正方形（S）/厚度（T）/宽度（W）］：c↙（输入倒角选项“c”）

指定所有矩形的第一个倒角距离 <0.0000>：2↙（输入第一个倒角距离）

指定所有矩形的第二个倒角距离 <2.0000>：2↙（输入第二个倒角距离）

指定第一个角点或［倒角（C）/标高（E）/圆角（F）/正方形（S）/厚度（T）/宽度（W）］：（在绘图区域单击指定矩形的第一个角点）

指定其他的角点或［面积（A）/尺寸（D）/旋转（R）］：d↙（输入尺寸选项）

指定矩形的长度 <20>：30↙（指定矩形的长度）

指定矩形的宽度 <10>：20↙（指定矩形的宽度）

指定其他的角点或［面积（A）/尺寸（D）/旋转（R）］：（确定矩形的另一个角点位置）

执行上述操作，绘制出如图 2–22b 所示带倒角的矩形。

二、极轴追踪

“极轴追踪”功能实际上是极坐标的一个应用，可以根据当前设置的追踪角度，引出相应的极轴追踪点线，以追踪定位目标点，如图 2–23 所示。

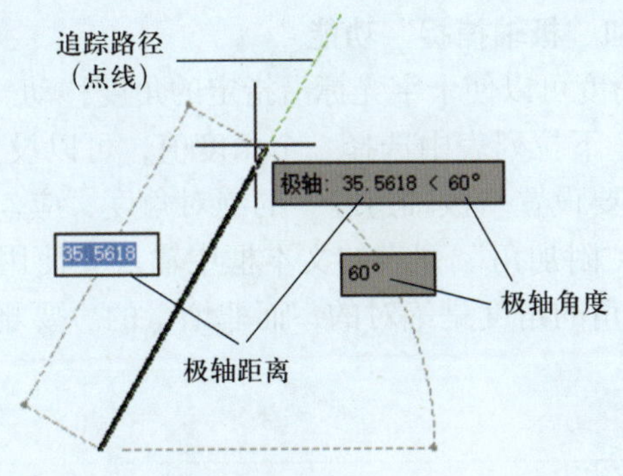

图 2-23 “极轴追踪”功能的应用效果

1. 启动和关闭“极轴追踪”功能的方法

（1）状态栏：单击“极轴追踪”按钮。

（2）快捷键：F10。

（3）菜单栏：单击“工具”→“草图设置”命令，在打开的“草图设置”对话框中选择“极轴追踪”选项卡（见图 2-24），勾选“启用极轴追踪”复选框。

（4）快捷菜单：右击状态栏中的“极轴追踪”按钮，在弹出快捷菜单中单击“设置”命令，系统打开“草图设置”对话框的“极轴追踪”选项卡（见图 2-24），勾选“启用极轴追踪”复选框。

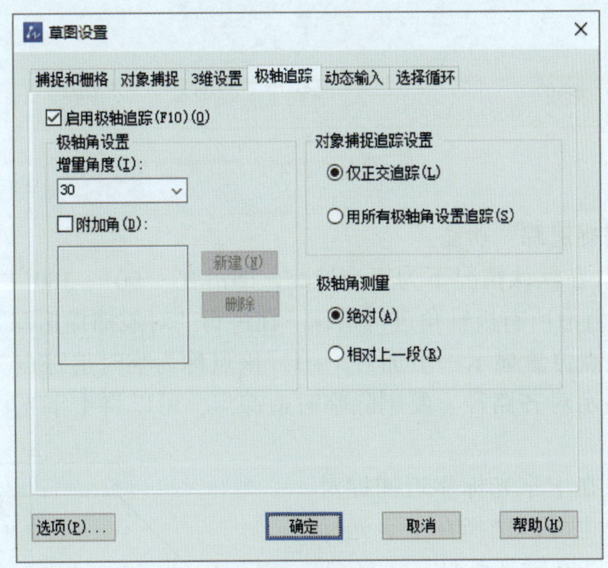

图 2-24 “极轴追踪”选项卡

“极轴追踪”与“正交锁定”功能不能同时启用，开启“极轴追踪”功能将自动关闭“正交锁定”功能。“极轴追踪”功能可以追踪角度 0°、90°、180°和 270°，因此在某些情况下可以替代“正交”功能。

2. 设置“极轴追踪”和“极轴捕捉”功能

设置“极轴追踪”的角度可以使十字光标沿指定的角度移动。要设置“极轴追踪”的角度增量，可在“增量角度”下拉列表中选择一个角度值，可以设置为 5°、10°、15°、18°、22.5°、30°、45° 或 90°。要设置“极轴追踪”的绝对角度，应勾选“附加角”复选框，然后单击“新建”按钮，在“附加角”列表的文本框中输入要使用的“极轴追踪”角度，如图 2-25 所示。注意，附加角的角度是绝对的，而非增量的。要删除现有的角度，可选择该角度后单击“删除”按钮。

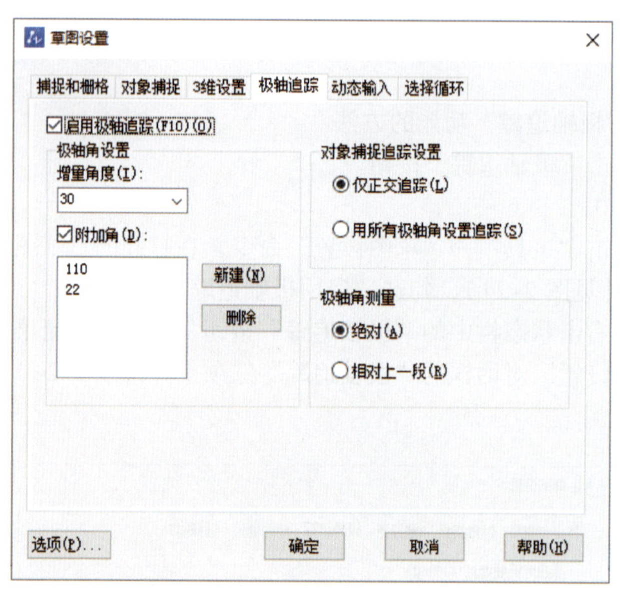

图 2-25　设置“极轴追踪”附加角

3. 设置“对象捕捉追踪”功能

“对象捕捉追踪”在默认情况下为正交追踪，即沿 0°、90°、180° 以及 270° 极轴角进行追踪，用户也可以设置沿所有极轴角进行追踪。在进行“对象捕捉追踪”时，十字光标靠近捕捉对象时，将在该点位置显示一个加号（+），该点称为临时追踪点。移动十字光标，将相对于临时追踪点显示对齐路径。要删除临时追踪点，可以将十字光标再次移至加号（+）位置。

临时追踪点默认在十字光标靠近捕捉对象时自动获取，用户也可以选择在十字光标靠近特征点时，按下 Shift 键来获取。

4. 示例

应用“极轴追踪”功能绘制如图 2-26 所示图形。

设置“极轴追踪”的“增量角度”为“45°”，“附加角”为“22°”和“338°”。操作步骤如下：

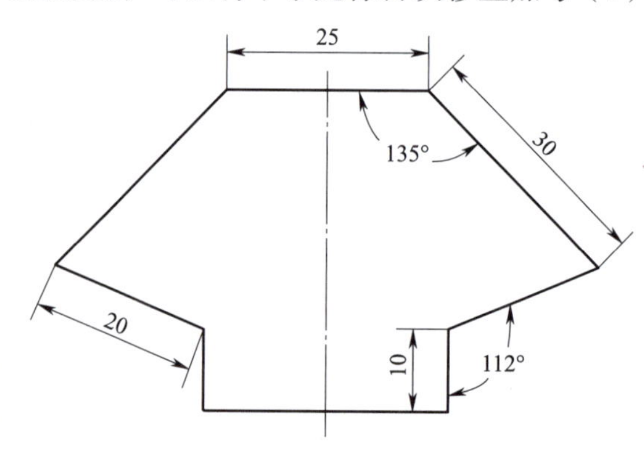

图 2-26　“极轴追踪”功能应用示例

命令：_line（执行“直线”命令）

指定第一个点：（在绘图区域单击指定线段的起点）

指定下一点或［角度（A）/ 长度（L）/ 放弃（U）］：10↙（沿 90° 方向追踪，输入距离“10”）

指定下一点或［角度（A）/ 长度（L）/ 放弃（U）］：20↙（沿 22° 方向追踪，输入距离“20”）

指定下一点或［角度（A）/ 长度（L）/ 闭合（C）/ 放弃（U）］：30↙（沿 135° 方向追踪，输入距离“30”）

指定下一点或［角度（A）/ 长度（L）/ 闭合（C）/ 放弃（U）］：25↙（沿 180° 方向追踪，输入距离“25”）

指定下一点或［角度（A）/ 长度（L）/ 闭合（C）/ 放弃（U）］：30↙（沿 225° 方向追踪，输入距离“30”）

指定下一点或［角度（A）/ 长度（L）/ 闭合（C）/ 放弃（U）］：20↙（沿 338° 方向追踪，输入距离“20”）

指定下一点或［角度（A）/ 长度（L）/ 闭合（C）/ 放弃（U）］：10↙（沿 270° 方向追踪，输入距离“10”）

指定下一点或［角度（A）/ 长度（L）/ 闭合（C）/ 放弃（U）］：c↙（输入“c”，闭合图形）

三、移动

“移动”命令用于在不改变图形对象大小和形状的情况下，将图形对象从一个位置移动到另一个位置。

1. 执行“移动”命令的方法

（1）功能区：单击“常用”→“修改”→“移动”按钮 ✥。

（2）菜单栏：单击“修改”→“移动”命令。

（3）命令行：move（m）。

2. 示例

图 2–27a 所示圆的圆心与细点画线的左端点重合，执行“移动”命令，将该圆移动到细点画线的右侧，并使圆心与细点画线的右端点重合。操作步骤如下：

命令：_move（执行“移动”命令）

选择对象：找到 1 个（选择圆）

选择对象：↙（按 Enter 键，结束移动对象的拾取）

指定基点或［位移（D）］<位移>：（拾取圆心，作为移动基点）

指定第二点的位移或者 <使用第一点当作位移>：（移动十字光标，拾取细点画线右端点，作为移动的目标点）

执行上述操作，结果如图 2–27b 所示。

图 2–27　移动圆

a）移动前　b）移动后

3. 选项说明

（1）选择对象：选择要移动的对象。

（2）基点：选取对象移动的起点。

（3）第二点：和指定的基点一起，指定对象移动的方向和距离。

（4）位移：指定移动距离和方向的矢量。

四、夹点

所谓“夹点”，指的是图形对象上的一些特征点，如端点、顶点、中点、中心点等，图形的位置和形状通常是由夹点的位置决定的，如图 2–28 所示。在中望 CAD 2023 中，夹点是一种集成的编辑模式，利用夹点可以编辑图形的大小、位置、方向，并对图形进行镜像、复制等操作。

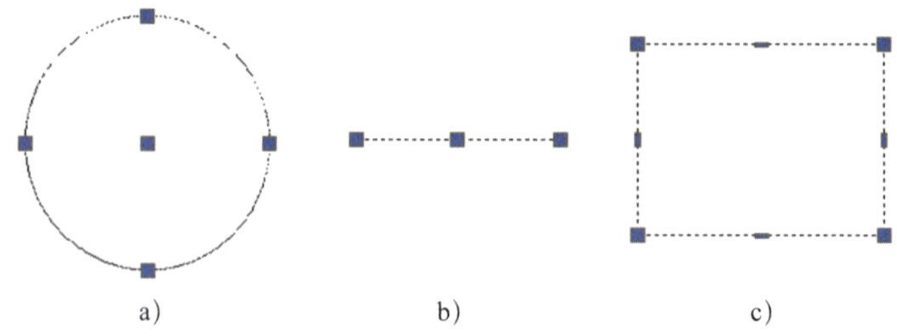

图 2–28　图形对象的夹点

a）圆的夹点　b）线段的夹点　c）矩形的夹点

1. 使用夹点拉伸对象

（1）启用方法

在不执行任何命令的情况下，单击对象的一个夹点，系统自动将其作为拉伸的基点，进入“拉伸”编辑模式。

（2）操作过程

通过移动夹点，就可以将图形对象拉伸至新位置，如图 2–29 所示。对于某些夹点，操作时只能移动而不能拉伸，如文字、块、线段中点、圆心、椭圆中心和点对象上的夹点。

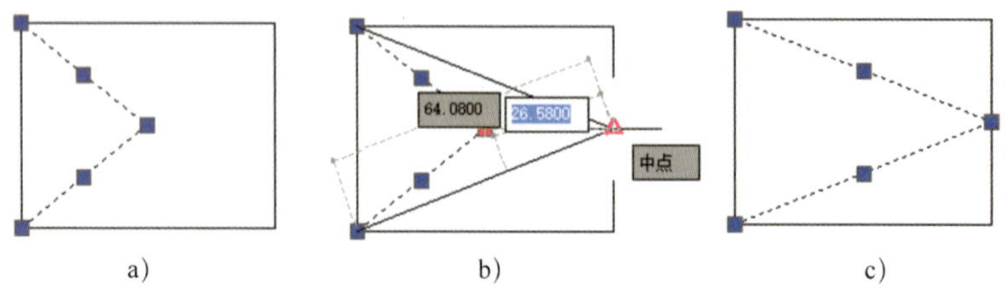

图 2–29　使用夹点拉伸对象

a）选择夹点　b）拖动夹点　c）拉伸结果

（3）结束方法

按 Esc 键退出“拉伸”编辑模式。

2. 使用夹点移动对象

（1）启用方法

有如下两种方法。

1）选中一个夹点，按一次 Enter 键，进入“移动”编辑模式。

2）在“移动”编辑模式下，确定基点后，输入扩展命令“m”（移动）并按 Enter 键。

（2）操作过程

使用夹点移动对象，可以将对象从当前位置移动到新位置，如图 2–30 所示。

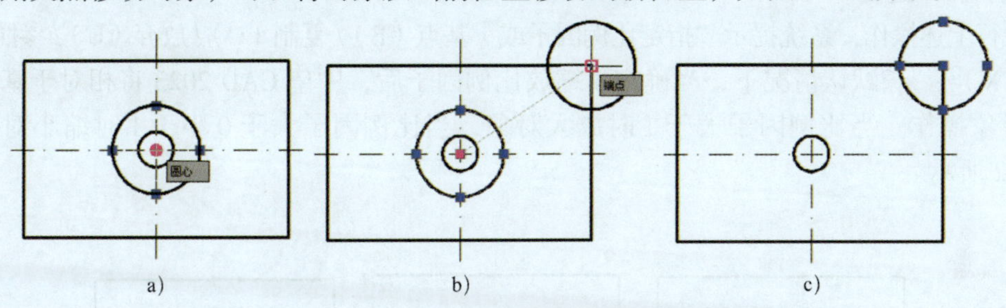

图 2–30　使用夹点移动对象

a）选择圆心夹点　b）按一次 Enter 键，拖动夹点　c）移动结果

（3）结束方法

按 Esc 键退出“移动”编辑模式。

3. 使用夹点旋转对象

（1）启用方法

有如下两种方法。

1）选中一个夹点，按两次 Enter 键，进入“旋转”编辑模式。

2）在“旋转”编辑模式下，确定基点后，输入扩展命令“ro”（旋转）并按 Enter 键，选中的夹点即为旋转基点。

（2）操作过程

执行上述操作，系统提示“指定旋转角度或［基点（B）/ 复制（C）/ 放弃（U）/ 参照（R）/ 退出（X）]：”。默认情况下，输入旋转角度或通过拖动方式确定旋转角度后，即可将对象绕基点旋转指定的角度，如图 2–31 所示。用户也可以选择“参照”选项，以参照方式旋转对象。

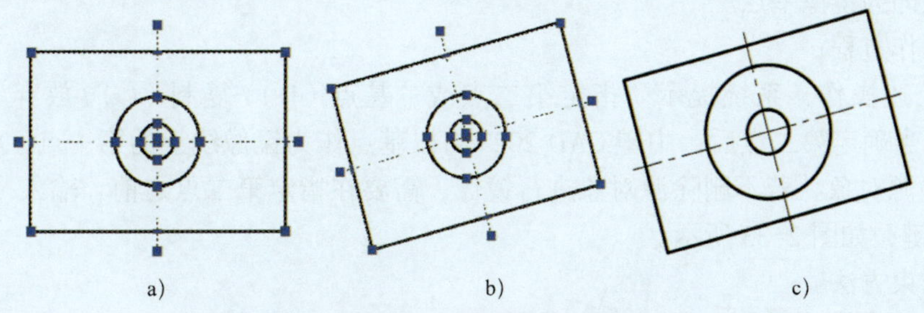

图 2–31　使用夹点旋转对象

a）选择夹点　b）按两次 Enter 键，输入旋转角度“15”　c）旋转结果

（3）结束方法

按 Esc 键退出“旋转”编辑模式。

4. 使用夹点缩放对象

（1）启用方法

有如下两种方法。

1）选中一个夹点，按 3 次 Enter 键，进入“缩放”编辑模式。

2）在“缩放”编辑模式下，确定基点后，输入扩展命令“sc”（缩放）并按 Enter 键，选中的夹点即为缩放基点。

（2）操作过程

执行上述操作，系统提示“指定比例因子或［基点（B）/ 复制（C）/ 放弃（U）/ 参照（R）/ 退出（X）］:”。默认情况下，当确定了缩放比例因子后，中望 CAD 2023 将相对于基点进行缩放对象操作。当比例因子大于 1 时放大对象，当比例因子大于 0 小于 1 时缩小对象，如图 2–32 所示。

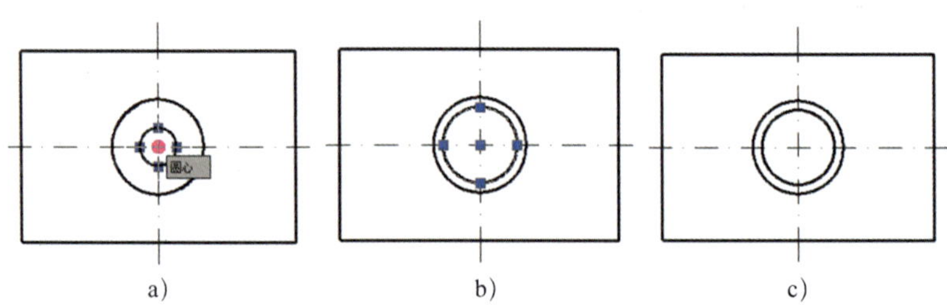

图 2–32　应用夹点缩放对象

a）选择夹点　b）按 3 次 Enter 键后，输入缩放比例因子 2　c）缩放结果

（3）结束方法

按 Esc 键退出“缩放”编辑模式。

5. 使用夹点镜像对象

（1）启用方法

有如下两种方法。

1）选中一个夹点，按 4 次 Enter 键，进入“镜像”编辑模式。

2）在“镜像”编辑模式下，确定基点后，输入扩展命令“mi”（镜像）并按 Enter 键，选中的夹点即为镜像基点。

（2）操作过程

执行上述操作，系统提示“指定第二点或［基点（B）/ 复制（C）/ 放弃（U）/ 退出（X）］:”，当确定第二点后，中望 CAD 2023 将以基点作为镜像线上的第一点，将对象镜像操作并删除源对象。若不删除源对象进行镜像，需要在指定第二点之前，输入“c”（复制）并按 Enter 键，如图 2–33 所示。

（3）结束方法

按 Esc 键退出“镜像”编辑模式。

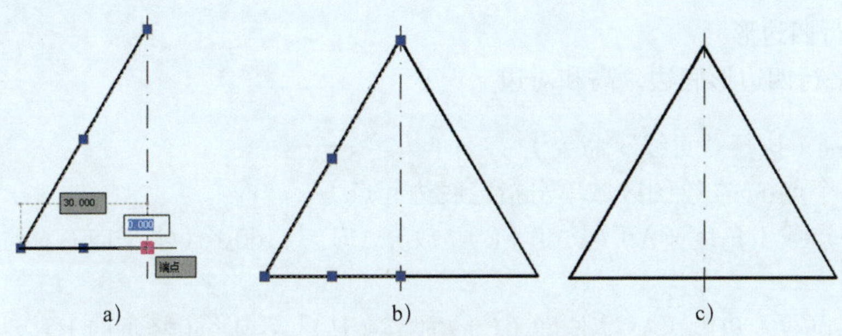

图 2–33　使用夹点镜像对象

a）选择夹点　b）使用夹点进行镜像操作　c）镜像结果

6. 使用夹点复制对象

选中夹点后，系统提示“指定拉伸点或［基点（B）/复制（C）/放弃（U）/退出（X）]：”，输入扩展命令“c”并按Enter键，然后指定放置点即可实现多个复制。复制效果如图2–34所示。

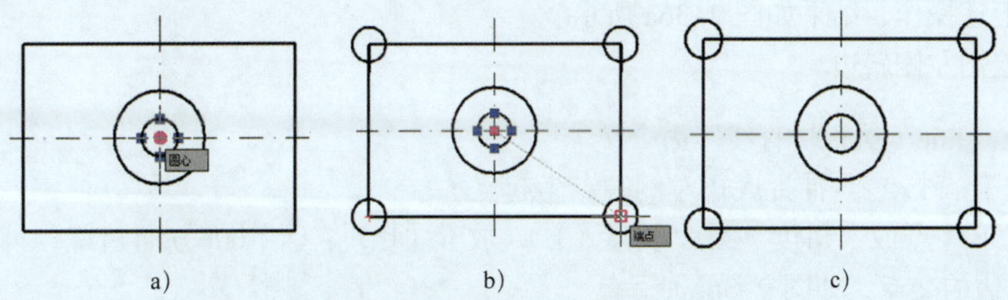

图 2–34　使用夹点复制对象

a）选择夹点　b）进入“复制”编辑模式，指定放置点　c）复制结果

任务实施

1. 绘制矩形

命令：_rectang（执行“矩形”命令）

指定第一个角点或［倒角（C）/标高（E）/圆角（F）/正方形（S）/厚度（T）/宽度（W）]：（在绘图区域单击指定矩形第一个角点）

指定其他的角点或［面积（A）/尺寸（D）/旋转（R）]：@60，40↙（输入另一个角点相对直角坐标）

执行上述操作，绘制矩形如图2–35所示。

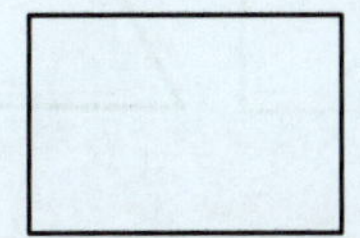

图 2–35　绘制矩形

2. 绘制平行四边形

（1）绘制平行四边形底边、高和对边

命令：_line（执行“直线”命令）

指定第一个点：（在绘图区域单击指定底边起点）

指定下一点或［角度（A）/长度（L）/放弃（U）］：60↙（水平向右移动十字光标，输入“60”）

指定下一点或［角度（A）/长度（L）/放弃（U）］：40↙（竖直向上移动十字光标，输入“40”）

指定下一点或［角度（A）/长度（L）/闭合（C）/放弃（U）］：60↙（水平向左移动十字光标，输入“60”）

指定下一点或［角度（A）/长度（L）/闭合（C）/放弃（U）］：（按 Enter 键或 Space 键退出“直线”命令）

执行上述操作，结果如图 2–36a 所示。

（2）绘制左侧斜边

命令：_line（执行“直线”命令）

指定第一个点：（捕捉底边左侧端点为起点）

指定下一点或［角度（A）/长度（L）/放弃（U）］：（沿 60° 方向追踪，捕捉 60° 追踪线与对边的交点，如图 2–36b 所示）

指定下一点或［角度（A）/长度（L）/放弃（U）］：（按 Esc 键退出“直线”命令）

执行上述操作，结果如图 2–36c 所示。

（3）移动对边

命令：_move（执行“移动”命令）

选择对象：找到 1 个（拾取对边）

选择对象：↙（按 Enter 键，确定移动对象）

指定基点或［位移（D）］<位移>：（指定对边左端点为基点）

指定第二点的位移或者<使用第一点当作位移>：（移动十字光标，拾取斜边上端点为移动的终点）

执行上述操作，结果如图 2–36d 所示。

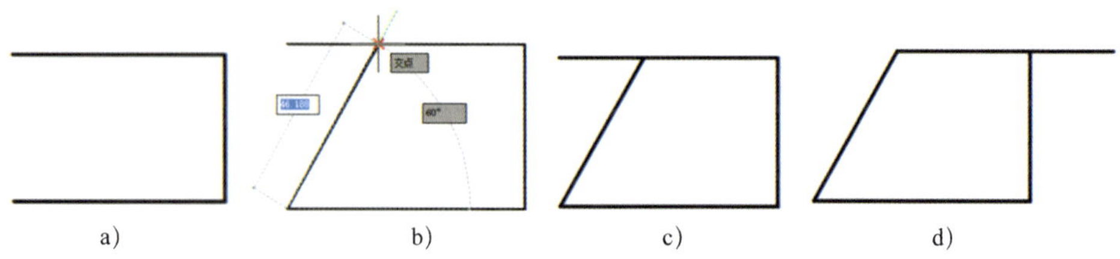

图 2–36　平行四边形绘制过程

a）绘制平行四边形底边、高和对边　b）沿 60° 方向追踪　c）绘制左斜边　d）移动对边

（4）拉伸平行四边形的高形成右斜边

不执行任何命令，选择平行四边形的高，拾取上端夹点，将其拉伸至平行四边形对边的右端点，如图 2–37a 所示，单击确认，按 Esc 键退出夹点编辑。绘制的平行四边形如图 2–37b 所示。

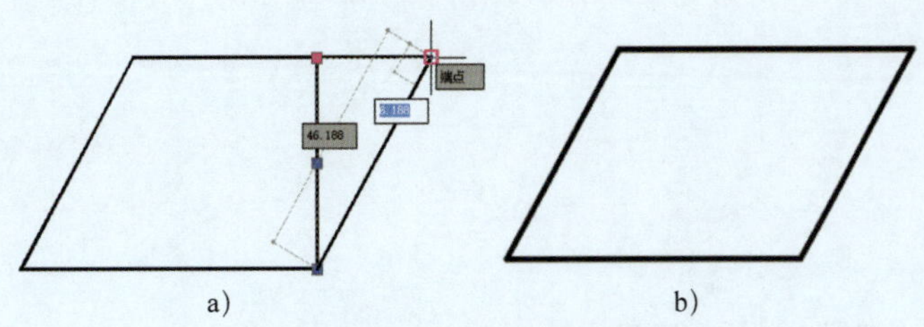

图 2–37 拉伸平行四边形的高形成右斜边

a）拉伸平行四边形的高 b）平行四边形

3. 绘制等腰梯形

（1）绘制直角梯形

命令：_line（执行“直线”命令）

指定第一个点：（单击确定线段的起点）

指定下一点或［角度（A）/ 长度（L）/ 放弃（U）］：30↙（在正交模式下，水平向右移动十字光标，输入“30”）

指定下一点或［角度（A）/ 长度（L）/ 放弃（U）］：40↙（竖直向上移动十字光标，输入“40”）

指定下一点或［角度（A）/ 长度（L）/ 闭合（C）/ 放弃（U）］：15↙（水平向左移动十字光标，输入“15”）

指定下一点或［角度（A）/ 长度（L）/ 闭合（C）/ 放弃（U）］：c↙（输入“c”）

执行上述操作，结果如图 2–38a 所示。

（2）应用夹点编辑功能进行镜像

拾取直角梯形两条底边和斜边，如图 2–38b 所示，选择右下角夹点，按 4 次 Enter 键，系统提示“指定第二点或［基点（B）/ 复制（C）/ 放弃（U）/ 退出（X）］：”，输入“c”，按 Enter 键确认，指定右上角夹点为第二点，按 Enter 键确认，结果如图 2–38c 所示。按 Esc 键退出夹点编辑，并删除中间竖直线，结果如图 2–38d 所示。

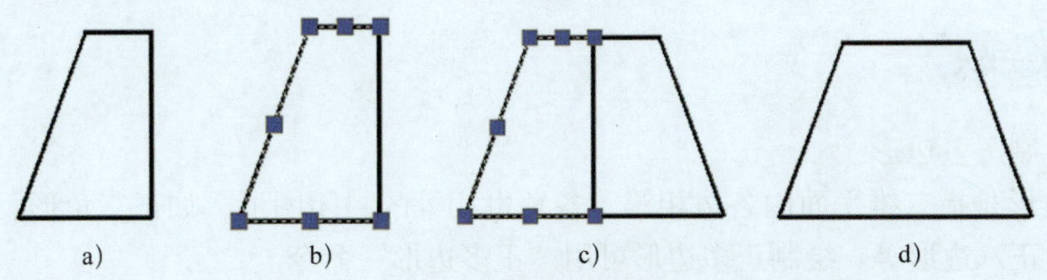

图 2–38 绘制等腰梯形

a）绘制直角梯形 b）选择镜像对象 c）镜像结果 d）绘制结果

任务4 绘制五角星

1. 掌握“正多边形”命令的使用方法。
2. 掌握“修剪”命令的使用方法。
3. 掌握五角星的绘制方法。

本任务要求绘制如图 2-39 所示的五角星，其相邻两顶点的距离为 40 mm。通过绘制图形，用户应掌握“正多边形”和“修剪”命令的使用方法。

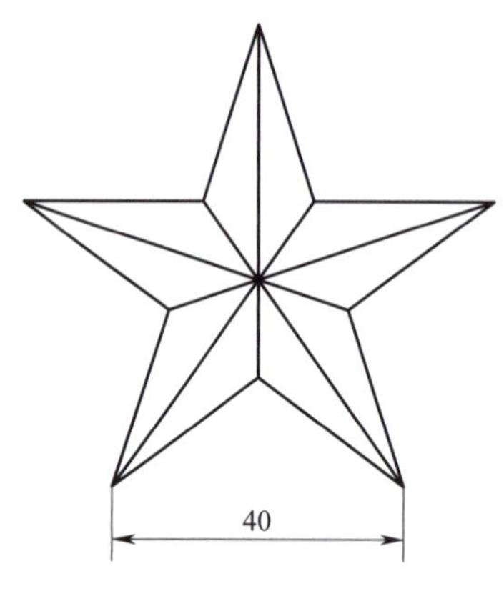

图 2-39 五角星

一、绘制正多边形

正多边形是指二维平面内各边相等、各角也相等的封闭图形，如正三角形、正五边形、正六边形、正八边形等。绘制正多边形可用“正多边形”命令。

1. 执行“正多边形”命令的方法

（1）功能区：单击“常用”→“绘图”→“正多边形”按钮。

（2）菜单栏：单击“绘图”→“正多边形”命令。

（3）命令行：polygon（pol）。

2. 操作步骤

命令：_polygon（执行“正多边形”命令）

输入边的数目 <4> 或［多个（M）/ 线宽（W）］：（指定正多边形的边数）

指定正多边形的中心点或［边（E）］：（指定中心点）

输入选项［内接于圆（I）/ 外切于圆（C）］< 外切于圆 >：（指定内接于圆或外切于圆）

指定圆的半径：（指定外接圆或内切圆的半径）

3. 选项说明

（1）边的数目：指定正多边形的边数，正多边形的边数范围为 3 ~ 1 024，默认值为 4。

（2）正多边形的中心点：指定正多边形的中心点的位置。

（3）内接于圆：指定外接圆的半径，正多边形的所有顶点都在此圆周上，如图 2–40a 所示。

（4）外切于圆：指定从正多边形中心到各边中点的距离，如图 2–40b 所示。

（5）边：通过指定第一条边的端点来定义正多边形。

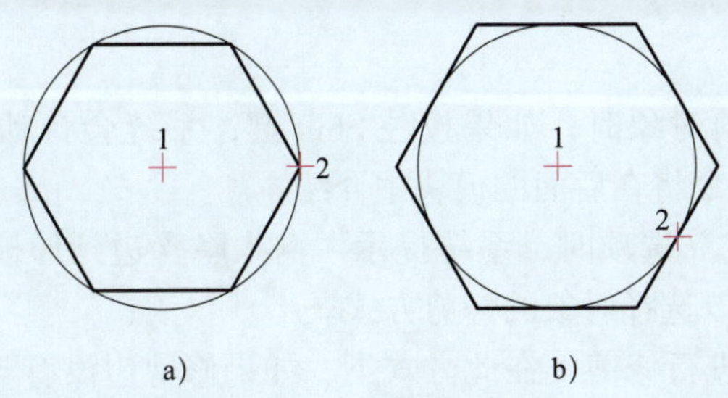

图 2–40　绘制正多边形

a）内接于圆方式绘制正六边形　b）外切于圆方式绘制正六边形

1）当用定点方式确定圆的半径时，点的位置决定了正多边形的旋转角度和尺寸。

2）在绘制正多边形时，当选定中心点位置后，屏幕上会自动弹出“输入选项”（见图 2–41），选择其中的某个选项，即可确定所绘制正多边形是内接于圆还是外切于圆。

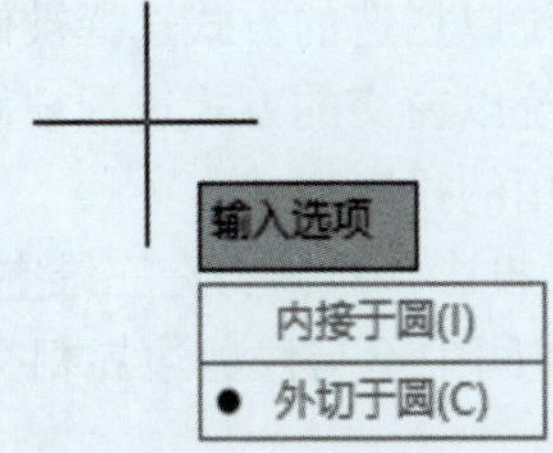

图 2–41　正多边形的“输入选项”卡

二、修剪

“修剪”命令用于沿指定的修剪边界修剪掉目标对象中不需要的部分，所选的修剪边界可以是圆弧、直线以及样条曲线等。在修剪对象时，边界必须与修剪对象或其延长线相交。

1. 执行“修剪”命令的方法

（1）功能区：单击“常用”→“修改”→“修剪”按钮。

（2）菜单栏：单击“修改”→“修剪”命令。

（3）命令行：trim（tr）。

2. 操作步骤

命令：_trim（执行“修剪”命令）

当前设置：投影模式 =UCS，边延伸模式 = 不延伸（N）

选取对象来剪切边界 < 全选 >：（选定对象作为对象修剪的边界或按 Enter 键选择所有对象作为修剪边界）

选择要修剪的实体，或按住 Shift 键选择要延伸的实体，或［边缘模式（E）/ 围栏（F）/ 窗交（C）/ 投影（P）/ 删除（R）/ 放弃（U）］：（选择要修剪的对象）

3. 选项说明

（1）在选择要修剪的对象时，如果按住 Shift 键，系统会自动将“修剪”命令转换成“延伸”命令。“延伸”命令将在后面的模块中介绍。

（2）选择“边缘模式”选项时，系统提示“输入隐含边延伸模式［延伸（E）/ 不延伸（N）］< 不延伸 >：”，可以选择对象的修剪方式。

1）延伸：延伸边界进行修剪。在此方式下，如果修剪边没有与要修剪的对象相交，系统会自动延伸修剪边，直至与对象相交，然后再修剪，如图 2–42 所示。

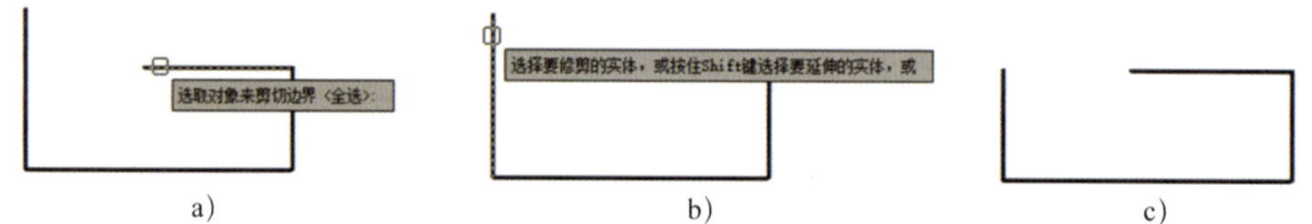

图 2–42 “延伸”方式修剪对象

a）选择剪切边 b）选择要修剪的对象 c）修剪后的结果

2）不延伸：不延伸边界修剪对象，只修剪与修剪边相交的对象。

（3）围栏：选择该选项时，系统以栏选的方式选择被修剪对象，如图 2–43 所示。

（4）窗交：选择该选项时，系统以窗交的方式选择被修剪的对象，如图 2–44 所示。

（5）投影：指定修剪对象时使用的投影方式。

1）无：在修剪对象时，指定无投影，只修剪在三维空间中与修剪边界相交的对象。

2）用户坐标系：修剪在三维空间中不与修剪边界相交的对象，并投影在当前用户坐标系 *XY* 平面上。

3）视图：修剪当前视图中与边界相交的对象，并沿当前视图方向投影。

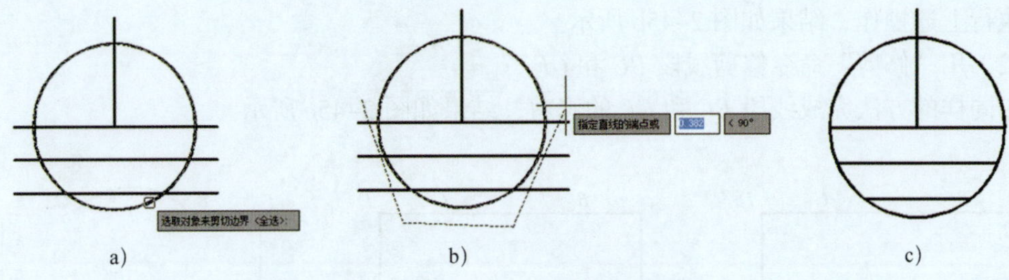

图 2-43 “围栏”方式修剪对象

a）选择修剪边 b）使用栏选方式选择要修剪的对象 c）修剪结果

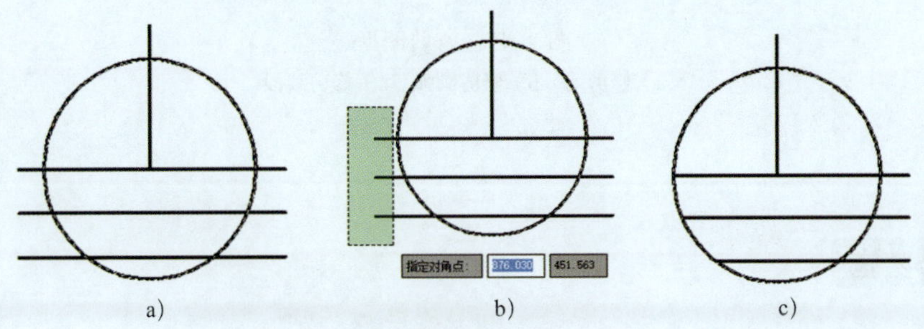

图 2-44 “窗交”方式修剪对象

a）选定修剪边 b）使用窗交方式选择要修剪的对象 c）修剪结果

（6）删除：在执行“修剪”命令的过程中从图形中删除选定的对象。此选项提供了一种用来删除不需要的对象的简便方式，而不用退出“修剪”命令。

（7）放弃：撤销上一步修剪操作。

4. 示例

利用“修剪”命令修剪如图 2-45a 所示图形，得到如图 2-45c 所示图形。

（1）使用“修剪”命令修剪圆弧 $\overset{\frown}{BG}$ 和 $\overset{\frown}{CF}$

执行“修剪”命令，系统给出如下提示：

命令：_trim（执行“修剪”命令）

当前设置：投影模式 =UCS，边延伸模式 = 不延伸（N）

选取对象来剪切边界 < 全选 >：找到 1 个（选择线段 *AD* 为剪切边）

选取对象来剪切边界 < 全选 >：找到 1 个，总计 2 个（选择线段 *HE* 为剪切边）

选取对象来剪切边界 < 全选 >：↙（按 Enter 键结束剪切边界选择）

选择要修剪的实体，或按住 Shift 键选择要延伸的实体，或 [边缘模式（E）/ 围栏（F）/ 窗交（C）/ 投影（P）/ 删除（R）/ 放弃（U）]：（选择要修剪的圆弧 $\overset{\frown}{BG}$）

选择要修剪的实体，或按住 Shift 键选择要延伸的实体，或 [边缘模式（E）/ 围栏（F）/ 窗交（C）/ 投影（P）/ 删除（R）/ 放弃（U）]：（选择要修剪的圆弧 $\overset{\frown}{CF}$）

选择要修剪的实体，或按住 Shift 键选择要延伸的实体，或 [边缘模式（E）/ 围栏（F）/ 窗交（C）/ 投影（P）/ 删除（R）/ 放弃（U）]：↙（按 Enter 键，结束修剪操作）

执行上述操作，结果如图 2–45b 所示。

（2）用“修剪”命令修剪线段 *BC* 和 *GF*

用同样的方法完成线段 *BC* 和 *GF* 的修剪，结果如图 2–45c 所示。

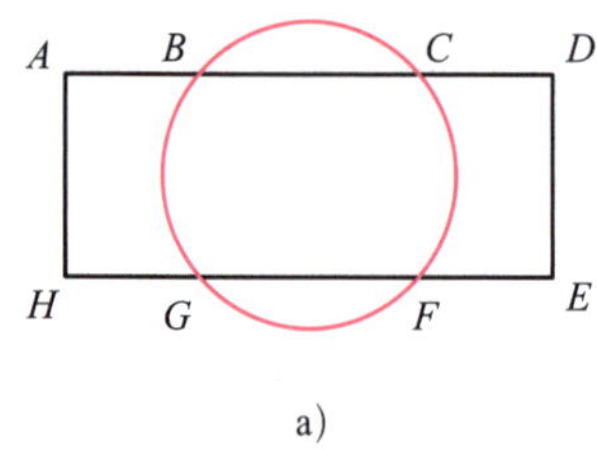

a）

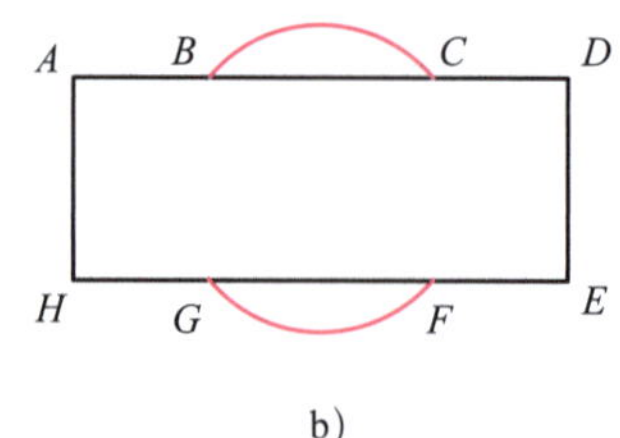

b）

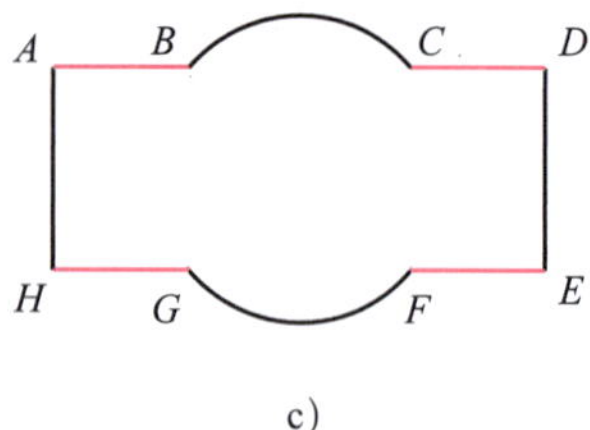

c）

图 2–45 修剪图形

a）修剪前 b）修剪圆弧 c）修剪线段

1. 绘制边长为 40 mm 的正五边形。

命令：POL↙（执行“正多边形”命令）
输入边的数目 <4> 或［多个（M）/ 线宽（W）］：5↙（输入边数“5”）
指定正多边形的中心点或［边（E）］：e↙（输入“e”）
指定边的第一个端点：（在屏幕上指定边的起点）
指定边的第二个端点：40↙（水平向右移动十字光标，输入“40”）

执行上述操作，绘制出如图 2–46a 所示正五边形。

2. 执行“直线”命令，依次连接正五边形相隔点，结果如图 2–46b 所示。
3. 执行“删除”命令，删除正五边形，结果如图 2–46c 所示。
4. 修剪多余线条。

命令：_trim（执行“修剪”命令）
当前设置：投影模式 =UCS，边延伸模式 = 不延伸（N）
选取对象来剪切边界 < 全选 >：↙（按 Enter 键，选择全部对象）
选择要修剪的实体，或按住 Shift 键选择要延伸的实体，或［边缘模式（E）/ 围栏（F）/ 窗交（C）/ 投影（P）/ 删除（R）/ 放弃（U）］：（选择要删除的线段）

依次选择要删除的线段，按 Enter 键确认，结果如图 2–46d 所示。

5. 执行“直线”命令，绘制对角点连接线，五角星绘制完毕，如图 2–46e 所示。

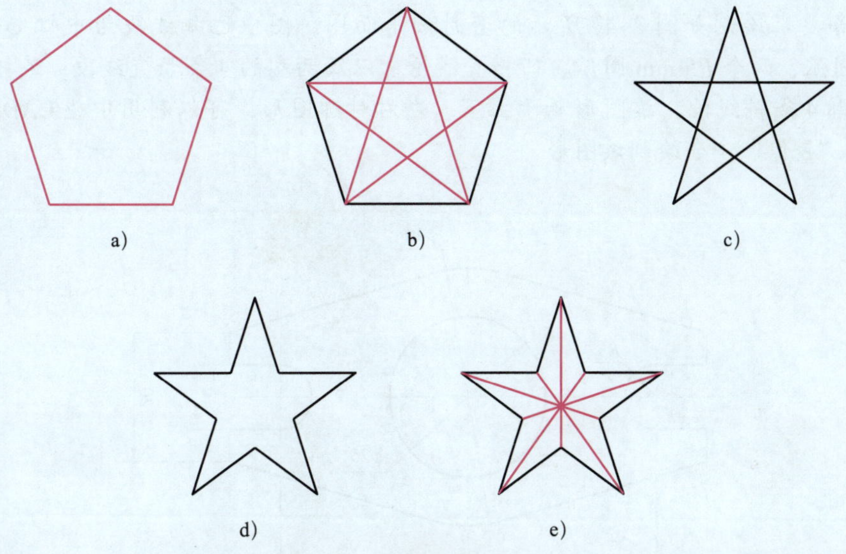

图 2-46　五角星绘制过程

a）绘制正五边形　b）绘制相隔点连接线　c）删除正五边形
d）修剪多余线条　e）绘制对角点连接线

任务 5　绘制密封板平面图

学习目标

1. 掌握“偏移”命令的使用方法。
2. 掌握“镜像”命令的使用方法。
3. 掌握“打断”命令的使用方法。
4. 能绘制密封板平面图。

任务引入

绘制平面图时，应该首先对图形进行线段和尺寸分析，根据定形尺寸和定位尺寸，判断已知线段、中间线段和连接线段，再按已知线段、中间线段、连接线段的绘图顺序完成图形的绘制。

本任务要求绘制如图 2-47 所示的密封板平面图，图中已知线段为中心 ϕ25 mm 圆、ϕ40 mm 圆弧、两个 *R*5 mm 圆弧、凹槽直线轮廓以及两端的 4 条竖直线段；连接线段为密封板外轮廓 4 条斜线段。该图形属于上下、左右对称图形，可以利用中望 CAD 2023 中的“偏移”和“镜像”命令绘制该图形。

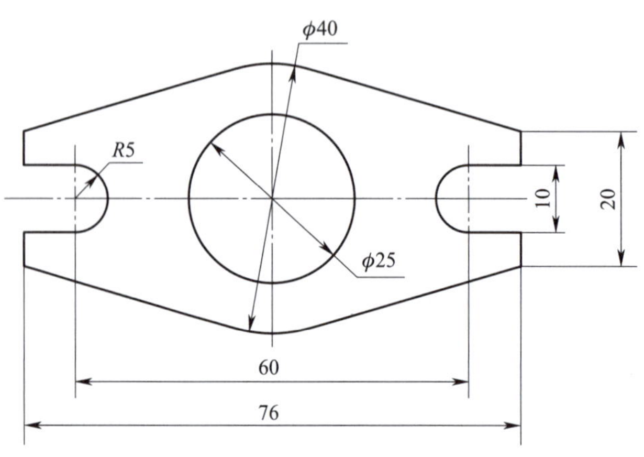

图 2-47 密封板平面图

相关知识

一、偏移

在中望 CAD 2023 中，使用“偏移”命令，可以在指定的距离偏移对象，或通过一个点偏移对象。对指定的圆弧、圆等对象做同心偏移复制操作，偏移距离不同，形状不发生变化，但其大小重新计算，如图 2-48a 和图 2-48b 所示。直线可看作是平行复制，如图 2-48c 所示。在实际应用中，常利用“偏移”命令来创建同心圆、平行线或等距离曲线。

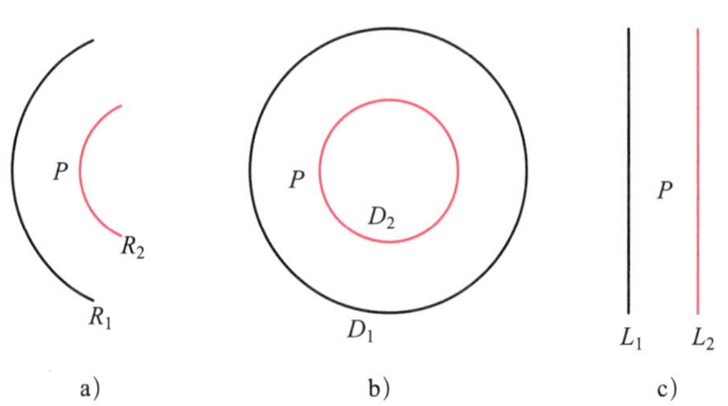

图 2-48 偏移对象示例

a）圆弧偏移 b）圆偏移 c）直线偏移

注意：图 2-48 中的 R_1、D_1、L_1 为偏移前的源对象，R_2、D_2、L_2 为偏移后生成的对象，P 为偏移方位。

1. 命令执行方法

（1）功能区：单击“常用”→“修改”→“偏移”按钮。

（2）菜单栏：单击“修改”→“偏移”命令。

（3）命令行：offset（o）。

2. 操作步骤

命令：_offset（执行“偏移”命令）
指定偏移距离或［通过（T）/ 擦除（E）/ 图层（L）］<8.000>：（指定偏移距离）
选择要偏移的对象或［放弃（U）/ 退出（E）］< 退出 >：（选择要偏移的对象）
指定目标点或［退出（E）/ 多个（M）/ 放弃（U）］< 退出 >：（指定目标点）

3. 选项说明

（1）指定偏移距离：指定将要偏移生成的对象与源对象之间的距离。

1）退出：退出“偏移”命令。

2）多个：使用当前偏移距离重复进行偏移操作。

3）放弃：放弃当前操作。

（2）通过：指定偏移生成的对象所通过的点。

（3）擦除：控制在偏移对象后是否删除源对象，默认不删除源对象。

（4）图层：控制将偏移后的对象放置在当前图层还是放置在源对象所在图层，默认将偏移对象放置在源对象所在图层。

为了使用方便，“偏移”命令是重复的。要退出该命令，应按 Enter 键或 Esc 键。

4. 示例

绘制如图 2-49 所示某容器俯视图。

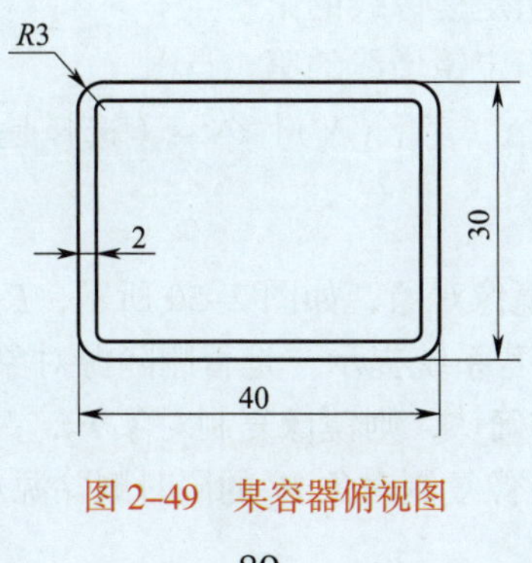

图 2-49　某容器俯视图

操作步骤如下：

命令：_rectang（执行“矩形”命令）
指定第一个角点或［倒角（C）/ 标高（E）/ 圆角（F）/ 正方形（S）/ 厚度（T）/ 宽度（W）］：f↙（输入“f”）
指定所有矩形的圆角距离 <0.000>：3↙（指定圆角半径）
指定第一个角点或［倒角（C）/ 标高（E）/ 圆角（F）/ 正方形（S）/ 厚度（T）/ 宽度（W）］：（在绘图区域单击确定矩形的第一个角点）
指定其他的角点或［面积（A）/ 尺寸（D）/ 旋转（R）］：@40，30↙（指定矩形的另一个角点）

执行上述操作，绘制出带有圆角的矩形。

命令：_offset（执行“偏移”命令）
指定偏移距离或［通过（T）/ 擦除（E）/ 图层（L）］<8.000>：2↙（指定偏移距离）
选择要偏移的对象或［放弃（U）/ 退出（E）］< 退出 >：（选择矩形作为偏移的对象）
指定目标点或［退出（E）/ 多个（M）/ 放弃（U）］< 退出 >：（指定矩形里为偏移的那一侧）
选择要偏移的对象或［放弃（U）/ 退出（E）］< 退出 >：↙（按 Enter 键结束偏移操作）

执行上述操作，则完成某容器俯视图的绘制。

二、镜像

在中望 CAD 2023 中，可以使用“镜像”命令，将对象以镜像线为对称轴进行复制。

1. 命令执行方法

（1）菜单栏：单击“修改”→“镜像”命令。

（2）功能区：单击“常用”→“修改”→“镜像”按钮 。

（3）命令行：mirror（mi）。

2. 操作步骤

命令：_mirror（执行“镜像”命令）
选择对象：（选择要镜像的对象）
选择对象：（继续选择对象或按 Enter 键结束选择）
指定镜像线的第一点：（指定镜像线的第一点）
指定镜像线的第二点：（指定镜像线的第二点）
是否删除源对象？［是（Y）/ 否（N）］<N>：（选择是否删除源对象，按 Enter 键确认）

执行上述操作，系统完成镜像对象，如图 2–50 所示，P_1 为镜像前的源对象，P_2 为镜像生成的对象，*AB* 轴为镜像线。若系统提示“是否删除源对象？［是（Y）/ 否（N）］<N>：”信息，此时如果直接按 Enter 键确认，则镜像复制对象 P_2，并保留原来的对象 P_1；如果输入“Y”再按 Enter 键确认，则在镜像复制对象 P_2 的同时删除源对象 P_1。

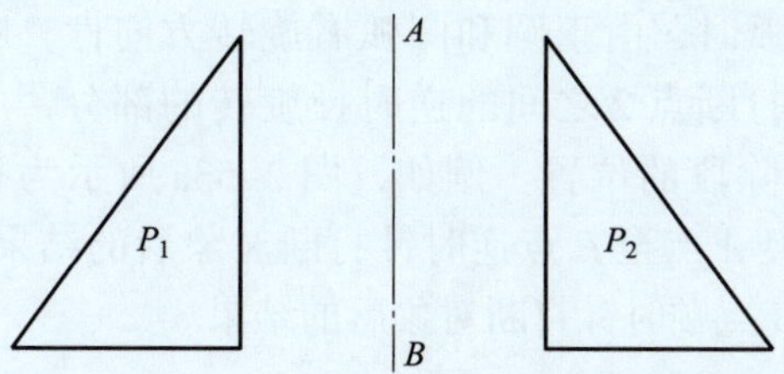

图 2-50　镜像对象示例

在中望 CAD 2023 中，使用系统变量 MIRRTEXT 可以控制文字对象的镜像方向。当 MIRRTEXT 值为 0 时，文字对象方向不镜像，如图 2–51a 所示。当 MIRRTEXT 值为 1 时，文字对象完全镜像，镜像出来的文字变得不可读，如图 2–51b 所示。

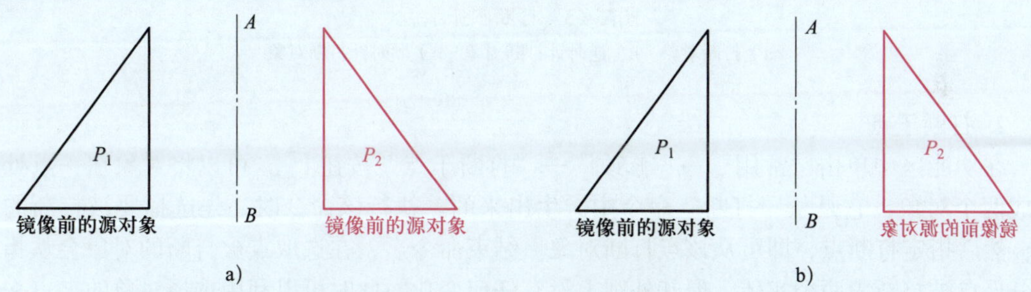

图 2–51　文字对象镜像示例

a）MIRRTEXT 值为 0 时，文字镜像结果　b）MIRRTEXT 值为 1 时，文字镜像结果

三、打断

在中望 CAD 2023 中，使用“打断”命令可以通过指定两点将对象上两点间的部分删除。还可以使用“打断于点”命令使对象在某一点处断开成两个对象。

1. 打断对象

（1）命令执行方法

1）菜单栏：单击“修改”→“打断”命令。

2）功能区：单击“常用”→“修改”→“打断”按钮。

3）命令行：break（br）。

（2）操作步骤

命令：_break（执行“打断”命令）

选取切断对象：（选择打断对象）

指定第二切断点或［第一切断点（F）］：（指定第二个打断点）

如果使用定点设备选择对象，则在选择对象时会将选择点视为第一个打断点。在下一个提示下，可以继续指定第二个打断点或替换第一个打断点。两个指定点之间的对象部分将被删除，如图 2–52 所示。

另外，在打断圆或圆弧时，由于圆和圆弧有旋转方向性，断开的部分是从打断点 1 到打断点 2 之间的逆时针旋转的部分，所以指定第一点时应考虑删除段的位置。例如，图 2-53a 所示为打断对象，图 2-53b 所示为经 A 点至 B 点逆时针打断对象后的结果，图 2-53c 所示为经 A 点至 B 点顺时针打断对象后的结果。

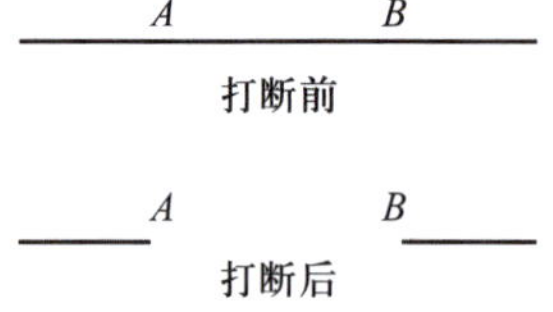

图 2-52　打断示例

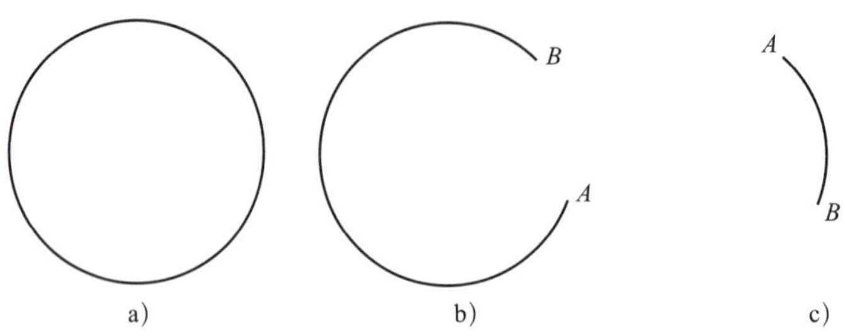

图 2-53　打断圆弧示例

a）打断对象　b）逆时针打断对象　c）顺时针打断对象

2. 打断于点

在功能区中单击“常用”→“修改”→“打断于点”按钮 ，可以将对象在一点处断开成两个对象，它是从“打断”命令中派生出来的。执行该命令时，先选择要被打断的对象，然后指定打断点，即可从该点打断对象。结束命令后，在选取点被打断的对象会从指定的分界点被打断为两个实体，但其外观上没有任何变化，此时可以利用选择对象的夹点来辨识对象是否已被打断。

1. 绘制中心线

（1）设置当前图层

启动中望 CAD 2023，打开“机械绘图”图形样板，将“细点画线”图层置为当前图层。

（2）绘制水平和竖直中心线

使用“直线”命令绘制长为 80 mm 的水平中心线和长为 46 mm 的竖直中心线，如图 2-54 所示。

（3）绘制左右两侧 $R5$ mm 圆弧的竖直圆心定位线

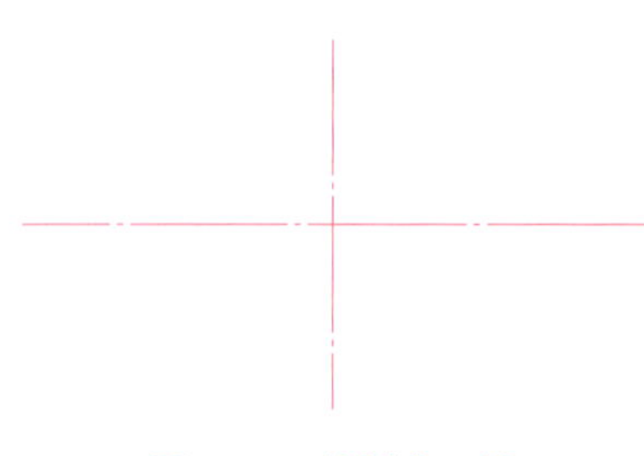
图 2-54　绘制中心线

命令：_offset（执行“偏移”命令）

指定偏移距离或［通过（T）/ 擦除（E）/ 图层（L）］<8.000>：30↙（指定偏移距离）

选择要偏移的对象或［放弃（U）/ 退出（E）］< 退出 >：（选择 46 mm 长的竖直中心线）

指定目标点或［退出（E）/ 多个（M）/ 放弃（U）］< 退出 >：（指定竖直中心线左侧，则偏移复制出左侧 R5 mm 圆弧的竖直圆心定位线）

选择要偏移的对象或［放弃（U）/ 退出（E）］< 退出 >：（选择 46 mm 长的竖直中心线）

指定目标点或［退出（E）/ 多个（M）/ 放弃（U）］< 退出 >：（指定竖直中心线右侧，则偏移复制出右侧 R5 mm 圆弧的竖直圆心定位线）

选择要偏移的对象或［放弃（U）/ 退出（E）］< 退出 >：（按 Enter 键或 Esc 键退出偏移操作）

执行上述操作，结果如图 2–55 所示。

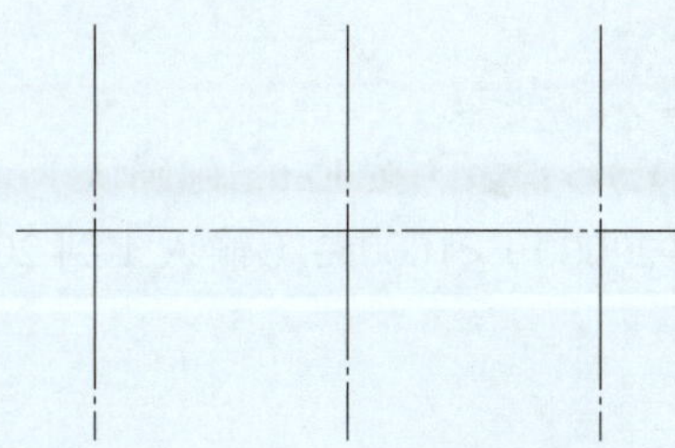

图 2–55　绘制左右两侧 *R*5 mm 圆弧的竖直圆心定位线

2. 绘制 ϕ25 mm、ϕ40 mm 同心圆及两侧 *R*5 mm 圆

（1）设置当前图层

将“粗实线层”设置为当前图层。

（2）绘制 ϕ25 mm、ϕ40 mm 两同心圆

命令：_circle

指定圆的圆心或［三点（3P）/ 两点（2P）/ 切点、切点、半径（T）］：（拾取水平中心线与竖直中心线的交点作为圆心）

指定圆的半径或［直径（D）］：12.5↙（指定圆的半径）

命令：（按 Enter 键或 Space 键重复执行“圆”命令）

_CIRCLE

指定圆的圆心或［三点（3P）/ 两点（2P）/ 切点、切点、半径（T）］：（拾取水平中心线与竖直中心线的交点作为圆心）

指定圆的半径或［直径（D）］<12.5000>：20↙（指定圆的半径）

执行上述操作，绘制出 ϕ25 mm 和 ϕ40 mm 圆，如图 2–56a 所示。

（3）绘制两侧 *R*5 mm 圆

按 Enter 键重复“圆”命令，绘制出两侧 *R*5 mm 圆，如图 2–56b 所示。

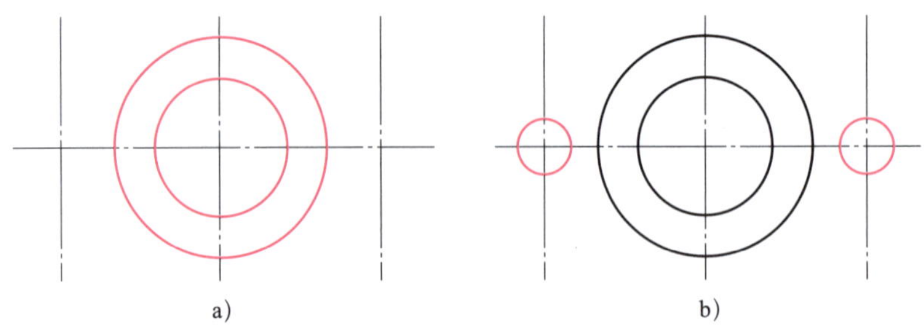

图 2-56 绘制 ϕ25 mm、ϕ40 mm 同心圆及两侧 $R5$ mm 圆

a）绘制 ϕ25 mm 和 ϕ40 mm 同心圆 b）绘制两侧 $R5$ mm 圆

绘图技巧：一般情况下，绘制的圆或其他曲线在屏幕上显示非常不光滑，可通过设置当前视口中对象的分辨率来改变显示质量。

命令：VIEWRES↙

是否需要快速缩放 < 是（Y）>：↙（按 Enter 键确认）

输入圆的缩放百分比（1–20000）<1000>：（输入 1 到 20000 之间的整数，并按 Enter 键确认重新生成模型）

该命令使用短矢量控制圆、圆弧、样条曲线和多段线弧的外观。矢量数目越大，圆或圆弧的外观越平滑。例如，如果创建了一个很小的圆然后将其放大，它可能显示为一个多边形。使用该命令增大缩放百分比并重生成图形，可以更新圆的外观并使其平滑，减小缩放百分比会有相反的效果。

3. 绘制槽及外形直线轮廓

（1）绘制右上侧直线轮廓

命令：_line（执行“直线”命令）

指定第一个点：（捕捉右侧 $R5$ mm 圆与其竖直中心线的交点，如图 2–57a 所示）

指定下一点或 [角度（A）/ 长度（L）/ 放弃（U）]：8↙（水平向右移动十字光标，输入距离“8”，如图 2–57b 所示）

指定下一点或 [角度（A）/ 长度（L）/ 放弃（U）]：5↙（竖直向上移动十字光标，输入距离“5”）

指定下一点或 [角度（A）/ 长度（L）/ 闭合（C）/ 放弃（U）]：（捕捉 ϕ40 mm 圆上的切点，如图 2–57c 所示）

指定下一点或 [角度（A）/ 长度（L）/ 闭合（C）/ 放弃（U）]：（按 Enter 键或 Esc 键退出“直线”命令）

执行上述操作，结果如图 2–57d 所示。

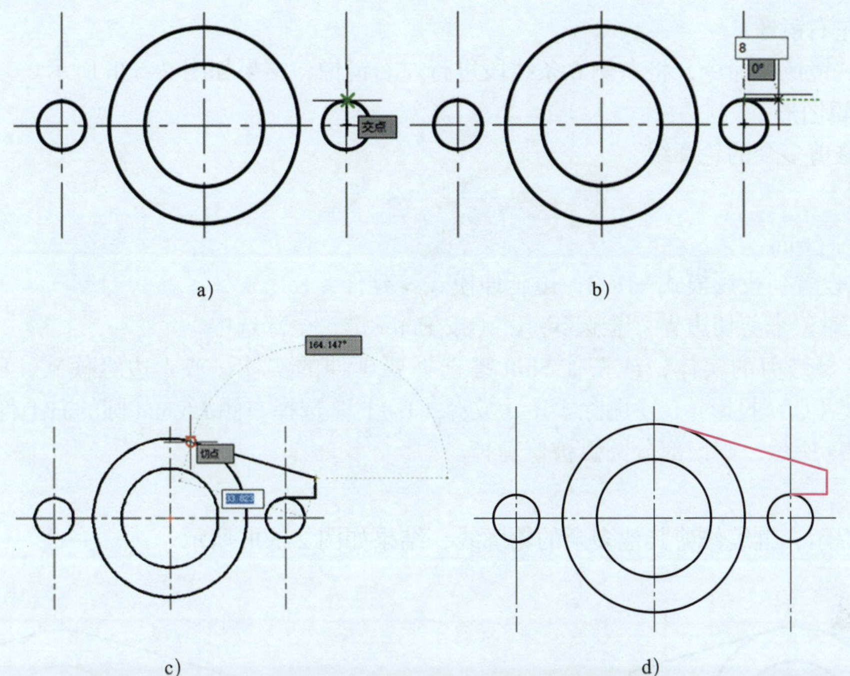

图 2–57　绘制右上侧直线轮廓

a）捕捉交点　b）绘制 8 mm 长的水平线段　c）捕捉 ϕ40 mm 圆切点　d）绘制结果

（2）上下镜像

命令：_mirror（执行“镜像”命令）
选择对象：找到 1 个（选择 8 mm 水平线段）
选择对象：找到 1 个，总计 2 个（选择 5 mm 竖直线段）
选择对象：找到 1 个，总计 3 个（选择与 ϕ40 mm 圆相切的斜线段）
选择对象：↙（按 Enter 键结束选择镜像对象）
指定镜像线的第一点：（指定水平中心线左侧端点）
指定镜像线的第二点：（指定水平中心线右侧端点）
是否删除源对象？［是（Y）/ 否（N）］< 否（N）>：↙（直接按 Enter 键确认）

执行上述操作，结果如图 2–58a 所示。

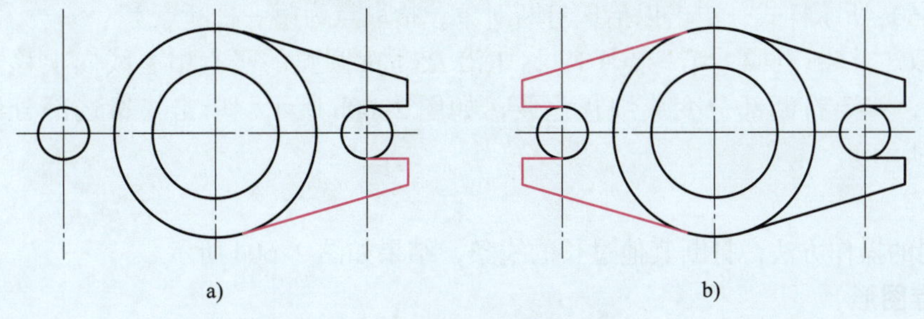

图 2–58　镜像

a）上下镜像　b）左右镜像

（3）左右镜像

利用“镜像”命令，将右侧 6 条线段进行左右镜像，结果如图 2–58b 所示。

4. 编辑图形

（1）修剪多余的轮廓线

命令：_trim

当前设置：投影模式 =UCS，边延伸模式 = 延伸（E）

选取对象来剪切边界 < 全选 >：↙（按 Enter 键，全部选中）

选择要修剪的实体，或按住 Shift 键选择要延伸的实体，或［边缘模式（E）/ 围栏（F）/ 窗交（C）/ 投影（P）/ 删除（R）/ 放弃（U）］：（选择右侧 *R*5 mm 圆的右上部分圆弧，如图 2–59a 所示，则该部分圆弧被修剪掉）

根据提示，继续修剪其他多余的轮廓线，结果如图 2–59b 所示。

图 2–59　修剪多余的轮廓线

a）修剪 *R*5 mm 圆弧右上部分　b）修剪结果

（2）打断两 *R*5 mm 圆弧竖直中心线

图 2–59b 所示图形中的 *R*5 mm 圆弧的竖直中心线过长，不符合机械制图要求，可使用“打断”命令，对其进行编辑。操作步骤如下：

命令：_break（执行“打断”命令）

选取切断对象：（拾取框移动到右侧 *R*5 mm 圆弧的竖直中心线上方适当位置，该直线变为图 2–60a 所示样式，单击以拾取打断对象，拾取点为第一打断点）

指定第二打断点或［第一点（F）］：（沿 *R*5 mm 圆弧的竖直中心线向上移动十字光标至端点，将要打断部分变成细灰色线，如图 2–60b 所示，单击将所选部分删除，如图 2–60c 所示）

用相同的操作方法，打断其他过长的线条，结果如图 2–60d 所示。

5. 保存图形

完成密封板平面图的绘制，将该图保存。

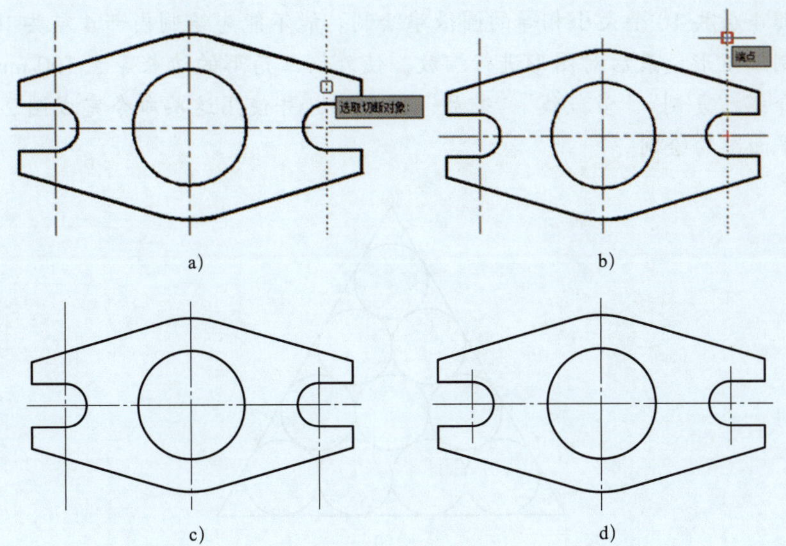

图 2-60 打断两 $R5$ mm 圆弧竖直中心线

a）拾取框移动到要打断的线上 b）指定端点为第二打断点

c）打断结果 d）打断其他过长的线条

任务 6 绘制等边三角形模板平面图

学习目标

1. 掌握“复制”命令的使用方法。
2. 掌握“多段线”命令的使用方法。
3. 掌握“缩放”命令的使用方法。
4. 能绘制等边三角形模板平面图。

任务引入

本任务要求绘制如图 2-61 所示的等边三角形模板平面图。该图形外轮廓为一等边三角形，边长为 100 mm；内部为 4 层共 10 个大小相等的圆，每个圆都与其相邻的直线或圆相切，但没有给出 10 个圆的半径。应用前面所学知识，边长为 100 mm 的等边三角形很容易绘制，但内部 4 层共 10 个大小相等的圆很难绘制。能不能先绘制内部 4 层共 10 个大小相等的圆，再绘制三角形，最后对图形进行缩放，使外切三角形的边长等于 100 mm？答案是肯定的。下面介绍“复制”“多段线”“缩放”等命令，并使用这些命令完成图 2-61 所示等边三角形模板平面图的绘制。

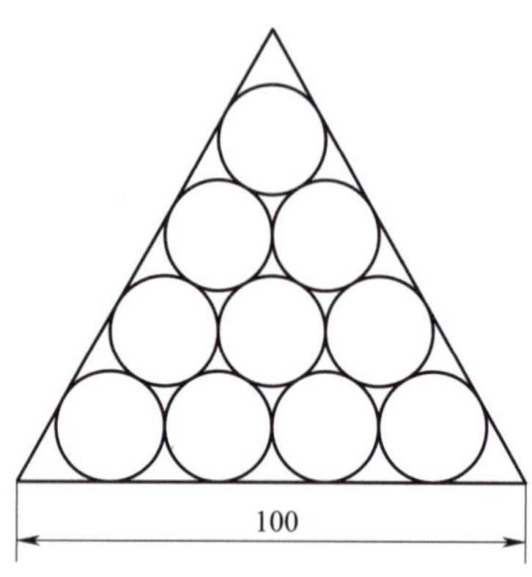

图 2-61　等边三角形模板平面图

一、复制

使用“复制”命令，可创建与原有对象相同的图形。在中望 CAD 2023 中，可以在当前图形内复制单个或多个对象，也可以在不同的图形间复制对象。复制有单个复制和多个复制两种复制方式。

1. 命令执行方法

（1）菜单栏：单击“修改”→“复制”命令。

（2）功能区：单击“常用”→“修改”→“复制”按钮。

（3）命令行：copy（co，cp）。

（4）快捷菜单：选择要复制的对象并右击，在弹出的快捷菜单中单击“复制选择”命令。

2. 操作步骤

命令：_copy（执行“复制”命令）

选择对象：（使用对象选择方法选择复制对象，并在完成后按 Enter 键）

指定基点或［位移（D）/ 模式（O）］< 位移 >：（指定复制对象的基点）

指定第二点的位移或者［阵列（A）］< 使用第一点当作位移 >：（指定复制对象新位置）

指定第二个点或［阵列（A）/ 退出（E）/ 放弃（U）］< 退出 >（再次指定复制对象的新位置或按 Esc 键结束复制）

3. 选项说明

（1）基点：通过基点和放置点来定义一个矢量，指示复制的对象移动的距离和方向。

（2）位移：指定复制对象相对于原对象的距离和方向的矢量。使用位移进行复制的方式为单个复制方式。

（3）模式：设置对象复制的模式。复制模式为单个或多个。当设置为多个模式时，可复制多个副本，按 Enter 键结束复制。

> 指定基点或［位移（D）/ 模式（O）］<位移>：O↙（输入“O”）
> 输入复制模式选项［单个（S）/ 多个（M）］<多个>：

1）单个：创建选定对象的单个副本，并结束命令。

2）多个：替代单个模式设置。在命令执行期间，将“复制”命令设置为自动重复。

（4）阵列：指定在线性阵列中排列的副本数量。

> 指定第二点的位移或者［阵列（A）］<使用第一点当作位移>：a↙（选择阵列选项）
> 输入要进行阵列的项目数：4↙（输入进行阵列的项目数“4”）
> 指定第二个点或［布满（F）］：（确定阵列相对于基点的距离和方向，如图 2–62a 所示）

默认情况下，阵列中的第一个副本将放置在指定的位移位置，其余的副本使用相同的位移增量放置在超出该点的线性阵列中，如图 2–62b 所示。

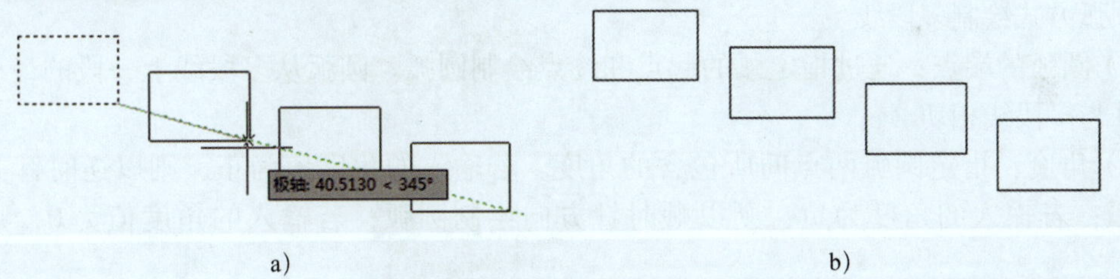

图 2–62　阵列复制

a）确定距离和方向　b）阵列复制结果

“编辑”菜单中的“复制”命令（或“标准”工具栏中的“复制”按钮）的作用是将选定的所有对象复制到剪贴板，剪贴板中的内容可粘贴到文档或图形中。

二、多段线

多段线由连续的具有不同宽度的线段和圆弧组成。

1. 命令执行方法

（1）菜单栏：单击“绘图”→“多段线”命令。

（2）功能区：单击“常用”→“绘图”→“多段线”按钮。

（3）命令行：pline（pl）。

2. 操作步骤

命令：_pline（执行“多段线”命令）

指定多段线的起点或 <最后点>：（指定多段线的起点）

当前线宽是 0.000

指定下一点或［圆弧（A）/半宽（H）/长度（L）/撤销（U）/宽度（W）］：（指定多段线的下一个点位置）

指定下一点或［圆弧（A）/闭合（C）/半宽（H）/长度（L）/撤销（U）/宽度（W）］：a↙（指定圆弧选项）

指定圆弧的端点（按住 Ctrl 键以切换方向）或［角度（A）/圆心（CE）/闭合（CL）/方向（D）/半宽（H）/直线（L）/半径（R）/第二个点（S）/宽度（W）/撤销（U）］：（指定圆弧的端点）

3. 选项说明

（1）指定多段线的起点：指定多段线的起点，可在绘图区域单击或输入点的坐标值，通过指定两点的方式绘制多段线；在按 Enter 键结束命令之前，可通过指定下一点来绘制多段线的多条线段。

（2）最后点：若未指定点直接按 Enter 键，将以最后绘制的一条线段、弧、多段线的端点为起点绘制新的多段线；若之前没有绘制上述对象，则以原点为起点。

（3）圆弧：绘制包含圆弧的多段线。在按 Enter 键结束命令或选择“直线”选项之前，均以圆弧方式绘制多段线。

1）圆弧的端点：通过指定弧的起点和终点绘制圆弧。圆弧从多段线上一段的最后一点开始并与多段线相切。

2）角度：指定圆弧两点间所包含的角度。若输入的角度值为正，则以逆时针方向绘制圆弧；若输入的角度为负，则以顺时针方向绘制圆弧；若输入的角度值为 0，则绘制线段。

3）圆心：指定圆弧所在圆的圆心。

4）闭合：以圆弧将多段线封闭。

5）方向：指定圆弧绘制的起点的切线方向。

6）半宽：为圆弧指定起始半宽和终止半宽。半宽是指定圆弧中心到其一边的宽度。起始半宽将作为终止半宽的默认值，可重新指定终止半宽。宽多段线的起点和端点位于宽线的中心。

7）直线：退出“圆弧”模式，使用线段继续绘制多段线。

8）半径：指定圆弧所在圆的半径。

9）第二个点：指定圆弧上的点和端点，以 3 个点来绘制圆弧。

10）宽度：为圆弧指定起始宽度和终止宽度。起始宽度将作为终止宽度的默认值，可重新指定终止宽度。宽多段线的起点和端点位于宽线的中心。

11）撤销：放弃最近绘制的一条圆弧。

（4）长度：指定下一条绘制的线段的长度。要绘制的线段的角度与上一条线段的角度相同。如果上一条绘制的为圆弧，则绘制的线段与圆弧相切。

（5）半宽：指定多段线的起始半宽和终止半宽，绘制宽多段线。

（6）宽度：指定多段线的起始宽度和终止宽度，绘制宽多段线。

（7）闭合：将多线段的起点和最后一条线段的端点连接起来，闭合多段线，同时结束命令。绘制两条或两条以上线段时才可使用此选项。

（8）撤销：放弃最近绘制的一条线段。绘制至少一条线段后才可使用此选项。

4. 示例

利用“多段线”命令绘制图 2–63 所示键形平面图。

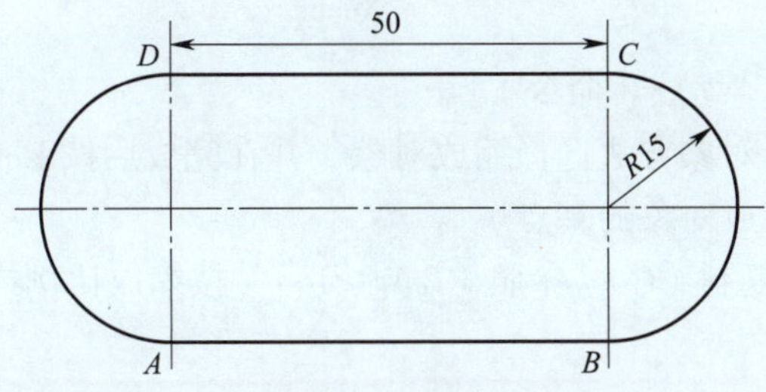

图 2–63　键形平面图

命令: _pline（执行“多段线”命令）

指定多段线的起点或 < 最后点 >:（在绘图区域单击指定多段线起点 *A*）

当前线宽为 0.0000

指定下一点或 [圆弧（A）/ 半宽（H）/ 长度（L）/ 撤销（U）/ 宽度（W）]：50↙（水平向右移动十字光标，输入距离“50”，按 Enter 键确认，即可确定 *B* 点位置）

指定下一点或 [圆弧（A）/ 闭合（C）/ 半宽（H）/ 长度（L）/ 撤销（U）/ 宽度（W）]：a↙（选择“圆弧”选项）

指定圆弧的端点（按住 Ctrl 键以切换方向）或 [角度（A）/ 圆心（CE）/ 闭合（CL）/ 方向（D）/ 半宽（H）/ 直线（L）/ 半径（R）/ 第二个点（S）/ 宽度（W）/ 撤销（U）]：30↙（竖直方向移动十字光标，输入距离“30”，确定 *C* 点位置，即可绘制出半径为 15 mm 的 180° 圆弧）

指定圆弧的端点（按住 Ctrl 键以切换方向）或 [角度（A）/ 圆心（CE）/ 闭合（CL）/ 方向（D）/ 半宽（H）/ 直线（L）/ 半径（R）/ 第二个点（S）/ 宽度（W）/ 撤销（U）]：l↙（输入“直线”选项）

指定下一点或 [圆弧（A）/ 闭合（C）/ 半宽（H）/ 长度（L）/ 撤销（U）/ 宽度（W）]：50↙（水平向左移动十字光标，输入距离“50”，即可确定 *D* 点位置）

指定下一点或 [圆弧（A）/ 闭合（C）/ 半宽（H）/ 长度（L）/ 撤销（U）/ 宽度（W）]：a↙（输入“圆弧”选项）

指定圆弧的端点（按住 Ctrl 键以切换方向）或 [角度（A）/ 圆心（CE）/ 闭合（CL）/ 方向（D）/ 半宽（H）/ 直线（L）/ 半径（R）/ 第二个点（S）/ 宽度（W）/ 撤销（U）]：cl↙（选择“闭合”选项，即可绘制出左侧 *R*15 mm 圆弧）

执行上述操作，即可绘制出图 2-63 所示键形平面图。

三、缩放

使用“缩放”命令可将对象按指定的比例因子相对于基点放大或缩小，也可参照长度把对象缩放到指定尺寸。

1. 命令执行方法

（1）菜单栏：单击“修改”菜单→“缩放”命令。

（2）功能区：单击“常用”→“修改”→“缩放”按钮。

（3）命令行：scale（sc）。

2. 操作步骤

命令：_scale（执行“缩放”命令）
选择对象：（按选择对象方法选择缩放对象，并在完成后按 Enter 键确认）
指定基点：（指定缩放对象的基点）
指定缩放比例或［复制（C）/ 参照（R）］<1>：（按缩放比例或参照长度缩放对象）

3. 选项说明

（1）选择对象：指定要进行缩放的对象。

（2）基点：指定一个点作为缩放的中心点。选取的对象将随着十字光标的移动幅度的大小放大或缩小。

（3）缩放比例：以指定的比例值放大或缩小选取对象。当输入的比例值大于 1 时，则放大对象，若为 0 和 1 之间的小数，则缩小对象。

（4）复制：保留源对象，创建源对象缩放后的副本。

（5）参照：按参照长度和指定的新长度缩放所选对象。以新长度除以参照长度的值作为缩放比例。

1）参照长度：输入参照长度值或在绘图区域指定两点来确定参照长度。

2）新的长度：若指定的新长度大于参照长度，则放大选取的对象，否则缩小。

3）点：指定两点来定义新的长度。

4. 示例

（1）示例 1

指定缩放比例放大图 2-64a 中的圆。

命令：_scale（执行“缩放”命令）
选择对象：找到 1 个（选择图 2-64a 中的圆，完成后按 Enter 键确认）
选择对象：↙（按 Enter 键结束选择）
指定基点：（捕捉圆心作为基点）
指定缩放比例或［复制（C）/ 参照（R）］<1>：2↙（指定缩放比例，按 Enter 键确认）

执行上述操作，图 2-64a 中的圆被放大为原来的 2 倍，结果如图 2-64b 所示。

（2）示例 2

按照参照三角形的边长缩放图 2-64a 中的三角形。

命令：_scale（执行“缩放”命令）
选择对象：找到 1 个（选择图 2–64a 中的三角形）
选择对象：↙（按 Enter 键结束选择）
指定基点：（捕捉三角形左顶点为基点）
指定缩放比例或［复制（C）/ 参照（R）］<2>：r↙（选择“参照”选项）
指定参照长度 <50>：（捕捉三角形底边左顶点）
请指定第二点获取距离：（捕捉三角形底边右顶点）
指定新长度或［点（P）］<100>：20↙（输入底边新的长度）

执行上述操作，图 2–64a 中的三角形的边长被缩小至 20 mm，如图 2–64c 所示。

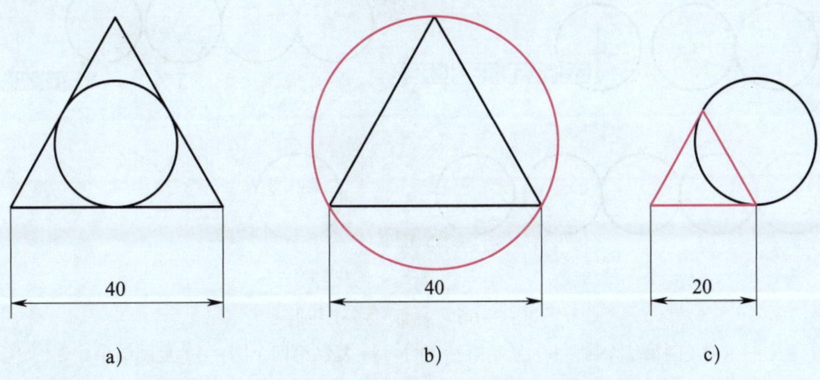

图 2–64　比例缩放示例

a）源图形　b）按缩放比例 2 放大圆　c）参照边长缩放三角形

1. 绘制 10 个圆

（1）设置当前图层

将“粗实线”层设置为当前图层。

（2）绘制半径为 10 mm 的圆

为了便于操作，先绘制一个半径为 10 mm 的圆，如图 2–65 所示。

图 2–65　绘制半径为 10 mm 的圆

（3）复制圆

1）复制第一层 3 个圆

命令：_copy（执行“复制”命令）
选择对象：（选择半径为 10 mm 的圆）
选择对象：↙（按 Enter 键结束选择）
指定基点或［位移（D）/ 模式（O）］< 位移 >：（指定圆心作为基点）

指定第二点的位移或者［阵列（A）］<使用第一点当作位移>：20↙（沿水平方向移动十字光标，输入“20”并按 Enter 键确认，复制出一个半径为 10 mm 且与第一个圆相切的圆，如图 2-66a 所示）

指定第二个点或［阵列（A）/ 退出（E）/ 放弃（U）］<退出>：40↙（沿水平方向，继续复制第二个小圆，如图 2-66b 所示）

指定第二个点或［阵列（A）/ 退出（E）/ 放弃（U）］<退出>：60↙（沿水平方向，继续复制第三个小圆，如图 2-66c 所示）

指定第二个点或［阵列（A）/ 退出（E）/ 放弃（U）］<退出>：↙（按 Enter 键结束复制）

完成上述操作，绘制出第一层 4 个圆，如图 2-66d 所示。

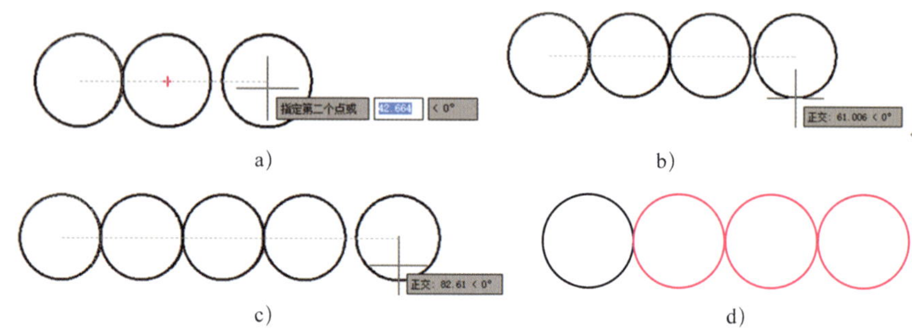

图 2-66　复制第一层圆

a）复制第二个圆　b）复制第三个圆　c）复制第四个圆　d）复制结果

2）复制第二层 3 个圆

命令：_copy（执行“复制”命令）

选择对象：（选择第一层左边 3 个圆）

选择对象：↙（按 Enter 键结束选择）

指定基点或［位移（D）/ 模式（O）］<位移>：（选择左边第一个圆的圆心作为基点）

指定第二点的位移或者［阵列（A）］<使用第一点当作位移>：20↙（利用“极轴追踪”功能，沿 60° 方向追踪，如图 2-67a 所示，输入“20”，按 Enter 确认，复制出第二层 3 个圆）

指定第二个点或［阵列（A）/ 退出（E）/ 放弃（U）］<退出>：↙（按 Enter 键结束复制）

执行上述操作，复制出第二层 3 个圆，如图 2-67b 所示。

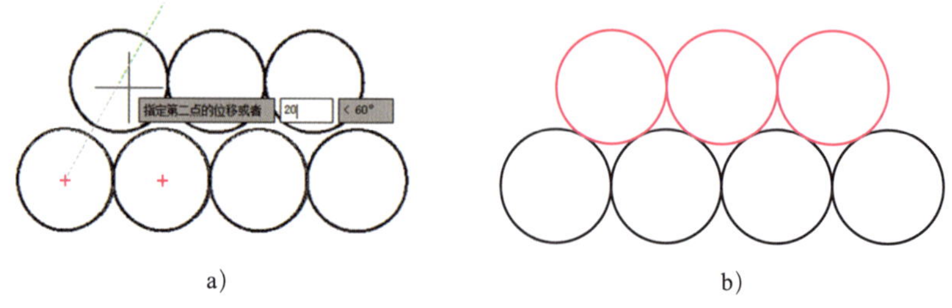

图 2-67　复制第二层圆

a）追踪 60°，输入 20　b）复制结果

3）复制第三层 2 个圆和第四层 1 个圆

命令：_copy（执行“复制”命令）

选择对象：（选择第一层左边 2 个圆和第二层左边第 1 个圆）

选择对象：↙（按 Enter 键结束选择）

指定基点或［位移（D）/ 模式（O）］< 位移 >：（选择第一层左边第一个圆的圆心作为基点）

指定第二点的位移或者［阵列（A）］< 使用第一点当作位移 >：40↙（利用“极轴追踪”功能，沿 60° 方向追踪，如图 2–68a 所示，输入距离“40”，按 Enter 键确认）

指定第二个点或［阵列（A）/ 退出（E）/ 放弃（U）］< 退出 >：↙（按 Enter 键结束复制）

执行上述操作，复制出第三层 2 个圆和第四层 1 个圆，如图 2–68b 所示。

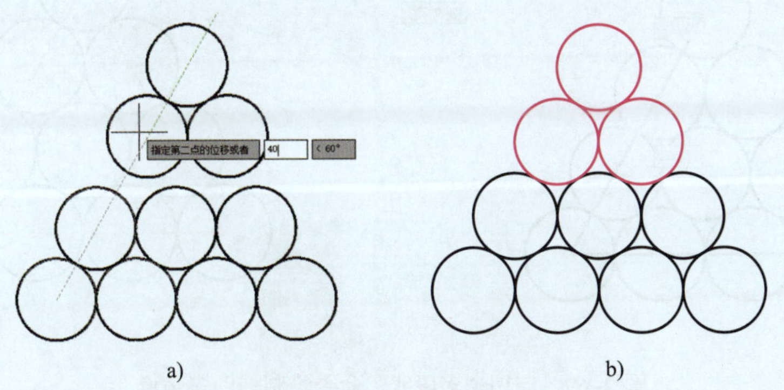

图 2–68　复制第三层 2 个圆和第四层 1 个圆

a）追踪 60°，输入距离　b）复制结果

2. 绘制等边三角形

（1）绘制辅助三角形

命令：_pline（执行“多段线”命令）

指定多段线的起点或 < 最后点 >：（指定第一层左侧圆的圆心作为多段线起点，如图 2–69a 所示）

当前线宽为 0.0000

指定下一点或［圆弧（A）/ 半宽（H）/ 长度（L）/ 撤销（U）/ 宽度（W）］：（拾取第一层右侧圆的圆心作为第二点，如图 2–69b 所示）

指定下一点或［圆弧（A）/ 闭合（C）/ 半宽（H）/ 长度（L）/ 撤销（U）/ 宽度（W）］：（拾取第四层圆的圆心作为第三点，如图 2–69c 所示）

指定下一点或［圆弧（A）/ 闭合（C）/ 半宽（H）/ 长度（L）/ 撤销（U）/ 宽度（W）］：c↙（选择“闭合”选项）

执行上述操作，结果如图 2-69d 所示。

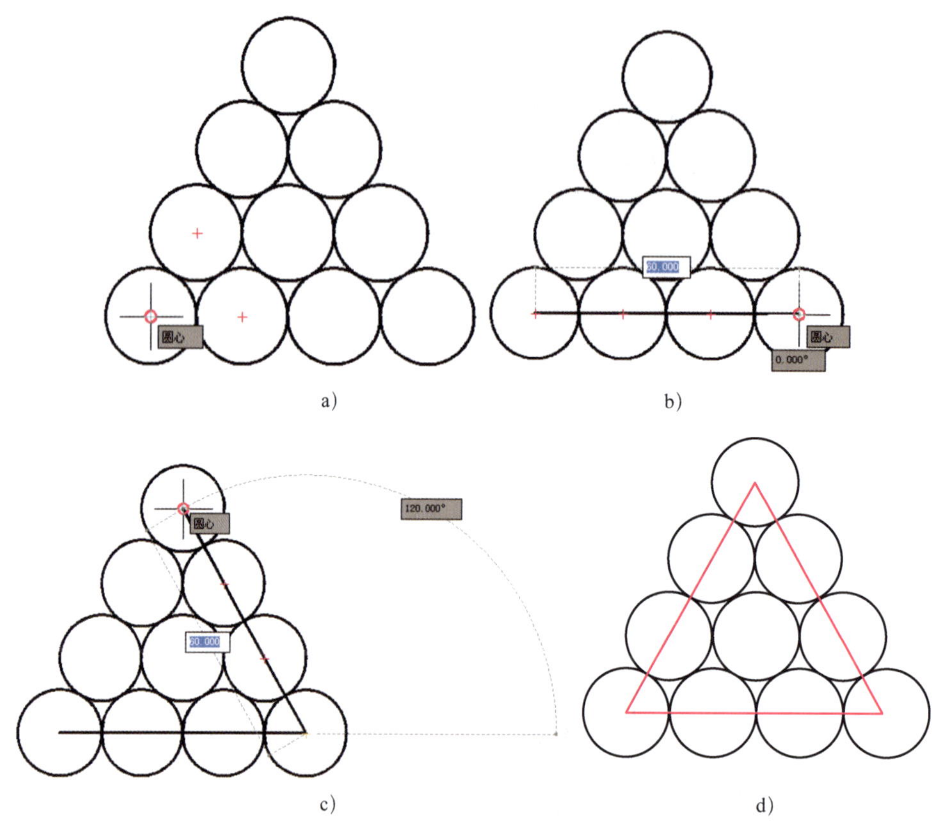

图 2-69　应用“多段线”命令绘制辅助三角形

a）捕捉第一层左侧圆的圆心　b）捕捉第一层右侧圆的圆心

c）捕捉第四层圆的圆心　d）绘制结果

（2）偏移辅助三角形

命令：_offset（执行“偏移”命令）

指定偏移距离或［通过（T）/ 擦除（E）/ 图层（L）］<30.000>：10↙（输入“10”）

选择要偏移的对象或［放弃（U）/ 退出（E）］< 退出 >：（选择辅助三角形，按 Enter 键确认）

指定目标点或［退出（E）/ 多个（M）/ 放弃（U）］< 退出 >：（单击辅助三角形的外侧）

选择要偏移的对象或［放弃（U）/ 退出（E）］< 退出 >：↙（按 Enter 键结束偏移）

执行上述操作，绘制出如图 2-70 所示图形。

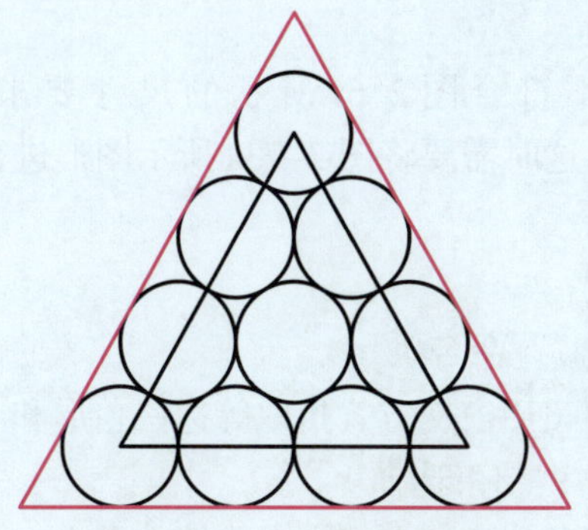

图 2-70　偏移辅助三角形

（3）删除辅助三角形

```
命令：_erase
选择对象：找到 1 个（拾取辅助三角形）
选择对象：↙（按 Enter 键结束“删除”命令）
```

执行上述操作，得到如图 2-71 所示图形。

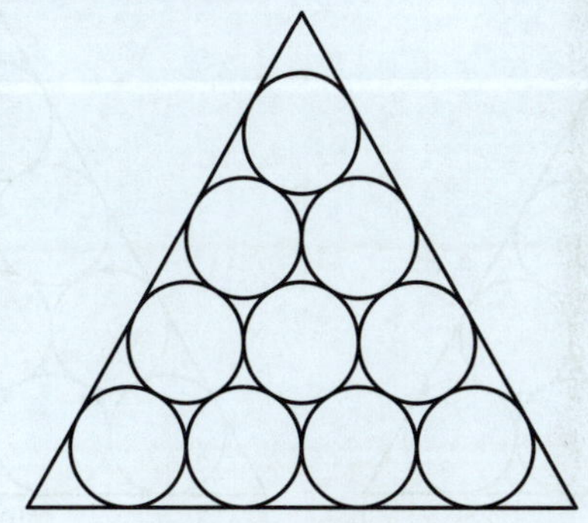

图 2-71　删除辅助三角形

若用“直线”命令绘制辅助三角形，偏移的结果如图 2-72 所示，因此辅助三角形采用“多段线”命令绘制。

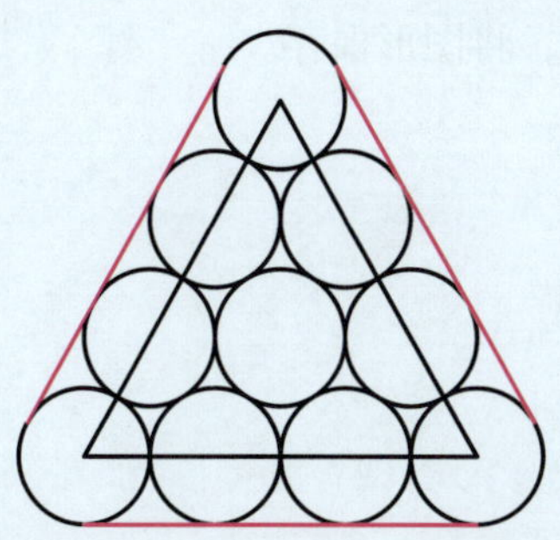

图 2-72　偏移直线对象的结果

3. 参照缩放

绘制出来的图形尺寸不符合图 2–61 所示的尺寸要求，其等边三角形的边长为 94.64 mm，如图 2–73a 所示。这时需要将图 2–73a 所示图形进行缩放，使等边三角形的边长等于 100 mm。

命令：_scale（执行“缩放”命令）
选择对象：找到了 11 个（用窗交方式拾取等边三角形和 10 个圆）
选择对象：↙（按 Enter 键结束选择）
指定基点：（指定等边三角形底边左侧端点为缩放基点）
指定缩放比例或［复制（C）/ 参照（R）］<1.000>：r↙（选择“参照”选项）
指定参照长度 <59.48>：（指定等边三角形底边左侧端点为参照长度的起点）
请指定第二点获取距离：（指定等边三角形底边右侧端点为参照长度的终点）
指定新长度或［点（P）］<50>：100↙（指定新的长度）

执行上述操作，得到如图 2–73b 所示图形。

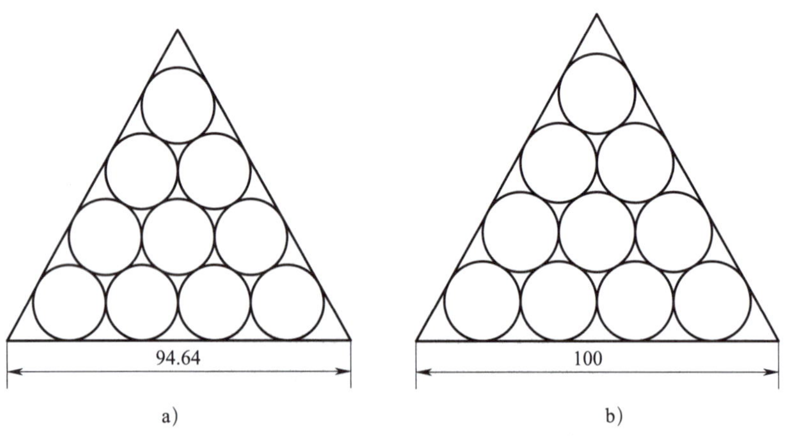

图 2–73　参照缩放图形

a）缩放前　b）缩放后

4. 保存图形

完成等边三角形模板的绘制，将图形保存。

任务 7　绘制铣刀平面图

学习目标

1. 掌握“矩形阵列”“环形阵列”“路径阵列”命令的使用方法。
2. 掌握铣刀平面图的绘制方法。

任务引入

本任务要求绘制如图 2–74 所示的铣刀平面图。该图形由 ϕ20 mm 孔、ϕ40 mm 凸台、6 mm 宽的键槽和 12 个铣刀齿组成，12 个铣刀齿均匀分布在 ϕ80 mm 和 ϕ90 mm 这两个圆之间。绘制时，可先绘制 4 个同心圆和键槽，再利用“环形阵列”命令绘制铣刀齿。通过绘制该图，用户应掌握图形的显示控制和“阵列”等命令。

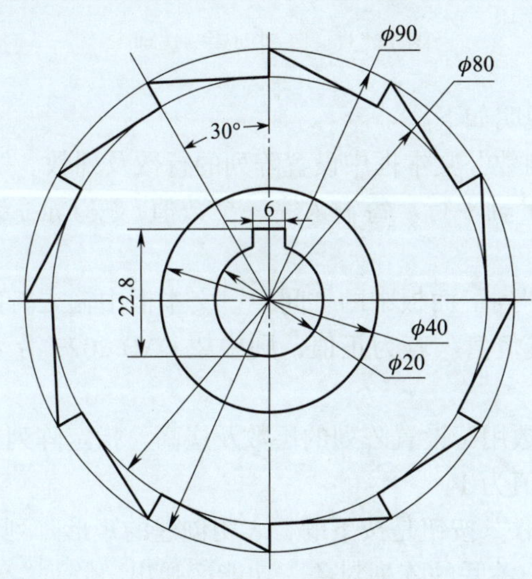

图 2–74　铣刀平面图

使用“阵列”命令可以按照一定的排列规律一次复制多个图形对象。在中望 CAD 2023 中，阵列有矩形阵列、环形阵列和路径阵列 3 种方式。

一、矩形阵列

通过指定矩阵的行数、列数来复制并排列选定对象，以创建矩形阵列。

1. 命令执行方法

（1）菜单栏：单击“修改”→“阵列”→“矩形阵列”命令。

（2）功能区：单击“常用”→“修改”→“矩形阵列”按钮 。

（3）命令行：arrayrect［或执行“阵列”（array，ar）命令，选择对象后，再选择矩形阵列类型］。

2. 操作步骤

（1）应用“阵列创建”选项卡进行矩形阵列

执行“矩形阵列”命令，命令行提示“选择对象”，选择阵列对象后，按 Enter 键确认，在功能区弹出“阵列创建”选项卡，如图 2–75 所示，同时在绘图区域显示系统默认的四列三行阵列图形。

图 2–75 “阵列创建”选项卡

“阵列创建”选项卡说明如下。

1）在“行数”和“列数”文本框中设置阵列的行数及列数。“行”的方向与坐标系的 X 轴平行，“列”的方向与 Y 轴平行。每输入完一个数值，按 Enter 键或单击其他文本框，系统显示预览效果图。

2）分别在“行”和“列”面板中的“间距”文本框中输入行间距和列间距。行间距和列间距的数值可为正值或负值。若为正值，则中望 CAD 2023 沿 X、Y 轴正方向形成阵列，否则沿反方向形成阵列。

3）“层”面板中的参数用于设置阵列的层数及层高，指定阵列在 Z 轴方向的层数。输入的值必须为正整数，默认值为 1。

4）默认情况下，“关联”按钮是按下的，表明创建的矩形阵列是一个整体对象（否则每个项目为单独对象）。选中关联的阵列对象，功能区弹出“阵列”选项卡，如图 2–76 所示，

图 2–76 “阵列”选项卡

通过此选项卡可编辑阵列参数。此外，还可以重新设定阵列基点以及通过修改阵列中的某个图形对象使所有阵列对象发生变化。

（2）应用命令行提示进行矩形阵列

执行“矩形阵列”命令后，系统在命令行给出矩形阵列相关操作提示，可应用命令行中的提示进行矩形阵列，操作步骤如下：

命令：_arrayrect（执行“矩形阵列”命令）
选择对象：（选择阵列对象）
选择对象：↙（按 Enter 键结束选择）
类型 = 矩形　关联 = 是
选择夹点以编辑阵列或 [关联（AS）/ 基点（B）/ 计数（COU）/ 间距（S）/ 列数（COL）/ 行数（R）/ 层数（L）/ 退出（X）] < 退出 >:

1）选择夹点以编辑阵列：在阵列预览中，拖动夹点可以移动阵列、调整行距或列距、调整行数和列数等，阵列预览中各夹点的作用如图 2-77 所示。

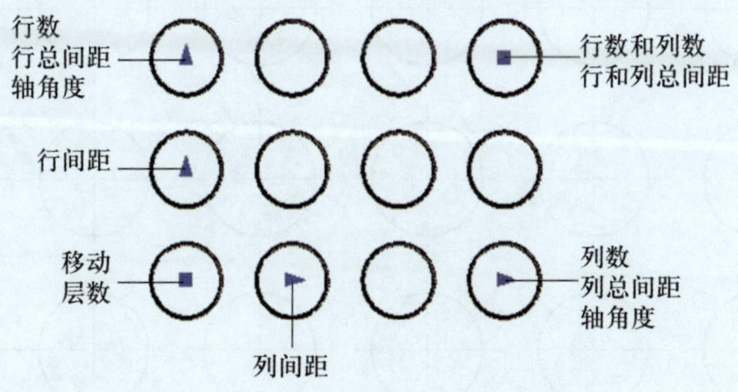

图 2-77　阵列预览中各夹点的作用

2）关联：指定创建的阵列是否为关联阵列。选择“是”，所有项目处于相互关联的状态，用户可以通过夹点或者“特性”选项板快速更改所有项目；选择“否”，所有项目互相独立。

3）基点：为阵列指定基点。

4）计数：指定阵列的行、列数。“列数”用来指定阵列的列数，输入的值必须为正整数。“行数”用来指定阵列的行数，输入的值必须为正整数。

5）间距：指定阵列的行、列间距。“列间距”用来指定阵列中项目的列间距。若输入正值，则向右创建阵列；若输入负值，则向左创建阵列。“行间距”用来指定阵列中项目的行间距。若输入正值，则向上创建阵列；若输入负值，则向下创建阵列。“单位单元”用来指定矩形的对角点以使用矩形的长宽定义阵列的行列间距。矩形对角点的指定方向确定了阵列的方向。

6）列数：指定阵列的列数，输入的值必须为正整数。“列间距”用来指定阵列中项目的列间距。若输入正值，则向右创建阵列；若输入负值，则向左创建阵列。“总计”用来指定阵列中第一列和最后一列项目间的总距离。若输入正值，则向右创建阵列；若输入负值，则向左创建阵列。

7）行数：指定阵列的行数。输入的值必须为正整数。“行间距”用来指定阵列中项目的行间距。若输入正值，则向上创建阵列；若输入负值，则向下创建阵列。“标高增量”用来指定阵列中每行项目的增量高度，默认值为 0。标高增量为非 0 值时将创建三维阵列。若输入正值，则沿 Z 轴的正向生成三维阵列，若输入负值，则沿 Z 轴的负向生成三维阵列。“总计”用来指定阵列中第一行和最后一行项目间的总距离。若输入正值，则向上创建阵列；若输入负值，则向下创建阵列。

8）层数：指定阵列在 Z 轴方向的层数。输入的值必须为正整数，默认值为 1。层数为非 1 值时将创建三维阵列，可继续指定层间距或首层与尾层间总距离。若输入正值，则沿 Z 轴的正向生成三维阵列，若输入负值，则沿 Z 轴的负向生成三维阵列。“层间距”用来指定阵列中每层项目间的距离。“总计”用来指定阵列中起点层和端点层项目间的总距离。

9）退出：结束“矩形阵列”命令。

3. 示例

（1）示例 1

应用“阵列创建”选项卡创建如图 2-78 所示图形。

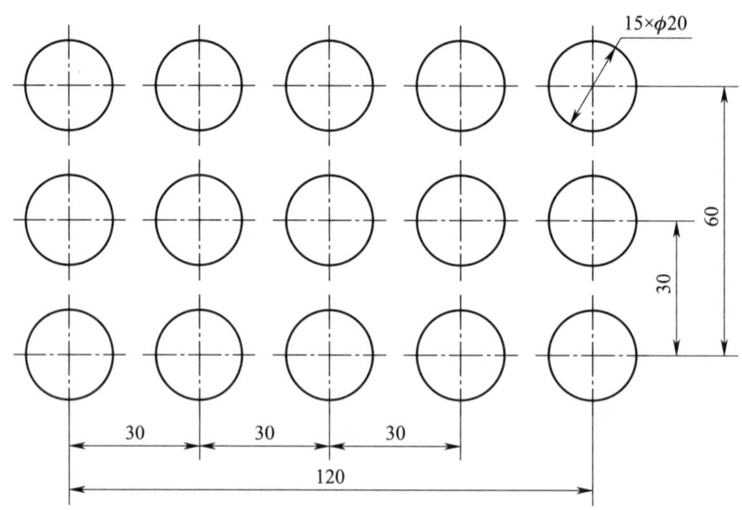

图 2-78　矩形阵列示例 1

操作步骤如下。

1）绘制 ϕ20 mm 的圆及其中心线。

2）执行“矩形阵列”命令，系统提示“选择对象”，选择 ϕ20 mm 圆及其中心线，按 Enter 键确认，系统在功能区弹出“阵列创建”选项卡，将“列数”设置为“5”，“间距”设置为“30”，“行数”设置为“3”，“间距”设置为“30”，如图 2-79 所示。单击“关闭阵列”按钮，示例 1 绘制结果如图 2-80 所示。

图 2-79　设置“阵列创建”选项卡

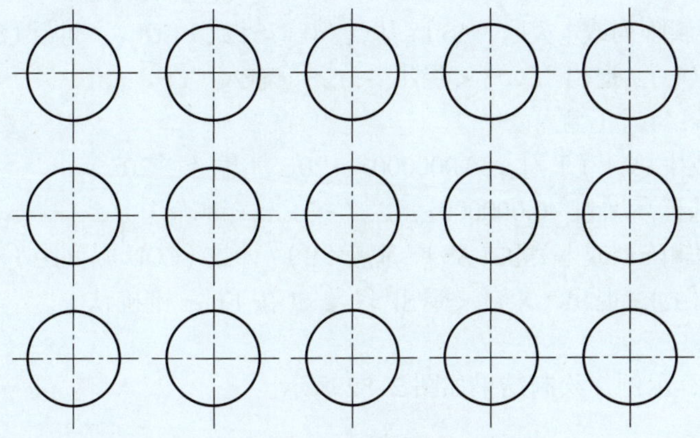

图 2-80　示例 1 绘制结果

（2）示例 2

应用矩形阵列，完成图 2-81 所示图形的绘制。

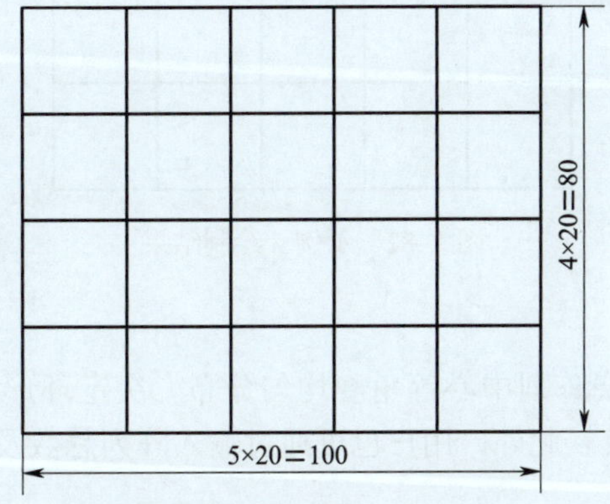

图 2-81　矩形阵列示例 2

操作步骤如下。

1）执行“矩形”命令，绘制边长为 20 mm 的正方形。

2）执行“矩形阵列”命令，根据命令行中的提示进行矩形阵列，操作过程如下：

命令：_arrayrect（执行“矩形阵列”命令）

选择对象：（选择边长为 20 mm 的正方形）

找到 1 个

选择对象：↙（按 Enter 键确认）

类型 = 矩形　关联 = 是

选择夹点以编辑阵列或［关联（AS）/ 基点（B）/ 计数（COU）/ 间距（S）/ 列数（COL）/ 行数（R）/ 层数（L）/ 退出（X）］< 退出 >：col↙（输入“col”）

输入列数 <4>：5↙（输入“5”）

指定列间距或［总计（T）］<30.000000>：20↙（输入“20”）

选择夹点以编辑阵列或［关联（AS）/ 基点（B）/ 计数（COU）/ 间距（S）/ 列数（COL）/ 行数（R）/ 层数（L）/ 退出（X）］< 退出 >：r↙（输入“r”）

输入行数 <3>：4↙（输入“4”）

指定行间距或［总计（T）］<30.000000>：20↙（输入“20”）

指定行之间的标高增量 <0.000000>：↙（按 Enter 键确认）

选择夹点以编辑阵列或［关联（AS）/ 基点（B）/ 计数（COU）/ 间距（S）/ 列数（COL）/ 行数（R）/ 层数（L）/ 退出（X）］< 退出 >：↙（按 Enter 键确认）

执行上述操作，示例 2 绘制结果如图 2–82 所示。

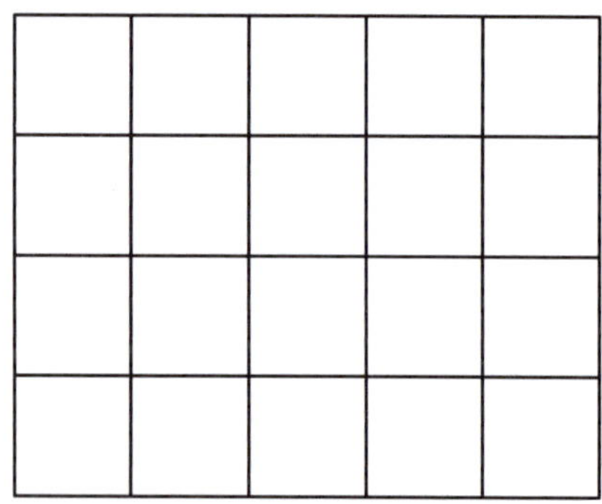

图 2–82　示例 2 绘制结果

二、环形阵列

环形阵列是指把对象绕阵列中心等角度均匀分布。决定环形阵列的主要参数有阵列中心、阵列总角度及阵列数目。此外，用户也可通过输入阵列总数及每个对象间的夹角来生成环形阵列。

1. 命令执行方法

（1）菜单栏：单击“修改”→“阵列”→“环形阵列”命令。

（2）功能区：单击“常用”→“修改”→“环形阵列”按钮 。

（3）命令行：arraypolar［或执行“阵列”（array，ar）命令，选择对象后，再选择环形阵列类型］。

2. 操作步骤

执行“环形阵列”命令，选择要阵列的图形对象，再指定阵列中心，功能区弹出“阵列创建”选项卡，如图 2–83 所示。

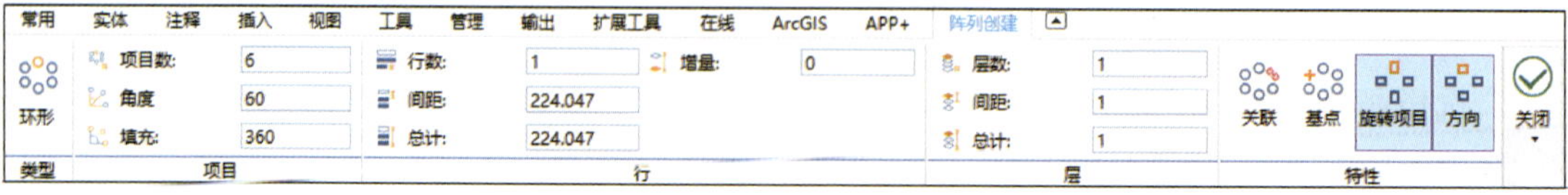

图 2–83　“阵列创建”选项卡

“阵列创建”选项卡说明如下。

（1）在“项目”面板中的“项目数”和“填充”文本框中输入阵列的数目及阵列分布的总角度值，在“角度”文本框中输入阵列项目间的夹角。

（2）在“行”面板中可以设定环形阵列沿径向分布的数目及间距。

（3）在“层”面板中可以设定环形阵列沿 Z 轴方向阵列的数目及间距。

（4）单击“特性”面板中的“方向”按钮，设定环形阵列沿顺时针或逆时针方向。

（5）默认情况下，环形阵列中的项目是关联的，所创建的阵列是一个整体对象（否则每个项目为单独对象）。

3. 示例

使用“环形阵列”命令绘制图 2–84 所示图形。

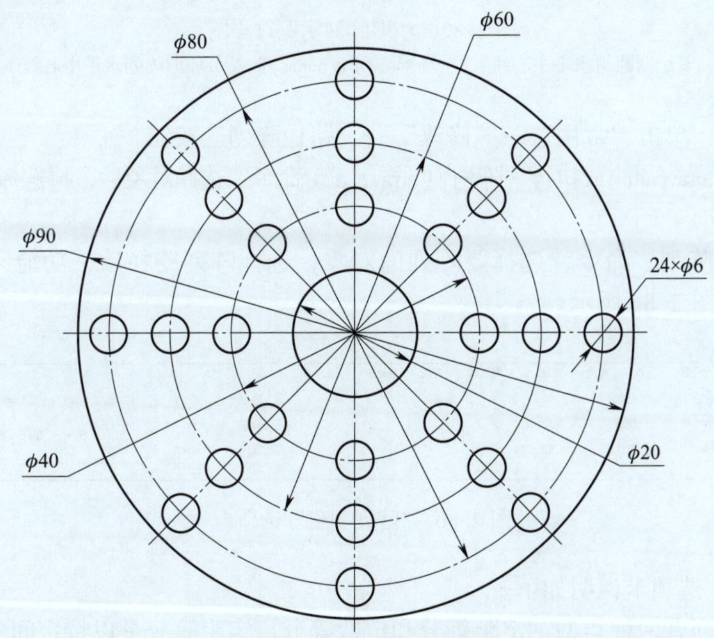

图 2–84　环形阵列示例

绘制步骤如下。

（1）绘制 ϕ20 mm、ϕ40 mm、ϕ60 mm、ϕ80 mm 与 ϕ90 mm 的同心圆，同时在水平中心线上距圆心 20 mm 处，绘制 ϕ6 mm 的圆，如图 2–85a 所示。

（2）执行“环形阵列”命令，选择 ϕ6 mm 圆，并指定环形阵列中心点，功能区弹出“阵列创建”选项卡，设置“项目数”为“8”，“行数”为“3”，“间距”为“10”，其他参数采用默认值，单击“关闭阵列”按钮，阵列结果如图 2–85b 所示。

（3）采用相同的方法，环形阵列水平中心线，结果如图 2–85c 所示。

三、路径阵列

在路径阵列中，项目将均匀地沿路径或部分路径分布。路径可以是直线、多段线、三维多段线、样条曲线、螺旋、圆弧、圆或椭圆。

1. 命令执行方法

（1）菜单栏：单击“修改”菜单→“阵列”→“路径阵列”命令。

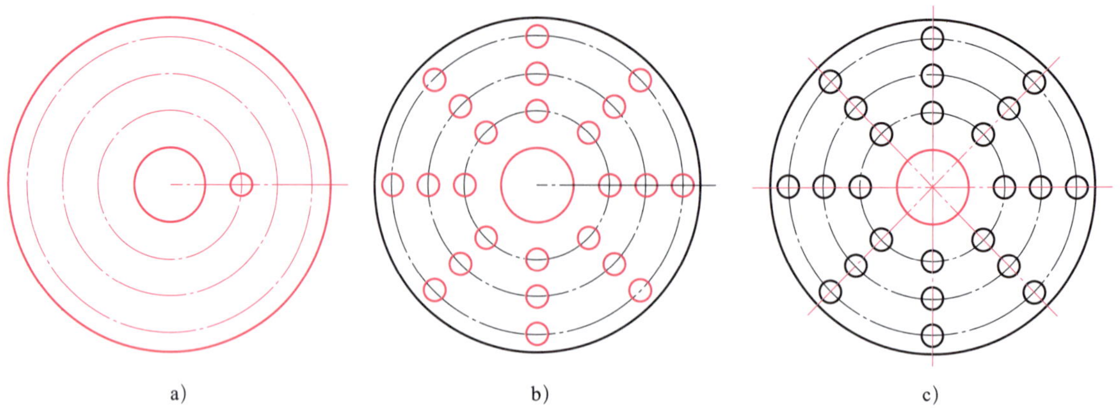

图 2-85　环形阵列示例过程图

a）绘制圆与水平中心线　b）环形阵列 $\phi 6$ mm 圆　c）环形阵列水平中心线

（2）功能区：单击“常用”→“修改”→“路径阵列”按钮。

（3）命令行:arraypath［或执行“阵列”（array，ar）命令，选择对象后，再选择路径阵列类型］。

2. 操作步骤

执行“路径阵列”命令，选择要阵列的对象，选择阵列路径后，功能区弹出“阵列创建”选项卡，如图 2-86 所示。

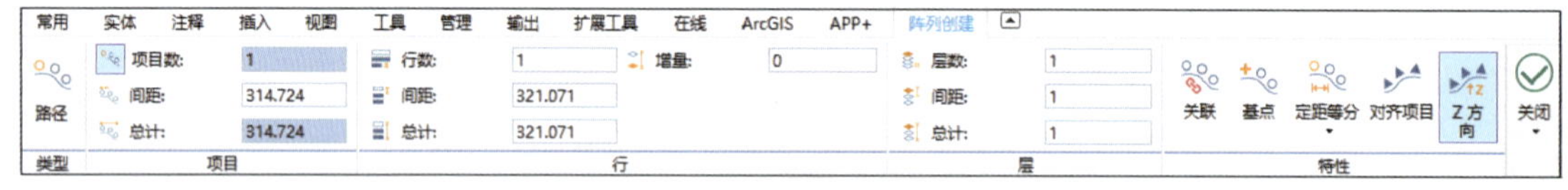

图 2-86　“阵列创建”选项卡

“阵列创建”选项卡说明如下。

（1）路径阵列有两种类型：定距等分和定数等分。定距等分是以特定间隔分布对象，定数等分是将指定数量的项目沿路径的长度均匀分布。单击“特性”面板中的“定距等分”下拉按钮，可选择路径阵列类型。

（2）当路径阵列为定距等分时，“项目”面板中的“间距”文本框处于可编辑状态，可根据绘图需要输入间距值。当路径阵列为定数等分时，“项目”面板中的“项目数”文本框处于可编辑状态，可根据路径阵列需要输入项目数值。

（3）“特性”面板上的“对齐项目”用于观察阵列对齐的效果。

3. 示例

使用“路径阵列”命令绘制图 2-87 所示图形。

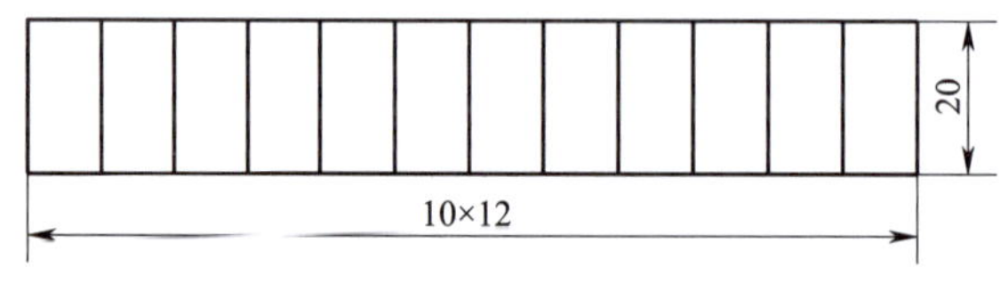

图 2-87　路径阵列示例

操作步骤如下。

（1）绘制两条相距 20 mm 且长度为 120 mm 的平行线，并用线段连接两条平行线的左端点，如图 2–88a 所示。

（2）执行“路径阵列”命令，选择连接两平行线左端点的线段为路径阵列对象，以其中一条水平线为阵列路径，功能区弹出“阵列创建”选项卡，在“特性”面板上设置路径阵列类型为“定距等分”，在“项目”面板中的“间距”文本框中输入“10”，其他参数采用路径阵列默认值。单击“关闭阵列”按钮，路径阵列结果如图 2–88b 所示。

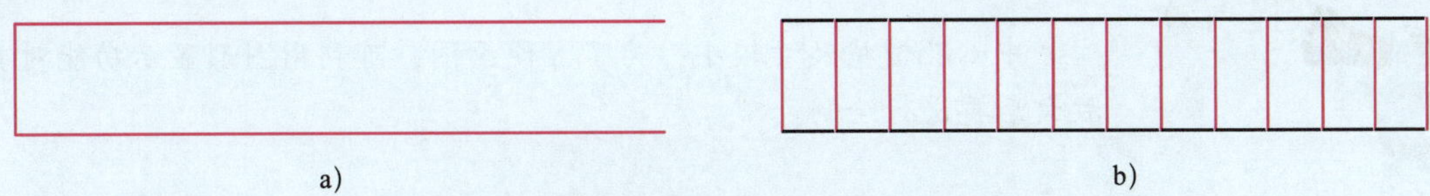

图 2–88　路径阵列示例

a）绘制两平行线及左端点连线　b）路径阵列结果

1. 绘制 4 个同心圆

（1）绘制中心线

设置“中心线”图层为当前图层，执行“直线”命令，绘制如图 2–89a 所示中心线。

（2）绘制同心圆

分别将“粗实线”图层和“细实线”图层设置为当前图层，执行“圆”命令，绘制如图 2–89b 所示 4 个同心圆。

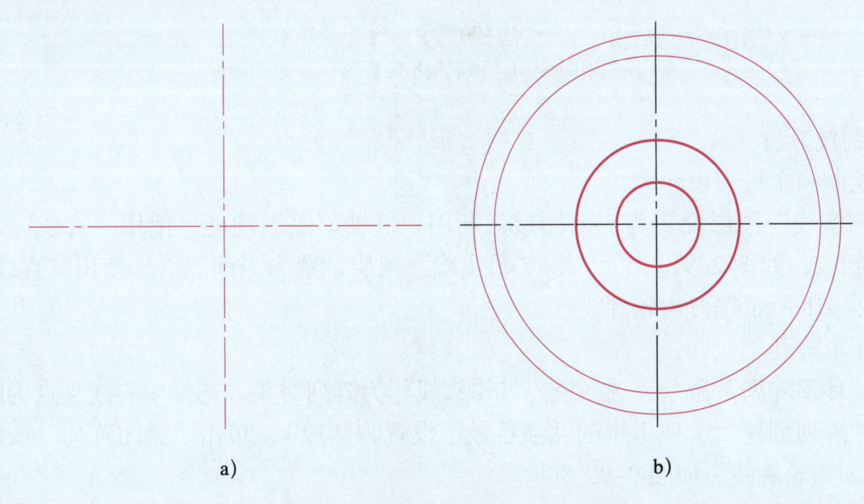

图 2–89　绘制中心线及 4 个同心圆

a）绘制中心线　b）绘制 4 个同心圆

2. 绘制键槽

（1）绘制辅助线

执行“偏移”命令，将水平中心线向上偏移 12.8 mm，竖直中心线分别向左、右各偏移 3 mm，如图 2-90a 所示。

（2）绘制键槽轮廓线

将“粗实线”图层设置为当前图层，执行“直线”命令，绘制键槽轮廓线，如图 2-90b 所示。

中心孔键槽尺寸较小，为了方便画图，可利用图形显示功能对其放大后再进行绘制。

（3）修改图形

删除辅助线，修剪多余线条，得到如图 2-90c 所示图形。

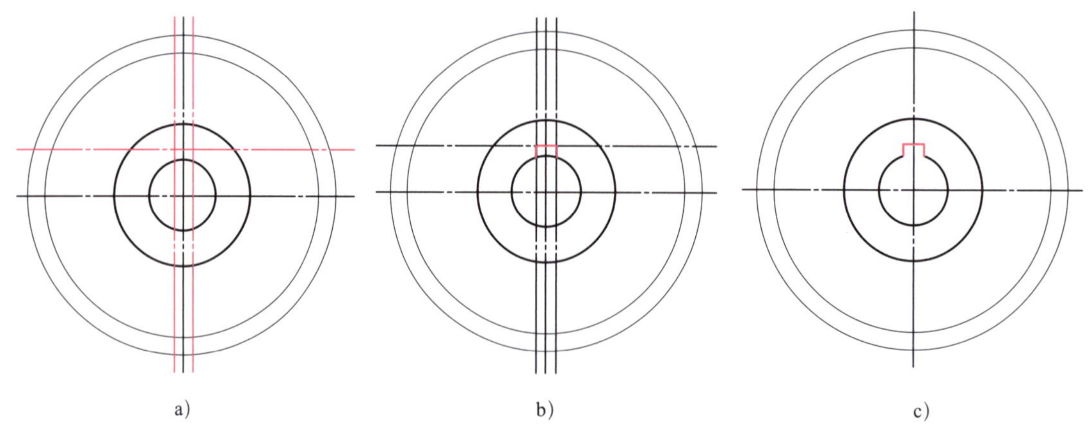

图 2-90 绘制键槽

a）绘制辅助线 b）绘制键槽轮廓线 c）修改图形

3. 绘制铣刀齿

（1）绘制一个铣刀齿轮廓线

将“细实线”图层设置为当前图层，利用“极轴追踪”功能，使用“直线”命令绘制一条 120° 斜线，如图 2-91a 所示。将“粗实线”图层设置为当前图层，使用“直线”命令，绘制如图 2-91b 所示铣刀齿轮廓线。

（2）环形阵列

执行“环形阵列”命令，选择铣刀齿轮廓线作为阵列对象，选择中心线交点为阵列的中心点，将“阵列创建”选项卡中的“项目数”设置为“12”，单击“关闭阵列”按钮，绘制出 12 个铣刀齿轮廓线，如图 2-92 所示。

4. 保存图形

完成铣刀齿平面图的绘制，将图形保存。

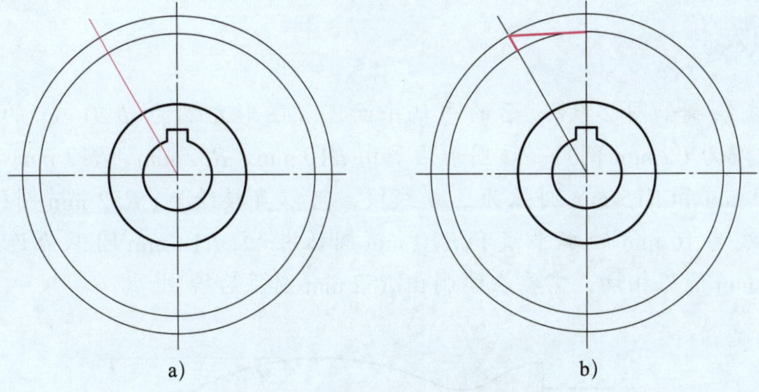

图 2-91　绘制铣刀齿轮廓线

a）绘制 120° 斜线　b）绘制一个铣刀齿轮廓线

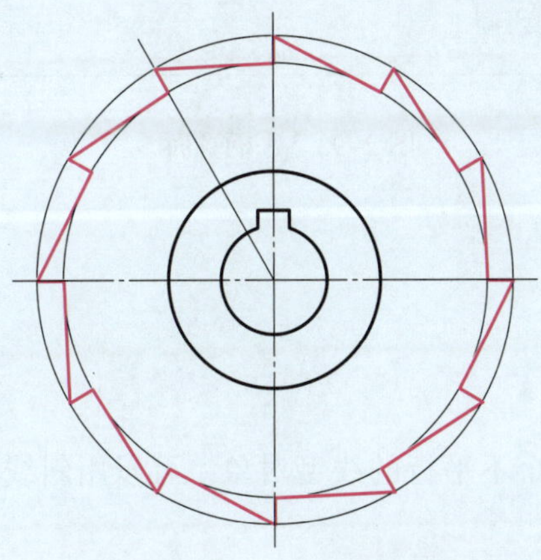

图 2-92　绘制 12 个铣刀齿轮廓线

任务 8　绘制手柄平面图

1. 掌握“倒角”和“圆角”命令的使用方法。
2. 能绘制手柄平面图。

任务引入

本任务要求绘制如图 2-93 所示的手柄平面图。图形左端为 ϕ20 mm 的圆柱，其长为 15 mm，圆柱左端为 C2 mm 倒角。该图形右端由 R10 mm、R52 mm、R12 mm 和 R15 mm 4 段圆弧组成，R10 mm 和 R15 mm 圆弧为已知线段，可以直接绘制；R52 mm 圆弧为中间线段，它与相距中心线为 16 mm 的水平线和 R10 mm 圆弧相切；R12 mm 圆弧为连接线段，它与 R15 mm 和 R52 mm 圆弧相切，需要在绘制出 R52 mm 圆弧后绘制。

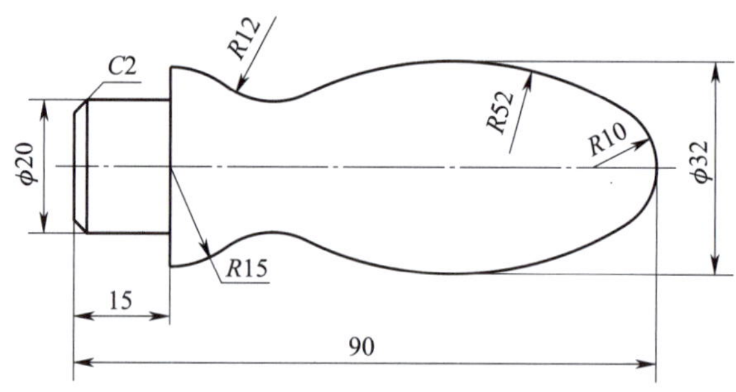

图 2-93　手柄平面图

相关知识

一、倒角

倒角是指用斜线连接两个不平行的线型对象，可以用斜线连接直线、二维多段线、射线、构造线或二维对象的边。

1. 倒角方法

中望 CAD 2023 采用两种方法确定连接两个线型对象的斜线：一种方法是“距离 - 距离”方式，另一种方法是“距离 - 角度”方式。

（1）“距离 - 距离”方式

“距离 - 距离”方式是指从被连接的对象与斜线的交点到被连接的两对象可能的交点距离，如图 2-94a 所示。

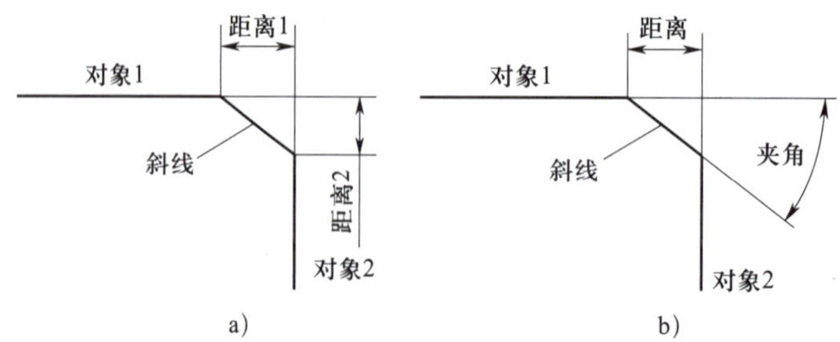

图 2 94　倒角方法

a）指定斜线距离　b）指定斜线距离和夹角

（2）“距离－角度”方式

采用这种方法时，需要输入两个参数，斜线与一个对象的斜线距离和斜线与该对象的夹角，如图 2–94b 所示。

2. 执行“倒角”命令的方法

（1）功能区：单击“常用”→“修改”→“倒角”按钮◸。

（2）菜单栏：单击“修改”→“倒角”命令。

（3）命令行：chamfer。

3. 操作过程

（1）“距离－距离”方式

命令：_chamfer（执行“倒角”命令）

当前设置：模式 =TRIM，距离 1=2.0000，距离 2=2.0000

选择第一条直线或［多段线（P）/ 距离（D）/ 角度（A）/ 方式（E）/ 修剪（T）/ 多个（M）/ 放弃（U）］: d↙（选择“距离”选项）

设置距离方式的倒角方式

指定基准对象的倒角距离 <0.000>：10↙（输入“10”）

指定另一个对象的倒角距离 <10.000>：8↙（输入“8”）

选择第一条直线或［多段线（P）/ 距离（D）/ 角度（A）/ 方式（E）/ 修剪（T）/ 多个（M）/ 放弃（U）］:（指定第一条直线）

选择第二个对象或按住 Shift 键选择对象以应用角点:（指定第二个对象）

选项说明如下。

1）第一条直线：选择要进行倒角的第一个对象或二维实体的一条边。

2）第二个对象或按住 Shift 键选择对象以应用角点：选择要进行倒角的第二个对象或二维实体的另一条边。可以按住 Shift 键，将当前倒角距离置为 0。

3）多段线：在整条多段线的每个顶点处创建倒角，创建的倒角成为多段线的新线段。若设置的倒角距离在多段线的两个线段之间无法创建倒角，对这两条线段将不进行倒角处理。

4）距离：设置倒角至选定边端点的距离。用户选择此选项，代表用户选择了“距离－距离”的倒角方式。若为两个倒角距离指定的值均为 0，选择的两个对象将自动延伸至相交。

5）角度：设置第一条选定边的倒角距离，以及与倒角后形成线段之间的角度值。用户选择此选项，代表用户选择了“距离－角度”的倒角方式。

6）方式：选择倒角方式。有“距离－距离”和“距离－角度”两种倒角方式。

7）修剪：设置创建倒角时是否对选定边进行修剪，直到倒角线的端点。若选择“修剪”，系统变量 TRIMMODE 的值将被设置为 1。此时，若选定的是两条相交的直线，将修剪到倒角线的端点。若选定的直线不相交，将自动延伸或修剪使其相交。若选择“不修剪”，系统变量 TRIMMODE 的值将被设置为 0，直接创建倒角，不做其他修剪，图 2–95 所示为不修剪示例。

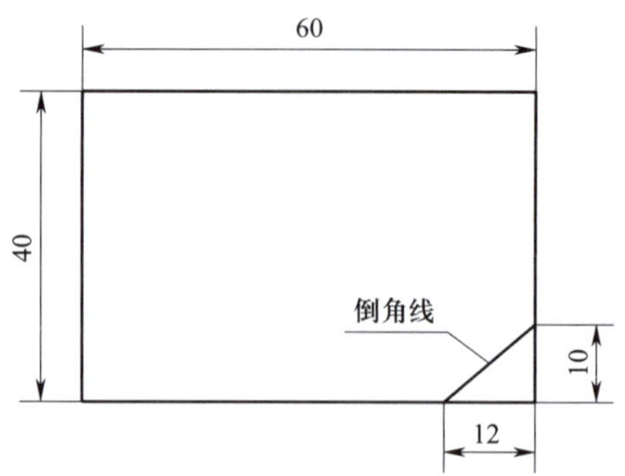

图 2–95　不修剪示例

8）多个：对多组对象进行倒角处理。若选择该选项，创建倒角后，将继续提示用户"选择第一条直线"和"选择第二个对象"，直至按 Enter 键结束命令。

（2）"距离 – 角度"方式

命令：_chamfer（执行"倒角"命令）

当前设置：模式 =TRIM，距离 1=2.000，距离 2=2.000

选择第一条直线或［多段线（P）/ 距离（D）/ 角度（A）/ 方式（E）/ 修剪（T）/ 多个（M）/ 放弃（U）］：a↙（选择"角度"选项）

设置角度方式的倒角方式

指定第一条线的长度 <0.000>：20↙（输入"20"）

指定第一条线的相对角度 <0>：30↙（输入"30"）

选择第一条直线或［多段线（P）/ 距离（D）/ 角度（A）/ 方式（E）/ 修剪（T）/ 多个（M）/ 放弃（U）］：（选择第一条直线）

选择第二个对象或按住 Shift 键选择对象以应用角点：（选择第二个对象）

4. 示例

图 2–96 所示图形为上述两种方法倒角示例。

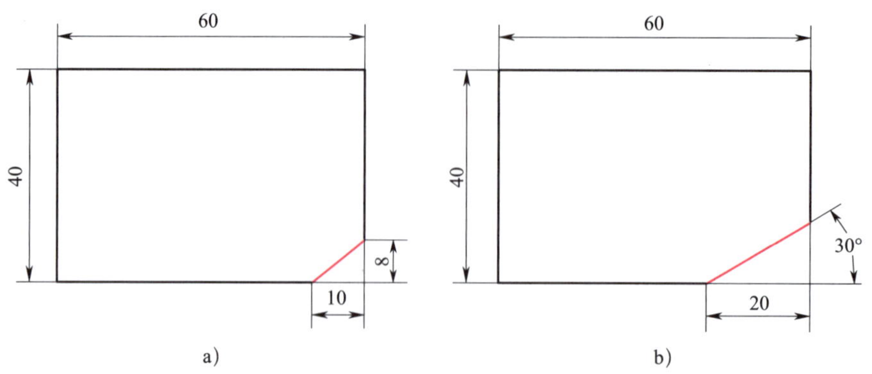

图 2–96　倒角示例

a）"距离 – 距离"方式　b）"距离 – 角度"方式

二、圆角

圆角是指用指定的半径决定的一段平滑圆弧连接两个对象。可创建圆角的对象包括圆弧、圆、椭圆、椭圆弧、直线、多段线、射线、样条曲线和构造线等。

1. 执行“圆角”命令的方法

（1）功能区：单击“常用”→“修改”→“圆角”按钮。

（2）菜单栏：单击“修改”→“圆角”命令。

（3）命令行：fillet（f）。

2. 操作步骤

命令：_fillet（执行“圆角”命令）

当前设置：模式 =TRIM，半径 =0.000

选取第一个对象或［多段线（P）/ 半径（R）/ 修剪（T）/ 多个（M）/ 放弃（U）］：r↙（选择“半径”选项）

圆角半径 <0.000>：5↙（指定圆角半径）

当前设置：模式 =TRIM，半径 =5.000

选取第一个对象或［多段线（P）/ 半径（R）/ 修剪（T）/ 多个（M）/ 放弃（U）］：（选择第一个对象）

选择第二个对象或按住 Shift 键选择对象以应用角点：（选择第二个对象）

3. 选项说明

（1）第一个对象：选择要创建圆角的第一个对象。

（2）第二个对象或按住 Shift 键选择对象以应用角点：选择要创建圆角的第二个对象。可以按住 Shift 键，将当前圆角半径设置为 0。对于直线、圆弧或多段线，系统将自动调整它们的长度以适应圆角弧。对于二维多段线的两个线段，它们必须相邻或被另一条线段断开。如果是被另一条多段线分开，使用 fillet 命令将删除分开它们的线段并替代为圆角。对于圆，使用 fillet 命令将不对圆进行修剪，直接创建圆角，圆角弧将与圆平滑相连。在圆之间和圆弧之间可能存在多个圆角，系统默认选择靠近期望的圆角端点的对象。

（3）多段线：在整条多段线中每个顶点处建立圆角。若选取的多段线中一条圆弧隔开两条相交的线段，选择创建圆角后将删除该圆弧并替代为一个圆角弧。

（4）半径：设置圆角弧的半径。在此修改圆角弧半径后，此值将成为创建圆角的当前半径值。此设置只对新创建的对象有影响。

其余选项的含义与倒角中的选项含义相同。

4. 示例

对图 2–97a 所示矩形进行倒圆角操作，圆角半径为 5 mm。操作步骤如下：

命令：_fillet（执行“圆角”命令）

当前设置：模式 =TRIM，半径 =2.000

选取第一个对象或 [多段线（P）/ 半径（R）/ 修剪（T）/ 多个（M）/ 放弃（U）]：r↙（输入“半径”选项）

圆角半径 <2.000>：5↙（指定圆角半径）

当前设置：模式 =TRIM，半径 =5.000

选取第一个对象或 [多段线（P）/ 半径（R）/ 修剪（T）/ 多个（M）/ 放弃（U）]：m↙（输入“多个”选项）

当前设置：模式 = TRIM，半径 =5.000

选取第一个对象或 [多段线（P）/ 半径（R）/ 修剪（T）/ 多个（M）/ 放弃（U）]：（选择第一个对象）

选择第二个对象或按住 Shift 键选择对象以应用角点：（选择第二个对象）

按照命令行提示，依次对其余角进行倒圆角操作，结果如图 2–97b 所示。

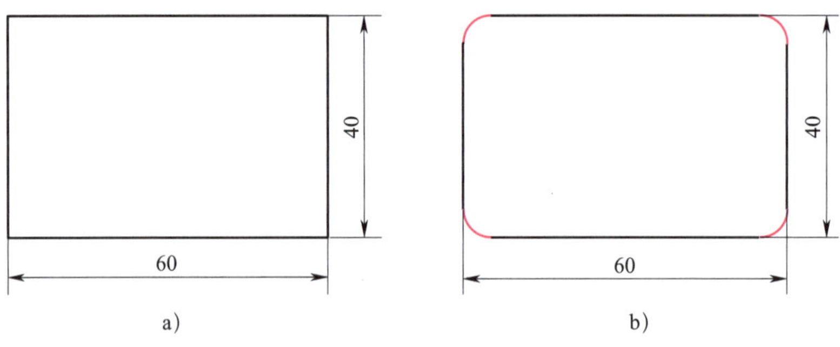

图 2–97　圆角示例

a）操作前　b）操作后

任务实施

1. 绘制水平中心线

将“中心线”图层置为当前图层，绘制长为 100 mm 的水平中心线，如图 2–98 所示。

图 2–98　绘制水平中心线

2. 绘制左侧线段轮廓

将“粗实线”图层置为线段当前图层。根据图 2–93 所示尺寸，应用“直线”命令绘制左侧线段轮廓，如图 2–99 所示。

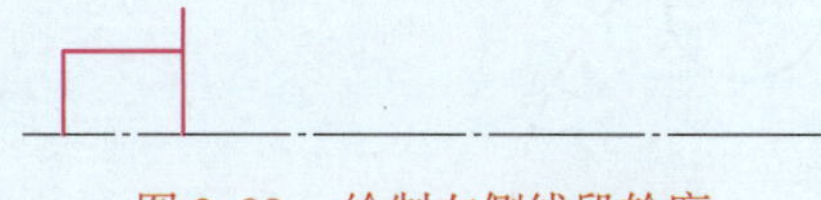

图 2-99　绘制左侧线段轮廓

3. 绘制 *C*2 mm 倒角及倒角线

命令：_chamfer（执行“倒角”命令）

当前设置：模式 =TRIM，距离 1=2.0000，距离 2=2.0000

选择第一条直线或［多段线（P）/ 距离（D）/ 角度（A）/ 方式（E）/ 修剪（T）/ 多个（M）/ 放弃（U）］：d↙（选择“距离”选项）

设置距离方式的倒角方式

指定基准对象的倒角距离 <0.000>：2↙（指定第一个倒角距离）

指定另一个对象的倒角距离 <2.000>：2↙（指定第二个倒角距离）

选择第一条直线或［多段线（P）/ 距离（D）/ 角度（A）/ 方式（E）/ 修剪（T）/ 多个（M）/ 放弃（U）］：（选择左侧竖直轮廓线为第一条直线）

选择第二个对象或按住 Shift 键选择对象以应用角点：（选择水平轮廓线作为第二条直线）

执行上述操作，则绘制出 *C*2 mm 倒角。执行“直线”命令，绘制出倒角轮廓线，结果如图 2-100 所示。

4. 绘制 *R*15 mm 和 *R*10 mm 圆

执行“圆”命令，根据图 2-93 所示尺寸，绘制 *R*15 mm 和 *R*10 mm 圆，结果如图 2-101 所示。

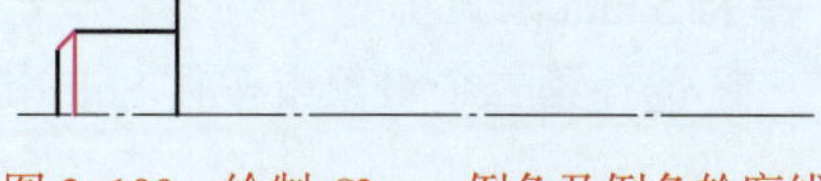

图 2-100　绘制 *C*2 mm 倒角及倒角轮廓线

5. 偏移细点画线

执行“偏移”命令，将细点画线向上偏移 16 mm，如图 2-102 所示。

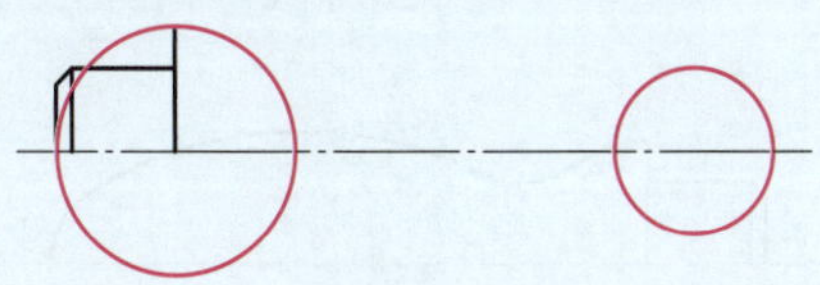

图 2-101　绘制 *R*15 mm 和 *R*10 mm 圆

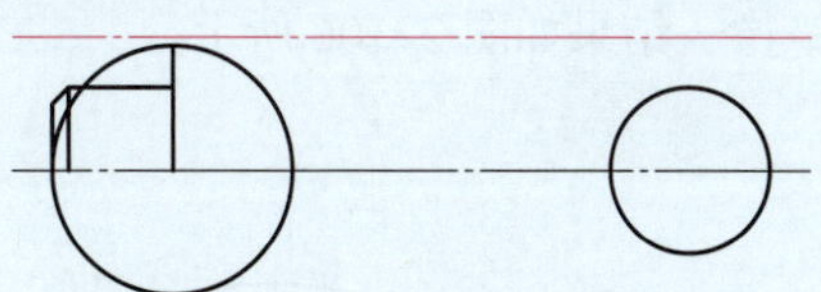

图 2-102　偏移细点画线

6. 绘制 *R*52 mm 圆

执行“相切、相切、半径”命令，捕捉偏移细点画线和 *R*10 mm 圆的切点，输入圆半径值“52”，则绘制出 *R*52 mm 圆，如图 2-103 所示。

7. 修改图形

执行“修剪”命令，修剪多余的圆弧；应用“删除”命令删除偏移的细点画线，结果如图 2-104 所示。

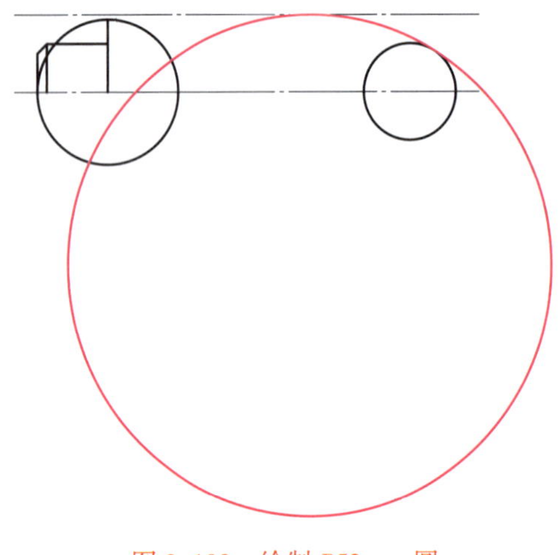

图 2-103　绘制 *R*52 mm 圆

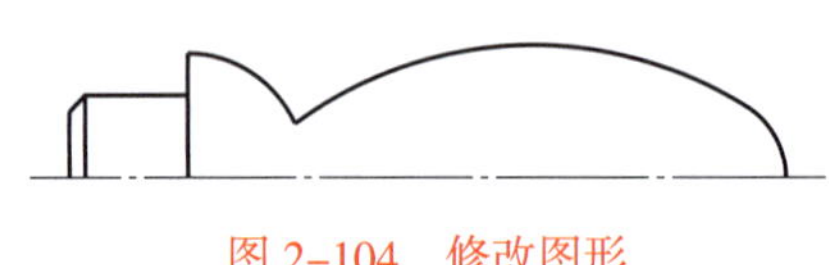

图 2-104　修改图形

8. 绘制 *R*12 mm 圆弧

命令：_fillet（执行"圆角"命令）

当前设置：模式 =TRIM，半径 =2.000

选取第一个对象或［多段线（P）/ 半径（R）/ 修剪（T）/ 多个（M）/ 放弃（U）］:r↙（选择"半径"选项）

圆角半径 <2.000>：12↙（指定圆角半径）

当前设置：模式 =TRIM，半径 =12.000

选取第一个对象或［多段线（P）/ 半径（R）/ 修剪（T）/ 多个（M）/ 放弃（U）］:（选择 *R*15 mm 圆弧）

选择第二个对象或按住 Shift 键选择对象以应用角点:（选择 *R*52 mm 圆弧）

执行上述操作，则绘制出 *R*12 mm 圆弧，如图 2-105 所示。

9. 镜像

执行"镜像"命令，选中手柄中心线以上所有轮廓线作为镜像对象，以中心线为镜像线进行镜像，结果如图 2-106 所示。

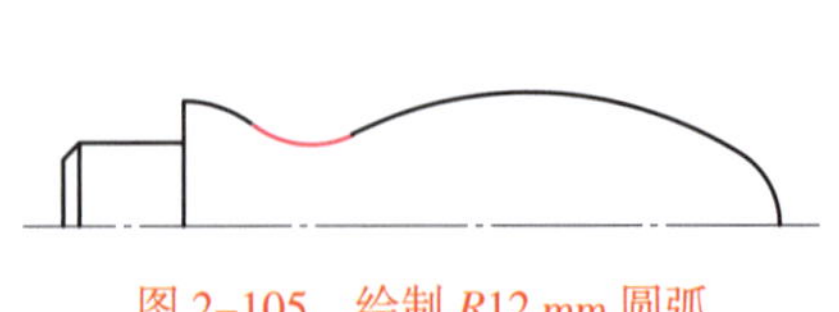

图 2-105　绘制 *R*12 mm 圆弧

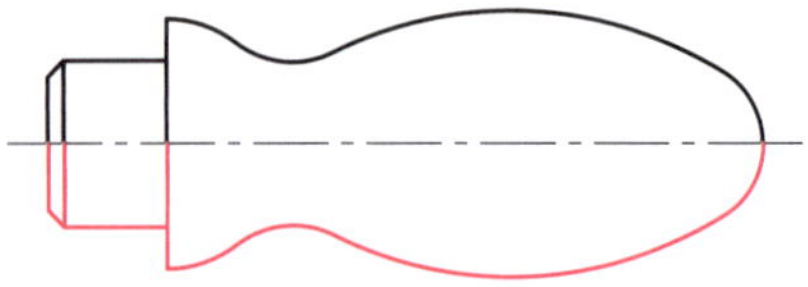

图 2-106　镜像

模块三 复杂二维图形的绘制与编辑

任务 1　绘制连杆平面图

学习目标

1. 掌握“旋转”命令的使用方法。
2. 能绘制连杆平面图。

任务引入

本任务要求绘制如图 3-1 所示的连杆平面图。连杆是由中间带有 ϕ36 mm 孔的凸台、横臂和斜臂组成的，横臂和斜臂的形状相同，只要绘制出横臂，斜臂可以通过旋转生成。

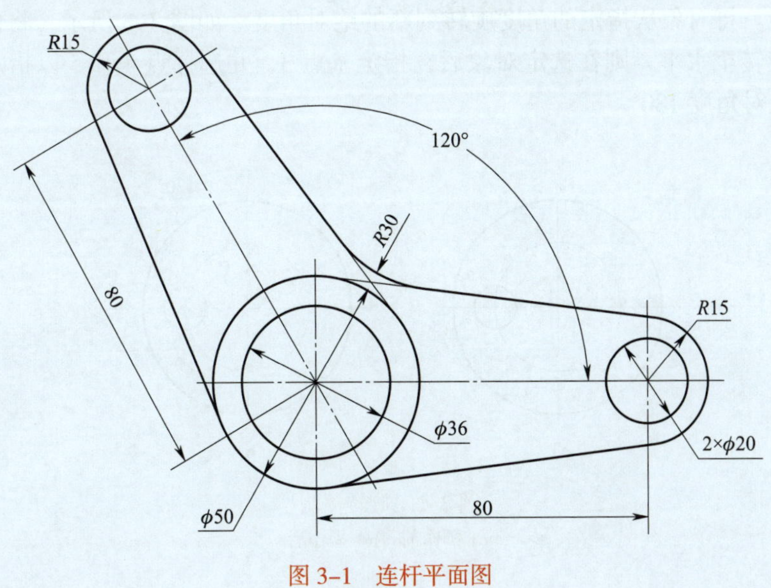

图 3-1　连杆平面图

相关知识

“旋转”命令用于在不改变对象大小和形状的前提下，将图形对象绕某一基点旋转一定角度并改变对象的位置，可以一次旋转一个或多个对象。

1. 执行“旋转”命令的方法

（1）功能区：单击“常用”→“修改”→“旋转”命令按钮↻。

（2）菜单栏：单击“修改”→“旋转”命令。

（3）命令行：rotate（ro）。

2. 操作步骤

命令：_rotate（执行“旋转”命令）
选择对象：（使用对象选择方法并在完成选择后按 Enter 键）
指定基点：（指定旋转基点）
指定旋转角度或［复制（C）/ 参照（R）］<30>：c↙（选择“复制”选项）
指定旋转角度或［复制（C）/ 参照（R）］<30>：120↙（输入旋转角度）

3. 选项说明

（1）选择对象：选择要旋转的对象，并按 Enter 键结束选择。

（2）指定基点：指定对象旋转的基点。

（3）指定旋转角度：选取对象绕基点旋转的角度。指定旋转角度时，可以直接输入旋转的角度值，也可以通过在绘图区域拖动光标来指定旋转角度。输入角度后，对象的旋转方向取决于系统变量 ANGDIR。

（4）复制：保留源对象，创建源对象的副本并旋转。图 3–2b 中的 120° 处细点画线和小圆就是旋转复制 0° 处的细点画线和小圆（见图 3–2a）的结果。

（5）参照。将对象从指定的角度旋转到新的绝对角度。如图 3–3 所示，将由点 4 和 5 定义的参照边旋转至水平，则在选定对象后，指定基点 3，并选择点 4 和 5 以指定参照并将参照边旋转至绝对角度 180°。

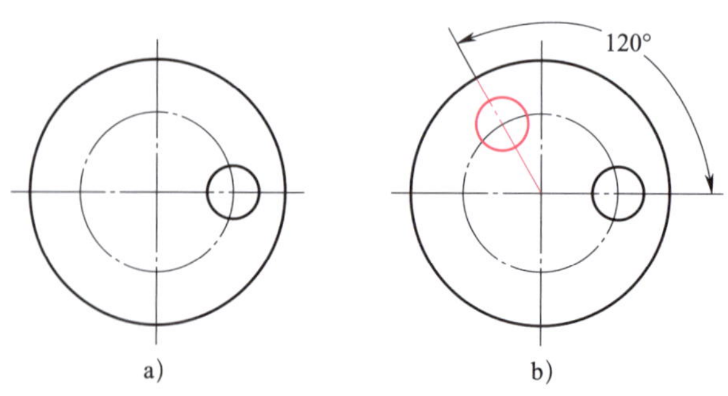

图 3–2　旋转复制

a）操作前　b）操作后

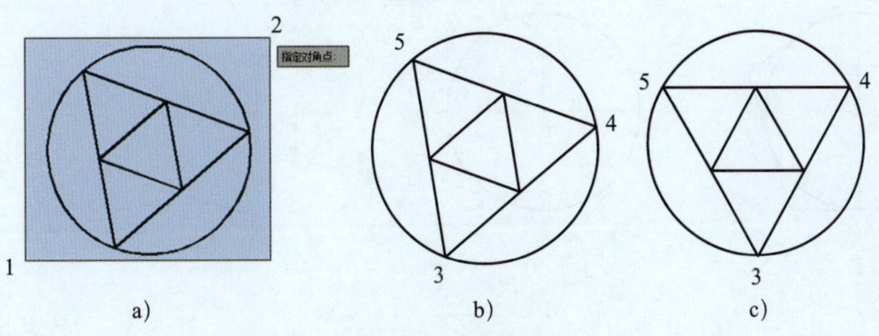

图 3–3　参照旋转示例

a）选择对象　b）指定基点和参照点　c）参照旋转结果

4. 示例

（1）示例 1

利用“旋转”命令将如图 3–4a 所示的正五边形旋转 90°。

命令：_rotate（执行“旋转”命令）
选择对象：（选择正五边形）
找到 1 个
选择对象：↙（按 Enter 键结束选择）
指定基点：（选择圆心作为旋转基点）
指定旋转角度或［复制（C）/ 参照（R）]<0>：90↙（指定旋转角度，按 Enter 键结束）

执行上述操作，结果如图 3–4b 所示。

（2）示例 2

利用“旋转”命令将如图 3–5a 所示矩形绕 *A* 点顺时针旋转，使 *AB* 与 *CD* 平行。

命令：_rotate（执行“旋转”命令）
选择对象：（选择矩形）
找到 1 个
选择对象：↙（按 Enter 键结束选择）
指定基点：（指定矩形上 *A* 点作为旋转基点）
指定旋转角度或［复制（C）/ 参照（R）] <0>：r↙（输入 r）
指定参照角 <0>：（拾取 *A* 点）
请指定第二点获取角度：（拾取 *B* 点）
指定新角度或［点（P）] <0>：p↙（输入 p）
指定第一点：（拾取 *C* 点）
请指定第二点获取角度：（拾取 *D* 点）

执行上述操作，结果如图 3–5b 所示。

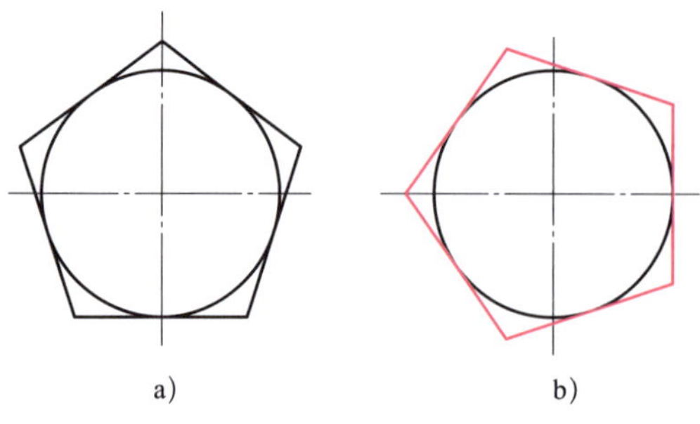

图 3-4　旋转正五边形

a）操作前　b）操作后

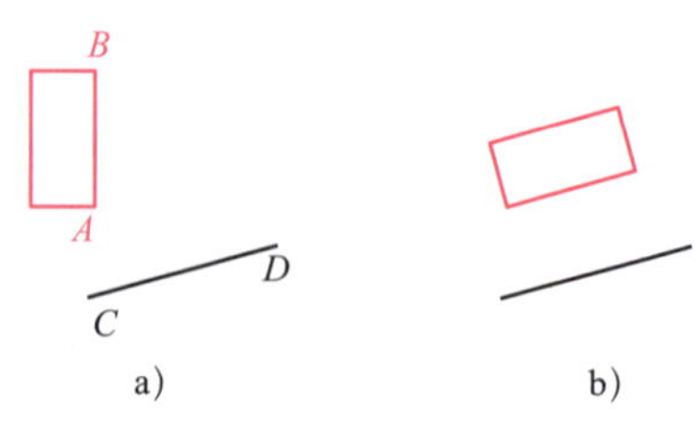

图 3-5　旋转矩形

a）操作前　b）操作后

1. 绘制中心线及带孔凸台

（1）绘制中心线

将“中心线”图层置为当前图层，根据图 3–1 所示尺寸，应用“直线”命令绘制水平中心线和竖直中心线，如图 3–6a 所示。

（2）绘制带孔凸台

将“粗实线”图层置为当前图层，应用“圆”命令绘制 ϕ50 mm 和 ϕ36 mm 圆，如图 3–6b 所示。

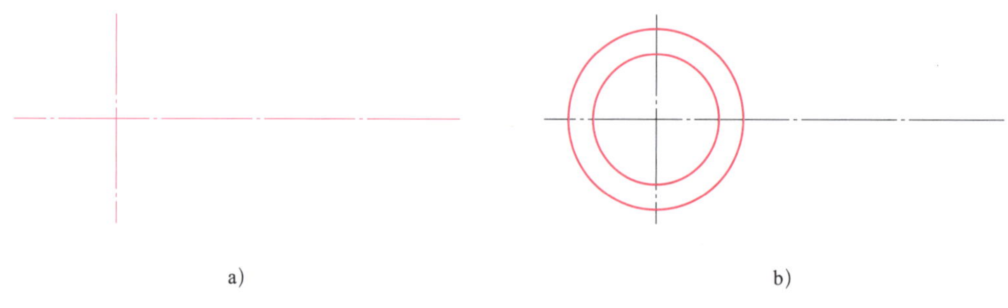

图 3–6　绘制中心线及带孔凸台

a）绘制中心线　b）绘制 ϕ50 mm 和 ϕ36 mm 圆

2. 绘制横臂

（1）偏移竖直中心线

执行“偏移”命令，将竖直中心线向右偏移 80 mm，如图 3–7a 所示。

（2）绘制 ϕ20 mm 和 ϕ30 mm 圆

应用“圆”命令，绘制 ϕ20 mm 和 ϕ30 mm 圆，如图 3–7b 所示。

（3）绘制 ϕ50 mm 和 ϕ30 mm 圆的切线

应用“直线”命令，绘制 ϕ50 mm 和 ϕ30 mm 圆的切线，如图 3–7c 所示。

（4）修剪 ϕ30 mm 圆弧线

执行“修剪”命令，修剪 ϕ30 mm 圆多余的圆弧线，结果如图 3–7d 所示。

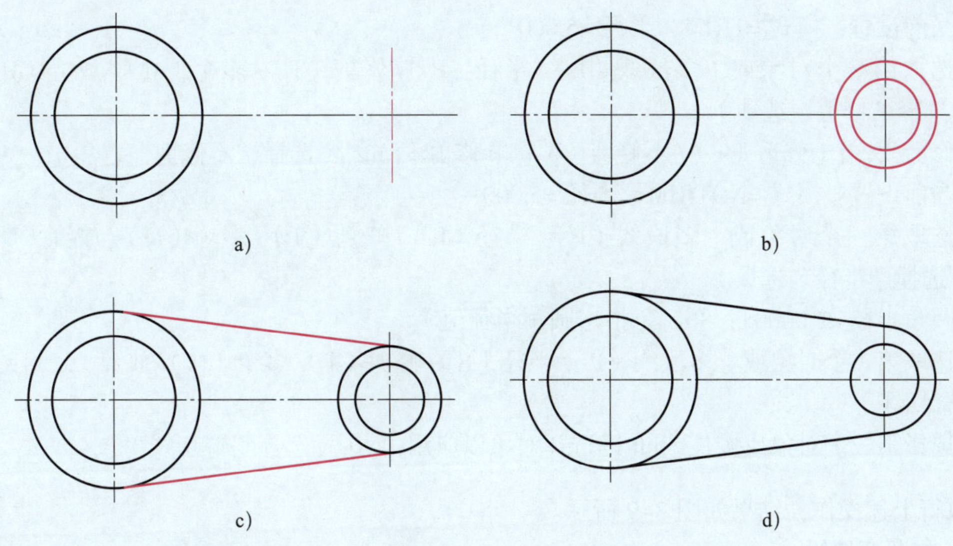

图 3–7　绘制横臂

a）偏移竖直中心线　b）绘制 ϕ20 mm 和 ϕ30 mm 圆　c）绘制切线　d）修剪

3. 绘制斜臂

命令: _rotate（执行“旋转”命令）
选择对象:（选择水平中心线及横臂所有对象）
选择对象: ↙（按 Enter 键结束选择）
指定基点:（指定 ϕ50 mm 圆的圆心为旋转基点）
指定旋转角度或［复制（C）/ 参照（R）］<0>: c↙（输入 c）
指定旋转角度或［复制（C）/ 参照（R）］<0>: 120↙（输入旋转角度）

执行上述操作，结果如图 3–8 所示。

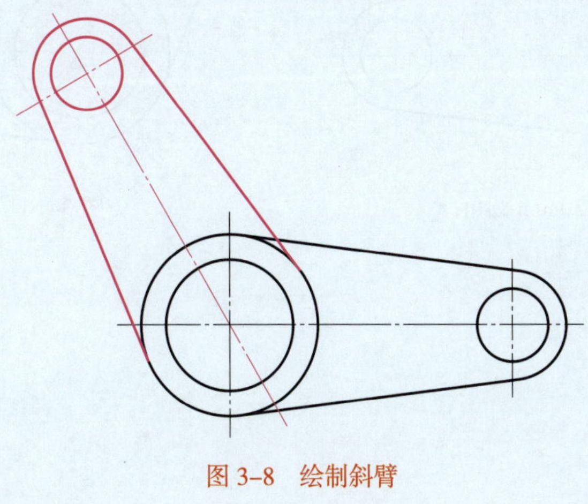

图 3–8　绘制斜臂

4. 绘制 *R*30 mm 圆角

命令：_fillet（执行“圆角”命令）

当前设置：模式 =TRIM，半径 =5.000

选取第一个对象或［多段线（P）/ 半径（R）/ 修剪（T）/ 多个（M）/ 放弃（U）］：t↙（选择“修剪”选项）

修剪模式：［修剪（T）/ 不修剪（N）］< 修剪 >：n↙（选择“不修剪”选项）

当前设置：模式 =NOTRIM，半径 =5.000

选取第一个对象或［多段线（P）/ 半径（R）/ 修剪（T）/ 多个（M）/ 放弃（U）］：r↙（选择“半径”选项）

圆角半径 <5.0000>：30↙（指定圆角半径值）

选取第一个对象或［多段线（P）/ 半径（R）/ 修剪（T）/ 多个（M）/ 放弃（U）］：（选择横臂切线）

选择第二个对象或按住 Shift 键选择对象以应用角点：（选择斜臂切线）

执行上述操作，结果如图 3–9 所示。

5. 打断两切线

执行“打断于点”命令，将与 *R*30 mm 圆角相切的两条切线打断。

6. 修改线型

拾取 *R*30 mm 圆角与 ϕ50 mm 圆之间的切线，将其线型改为细实线，如图 3–10 所示。注意：该两段线为辅助线，其线型应为细实线。

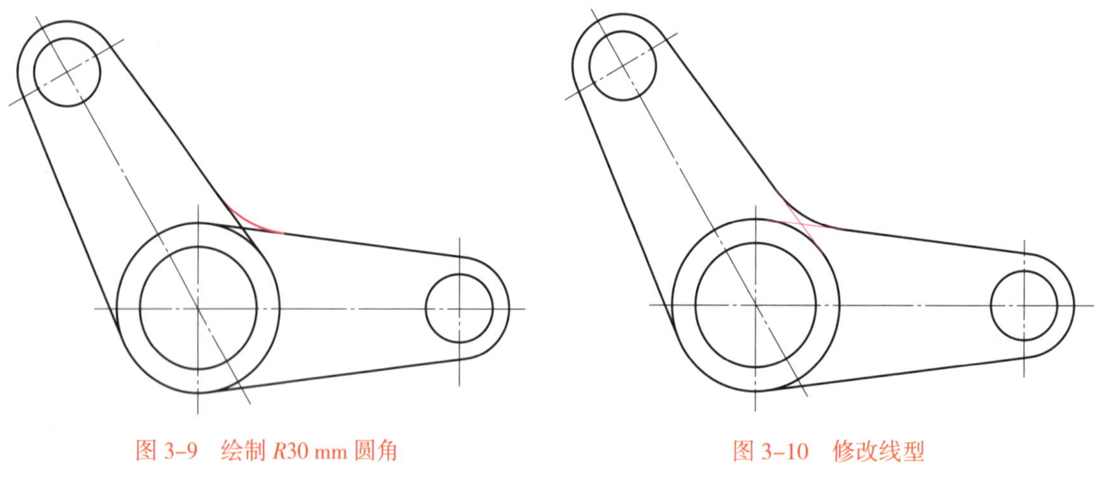

图 3–9　绘制 *R*30 mm 圆角　　图 3–10　修改线型

任务 2　绘制台阶轴平面图

学习目标

1. 掌握“延伸”命令的使用方法。
2. 掌握“拉伸”命令的使用方法。
3. 掌握“拉长”命令的使用方法。
4. 能绘制台阶轴平面图。

任务引入

本任务要求绘制如图 3–11 所示的两个台阶轴平面图。台阶轴主要由线段轮廓组成，且上下对称，所以可应用连续线段快速绘制其二分之一平面图，然后应用“倒角”命令绘制倒角，应用“延伸”命令延伸端面线，最后应用“镜像”命令完成整个台阶轴的绘制。台阶轴 1 与台阶轴 2 仅右侧 ϕ32 mm 轴段的长度不同，所以台阶轴 2 可在台阶轴 1 的基础上进行拉伸生成。

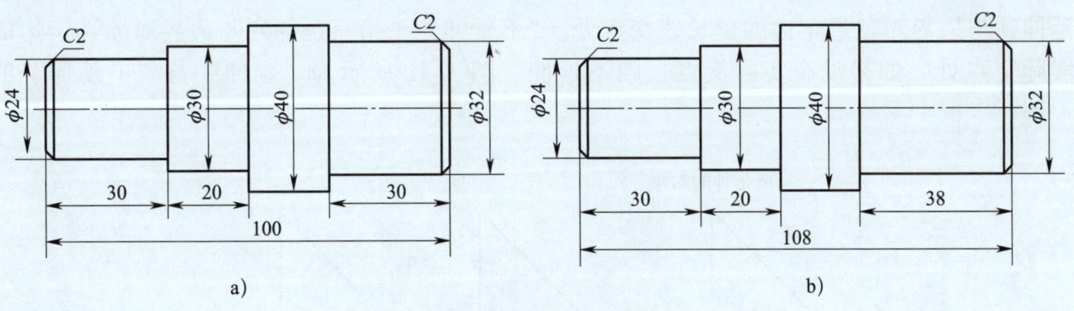

图 3–11　台阶轴平面图

a）台阶轴 1　b）台阶轴 2

相关知识

一、延伸对象

“延伸”命令用于将线段、曲线等对象延伸到指定边界对象上，使其与边界对象相交。

此边界对象有时可能是隐含边界，此时对象延伸后并不与边界对象直接相交，而是与隐含的边界对象相交。

1. 执行“延伸”命令的方法

（1）功能区：单击“常用”→“修改”→“延伸”按钮--/。

（2）菜单栏：单击“修改”→“延伸”命令。

（3）命令行：extend（ex）。

2. 操作步骤

命令：_extend（执行“延伸”命令）

当前设置：投影模式 =UCS，边延伸模式 = 延伸（E）

选取边界对象作延伸 < 回车全选 >：（选择延伸边界）

选取边界对象作延伸 < 回车全选 >：↙（按 Enter 键结束选取）

选择要延伸的实体，或按住 Shift 键选择要修剪的实体，或 [边缘模式（E）/ 围栏（F）/ 窗交（C）/ 投影（P）/ 放弃（U）]：（选择要延伸的对象或其他选项）

3. 选项说明

（1）选取边界对象作延伸：选择一个或多个对象作为延伸边界，或按 Enter 键将所有对象用作边界。在延伸对象之前，必须先选择边界，其中有效的边界对象包括二维多段线、三维多段线、直线、圆弧、块、布局视口、面域、图像等多种对象。

（2）选择要延伸的实体，或按住 Shift 键选择要修剪的实体：选择要进行延伸的对象，可根据提示选取多个对象进行延伸。同时还可按住 Shift 键将选定对象修剪到最近的边界，按 Enter 键结束选择。

（3）边缘模式：如果边界对象的边和要延伸的对象没有实际交点，但又要将指定对象延伸到它们的假想交点处，可选择“边缘模式”。“延伸”是指沿选取对象的实际轨迹延伸到与边界对象选定边的延长线交点处。“不延伸”是指只延伸到与边界对象选定边的实际交点处，如果没有实际交点，则不延伸。图 3–12 所示为“延伸”与“不延伸”的示例。

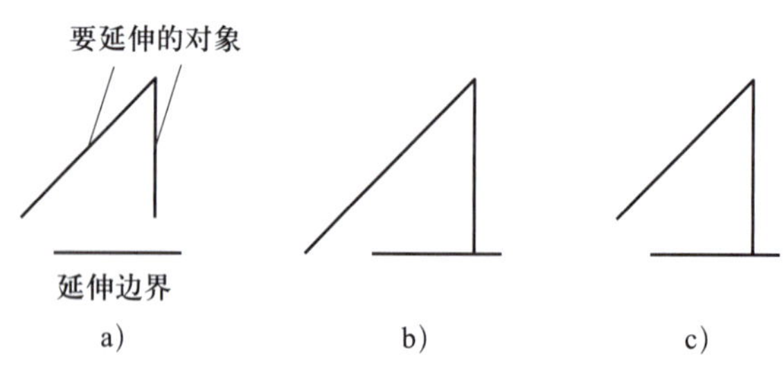

图 3–12 “延伸”与“不延伸”示例

a）操作前 b）延伸 c）不延伸

（4）围栏：进入“围栏”模式。通过选取栏选点延伸多个对象到一个对象，其中栏选点为要延伸对象上的开始点。系统会不断提示应继续指定栏选点，直到延伸所有对象为止。要退出“围栏”模式，应按 Enter 键。

（5）窗交：进入“窗交”模式。通过指定两个点定义选择区域内的所有对象，延伸所有的对象到边界对象。

（6）投影：选择对象延伸时的投影方式。“无”是指在延伸对象时，指定无投影。“用户坐标系”是指为要延伸的对象指定到当前用户坐标系 *XY* 平面的投影。“视图”是指为要延伸的对象指定到当前视图方向的投影。

（7）放弃：放弃之前使用“extend”命令所做的更改。

4. 示例

将图 3–13a 中左侧两根线段延伸至内圆轮廓，右侧三根线段延伸至外圆轮廓，如图 3–13b 所示。操作步骤如下：

命令：_extend（执行“延伸”命令）

当前设置：投影模式 =UCS，边延伸模式 = 延伸（E）

选取边界对象作延伸 < 回车全选 >：（选择内圆作为延伸边界）

选取边界对象作延伸 < 回车全选 >：↙（按 Enter 键结束边界选取）

选择要延伸的实体，或按住 Shift 键选择要修剪的实体，或 [边缘模式（E）/ 围栏（F）/ 窗交（C）/ 投影（P）/ 放弃（U）]：（选择左侧第一根线段）

选择要延伸的实体，或按住 Shift 键选择要修剪的实体，或 [边缘模式（E）/ 围栏（F）/ 窗交（C）/ 投影（P）/ 放弃（U）]：（选择左侧第二根线段）

执行上述操作，则将左侧两根线段延伸至内圆轮廓。按照上述方法，将右侧三根线段延伸至外圆轮廓，结果如图 3–13b 所示。

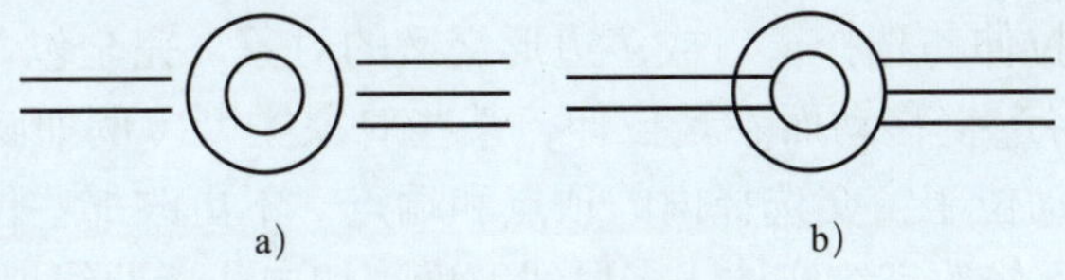

图 3–13　延伸示例

a）延伸前　b）延伸后

二、拉长

“拉长”命令用于更改对象的长度和圆弧的包含角。使用此命令的“动态”“递增”“百分比”“全部”分支可以更改对象的长度或者圆弧的包含角。“拉长”命令不影响闭合的对象。

1. 执行“拉长”命令的方法

（1）功能区：单击“常用”→“修改”→“拉长”按钮⟍。

（2）菜单栏：单击“修改”→“拉长”命令。

（3）命令行：lengthen（len）。

2. 操作步骤

命令：_lengthen（执行“拉长”命令）

列出选取对象长度或 [动态（DY）/ 递增（DE）/ 百分比（P）/ 全部（T）]：

3. 选项说明

（1）动态：开启“动态拖动”模式，通过拖动选取对象的一个端点来改变其长度。其他端点保持不变。

（2）递增：以指定的长度为增量修改对象的长度，该增量从距离选择点最近的端点处开始测量，图 3–14 所示为线段拉长示例。若选取的对象为圆弧，增量就为角度，图 3–15 所示为圆弧拉长示例。若输入的值为正值，则拉长扩展对象，若为负值，则修剪缩短对象的长度或角度。

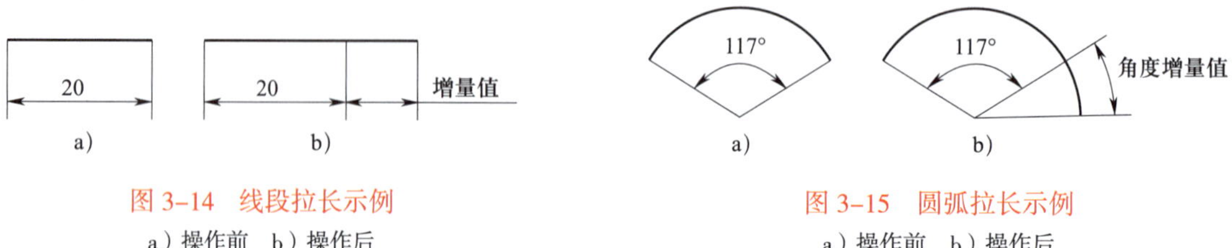

图 3–14　线段拉长示例

a）操作前　b）操作后

图 3–15　圆弧拉长示例

a）操作前　b）操作后

（3）百分比：通过指定对象总长度或总角度的百分比来设置对象的长度或圆弧包含的角度。

（4）全部：指定从固定端点开始测量的总长度或总角度的绝对值来设置对象长度或圆弧包含的角度。

（5）列出选取对象长度：在命令行提示下选取对象，将在命令栏显示选取对象的长度。若选取的对象为圆弧，则显示选取对象的长度和包含角。

三、拉伸

“拉伸”命令用于拉伸与选择窗口或多边形交叉的对象，完全包含在窗交窗口中的对象或单独选定的对象，将产生移动而不是拉伸，某些对象类型（例如圆、椭圆和块）无法拉伸。“拉伸”命令仅移动位于窗交选择内的顶点和端点，不更改那些位于窗交选择外的顶点和端点。“拉伸”命令不修改三维实体、多段线宽度、切向或者曲线拟合的信息。

1. 执行“拉伸”命令的方法

（1）功能区：单击“常用”→“修改”→“拉伸”按钮。

（2）菜单栏：单击“修改”→“拉伸”命令。

（3）命令行：stretch（s）。

2. 操作步骤

命令：_stretch（执行“拉伸”命令）
选择对象：（用窗口选择拉伸对象）
选择对象：↙（按 Enter 键结束选择）
指定基点或［位移（D）］<位移>：（指定拉伸基点）
指定第二个点或 <使用第一个点作为位移>：（指定拉伸长度或位置）

3. 选项说明

（1）选择对象：通过窗交或相交多边形的方式选择对象中要拉伸的部分，按 Enter 键结束选择。

（2）基点：通过基点和第二点来定义一个矢量，指示拉伸的对象移动的距离和方向。点选对象进行拉伸，其操作与使用“move”命令移动对象类似。

（3）指定第二个点：通过指定第二个点来确定对象拉伸的方向和距离。

（4）使用第一个点作为位移：指定当前 UCS 的（0，0，0）点到指定的基点之间的方向和距离为拉伸的方向和距离。

（5）位移：指定对象拉伸的距离和方向。输入以 *X*，*Y*，*Z* 坐标表示的拉伸矢量。例如，在命令行输入“3，4，5”，则选定对象将沿 *X* 轴方向拉伸 3 个单位，沿 *Y* 轴方向拉伸 4 个单位，沿 *Z* 轴方向拉伸 5 个单位。在绘图区域指定点定义相对于（0，0，0）点的拉伸矢量。例如，在绘图区域单击点（2，3，4），则选定对象沿 *X* 轴方向拉伸 2 个单位，沿 *Y* 轴方向拉伸 3 个单位，沿 *Z* 轴方向拉伸 4 个单位。

4. 示例

应用“拉伸”命令，将图 3-16a 所示长方形拉伸成图 3-16c 所示平行四边形。操作步骤如下：

命令：_stretch（执行“拉伸”命令）
选择对象：（自右向左的拾取窗口拾取长方形的顶边和两侧边，如图 3-16b 所示）
选择对象：↙（按 Enter 键结束选择）
指定基点或［位移（D）］<位移>：（指定长方形的右上端点为基点）
指定第二个点或<使用第一个点作为位移>：30↙（光标向右移动，输入距离“30”）

执行上述操作，结果如图 3-16c 所示。

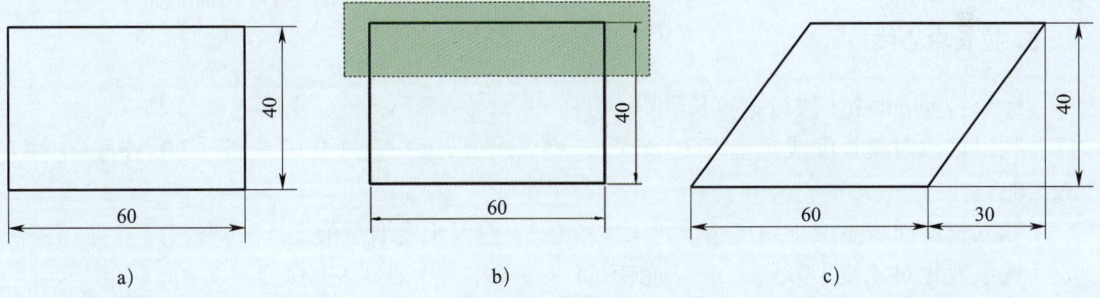

图 3-16　拉伸示例

a）长方形　b）窗口拾取　c）平行四边形

任务实施

1. 绘制中心线及台阶轴 1 二分之一轮廓线

应用“直线”命令，按照图 3-11 所示台阶轴 1 尺寸，绘制中心线及台阶轴 1 二分之一轮廓线，如图 3-17 所示。

2. 绘制 *C*2 mm 倒角

应用“倒角”命令绘制两端 *C*2 mm 倒角，并应用“直线”命令绘制倒角线，结果如图 3–18 所示。

图 3–17　绘制中心线及台阶轴 1 二分之一轮廓线　　　图 3–18　绘制 *C*2 mm 倒角

3. 延伸端面线

命令：_extend（执行“延伸”命令）

当前设置：投影模式 =UCS，边延伸模式 = 延伸（E）

选取边界对象作延伸 < 回车全选 >：（选择中心线为延伸边界）

选取边界对象作延伸 < 回车全选 >：↙（按 Enter 键结束边界选取）

选择要延伸的实体，或按住 Shift 键选择要修剪的实体，或 [边缘模式（E）/ 围栏（F）/ 窗交（C）/ 投影（P）/ 放弃（U）]：（选择左端第一条端面线）

执行上述操作，左端第一条端面线延伸至中心线，依次延伸第二条、第三条端面线，结果如图 3–19 所示。按 Enter 键结束“延伸”命令。

4. 镜像

执行“镜像”命令，选择台阶轴 1 二分之一轮廓线为镜像对象，以中心线为镜像线进行镜像，结果如图 3–20 所示。

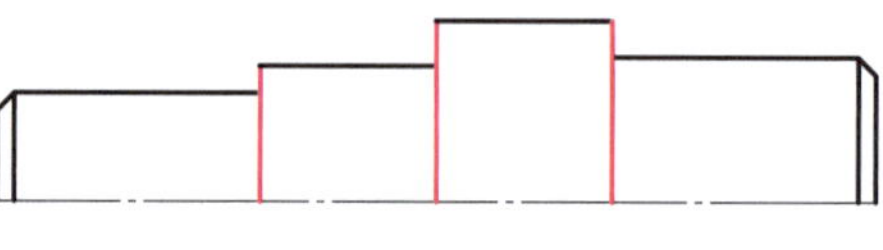

图 3–19　延伸端面线

5. 拉长中心线

命令：_lengthen（执行“拉长”命令）

列出选取对象长度或 [动态（DY）/ 递增（DE）/ 百分比（P）/ 全部（T）]：de↙（输入“de”）

输入长度递增量或 [角度（A）] <2>：3↙（输入长度增量值）

选取变化对象或 [方式（M）/ 撤销（U）]：（单击中心线左侧）

选取变化对象或 [方式（M）/ 撤销（U）]：（单击中心线右侧）

选取变化对象或 [方式（M）/ 撤销（U）]：↙（按 Enter 键结束“拉长”命令）

执行上述操作，结果如图 3–21 所示。

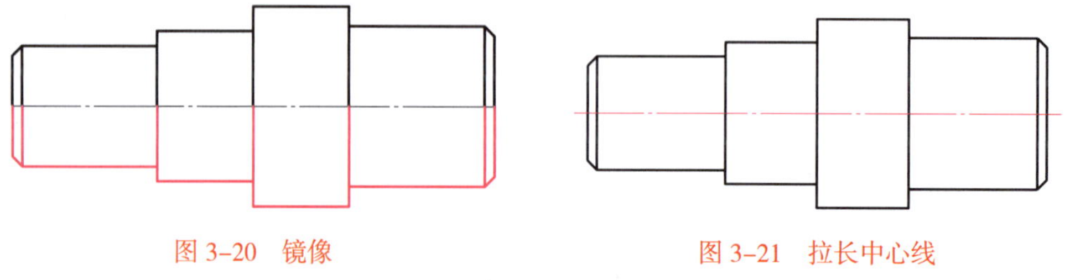

图 3–20　镜像　　　图 3–21　拉长中心线

6. 复制台阶轴 1

执行“复制”命令，选择台阶轴 1 为复制对象，以中心线左端点为基点，光标水平向右移动，在台阶轴 1 右侧指定第二点，按 Enter 键结束复制，结果如图 3-22 所示。

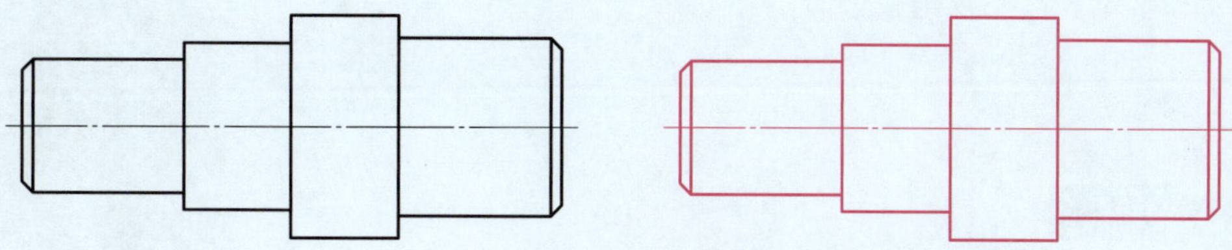

图 3-22　复制台阶轴 1

7. 拉伸 ϕ32 mm 轴段生成台阶轴 2

命令：_stretch（执行“拉伸”命令）
选择对象：（按图 3-23 所示，窗口选择拉伸对象）
选择对象：↙（按 Enter 键结束选择）
指定基点或［位移（D）］<位移>：（以中心线右端点为基点）
指定第二个点或 <使用第一个点作为位移>：8↙（输入拉伸距离）

执行上述操作，结果如图 3-24 所示。

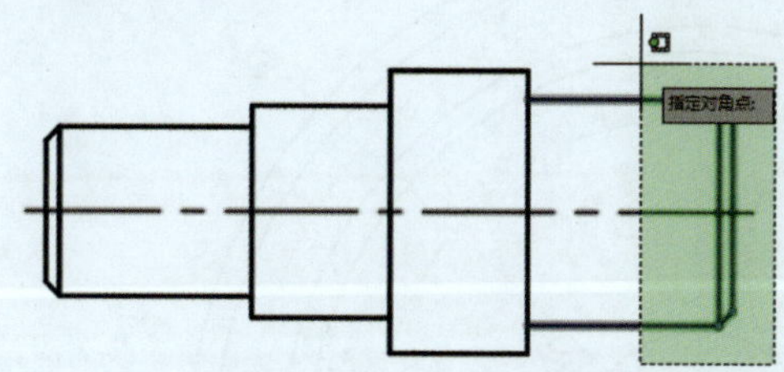

图 3-23　窗口选择拉伸对象

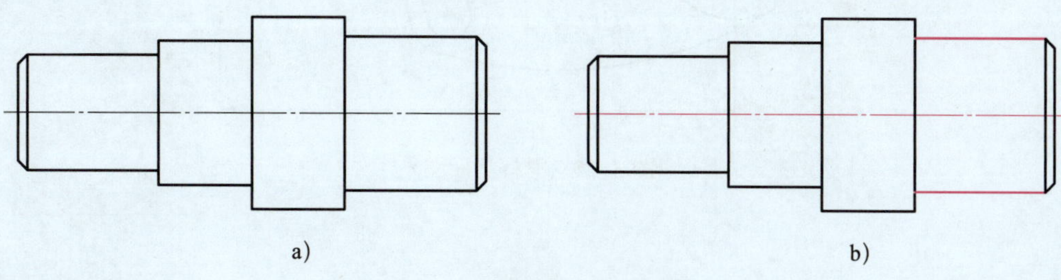

图 3-24　拉伸生成台阶轴 2

a）台阶轴 1　b）台阶轴 2

任务3　绘制滑杆平面图

学习目标

1. 掌握“圆弧”命令的使用方法。
2. 能绘制滑杆平面图。

任务引入

本任务要求绘制图 3–25 所示的滑杆平面图。该图形以圆弧为主，绘制时，先根据尺寸绘制中心线、定位线及 *R*54 mm 细点画线圆，其次绘制定位圆（ϕ16 mm、ϕ29 mm、*R*4 mm、*R*7 mm、*R*3 mm），最后绘制各个连接圆弧和过渡圆弧。

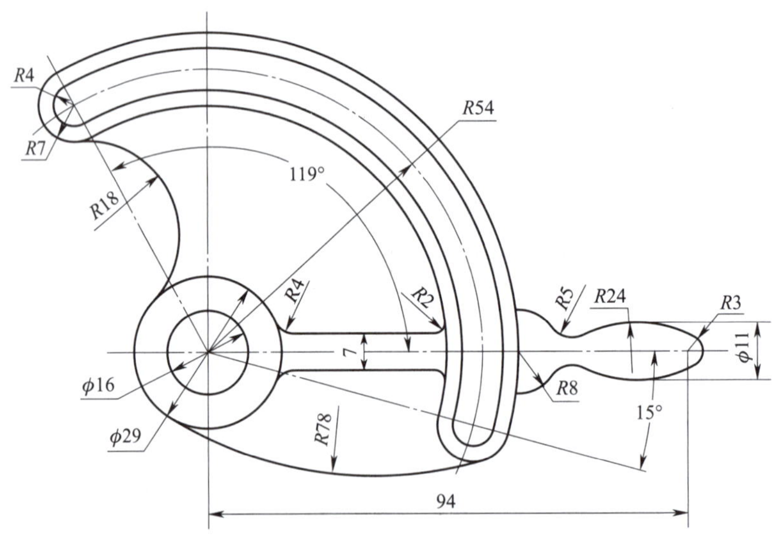

图 3–25　滑杆平面图

相关知识

“圆弧”命令用于创建圆弧。要绘制圆弧，可以指定圆心、端点、起点、半径、角度、长度和方向的各种组合形式。默认情况下，以逆时针方向绘制圆弧。中望 CAD 2023 提供了 11 种绘制圆弧的方式，圆弧的子菜单列出了具体的方式，如图 3–26 所示。

1. 执行“圆弧”命令的方法

（1）菜单栏：单击“绘图”→“圆弧”的子菜单中的子命令，如图 3–26 所示。

（2）功能区：单击“常用”→“绘图”→“圆弧”的子命令。

（3）命令行：arc（a）。

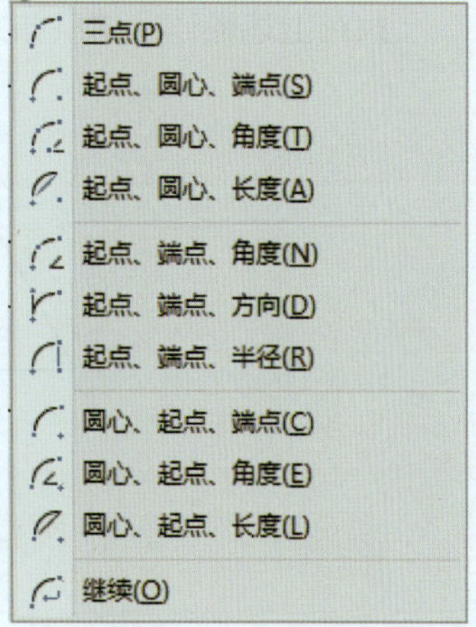

图 3–26 “圆弧”子菜单

2. 绘制圆弧的命令

（1）应用“三点”命令绘制圆弧

该命令通过分别确定圆弧的起点、弧上一点、端点的方式绘制圆弧。其中“圆弧的第二个点”为除起点和端点外的弧上任意一点。此方式为中望 CAD 2023 默认的绘制圆弧的方法。

如图 3–27 所示，利用“三点”命令，过△*ABC* 的三个顶点绘制圆弧 $\widehat{ABC}$。操作步骤如下：

命令：_arc（执行“三点”圆弧命令）
指定圆弧的起点或［圆心（C）］:（指定 *A* 点为圆弧起点）
指定圆弧的第二个点或［圆心（C）/ 端点（E）］:（指定 *B* 点为圆弧的第二个点）
指定圆弧的端点:（指定 *C* 点为圆弧端点，如图 3–27b 所示）

执行上述操作，结果如图 3–27c 所示。

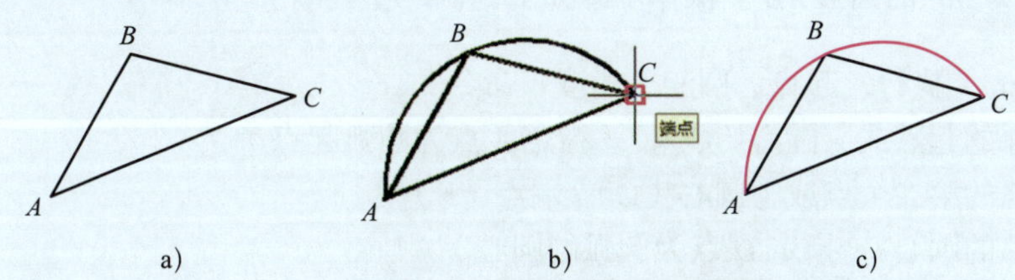

图 3–27 利用“三点”命令绘制圆弧

a）任意△ *ABC* b）捕捉弧上 *C* 点 c）绘制结果

（2）应用“起点、圆心、端点”命令绘制圆弧

该命令通过依次确定圆弧的起点、圆心及端点的方式绘制圆弧。

如图 3–28 所示，利用“起点、圆心、端点”命令，以 *A* 点为圆弧起点、*O* 点为圆心、*B* 点为端点，绘制圆弧 $\widehat{AB}$。操作步骤如下：

命令：_arc（执行“起点、圆心、端点”命令）
指定圆弧的起点或［圆心（C）］:（指定 *A* 点为圆弧起点）
指定圆弧的第二个点或［圆心（C）/ 端点（E）］: c↙（选择“圆心”选项）

指定圆弧的圆心：（指定 O 点为圆弧的圆心）
指定圆弧的端点或［角度（A）/ 弦长（L）］：（指定 B 点为圆弧的端点）

执行上述操作，结果如图 3–28b 所示。

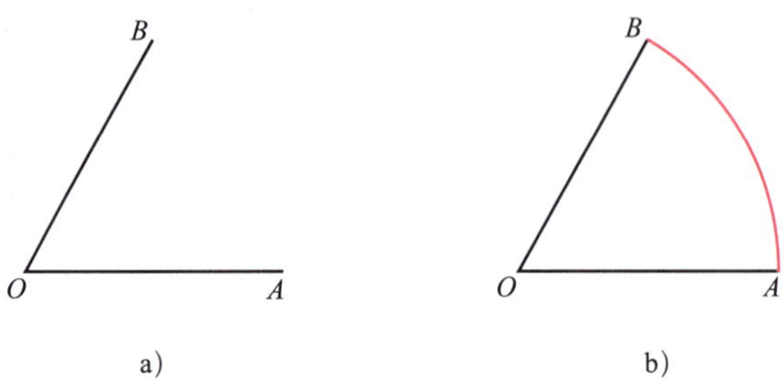

图 3–28　应用“起点、圆心、端点”命令绘制圆弧
a）操作前　b）操作后

1）如果线段 OA 与 OB 长度不相等，系统会将圆弧的终点自动调节到线段 OB 上或其延长线上。

2）在利用该命令绘制圆弧时，系统默认按逆时针方向绘制。

（3）应用“起点、圆心、角度”命令绘制圆弧

该命令通过确定圆弧的起点、圆心及圆弧角度值的方式来绘制圆弧。

如图 3–29 所示，利用“起点、圆心、角度”命令，绘制一条以 A 点为圆弧起点、O 点为圆心、角度为 30° 的圆弧 $\widehat{AB}$。操作步骤如下：

命令：_arc（执行“起点、圆心、角度”命令）
指定圆弧的起点或［圆心（C）］：（指定 A 点为圆弧起点）
指定圆弧的第二个点或［圆心（C）/ 端点（E）］：_c
指定圆弧的圆心：（指定 O 点为圆弧的圆心）
指定圆弧的端点或［角度（A）/ 弦长（L）］：_a
指定包含角：30↙（输入角度值“30”）

执行上述操作，结果如图 3–29b 所示。

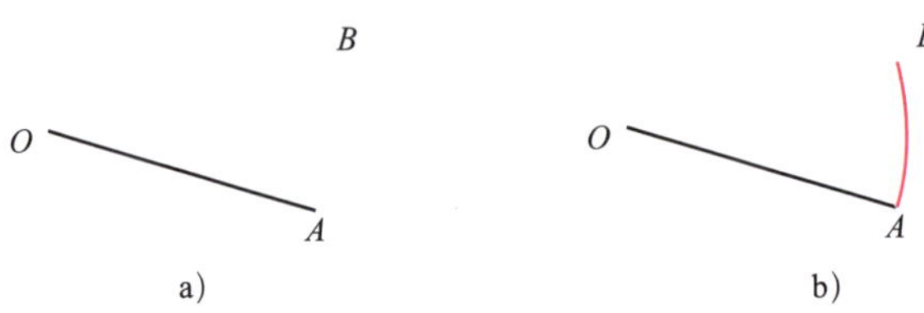

图 3–29　应用“起点、圆心、角度”命令绘制圆弧
a）操作前　b）操作后

（4）应用“起点、圆心、长度”命令绘制圆弧

该命令用起点、圆心和弦长创建圆弧，起点和圆心之间的距离确定半径，圆弧的另一端通过指定圆弧的起点与端点之间的弦长来确定。所得圆弧始终从起点按逆时针方向绘制。

如图 3–30 所示，用“起点、圆心、长度”命令绘制一条弦长为 40 mm 的圆弧 $\widehat{AB}$。操作步骤如下：

命令：_arc（执行“起点、圆心、长度”命令）
指定圆弧的起点或［圆心（C）］：（指定圆弧起点 *A*）
指定圆弧的第二个点或［圆心（C）/ 端点（E）］：_c
指定圆弧的圆心：（指定圆弧圆心 *O*）
指定圆弧的端点或［角度（A）/ 弦长（L）］：_l
指定弦长：40↙（指定圆弧的弦长）

执行上述操作，结果如图 3–30b 所示。

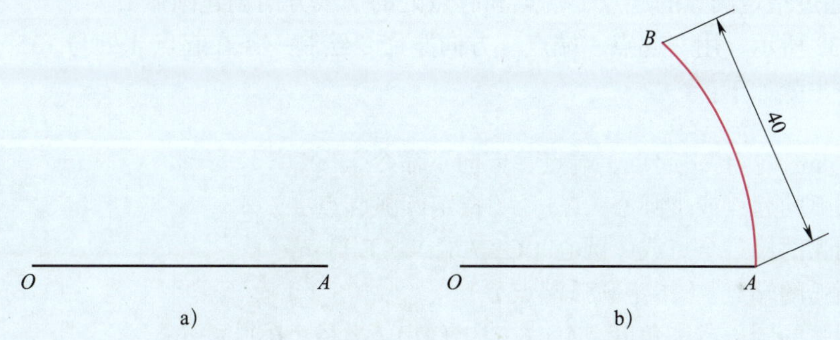

图 3–30　应用“起点、圆心、长度”命令绘制圆弧

a）操作前　b）操作后

弦长可以为正值，表示圆心角为 0° ~ 180° 的圆弧，弦长可以为负值，表示圆心角为 180° ~ 360° 的圆弧。

（5）应用“起点、端点、角度”命令绘制圆弧

该命令通过确定圆弧的起点、端点和包含角的方式绘制圆弧。圆弧起点和端点之间的夹角确定了圆弧的圆心和半径。

如图 3–31 所示，用“起点、端点、角度”命令绘制一条圆心角为 180° 的圆弧 $\widehat{AB}$。操作步骤如下：

命令：_arc（执行“起点、端点、角度”命令）
指定圆弧的起点或［圆心（C）］：（指定 *A* 点为圆弧起点）
指定圆弧的第二个点或［圆心（C）/ 端点（E）］：_e
指定圆弧的端点：（指定 *B* 点为圆弧端点）

指定圆弧的圆心或［角度（A）/ 方向（D）/ 半径（R）]：_a
指定包含角：180↙（指定圆弧的包含角）

执行上述操作，结果如图 3–31b 所示。

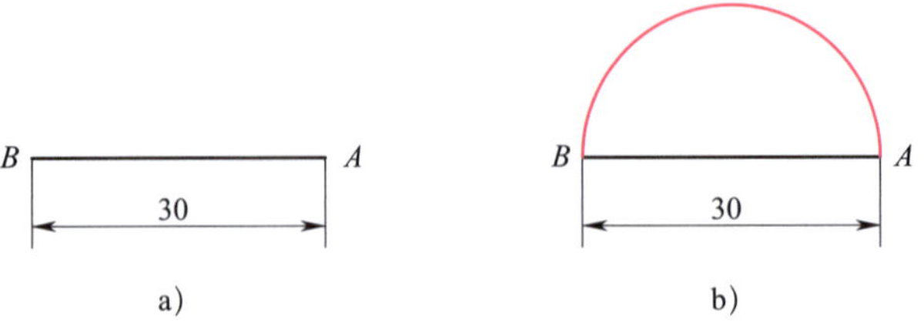

图 3–31　应用“起点、端点、角度”命令绘制圆弧

a）操作前　b）操作后

（6）应用“起点、端点、方向”命令绘制圆弧

该指令通过指定圆弧的起点、端点和起点处的切线方向创建圆弧。

如图 3–32 所示，用“起点、端点、方向”命令绘制一条在起点 A 处与 135° 线相切的圆弧 $\overset{\frown}{AB}$。操作步骤如下：

命令：_arc（执行“起点、端点、方向”命令）
指定圆弧的起点或［圆心（C）]：（指定圆弧起点 A）
指定圆弧的第二个点或［圆心（C）/ 端点（E）]：_e
指定圆弧的端点：（指定圆弧端点 B）
指定圆弧的圆心或［角度（A）/ 方向（D）/ 半径（R）]：_d
指定圆弧的起点切向：135↙（指定起点处的切线方向，如图 3–32b 所示）

执行上述操作，则绘制出如图 3–32c 所示圆弧。

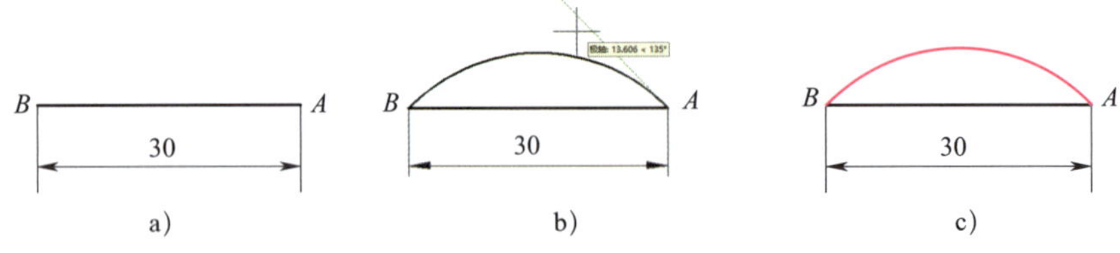

图 3–32　应用“起点、端点、方向”命令绘制圆弧

a）操作前　b）确定起点处的切线方向　c）操作后

（7）应用“起点、端点、半径”命令绘制圆弧

该命令通过确定圆弧的起点、端点及半径的方式来绘制圆弧。

如图 3–33a、b 所示，用“起点、端点、半径”命令绘制一条半径为 50 mm 的向上突起的圆弧 $\overset{\frown}{AB}$。操作步骤如下：

命令：_arc（执行“起点、端点、半径”命令）

指定圆弧的起点或［圆心（C）］：（指定 A 点为圆弧起点）
指定圆弧的第二个点或［圆心（C）/ 端点（E）］：_e
指定圆弧的端点：（指定 B 点为圆弧端点）
指定圆弧的圆心或［角度（A）/ 方向（D）/ 半径（R）］：_r
指定圆弧的半径：50↙（指定圆弧的半径）

执行上述操作，结果如图 3–33b 所示。

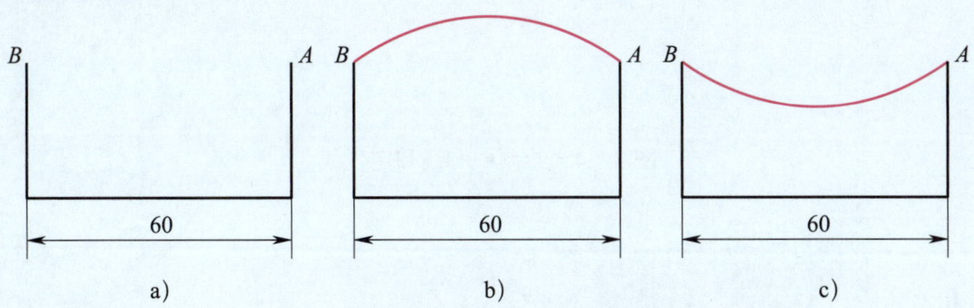

图 3–33　应用“起点、端点、半径”命令绘制圆弧

a）操作前　b）A 为起点、B 为端点　c）B 为起点、A 为端点

利用“起点、端点、半径”命令绘制如图 3–33b 所示圆弧时，必须沿逆时针方向拾取 A 点为起点、B 点为端点，若反向，则绘制的圆弧为内凹，如图 3–33c 所示。

注意：“圆心、起点、端点”“圆心、起点、角度”“圆心、起点、长度”三种绘制圆弧方式与“起点、圆心、端点”“起点、圆心、角度”“起点、圆心、长度”方式类似，此处不再赘述。

（8）应用“继续”命令绘制圆弧

该命令可以创建与上一次绘制的直线或圆弧相切的圆弧，绘制时，只需指定圆弧的端点即可。

1. 绘制中心线和定位线

将“中心线”图层设置为当前图层，利用“直线”和“圆”命令，根据图 3–25 所示尺寸，绘制中心线和定位线，如图 3–34 所示。

2. 绘制已知圆

根据图 3–25 所示尺寸，绘制图中已确定位置的 $\phi16$ mm、$\phi29$ mm、$R7$ mm、$R4$ mm、$R3$ mm 7 个圆，如图 3–35 所示。

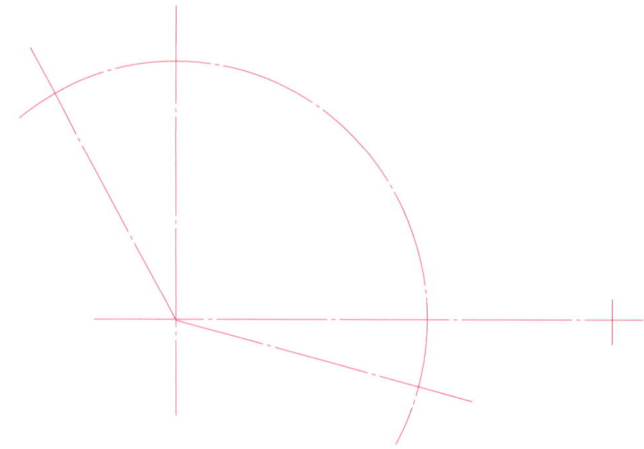

图 3-34　绘制中心线和定位线

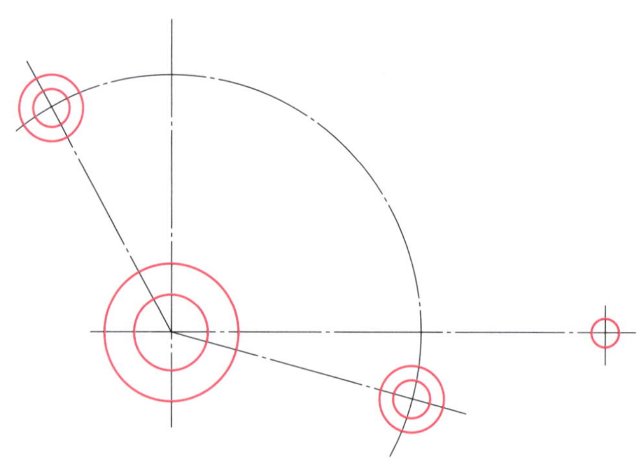

图 3-35　绘制已知圆

3. 绘制圆弧

（1）绘制圆弧 1、2、3、4

命令：_arc（执行“起点、圆心、端点”命令）
指定圆弧的起点或［圆心（C）］：（指定圆弧起点 *A*）
指定圆弧的第二个点或［圆心（C）/ 端点（E）］：_c
指定圆弧的圆心：（指定圆心 *O*）
指定圆弧的端点或［角度（A）/ 弦长（L）］：（指定圆弧端点 *B*）

执行上述操作，则绘制出圆弧 1，如图 3-36a 所示。同理，绘制圆弧 2、3、4，如图 3-36b 所示。修剪多余的线条，结果如图 3-36c 所示。

（2）绘制圆弧 5、6、7

利用“相切、相切、半径”命令绘制 *R*18 mm、*R*78 mm、*R*24 mm 圆，如图 3-37a 所示。修剪多余的线条，绘制出如图 3-37b 所示圆弧 5、6、7。

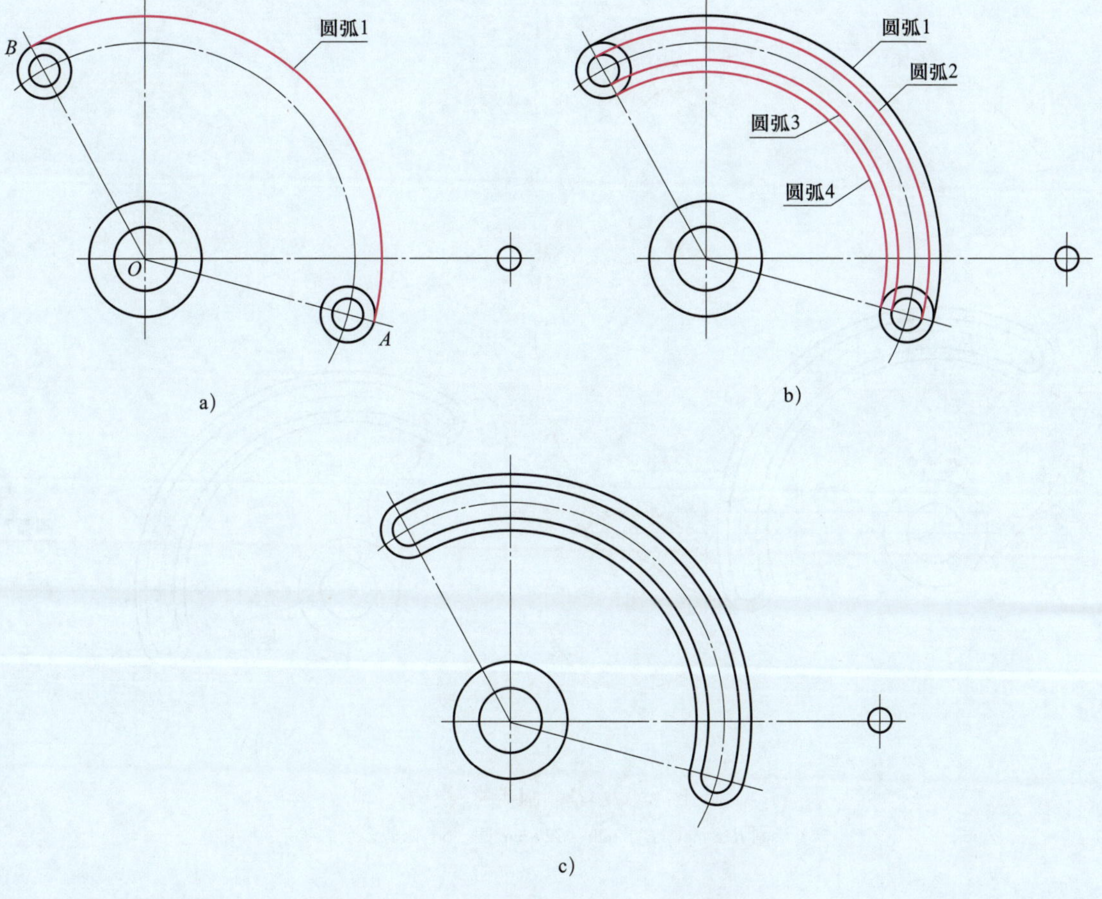

图 3-36 “起点、圆心、端点”命令绘制圆弧

a）绘制圆弧 1　b）绘制圆弧 2、3、4　c）修剪多余的线条

（3）绘制圆弧 8

应用“圆”命令，绘制 *R*8 mm 圆，修剪多余的线条，得到如图 3-38 所示圆弧 8。

（4）绘制 *R*5 mm 连接弧

应用“圆角”命令，绘制与 *R*8 mm 圆弧和 *R*24 mm 圆弧连接的 *R*5 mm 圆弧，如图 3-39 所示。

（5）镜像圆弧

对图 3-39 中的 *R*8 mm、*R*5 mm、*R*24 mm、*R*3 mm 圆弧进行镜像操作，得到如图 3-40 所示图形。

4. 绘制中间线段及过渡圆弧

（1）绘制辅助线

将水平中心线分别向上、向下偏移 3.5 mm，结果如图 3-41a 所示两条辅助线。

（2）绘制线段

应用“直线”命令，绘制如图 3-41b 所示两条线段，并删除辅助线。

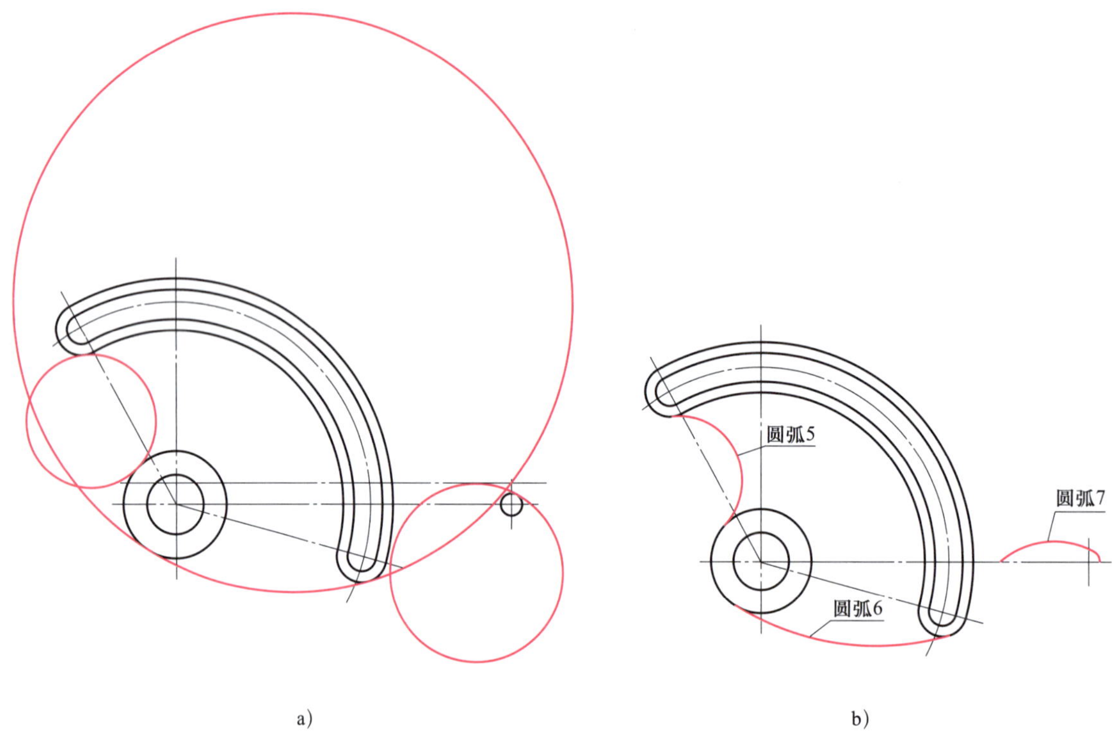

a)　　　　b)

图 3-37　绘制圆弧 5、6、7

a）绘制 R18 mm、R78 mm、R24 mm 圆　b）修剪多余的线条

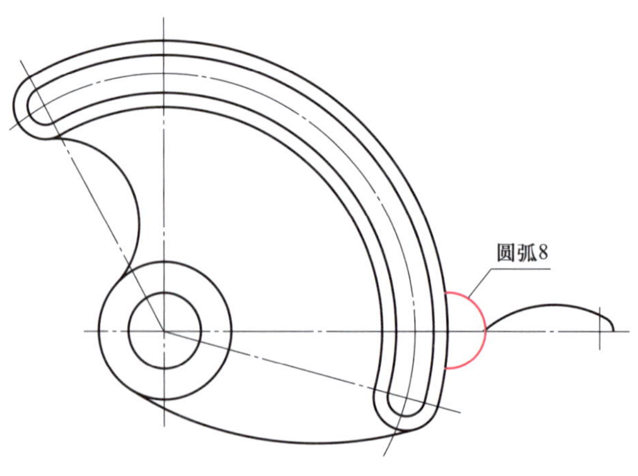

图 3-38　绘制圆弧 8

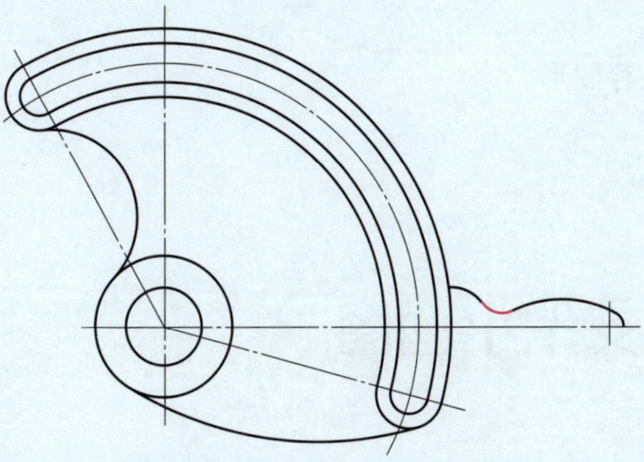

图 3-39　绘制 $R5$ mm 连接弧

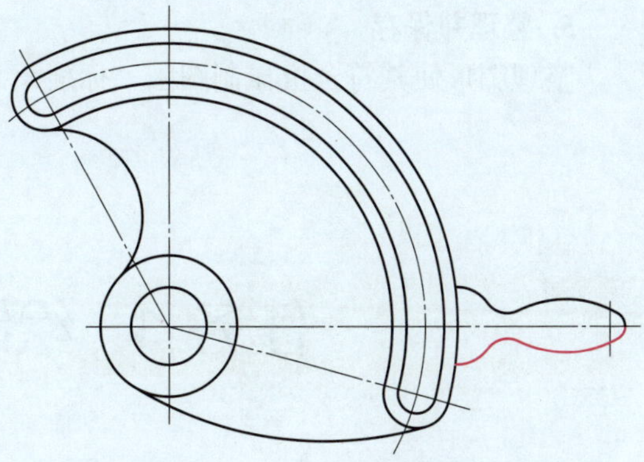

图 3-40　镜像圆弧

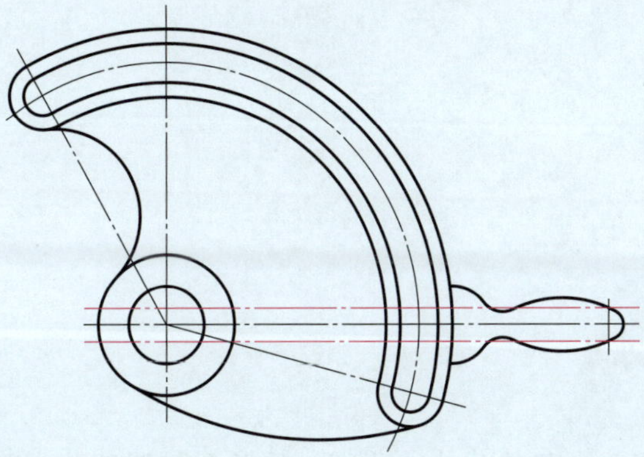

a）

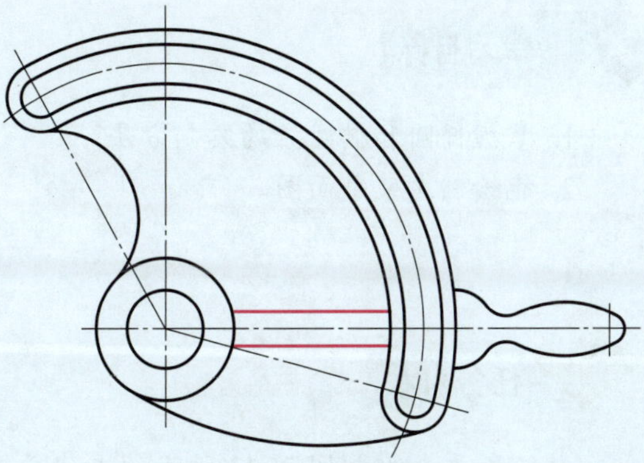

b）

图 3-41　绘制辅助线和线段

a）绘制辅助线　b）绘制线段

（3）绘制过渡圆弧

应用“圆角”命令（采用“不修剪”方式），绘制线段两端的 $R4$ mm、$R2$ mm 过渡圆弧，并修剪多余的线条，结果如图 3-42 所示。

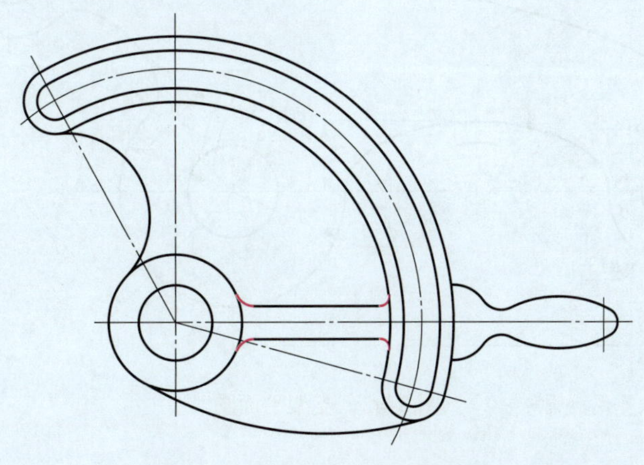

图 3-42　绘制过渡圆弧

5. 整理并保存

整理图形使其符合机械制图国家标准，并保存图形。

任务4　绘制支架平面图

1. 掌握椭圆和椭圆弧的绘制方法。
2. 能绘制支架平面图。

本任务要求绘制图3-43所示的支架平面图，支架轮廓主要由圆、圆弧和椭圆弧构成。绘图时，应先绘制定位线，然后绘制已知圆，最后利用椭圆和圆之间的相切关系绘制椭圆或椭圆弧。

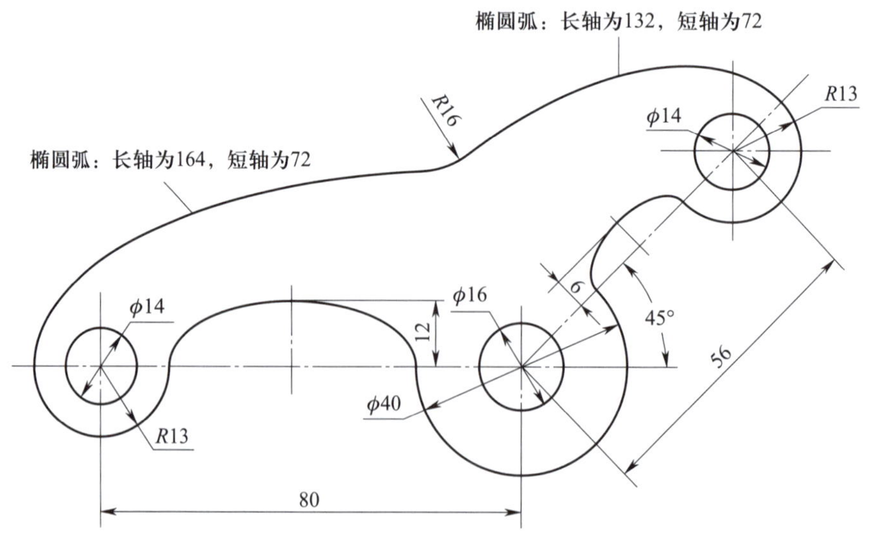

图3-43　支架平面图

相关知识

椭圆是一种典型的封闭曲线，圆在某种意义上可以看成是椭圆的特例。椭圆几何特征主要包含中心点、端点、长轴（或长半轴）和短轴（或短半轴），如图 3–44 所示。“椭圆”命令主要用于创建椭圆和椭圆弧。

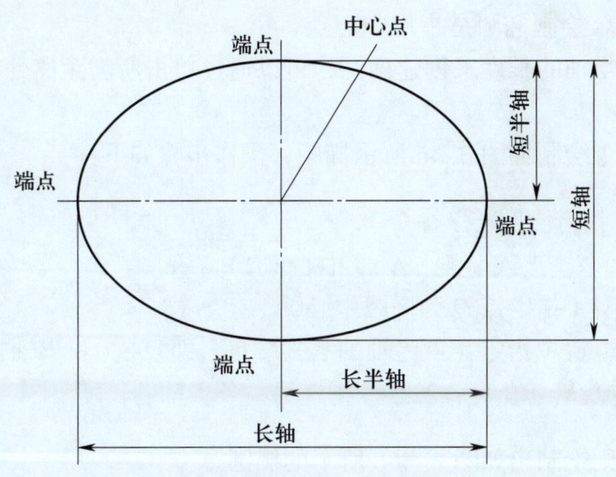

图 3–44　椭圆的几何特征

1. 执行“椭圆”命令的方法

（1）菜单栏：单击“绘图”→“椭圆”下拉菜单中的命令。

（2）功能区：单击“常用”→“绘图”→“椭圆”下拉列表中的按钮。

（3）命令行：ellipse（el）。

2. 绘制椭圆的命令

（1）应用“轴、端点”命令绘制椭圆

应用“轴、端点”命令绘制椭圆是指定一条轴的两个端点和另一条轴的半长来绘制椭圆。绘制如图 3–45 所示椭圆，操作步骤如下：

命令：_ellipse（执行“轴、端点”命令）

指定椭圆的第一个端点或 [弧（A）/ 中心（C）]：（在绘图区域指定椭圆的轴端点）

指定轴向第二端点：60↙（光标水平向右移动，输入“60”）

指定其他轴或 [旋转（R）]：15↙（光标竖直向上移动，输入另一半轴长度）

执行上述操作，绘制出如图 3–45 所示椭圆。

操作过程中，各选项的含义如下。

1）椭圆的第一个端点：通过指定椭圆的第一个和第二个端点来定义椭圆的第一条轴。第一条轴的角度确定了整个椭圆的角度。这条轴既可以为椭圆的长轴，也可以为椭圆的短轴。

2）其他轴：从第一条轴的中点拖曳选择第三点来定义椭圆的另一条轴。

3）旋转：以第一条轴为主轴，通过旋转一定的角度确定离心率来绘制椭圆。角度值的有效范围为0 ~ 89.4，输入值越大，椭圆的离心率就越大，输入0将绘制圆。

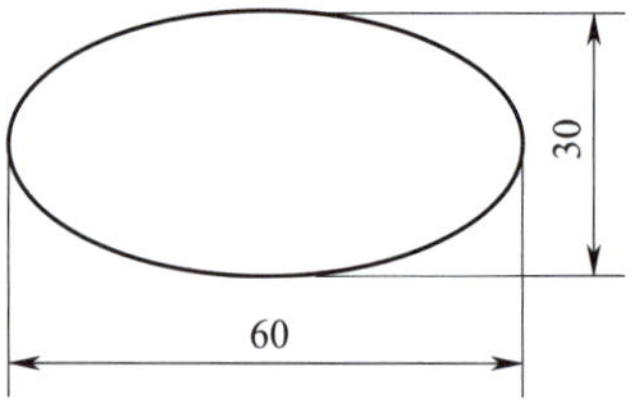

图 3–45　应用“轴、端点”命令绘制椭圆

（2）应用“圆心”命令绘制椭圆

应用“圆心”命令绘制椭圆是指用中心点、第一个轴的端点和第二个半轴的长度来创建椭圆，可以通过单击所需距离处的某个位置和输入长度值来指定距离。

应用“圆心”命令绘制如图 3–46 所示椭圆，操作步骤如下：

```
命令：_ellipse（执行“圆心”命令）
指定椭圆的第一个端点或［弧（A）/ 中心（C）］：_c
指定椭圆的中心：（指定点 O 为椭圆中心）
指定轴向第二端点：（指定 A 点为轴的第二端点，即 OA 为一半轴长度）
指定其他轴或［旋转（R）］：22↙（指定另一条半轴的长度）
```

执行上述操作，则绘制出如图 3–46b 所示的椭圆。

（3）应用“椭圆弧”命令绘制椭圆弧

应用“椭圆弧”命令创建一段椭圆弧，如图 3–47 所示，绘制该椭圆弧时，1 点和 2 点确定第一条轴的位置和长度，3 点确定椭圆弧的中心与第二条轴的端点之间的距离，4 点和5 点确定椭圆弧起点和端点的角度。操作步骤如下：

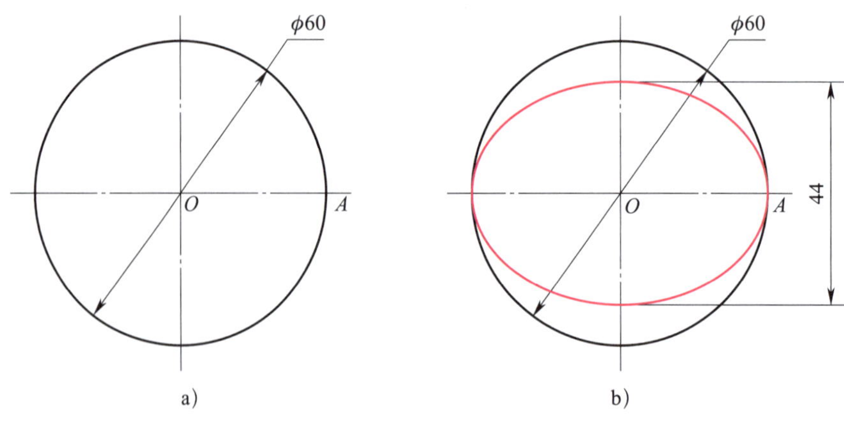

图 3–46　应用“圆心”命令绘制椭圆

a）操作前　b）操作后

```
命令：_ellipse（执行“椭圆弧”命令）
指定椭圆的第一个端点或［弧（A）/ 中心（C）］：_a
```

指定椭圆的第一个端点或［中心（C）］:（指定 1 点为椭圆弧的轴端点）
指定轴向第二端点:（指定 2 点为轴的另一个端点）
指定其他轴或［旋转（R）］:（指定 3 点确定另一条半轴的长度）
指定弧的起始角度或［参数（P）］: 30↙（指定椭圆弧起始角度）
指定终止角度或［参数（P）/ 包含（I）］: 210↙（指定椭圆弧终止角度）

执行上述操作，绘制出如图 3-47 所示椭圆弧。

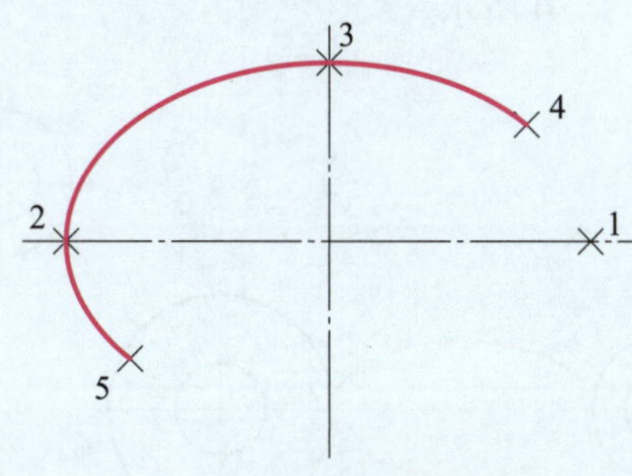

图 3-47　绘制椭圆弧

操作过程中的“参数”是指通过矢量参数方程式来指定椭圆弧的终止角度。“包含”是指确定椭圆弧的包含角。

1. 绘制圆的中心线及 45° 斜线

将“中心线”图层置为当前图层，根据图 3-43 所示尺寸，应用“直线”命令绘制圆的中心线及 45° 斜线，如图 3-48 所示。

2. 绘制已知圆

将“粗实线”图层置为当前图层，根据图 3-43 所示尺寸，应用“圆”命令绘制 ϕ14 mm、R13 mm、ϕ16 mm、ϕ40 mm 共 6 个圆，如图 3-49 所示。

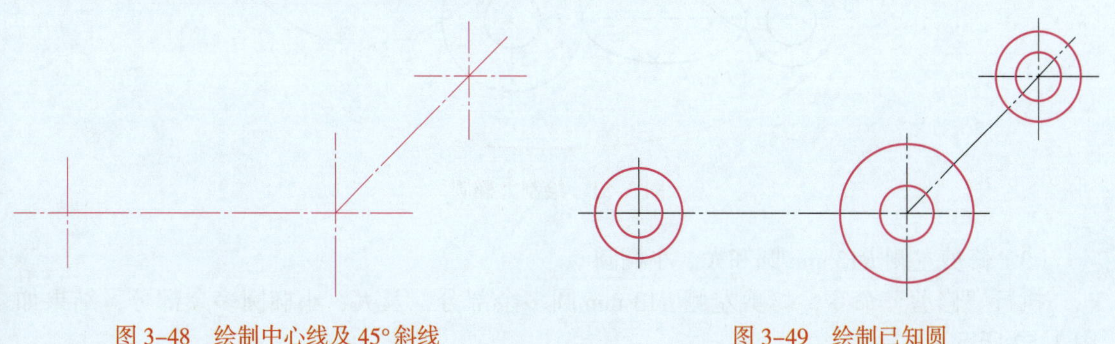

图 3-48　绘制中心线及 45° 斜线　　　　图 3-49　绘制已知圆

3. 绘制椭圆

（1）绘制小椭圆

命令：_ellipse（执行“轴、端点”命令）
指定椭圆的第一个端点或［弧（A）/ 中心（C）］：（拾取图 3–50 中的 1 点）
指定轴向第二端点：（拾取图 3–50 中的 2 点）
指定其他轴或［旋转（R）］：12↙（指定另一条半轴的长度）

执行上述操作，结果如图 3–50 所示。

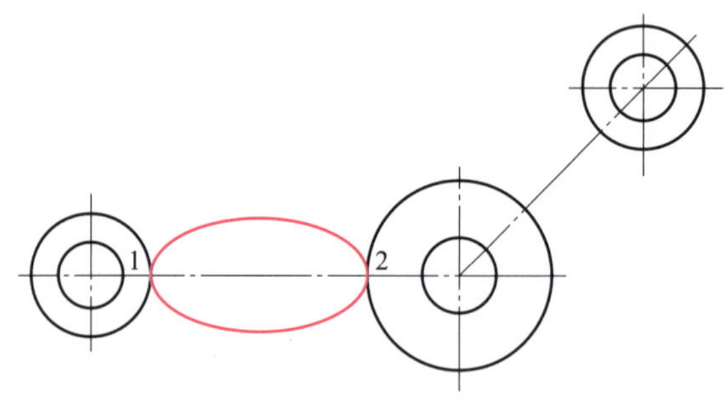

图 3–50　绘制小椭圆

（2）绘制大椭圆

命令：_ellipse（执行“轴、端点”命令）
指定椭圆的第一个端点或［弧（A）/ 中心（C）］：（拾取图 3–51 中 3 点）
指定轴向第二端点：164↙（光标水平向右移动，输入“164”确定另一个端点）
指定其他轴或［旋转（R）］：36↙（指定另一条半轴的长度）

执行上述操作，绘制出如图 3–51 所示大椭圆。

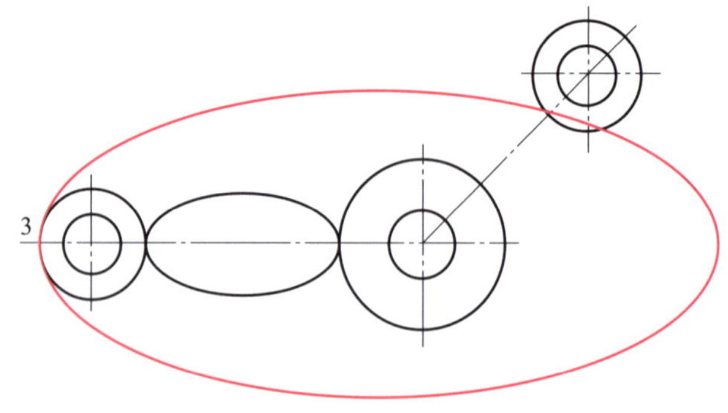

图 3–51　绘制大椭圆

（3）修剪左侧 *R*13 mm 圆和大、小椭圆

执行“修剪”命令，修剪左侧 *R*13 mm 圆多余部分，及大、小椭圆多余部分，结果如图 3–52 所示。

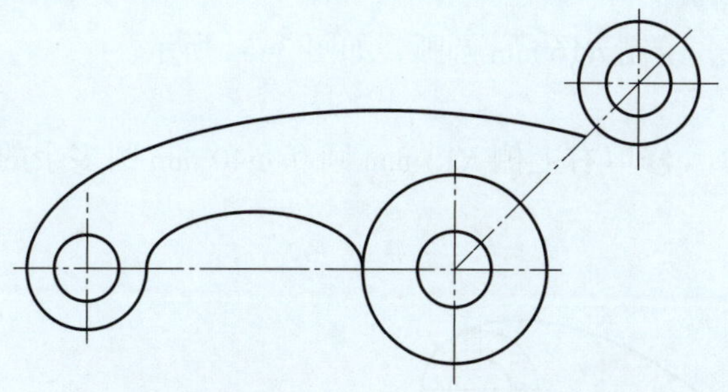

图 3-52　修剪左侧 R13 mm 圆和大、小椭圆

4. 绘制椭圆弧

命令: _ellipse（执行“椭圆弧”命令）
指定椭圆的第一个端点或［弧（A）/ 中心（C）］: _a
指定椭圆的第一个端点或［中心（C）］:（拾取图 3-53 中的 1 点）
指定轴向第二端点:（拾取图 3-53 中的 2 点）
指定其他轴或［旋转（R）］：6↙（输入另一条半轴长度）
指定弧的起始角度或［参数（P）］：0↙（输入椭圆弧的起始角度）
指定终止角度或［参数（P）/ 包含（I）］：180↙（输入椭圆弧的终止角度）

执行上述操作，则绘制出图 3-53 中的 1 点至 2 点的椭圆弧。

命令: _ellipse（执行“椭圆弧”命令）
指定椭圆的第一个端点或［弧（A）/ 中心（C）］: _a
指定椭圆的第一个端点或［中心（C）］:（拾取图 3-53 中的 3 点）
指定轴向第二端点：132↙（光标沿 -135° 方向追踪，输入长度“132”，确定轴的另一端点）
指定其他轴或［旋转（R）］：36↙（输入另一条半轴长度）
指定弧的起始角度或［参数（P）］：0↙（输入椭圆弧的起始角度）
指定终止角度或［参数（P）/ 包含（I）］：90↙（输入椭圆弧的终止角度）

执行上述操作，则绘制出图 3-53 中的 3 点至 4 点的椭圆弧。

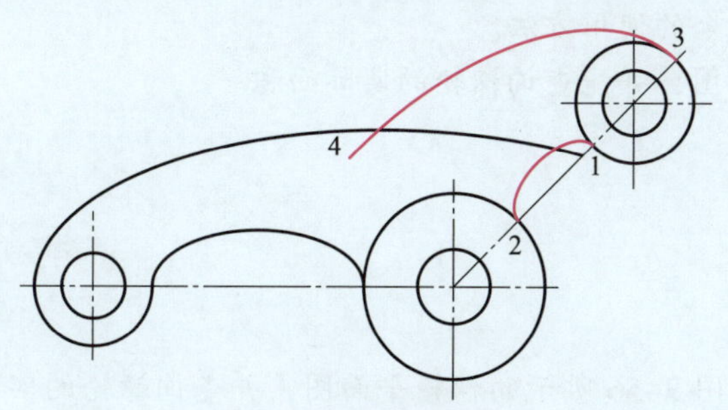

图 3-53　绘制椭圆弧

5. 绘制 R16 mm 圆弧

执行“圆角”命令，绘制 R16 mm 圆弧，如图 3-54 所示。

6. 修剪图形

执行“修剪”命令，修剪右上侧 R13 mm 圆和 ϕ40 mm 圆多余的部分，结果如图 3-55 所示。

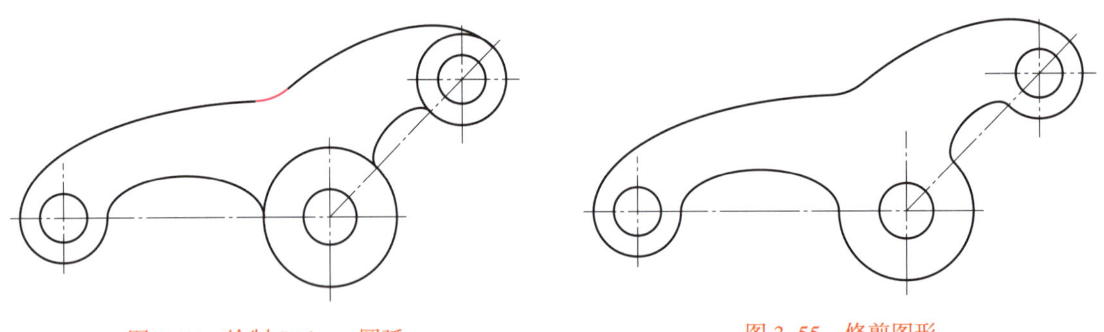

图 3-54　绘制 R16 mm 圆弧　　图 3-55　修剪图形

7. 整理并保存

整理图形使其符合机械制图国家标准，并保存图形。

任务 5　绘制棘轮平面图

学习目标

1. 掌握“编辑多段线”命令的使用方法。
2. 掌握“查询”功能的使用方法。
3. 掌握“合并”命令的使用方法。
4. 能绘制棘轮平面图，并能查询棘轮的实际面积。

任务引入

本任务要求绘制如图 3-56 所示的棘轮平面图，并查询棘轮的实际面积。棘轮外轮廓为 12 个棘轮齿，齿顶为 R5 mm 圆弧，齿根为 R3 mm 圆弧；棘轮内轮廓是带有 8 个均匀分布矩形键槽的孔。绘制时，先绘制 ϕ40 mm 孔及 8 个键槽，再绘制 12 个棘轮齿，最后应用查询功能查询棘轮的实际面积。

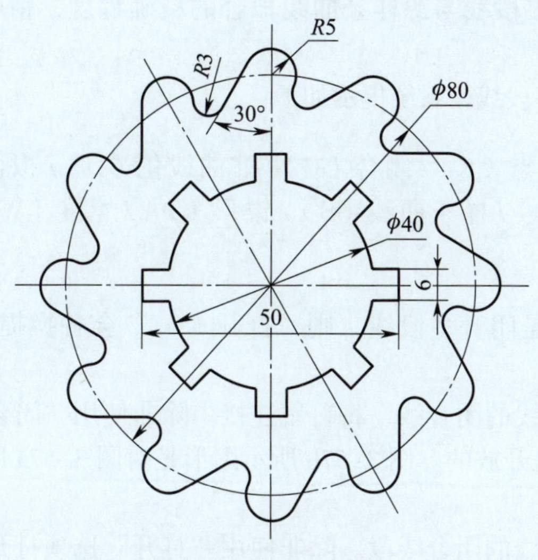

图 3-56　棘轮平面图

一、编辑多段线

编辑多段线的常见用途包含合并二维多段线、将线条和圆弧转换为二维多段线以及将多段线转换为样条曲线。

1. 命令执行方法

（1）菜单栏：单击“修改”→“对象”→“多段线”命令。

（2）功能区：单击“常用”→“修改”→“编辑多段线”按钮。

（3）命令行：pedit（pe）。

2. 操作步骤

执行“编辑多段线”命令，系统提示如下：

命令：_pedit（执行“编辑多段线”命令）
选择要编辑的多段线或［多个（M）］：（使用对象选择方法或输入 m）

其余提示取决于所选对象的类型。

（1）如果选定对象是直线、圆弧或样条曲线，系统提示如下：

选择的对象不是多段线。将它转化吗？ <是（Y）>

输入 y 可以将对象转换为多段线，或输入 n 以清除选择。在选择样条曲线并将其转换为多段线时，系统提示如下：

指定样条曲线的转换精度 <10>:（输入新的精度值或按 Enter 键）

精度值决定生成的多段线与源样条曲线拟合的精确程度，精度值为 0 ~ 99 之间的整数。

（2）如果选择二维多段线，系统提示如下：

输入选项 [编辑顶点（E）/ 闭合（C）/ 非曲线化（D）/ 拟合（F）/ 连接（J）/ 线型模式（L）/ 反转（R）/ 样条曲线（S）/ 锥形（T）/ 宽度（W）/ 撤销（U）] < 退出（X）>:

注意：如果选择的是闭合多段线，则“打开（O）”会替换提示中的“闭合（C）”选项。

1）闭合：创建多段线的闭合线，将首尾连接。除非使用“闭合”选项闭合多段线，否则系统将会认为多段线是开放的。图 3–57b 所示图形是对图 3–57a 所示图形执行“闭合”的结果。

2）打开：删除多段线的闭合线段。除非使用“打开”选项打开多段线，否则系统将认为它是闭合的。图 3–57c 所示图形是对图 3–57b 所示图形执行“打开”的结果。

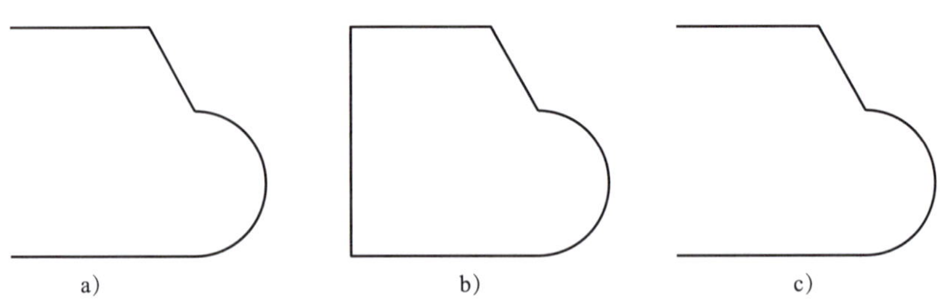

图 3–57 闭合与打开多段线示例

a）闭合前 b）闭合后 c）打开后

3）连接：将与多段线端点相接的线段、圆弧、多段线与被编辑的多段线连接为一条多段线。图 3–58a 所示图形是由多段线 *AB*、线段 *BC* 和圆弧 *CA* 组成的图形，图 3–58b 所示图形为一闭合的多段线，它是图 3–58a 执行“连接”后的图形。

注意：图 3–58a 和图 3–58b 所示图形从外形上看不出差别，但选中后的夹点是不相同的，如图 3–59 所示。

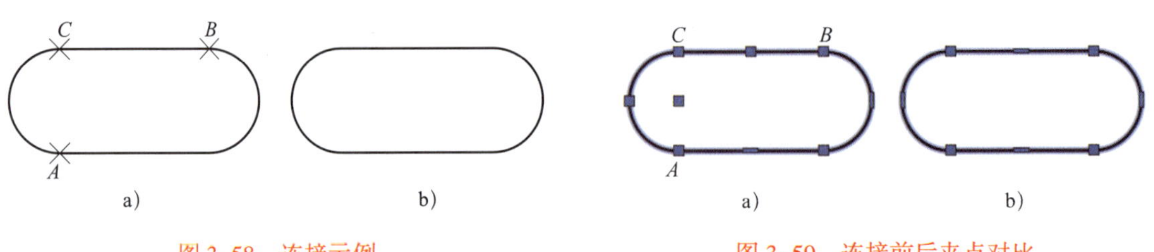

图 3–58 连接示例

a）连接前 b）连接后

图 3–59 连接前后夹点对比

a）连接前的夹点 b）连接后的夹点

连接类型：设定连接选定多段线的方法。

①延伸：通过将线段延伸或剪切至最接近的端点来合并选定的多段线。

②添加：通过在最接近的端点之间添加线段来合并选定的多段线。

③两者：如有可能，通过延伸或剪切来合并选定的多段线。否则，通过在最接近的端点之间添加线段来合并选定的多段线。

4）宽度：改变整条多段线的宽度。可以使用“编辑顶点（E）”选项的“宽度（W）”选项来更改线段的起点宽度和端点宽度。

5）编辑顶点：选择该项后，在多段线起点出现一个“×”，它为当前顶点的标记，并在命令行出现进行后操作的提示。

输入选项［下一个（N）/ 上一个（P）/ 角度（A）/ 打断（B）/ 插入（I）/ 移动（M）/ 重生成（R）/ 选择（SE）/ 拉直（S）/ 宽度（W）/ 退出（X）］<下一个（N）>:

这些选项允许用户进行移动、插入顶点和修改任意两点间的线宽等操作。

6）拟合：在顶点间建立圆滑曲线，创建圆弧拟合多段线。该曲线通过多段线的所有顶点，如图 3-60 所示。

7）样条曲线：将指定的多段线以各顶点为控制点生成样条曲线，如图 3-61 所示。

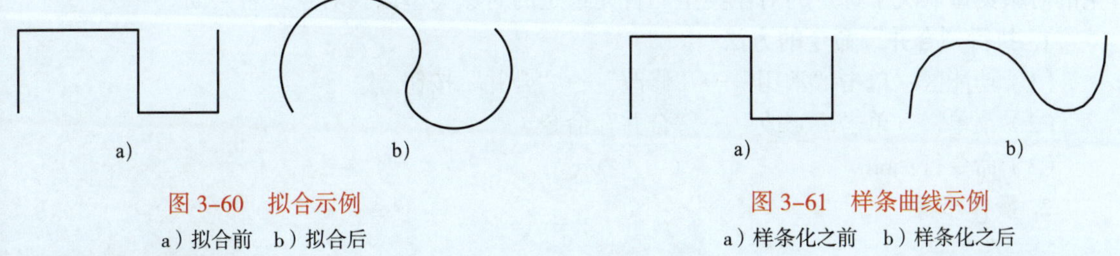

图 3-60　拟合示例

a）拟合前　b）拟合后

图 3-61　样条曲线示例

a）样条化之前　b）样条化之后

用“样条曲线”拟合多段线与用“拟合”选项产生的曲线有很大差别。

8）非曲线化：将指定的多段线中的圆弧由线段代替。对于选用“拟合（F）”或“样条曲线（S）”选项后生成的圆弧拟合曲线或样条曲线，则删除生成曲线时新插入的顶点，恢复成由线段组成的多段线，如图 3-62 所示。

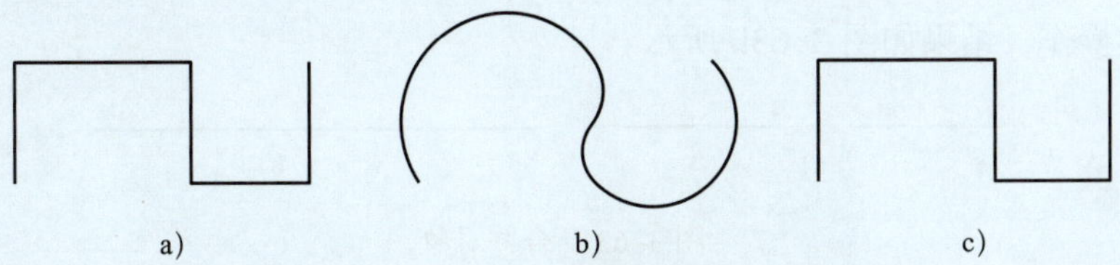

图 3-62　非曲线化示例

a）拟合前　b）拟合后　c）非曲线化

9）线型模式：当多段线的线型为点画线时，控制多段线的线型生成方式开关。选择此选项，系统提示如下：

输入线型继续应用于多段线的选项［开（ON）/关（OFF）］<开（ON）>:

选择“开（ON）”时，将在每个顶点处允许以短点画线开始和结束生成线型，选择“关（OFF）”时，将在每个顶点处以长点画线开始和结束生成线型。

不能用于带变宽线段的多段线。

10）反转：反转多段线顶点的顺序。使用此选项可反转使用包含文字线型的对象的方向。例如，根据多段线的创建方向，线型中的文字可能会倒置显示。

二、合并

“合并”命令可以将直线、圆弧、椭圆弧和样条曲线等独立的对象合并为一个对象。产生的对象类型取决于选定的对象类型、首先选定的对象类型以及对象是否共面。

1. 执行“合并”命令的方法

（1）功能区：单击“常用”→“修改”→“合并”按钮。

（2）菜单栏：单击“修改”→“合并”命令。

（3）命令行：join。

2. 操作步骤

命令：_join（执行“合并”命令）
选择源对象或要一次合并的多个对象：（选择合并对象）

3. 示例

将如图 3-63a 所示三条线段（两端的线段为粗实线，中间线段为细点画线）合并成图 3-63b 所示的一条粗实线线段。

命令：_join（执行“合并”命令）
选择源对象或要一次合并的多个对象：（选择图 3-63a 所示三条线段）
选择要合并的对象：↙（按 Enter 键结束选择）

执行上述操作，结果如图 3-63b 所示。

a)　　　　b)

图 3-63　合并对象

a）合并前　b）合并后

有时合并前后对象的线型一致，从外形上很难看出。

三、分解

“分解”命令用于将矩形、正多边形、多段线等复合图形对象分解成简单的基本图形对象，以便利用编辑工具对复合图形中的单个或多个基本对象进行编辑。

1. 执行“分解”命令的方法

（1）功能区：单击“常用”→“修改”→“分解”按钮。

（2）菜单栏：单击“修改”→“分解”命令。

（3）命令行：explode（x）。

2. 操作步骤

命令：_explode（执行“分解”命令）
选择对象：（选择要分解的对象）

3. 选项说明

选择的对象不同，分解的结果也不同，下面列出几种对象的分解结果。

（1）二维多段线：放弃所有关联的宽度或切线信息。对于宽多段线，放弃宽度信息，分解为直线或圆弧。宽度为零的多段线，分解为独立的直线或圆弧。

（2）圆与圆弧：如果圆或圆弧位于非一致比例的块内，当系统变量 EXPLMODE 为 1 时，则可以分解为椭圆或椭圆弧。

（3）三维实体：将平整面分解成面域，将非平整面分解成曲面。

（4）标注：分解为直线、多行文字和实体。

（5）多线：分解为直线和圆弧。

（6）引线：分解为直线、样条曲线、实体、块插入、多行文字和公差对象。

（7）多面网格：一个顶点的网格对象分解为点对象。双顶点网格分解为直线。三顶点网格分解为三维面。

（8）面域：分解为直线、圆、圆弧和样条曲线。

四、面积查询

面积查询用来计算对象或选定区域的面积和周长。可以通过选择对象或指定点来定义要测量的对象，从而获取测量值。

1.“面积”命令执行方法

（1）菜单栏：单击“工具”→“查询”→“面积”命令。

（2）功能区：单击“工具”→“实用工具”→“面积”按钮。

（3）命令行：area。

2. 操作步骤

命令：_area（执行“面积”命令）

指定第一点或 [对象（O）/ 添加（A）/ 减去（S）] < 对象 >:（确定查询面积方式）

选择查询面积方式不同，系统提示不同。

3. 选项说明

（1）指定第一点

用户可通过在当前空间指定点来计算指定点定义的面积和周长，首先指定第一个点。指定第一点后，系统提示“指定下一个点或 [圆弧（A）/ 长度（L）/ 放弃（U）]：”。

1）下一个点：接着指定下一个点，所有的点都必须在一个平面上，而且此平面与当前用户坐标系（UCS）的 *XY* 平面平行。该命令可计算用户指定的多个点定义的多边形的面积和周长。若要结束指定点，可按 Enter 键。若指定的点定义的多边形不闭合，系统将自动从最后一点到第一点绘制一条线段，来计算该多边形的面积。在计算周长时，自动绘制的这条线段的长度也包含在内。

2）圆弧：绘制圆弧来计算闭合区域的面积和周长。

3）长度：指定第一点和第二点线段的长度。

4）放弃：撤销上一步操作。

示例：查询如图 3-64a 所示矩形的面积，操作步骤如下：

命令：_area（执行“面积”命令）

指定第一点或 [对象（O）/ 添加（A）/ 减去（S）] < 对象 >:（指定矩形左上角点）

指定下一个点或 [圆弧（A）/ 长度（L）/ 放弃（U）]:（指定矩形右上角点）

指定下一个点或 [圆弧（A）/ 长度（L）/ 放弃（U）]:（指定矩形右下角点）

指定下一个点或 [圆弧（A）/ 长度（L）/ 放弃（U）/ 总计（T）] < 总计 >:（指定矩形左下角点）

指定下一个点或 [圆弧（A）/ 长度（L）/ 放弃（U）/ 总计（T）] < 总计 >: ↙（按 Enter 键结束指定）

面积 =1200.0000，周长 =140.0000

执行上述操作，查询结果如图 3-64b 所示。

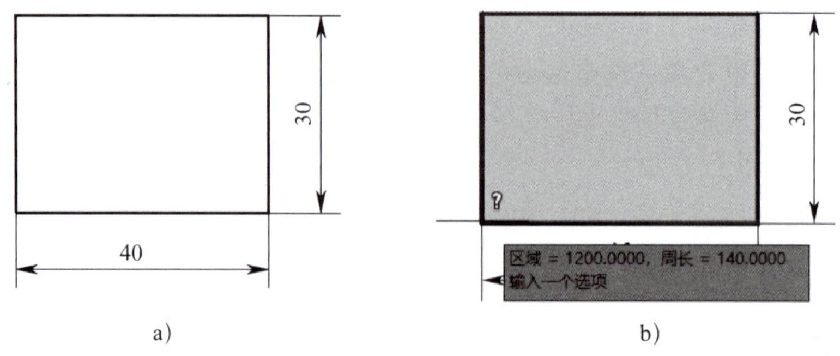

图 3-64　以指定点的方式查询矩形面积

a）矩形　b）查询结果

（2）对象

为选定的对象计算面积和周长，可被选取的对象有圆、椭圆、封闭多段线、多边形、实体和平面。若选取的是线、弧或样条曲线，只计算周长不计算面积。若选择的对象是开放的多段线，在计算面积时，系统会自动绘制一条线段连接多段线的起点和终点。但这条线段的长度不包含在计算的周长中。计算面积和周长（或长度）时将使用宽多段线的中心线。

（3）添加

开启“加”的模式，计算多个对象或选定区域的周长和面积总和，同时可计算出单个对象或选定区域的周长和面积。

（4）减去

开启“减”的模式，减去指定区域或对象的面积和周长。

1. 绘制中心线及辅助圆

将“中心线”图层置为当前图层，应用“直线”和“圆”命令，绘制中心线和辅助圆，如图 3-65 所示。

2. 绘制 ϕ40 mm 内轮廓圆

将“粗实线”图层置为当前图层，应用“圆”命令，绘制 ϕ40 mm 内轮廓圆，如图 3-66 所示。

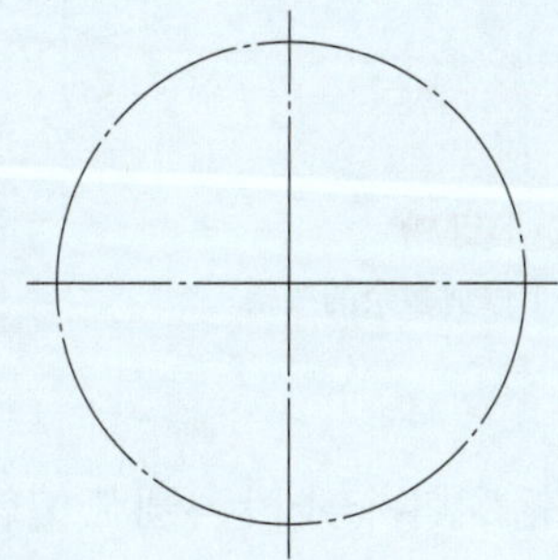

图 3-65 绘制中心线及 ϕ80 mm 辅助圆

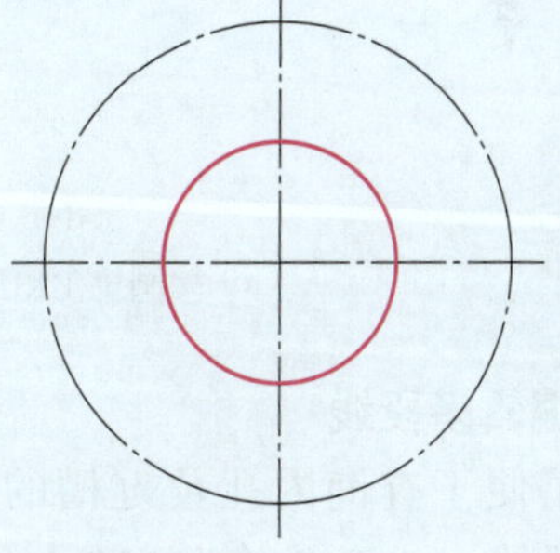

图 3-66 绘制 ϕ40 mm 内轮廓圆

3. 绘制内轮廓 8 个均布矩形键槽

（1）绘制单个矩形键槽边线

根据矩形键槽位置和尺寸，绘制单个矩形键槽边线，如图 3-67a 所示。

（2）环形阵列

命令：_arraypolar（执行“环形阵列”命令）
选择对象：（选择单个矩形键槽边线）

选择对象：↙（按 Enter 键结束选择）

类型 = 环形　关联 = 是

指定阵列的中心点或［基点（B）/ 旋转轴（A）］:（指定 ϕ40 mm 圆的圆心为阵列中心点）

选择夹点以编辑阵列或［关联（AS）/ 基点（B）/ 项目（I）/ 项目间角度（A）/ 填充角度（F）/ 行（ROW）/ 层（L）/ 旋转项目（ROT）/ 退出（X）］< 退出 >: i↙（选择“项目”选项）

输入项目数 <6>：8↙（输入阵列项目数）

选择夹点以编辑阵列或［关联（AS）/ 基点（B）/ 项目（I）/ 项目间角度（A）/ 填充角度（F）/ 行（ROW）/ 层（L）/ 旋转项目（ROT）/ 退出（X）］< 退出 >: ↙（按 Enter 键结束阵列）

执行上述操作，绘制出 8 个键槽的边线，如图 3-67b 所示。

（3）修剪多余的线条

修剪多余的线条，结果如图 3-67c 所示。

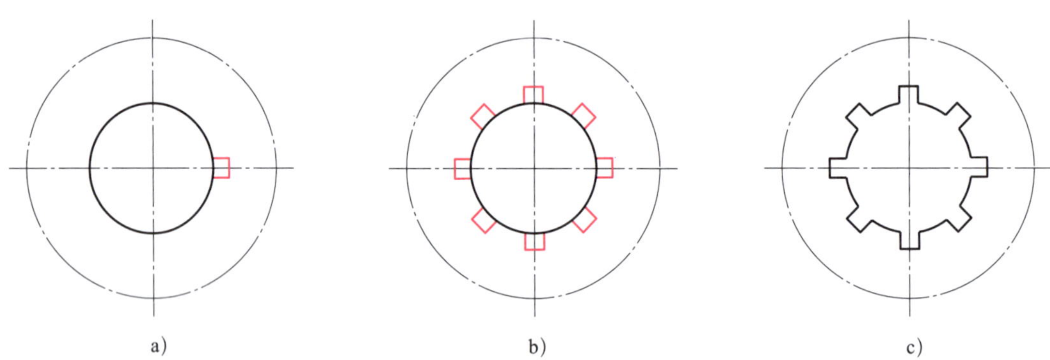

图 3-67　绘制内轮廓 8 个均布矩形键槽

a）绘制单个矩形键槽边线　b）环形阵列　c）修剪多余的线条

4. 编辑多段线

为了便于查询内孔及键槽的面积，需要将组成内轮廓各个线段、圆弧编辑成一条闭合的多段线，或者合并为一个封闭图形。此处将其编辑成一条闭合的多段线，操作步骤如下：

命令：_pedit（执行“编辑多段线”命令）

选择要编辑的多段线或［多个（M）］: m↙（选择“多个”选项）

选择对象：（选择内轮廓各组成线段和圆弧，共 32 个）

选择对象：↙（按 Enter 键结束选择）

将直线、圆弧和样条曲线转换为多段线？［是（Y）/ 否（N）］< 是 >: ↙（按 Enter 键确认）

输入选项［闭合（C）/ 打开（O）/ 连接（J）/ 宽度（W）/ 拟合（F）/ 样条曲线（S）/

非曲线化（D）/ 线型模式（L）/ 反向（R）/ 撤销（U）] < 退出（X）>:j↙（选择“连接”选项）

合并类型：Extend

输入模糊距离或［合并类型（J）］<0.000000>：↙（按 Enter 键确认）

输入选项［闭合（C）/ 打开（O）/ 连接（J）/ 宽度（W）/ 拟合（F）/ 样条曲线（S）/ 非曲线化（D）/ 线型模式（L）/ 反向（R）/ 撤销（U）] < 退出（X）>：↙（按 Enter 键结束“编辑多段线”指令）

执行上述操作，将组成内轮廓的线段、圆弧编辑成一条闭合的多段线，如图 3–68 所示。

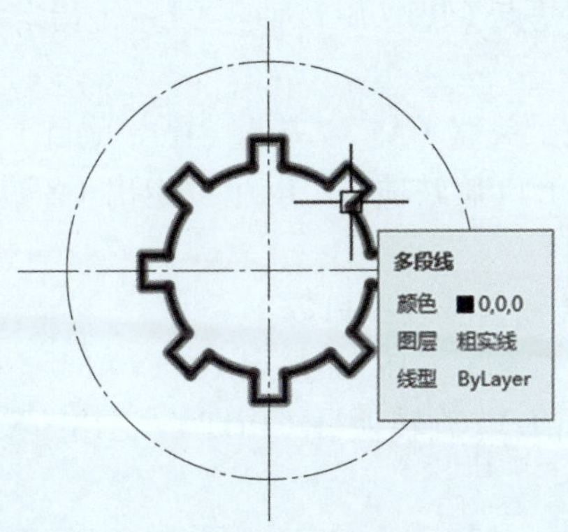

图 3–68　编辑多段线

若环形阵列时选用了关联，编辑多段线之前，需要采用“分解”命令将其分解。

5. 绘制单个棘轮齿

由于棘轮中每个棘轮齿都与其他相邻棘轮齿相关联，因此绘制单个棘轮齿时需要绘制左右两侧棘轮齿的部分图形。

（1）绘制 *R*5 mm 圆

因为棘轮共有 12 个棘轮齿，所以每个棘轮齿相隔 30°。将“中心线”图层置为当前图层，绘制 120° 辅助线。将“粗实线”图层置为当前图层，在辅助圆 90° 与 120° 位置处绘制两个 *R*5 mm 圆，如图 3–69a 所示。

（2）绘制 30° 切线

命令：_line（执行“直线”命令）

指定第一个点：（捕捉辅助圆 90° 处 *R*5 mm 圆在第二象限处的切点）

指定下一点或［角度（A）/ 长度（L）/ 放弃（U）]：@15<–120↙（指定切线长度与倾斜角）

指定下一点或［角度（A）/ 长度（L）/ 放弃（U）]：↙（按 Enter 键结束“直线”命令）

执行上述操作，如图 3-69b 所示。

（3）圆角过渡

对 30° 切线及辅助圆 120° 处的 $R5$ mm 圆执行圆角操作，圆角半径为 3 mm，结果如图 3-69c 所示。

（4）对 $R3$ mm 圆角进行阵列

命令：_arraypolar（执行“环形阵列”命令）

选择对象：（选择 $R3$ mm 圆角）

选择对象：↙（按 Enter 键结束选择）

类型 = 环形　关联 = 是

指定阵列的中心点或［基点（B）/ 旋转轴（A）］：（指定水平与竖直中心线的交点为阵列中心）

选择夹点以编辑阵列或［关联（AS）/ 基点（B）/ 项目（I）/ 项目间角度（A）/ 填充角度（F）/ 行（ROW）/ 层（L）/ 旋转项目（ROT）/ 退出（X）］< 退出 >:i↙（选择“项目”选项）

输入项目数 <6>：2↙（输入阵列项目数）

选择夹点以编辑阵列或［关联（AS）/ 基点（B）/ 项目（I）/ 项目间角度（A）/ 填充角度（F）/ 行（ROW）/ 层（L）/ 旋转项目（ROT）/ 退出（X）］< 退出 >:a↙（选择“项目间角度”选项）

指定项目间的角度 <180>：330↙（指定项目间的角度）

选择夹点以编辑阵列或［关联（AS）/ 基点（B）/ 项目（I）/ 项目间角度（A）/ 填充角度（F）/ 行（ROW）/ 层（L）/ 旋转项目（ROT）/ 退出（X）］< 退出 >：↙（按 Enter 键结束阵列）

执行上述操作，结果如图 3-69d 所示。

（5）修改图形

对多余的线条进行修剪和删除，绘制出一个棘轮齿，如图 3-69e 所示。

6. 环形阵列

执行“环形阵列”命令，选择所绘制的一个棘轮齿为阵列对象，以中心线交点为阵列中心进行阵列操作，阵列项目数为 12，结果如图 3-70 所示。

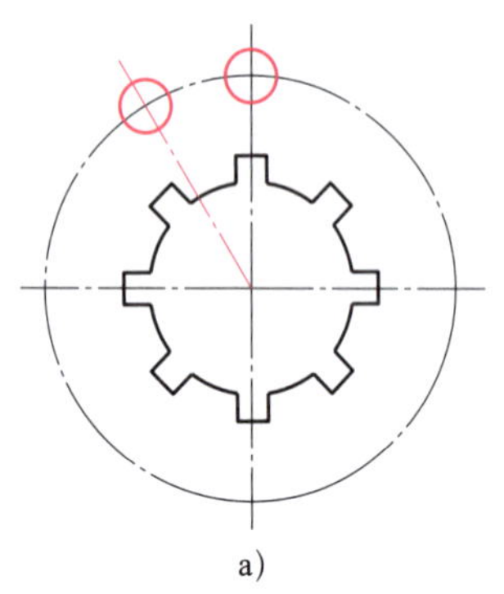

a)

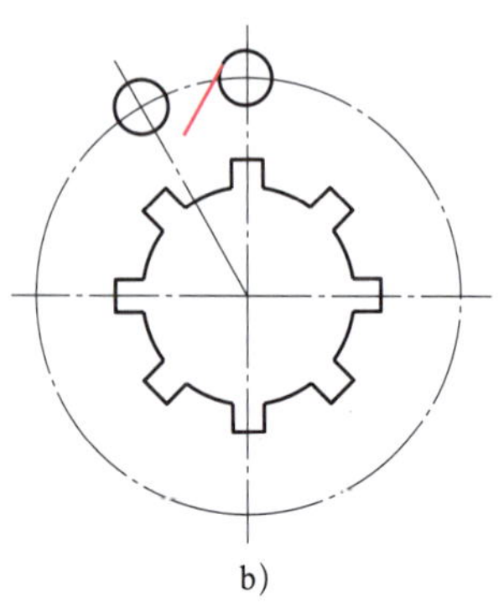

b)

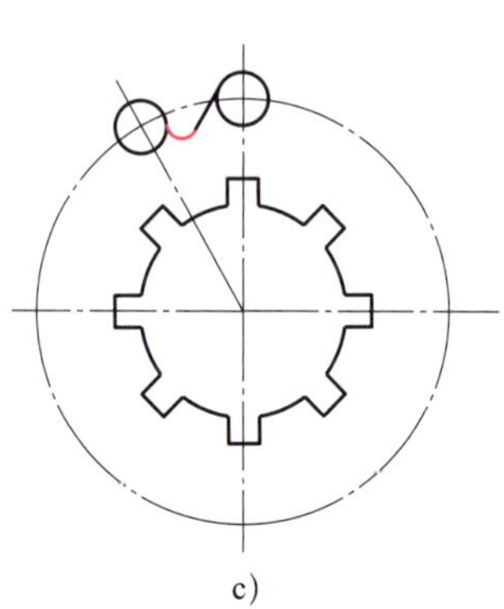

c)

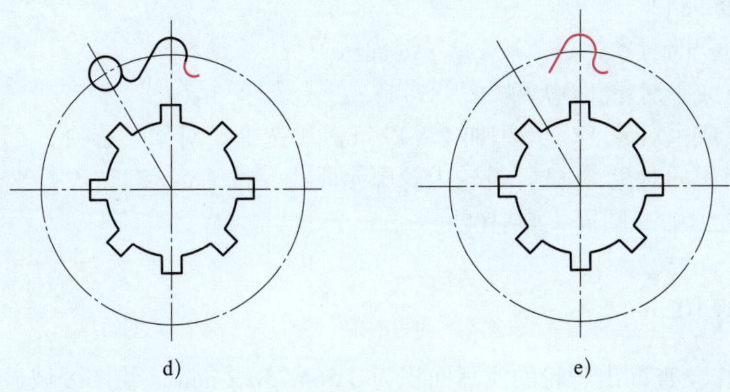

图 3-69　绘制单个棘轮齿

a）绘制辅助线及 2 个 $R5$ mm 圆　b）绘制切线　c）圆角　d）阵列　e）修剪

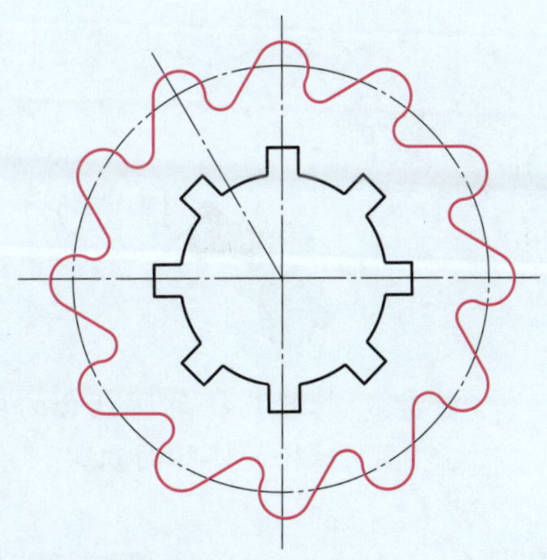

图 3-70　环形阵列

7. 将棘轮外轮廓合并成一条封闭的多段线

命令：_join（执行“合并”命令）
选择源对象或要一次合并的多个对象：（选择棘轮外轮廓所有线段和圆弧）
选择源对象或要一次合并的多个对象：↙（按 Enter 键结束选择）

执行上述操作，将棘轮外轮廓合并成一条封闭的多段线。

8. 查询棘轮面积

命令：AREA↙（执行“面积”命令）
指定第一点或［对象（O）/ 添加（A）/ 减去（S）］<对象>：a↙（选择“添加”选项）
指定第一点或［对象（O）/ 减去（S）］：o↙（选择“对象”选项）
选取添加面积的对象：（选择棘轮外轮廓多段线，按 Enter 键结束选择）
面积 =5064.9995，圆周 =395.9842
总面积 =5064.9995

总长度 =395.9842
选取添加面积的对象：↙（按 Enter 键确认）
指定第一点或［对象（O）/ 减去（S）］：s↙（选择“减去”选项）
指定第一点或［对象（O）/ 添加（A）］：o↙（选择“对象”选项）
选取减去面积的对象：（选择棘轮内轮廓多段线，按 Enter 键确认）
面积 = 1500.2493，圆周 =209.1023
总面积 =3564.7502
总长度 =209.1023

执行上述操作，查询出棘轮的实际面积为 3 564.750 2 mm^2。绘图区域显示绿色的区域为查询区，如图 3–71 所示。

图 3–71　查询棘轮面积

在查询棘轮面积时，必须先选择“添加”选项，查出外轮廓所包含的总面积，再选择“减去”选项，减去棘轮内轮廓所包含的区域后，得到的面积差才是棘轮的实际面积。

9. 整理并保存

整理图形使其符合机械制图国家标准，并保存图形。

任务 6　绘制法兰盘平面图

1. 掌握“面域”命令的使用方法。
2. 掌握布尔运算命令的使用方法。
3. 能绘制法兰盘平面图。

任务引入

本任务要求绘制如图 3–72 所示的法兰盘平面图。法兰盘内外轮廓主要由圆和圆弧组成，如果只需要单独绘制零件图形，则可以利用一些基本绘图命令和编辑命令来完成。现需要计算质量特性数据，则考虑采用“面域”命令和布尔运算方法来绘制图形并计算质量特性数据。

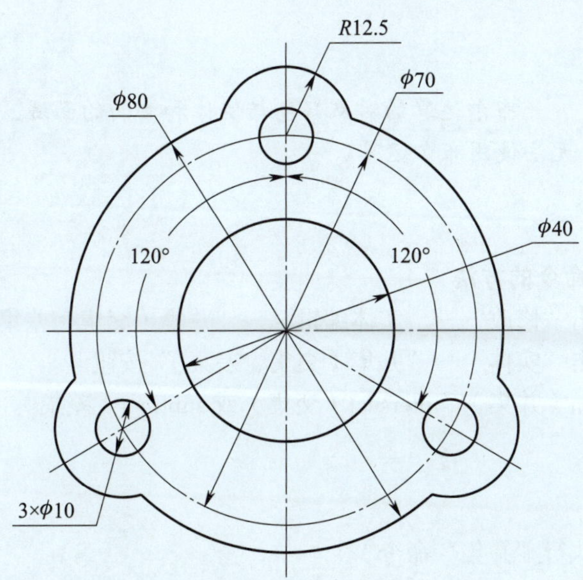

图 3–72　法兰盘平面图

相关知识

一、面域

“面域”命令能将封闭区域的对象转换为二维面域对象。面域是具有物理特性（如质心）的二维封闭区域，内部可以包含孔。在中望 CAD 2023 中，用户可以将由某些对象围成的封闭区域转变为面域，这些封闭区域可以是圆、椭圆、封闭二维多段线和封闭的样条曲线等对象，也可以是由圆弧、线段、二维多段线和样条曲线等对象构成的封闭区域。

1. 执行“面域”命令的方法

（1）功能区：单击“常用”→“绘图”→“面域”按钮◙。

（2）菜单栏：单击“绘图”→“面域”命令。

（3）命令行：region（reg）。

2. 操作步骤

命令：_region（执行“面域”命令）
选择对象：（选择对象）

选择对象后，系统自动将所选的对象转换成面域。

二、布尔运算

布尔运算是数学上的一种逻辑运算，其在中望CAD 2023中能够极大地提高绘图的效率。通常的布尔运算包括并集、交集和差集，操作方法类似。

布尔运算的对象只包括实体和共面的面域，普通的线条图形对象无法使用布尔运算。

1. 执行布尔运算命令的方法

（1）菜单栏：单击“修改”→“实体编辑”→“并集（交集、差集）”命令。

（2）功能区：单击“实体”→“并集（交集、差集）”按钮。

（3）命令行：union（并集）、intersect（交集）或subtract（差集）。

2. 操作步骤

（1）并集

命令：_union（执行“并集”命令）
选择对象求和：（选择图3-73a中的矩形和圆两个面域）

执行并集操作后的结果如图3-73b所示。

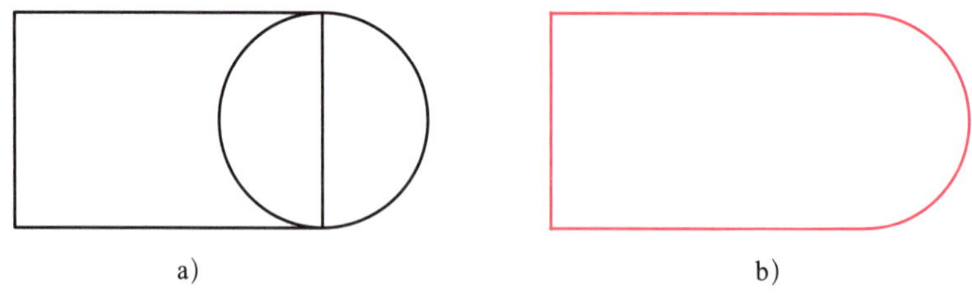

图3-73　并集示例
a）操作前　b）操作后

（2）交集

命令：_intersect（执行“交集”命令）
选取要相交的对象：（选择图3-74a中的矩形和圆两个面域）

执行交集操作后的结果如图3-74b所示。

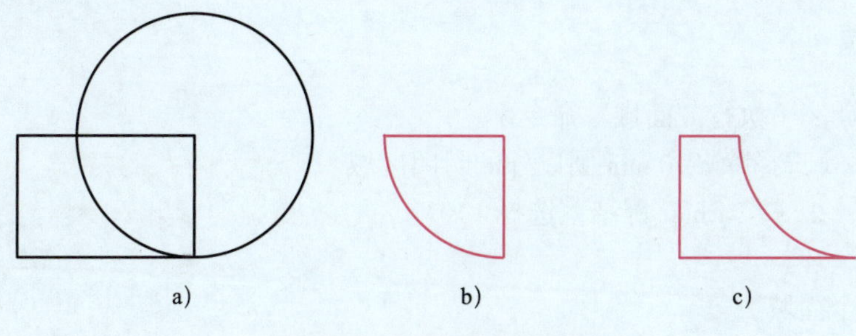

图 3-74　交集与差集示例

a）面域原图　b）交集　c）差集

（3）差集

命令: _subtract（执行“差集”命令）
选择要从中减去的实体、曲面和面域:（选择图 3-74a 中矩形面域）
选择要从中减去的实体、曲面和面域: ↙（按 Enter 键结束选择）
选择要减去的实体、曲面和面域:（选择图 3-74a 中的圆面域）
选择要减去的实体、曲面和面域: ↙（按 Enter 键结束选择）

执行上述操作，结果如图 3-74c 所示。

1. 绘制中心线及 ϕ70 mm 圆

将“中心线”图层置为当前图层，应用“直线”和“圆”命令，绘制中心线和 ϕ70 mm 圆，如图 3-75 所示。

2. 绘制粗实线圆

将“粗实线”图层置为当前图层，应用“圆”命令，绘制 ϕ40 mm、ϕ80 mm、ϕ10 mm 和 *R*12.5 mm 共 4 个圆，如图 3-76 所示。

3. 环形阵列

执行“环形阵列”命令，将 *R*12.5 mm 圆、ϕ10 mm 圆及竖直中心线以中心线交点为阵列中心进行环形阵列，结果如图 3-77 所示。

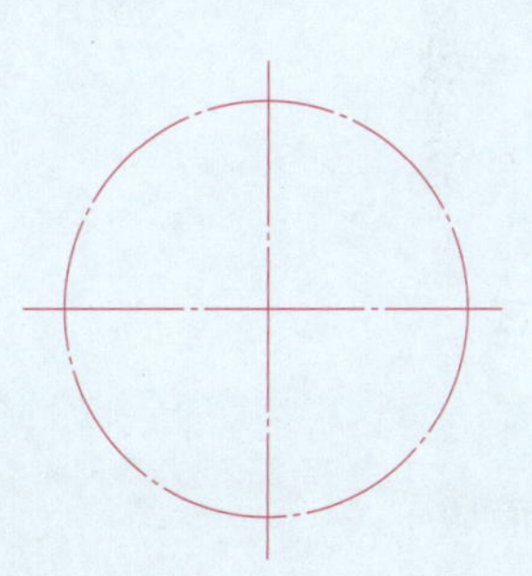

图 3-75　绘制中心线及 ϕ70 mm 圆

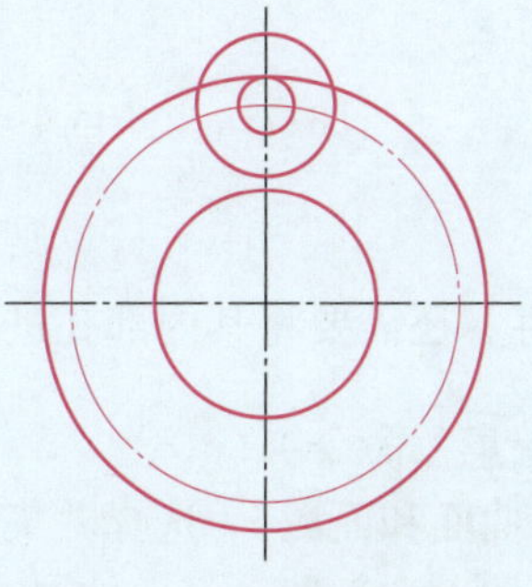

图 3-76　绘制粗实线圆

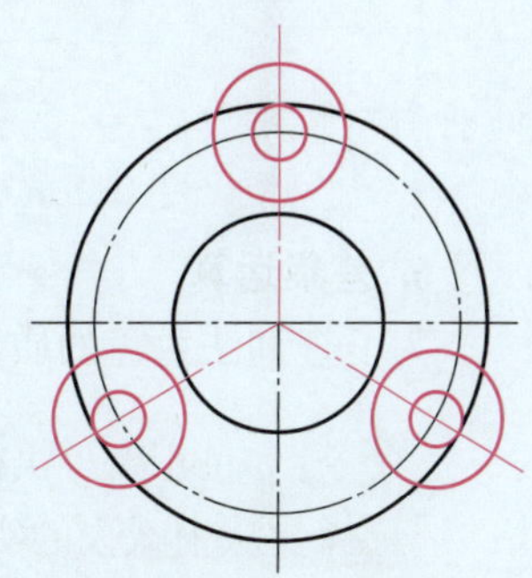

图 3-77　环形阵列

4. 创建面域

命令: REG↙（执行“面域”命令）
选择对象:（选择除 ϕ70 mm 圆以外的封闭区域）
选择对象: ↙（按 Enter 键结束选择）
已提取 8 个环。
已创建 8 个面域。

执行上述操作，创建了 8 个面域。

若环形阵列时选择了对象关联，创建面域前，需要应用“分解”命令对其进行分解。

5. 并集运算

命令: _union（执行“并集”命令）
选择对象求和:（选择 ϕ80 mm 圆和 3 个 R12.5 mm 圆）
选择对象求和: ↙（按 Enter 键结束选择）

执行上述操作，结果如图 3-78 所示。

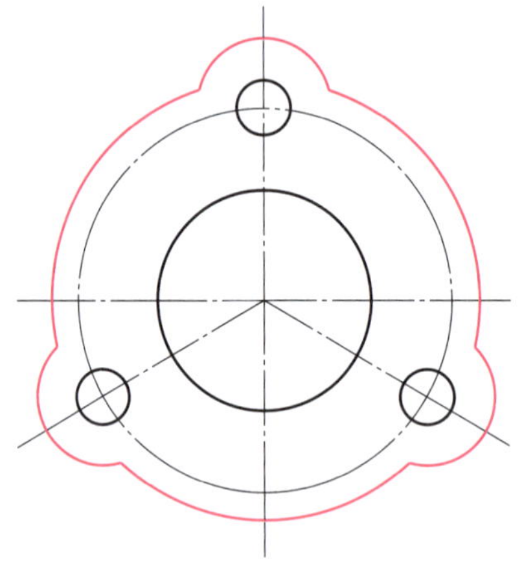

图 3-78 并集运算

6. 差集运算

为了查询法兰盘的质量特性，还需要将其内部孔进行差集运算。

命令: _subtract（执行“差集”命令）
选择要从中减去的实体、曲面和面域:（选择并集运算后的面域）
选择要从中减去的实体、曲面和面域: ↙（按 Enter 键结束选择）

选择要减去的实体、曲面和面域:（选择 ϕ40 mm 圆和 3 个 ϕ10 mm 圆）
选择要减去的实体、曲面和面域: ↙（按 Enter 键结束选择）

执行上述操作，法兰盘面域去除了内部的孔。去除内部的孔后，图形外观上没有任何变化，但把光标放在该面域的任何轮廓上，整个面域所有轮廓出现虚线，如图 3–79 所示。

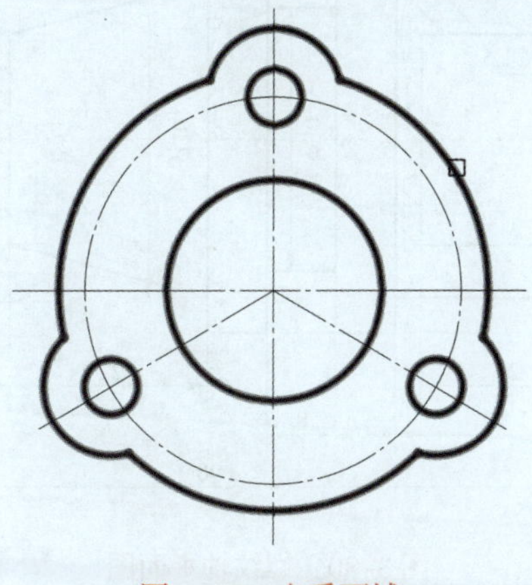

图 3–79　查看面域

7. 查询面域质量特性

在菜单栏中单击“工具”→“查询”→“面域 / 质量特性”命令，可以查询法兰盘面域的质量特性。

任务 7　绘制螺纹轴平面图

学习目标

1. 掌握“样条曲线”命令的使用方法。
2. 掌握“图案填充”命令的使用方法。
3. 能绘制螺纹轴平面图。

任务引入

本任务要求绘制如图 3–80 所示的螺纹轴平面图。该螺纹轴的内外轮廓是由线段组成的，右侧表达了螺纹、槽和锥体；左侧表达了外圆、孔和宽槽。为了表达左侧的孔，采取了局部剖视图，剖视图部分需要绘制剖面线和剖视界线（波浪线）。在中望 CAD 2023 软件中，一般采用“图案填充”命令绘制剖面线，采用“样条曲线”命令绘制剖视界线。

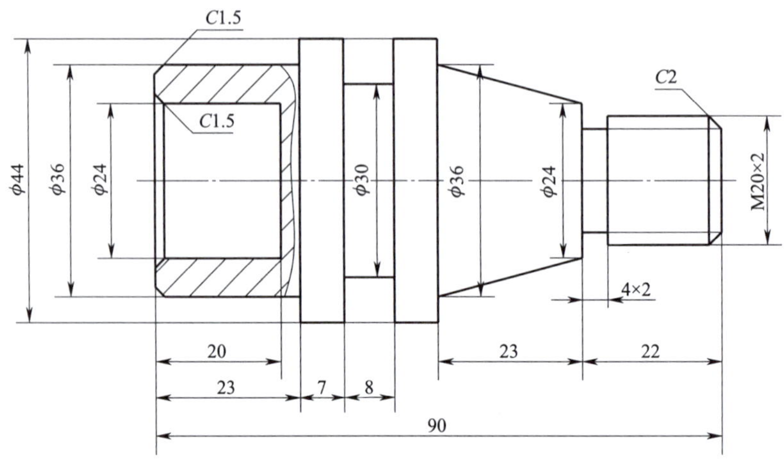

图 3-80　螺纹轴平面图

一、样条曲线

“spline”命令创建称为非均匀有理 B 样条曲线的曲线。为简便起见，非均匀有理 B 样条曲线称为样条曲线。样条曲线使用拟合点或控制点进行定义。默认情况下，拟合点与样条曲线重合，而控制点定义控制框，如图 3-81 所示。

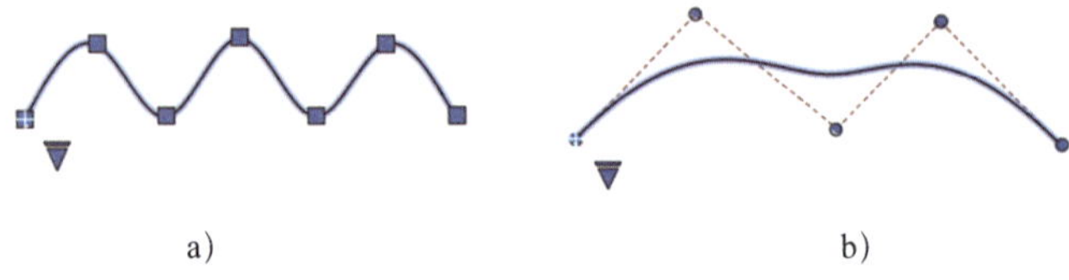

图 3-81　样条曲线

a）使用拟合点创建样条曲线　b）使用控制点创建样条曲线

1. 执行“样条曲线”命令的方法

（1）菜单栏：单击“绘图”→“样条曲线”命令。

（2）功能区：单击“常用”→“绘图”→“样条曲线”按钮。

（3）命令行：spline（spl）。

2. 操作步骤

命令：_spline（执行“样条曲线”命令）
指定第一个点或［对象（O）］：（指定样条曲线的第一个点）

指定下一点：

指定下一点或［闭合（C）/ 拟合公差（F）/ 放弃（U）］<起点切向>:

指定下一点或［闭合（C）/ 拟合公差（F）/ 放弃（U）］<起点切向>:

指定起点切向：

指定端点切向：

3. 选项说明

（1）第一个点：指定样条曲线的起点。

（2）下一点：指定样条曲线的下一个点。

（3）放弃：删除上一个指定的点。

（4）闭合：绘制闭合的样条曲线。

（5）拟合公差：指定样条曲线可以偏离拟合点的距离。公差为 0 时要求样条曲线必须通过拟合点。

（6）起点切向：选取一点来指定起点上的样条曲线的切点。

（7）端点切向：选取一点来指定端点上的样条曲线的切点。

（8）对象：将二维或三维样条拟合多段线转换为样条曲线。

4. 示例

应用“样条曲线”命令，在图 3–82a 所示图形的右侧绘制波浪线。

命令：_spline（执行“样条曲线”命令）

指定第一个点或［对象（O）］:（拾取 *A* 点）

指定下一点:（在 *A* 点右下侧拾取一点）

指定下一点或［闭合（C）/ 拟合公差（F）/ 放弃（U）］<起点切向>:（在 *B* 点左上侧拾取一点）

指定下一点或［闭合（C）/ 拟合公差（F）/ 放弃（U）］<起点切向>:（拾取 *B* 点）

指定下一点或［闭合（C）/ 拟合公差（F）/ 放弃（U）］<起点切向>: ↙（按 Enter 键结束拾取）

指定起点切向：↙（按 Enter 键采用默认起点切向）

指定端点切向：↙（按 Enter 键采用默认端点切向）

执行上述操作，则绘制出如图 3–82b 所示波浪线。

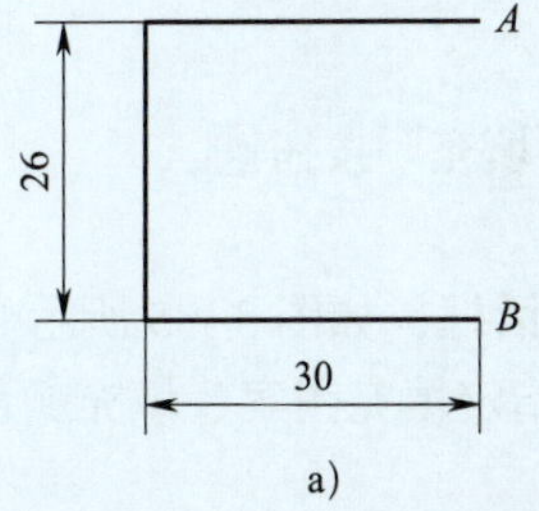

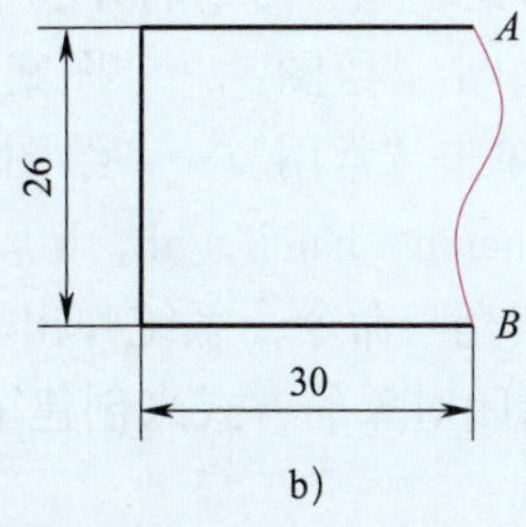

图 3–82　绘制波浪线

a）操作前　b）操作后

二、图案填充

“图案填充”命令用于将某一个图案填充到封闭区域，从而使该区域表达一定的信息，如图 3–83 所示。

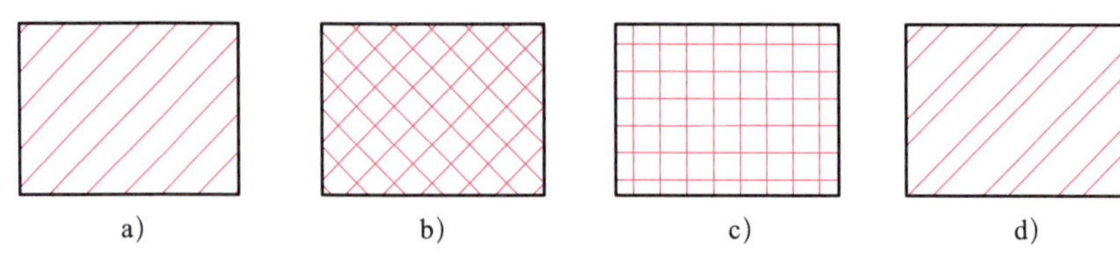

图 3–83　不同材料的剖面符号

a）金属材料　b）非金属材料　c）线性绕组元件　d）砖

1. 基本概念

（1）图案边界

进行图案填充时，首先要确定填充图案的边界。定义边界的对象只能是直线、双向射线、单向射线、多线、样条曲线、圆弧、圆、椭圆、椭圆弧、面域等对象或用这些对象定义的块，而且作为边界的对象在当前屏幕上必须全部可见。

（2）孤岛

在进行图案填充时，把位于总填充域内的封闭区域称为孤岛，如图 3–84 所示。在用“图案填充”命令填充时，中望 CAD 2023 允许用户以点取点的方式确定填充边界，即在希望填充的区域内任意点取一点，中望 CAD 2023 会自动确定填充边界，同时也确定该边界内的孤岛。如果以点取对象的方式确定填充边界，则必须确切地点取这些孤岛。

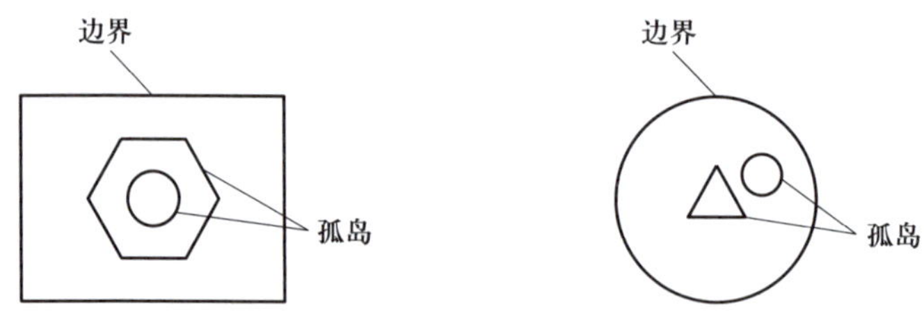

图 3–84　孤岛

2. 图案填充的操作

（1）执行“图案填充”命令的方法

1）菜单栏：单击“绘图”→“图案填充”命令。

2）功能区：单击“常用”→“绘图”→“图案填充”按钮。

3）命令行：bhatch（hatch，bh，h）。

执行“图案填充”命令，系统弹出“填充”对话框，如图 3–85 所示。通过指定封闭区域内的点或选定封闭对象的方式来创建填充，可以指定填充图案、填充颜色、填充角度等多种填充属性。

（2）“图案填充”选项卡常用选项的功能

1）“类型和图案”选项组：用来选取图案填充的类型、图案和颜色。

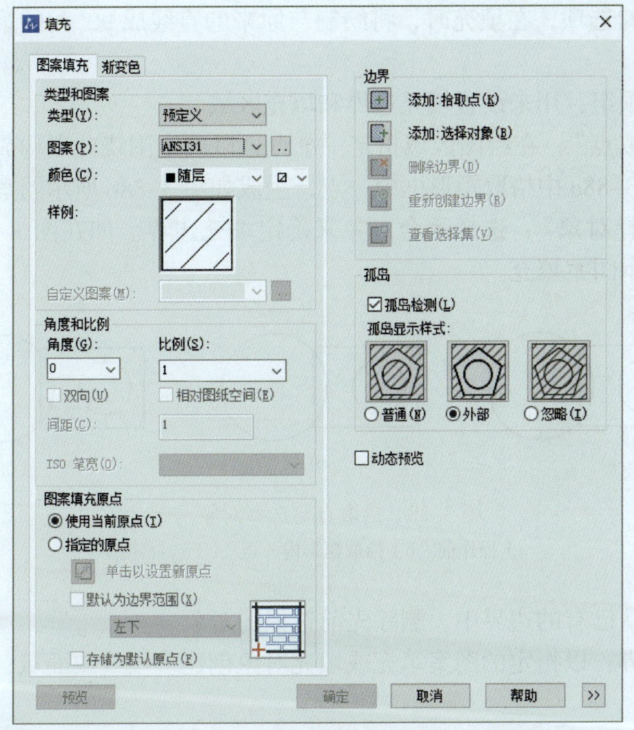

图 3-85 “填充”对话框

2)“角度和比例”选项组:用来确定图案填充的角度和比例。“角度”选项用来设置图案填充角度值,默认角度值为 0,正值为逆时针方向,负值为顺时针方向。图 3-86 所示图形是应用“ANSI31”图案填充时,“角度”应用示例。

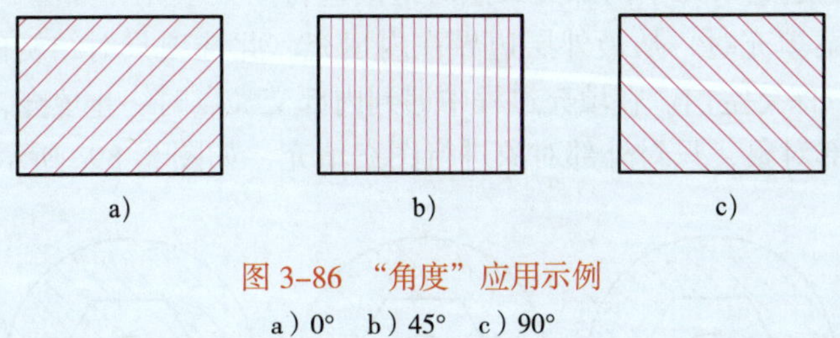

图 3-86 “角度”应用示例

a)0° b)45° c)90°

“比例”选项用来确定所填充图案的放大系数,以调整填充线条的疏密,数值越大线条越稀疏,反之越密集。图 3-87 所示图形是应用“ANSI31”图案填充时,“比例”应用示例。

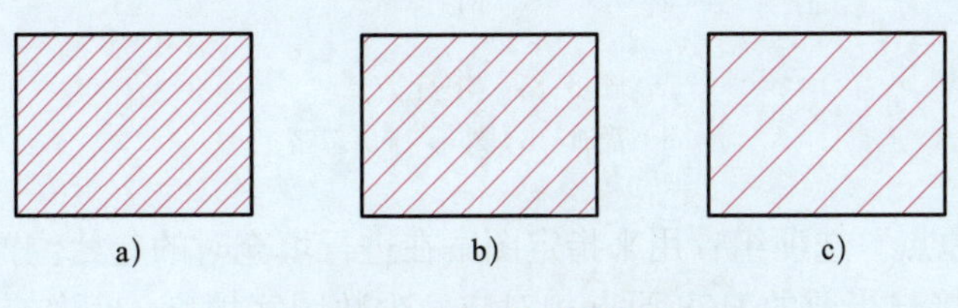

图 3-87 “比例”应用示例

a)比例为 0.5 b)比例为 1 c)比例为 2

勾选“双向”勾选项，在填充时，将绘制与原来的直线成 90° 角的第二组直线，构成交叉线。

3）“边界”选项组：用来设置填充边界和填充区域。

①“添加：拾取点”：在绘图区域指定一个点，以确定围绕此点构成封闭区域的对象为填充边界。如在图 3-88a 中拾取矩形框中一点，生成如图 3-88b 所示图案填充。

②“添加：选择对象”：选择闭合对象来确定填充边界。如在图 3-88a 中选择矩形框，生成如图 3-88c 所示图案填充。

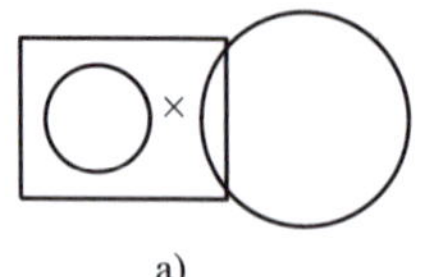
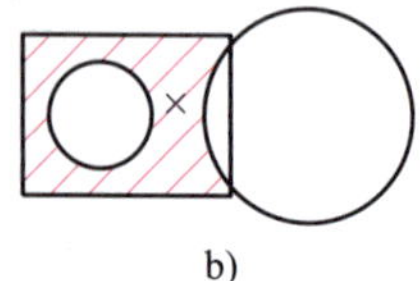
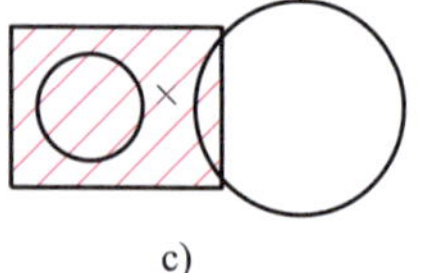

图 3-88　拾取点与选择对象示例

a）操作前　b）拾取矩形内一点　c）选择矩形

③删除边界：从已有的边界中，删除先前选择的对象。

④重新创建边界：以指定的图案填充或填充对象创建多段线或面域，并确定图案填充对象是否与之相关联。

⑤查看选择集：在绘图区域高亮显示当前定义的边界集合。

4）“孤岛”选项组：用来控制孤岛和边界的操作。

①孤岛检测：确定是否需要检测内部闭合边界，也就是孤岛。

②孤岛显示样式：孤岛显示样式有普通、外部、忽略三种。

③普通：进行图案填充时，从最外层边界往内填充。在填充过程中遇到第一个内部交叉点时停止填充，直到遇到第二个内部交叉点时继续进行图案填充，如图 3-89a 所示。

外部：进行图案填充时，从最外层边界往内填充。此选项只对结构的最外层进行填充，而结构内部不填充，保持空白。在填充过程中遇到内部交叉点时终止填充，如图 3-89b 所示。

忽略：忽略内部对象，只对外部对象进行图案填充，如图 3-89c 所示。

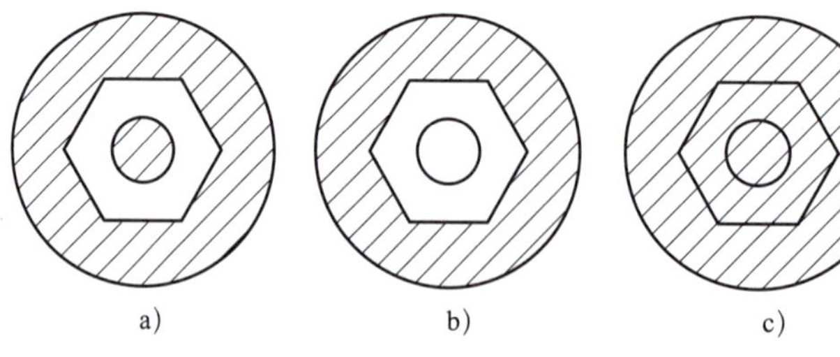

图 3-89　填充方式

a）普通　b）外部　c）忽略

5）“图案填充原点”选项组：用来指定图案在进行填充时的起始位置。默认情况下，所有图案填充原点直接与当前的 UCS 原点相对应。少数图案填充（例如砖块图案）则需要与图案填充边界上的一点对齐。

1. 绘制中心线及内、外线段轮廓

根据图 3-80 所示尺寸，应用“直线”命令，绘制中心线及螺纹轴二分之一内、外线段轮廓，如图 3-90 所示。

2. 倒角

应用“倒角”命令，绘制右端 $C2$ mm 倒角和左端两处 $C1.5$ mm 倒角，如图 3-91 所示。

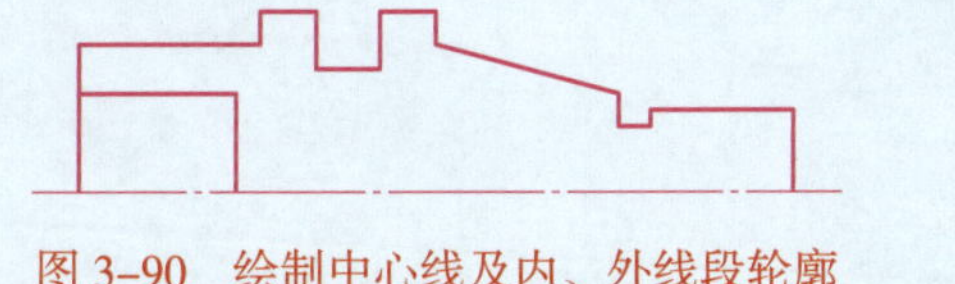

图 3-90 绘制中心线及内、外线段轮廓

图 3-91 倒角

3. 绘制端面线、倒角边线和螺纹牙底线

应用“延伸”命令，将未与中心线相交的端面线延伸至中心线；应用“直线”命令，绘制倒角边线和螺纹牙底线。结果如图 3-92 所示。

4. 镜像

应用“镜像”命令，将螺纹轴二分之一轮廓线进行镜像，结果如图 3-93 所示。

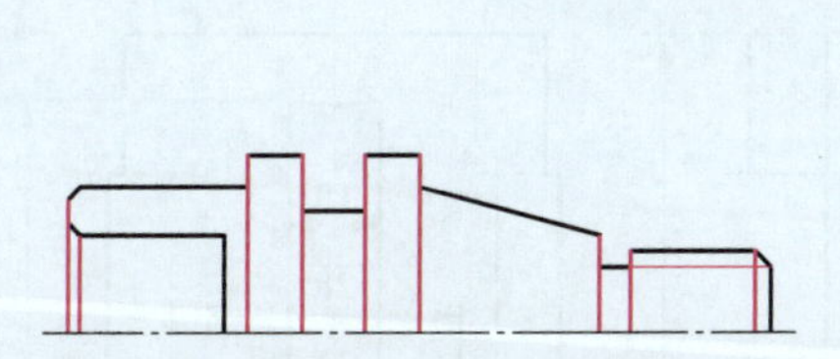

图 3-92 绘制端面线、倒角边线和螺纹牙底线

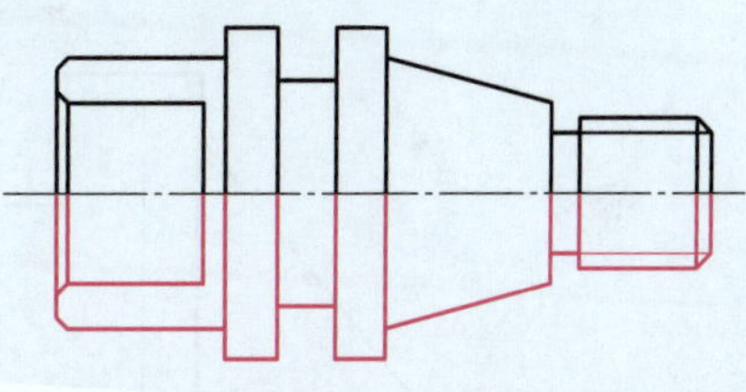

图 3-93 镜像

5. 绘制局部剖视图的界线

应用“样条曲线”命令，绘制局部剖视图的界线，如图 3-94 所示。绘制时，至少确定 4 个位置点。

6. 绘制剖面线

执行“图案填充”命令，选择“ANSI31”图案，其他采用默认选项，通过拾取点的方式，拾取局部剖视图内的两点，则绘制出如图 3-95 所示剖面线。

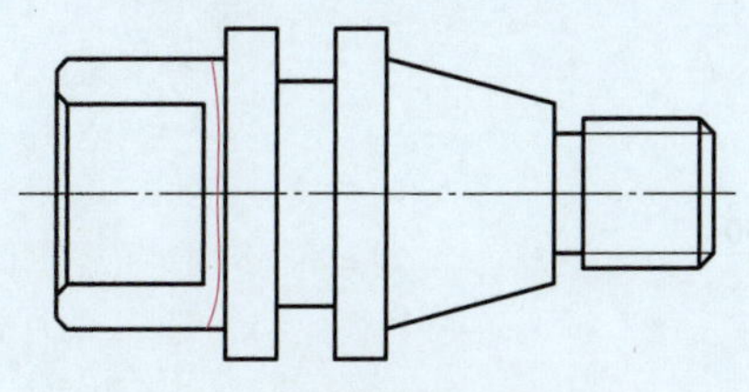

图 3-94 绘制局部剖视图的界线

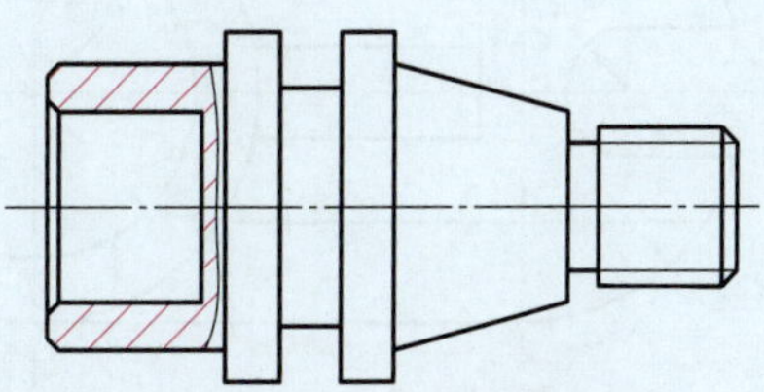

图 3-95 绘制剖面线

任务8　绘制支座组合体三视图

学习目标

1. 掌握“构造线”命令的使用方法。
2. 能绘制支座组合体三视图。

任务引入

本任务要求绘制如图3–96所示的支座组合体三视图。绘制组合体三视图前，首先应对组合体进行形体分析，通常假设把组合体分解成若干个基本体，弄清楚各基本体的形状、相对位置、组合形式以及表面间的相对位置关系，这种分析方法称为形体分析法。

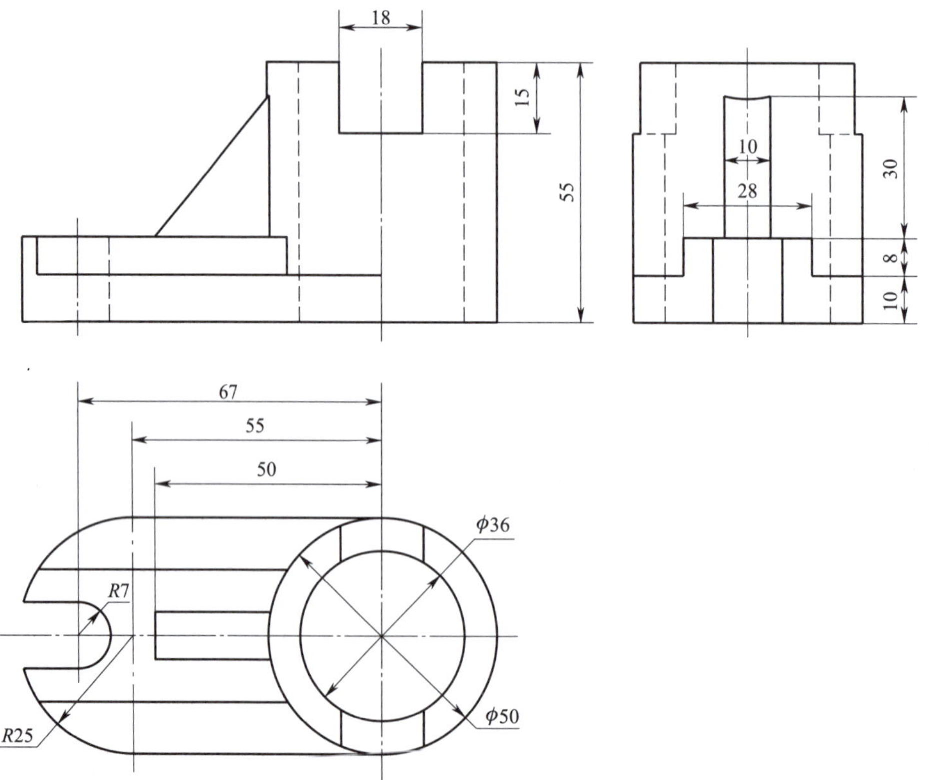

图3–96　支座组合体三视图

利用形体分析法，可把图 3–96 所示支座组合体分为六部分：圆柱筒、圆柱筒上部的凹槽、底板、底板上部的台阶板、台阶板与圆柱筒间的肋板、底板与台阶板上的圆弧槽。绘制该图形时应三个视图同时进行，不要一个视图绘制完后再去绘制另一个视图。绘制该图形时，应首先绘制出定位线，确定出三视图的位置，然后依次绘制圆柱筒、圆柱筒的上部凹槽、底板、台阶板、底板与台阶板的圆弧槽、肋板，最后绘制各个结构的细节部分。

构造线是无穷长的直线，用于模拟作图中的辅助线。应用构造线作为辅助线绘制机械制图中的三视图是构造线的主要用途，构造线的应用保证了三视图之间“主、俯视图长对正，主、左视图高平齐，俯、左视图宽相等”的对应关系。图 3–97 所示为应用构造线作为辅助线绘制机械制图中三视图的示例，图中细实线为构造线，粗实线为三视图的轮廓线。

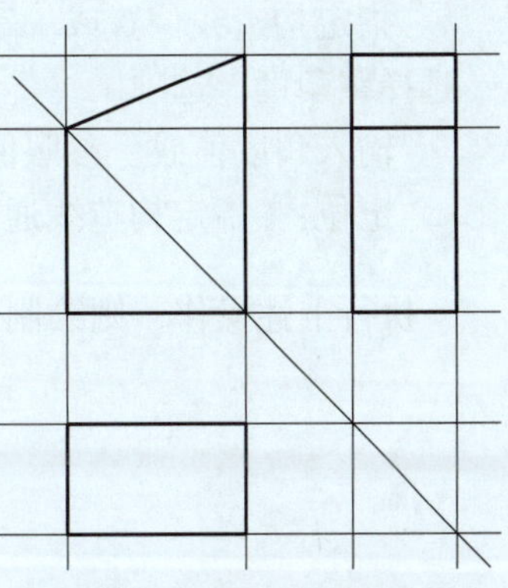

图 3–97　应用构造线辅助绘制三视图的示例

1. 执行“构造线”命令的方法

（1）菜单栏：单击“绘图”→“构造线”命令。

（2）功能区：单击“常用”→“绘图”→“构造线”按钮。

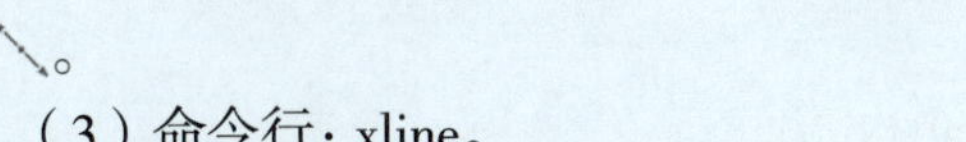

（3）命令行：xline。

2. 操作步骤

命令：_xline（执行“构造线”命令）

指定构造线位置或［等分（B）/ 水平（H）/ 竖直（V）/ 角度（A）/ 偏移（O）］：（指定构造线位置）

指定通过点：（指定构造线通过点）

3. 选项说明

（1）构造线位置：绘制通过指定两点的构造线。可以绘制多条经过第一点的构造线，按 Enter 键结束绘制。

（2）等分：绘制平分指定对象或指定角度的构造线。

1）顶点：用来绘制经过指定顶点并平分指定角度的构造线，按 Enter 键结束绘制。

2）对象：创建平分选取对象的构造线，选取对象包括线段、弧、多段线等。

（3）水平：绘制通过指定点并平行于 X 轴的一条或多条构造线，按 Enter 键结束绘制。

（4）竖直：绘制通过指定点并平行于 Y 轴的一条或多条构造线，按 Enter 键结束绘制。

（5）角度：以指定的角度创建一条构造线。

1）角度值：指定构造线与当前 UCS 的 X 轴之间的角度。

2）参照值：指定与参照对象之间的夹角。参照对象必须是直线、多段线、射线或构造线等。

（6）偏移：绘制平行于另一对象的构造线。偏移的对象必须是直线、多段线、射线或构造线等。

1）偏移距离：指定构造线与选定对象之间的偏移距离。

2）通过：在选取偏移线后，绘制通过指定点的构造线。

3）擦除：控制在偏移对象后是否删除源对象。默认不删除源对象。

4）图层：控制将偏移后的对象放置在当前图层，还是放置在源对象所在图层。默认将偏移对象放置在源对象所在图层。

4. 示例

（1）绘制一条 30° 构造线。

> 命令：_xline（执行“构造线”命令）
>
> 指定构造线位置或［等分（B）/ 水平（H）/ 竖直（V）/ 角度（A）/ 偏移（O）］：a↙（选择“角度”选项）
>
> 输入角度值或［参照值（R）］<0>：30↙（指定构造线与 *X* 轴的夹角）
>
> 定位：（指定构造线通过的位置）

执行上述操作，则绘制出如图 3–98 所示构造线。

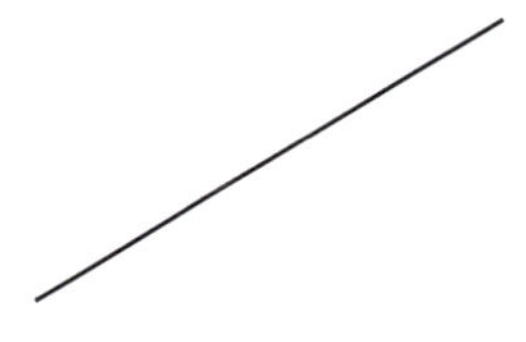

图 3–98　绘制 30° 构造线

（2）绘制如图 3–99a 所示∠ *ABC* 等分构造线。

> 命令：_xline（执行“构造线”命令）
>
> 指定构造线位置或［等分（B）/ 水平（H）/ 竖直（V）/ 角度（A）/ 偏移（O）］：b↙（选择“等分”选项）
>
> 指定顶点或［对象（E）］：（拾取 *B* 点）
>
> 指定平分角起点：（拾取 *A* 点）
>
> 指定平分角终点：（拾取 *C* 点）
>
> 指定平分角终点：↙（按 Enter 键结束“构造线”命令）

执行上述操作，则绘制出∠ *ABC* 的等分构造线，如图 3–99b 所示。

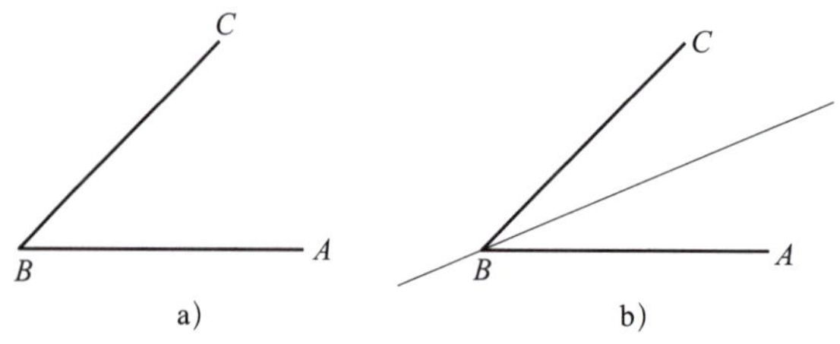

图 3–99　等分构造线绘制示例

a）操作前　b）操作后

1. 绘制直立圆柱筒三视图

（1）根据圆柱筒的尺寸及其三视图对应关系，绘制水平、垂直和135°构造线，如图 3-100a 所示。

（2）应用“圆”命令绘制俯视图 ϕ36 mm、ϕ50 mm 的两个圆，应用“直线”命令绘制直立圆柱筒的主视图和左视图，如图 3-100b 所示。

（3）为了避免构造线太多影响绘图，删除用不到的构造线，结果如图 3-100c 所示。

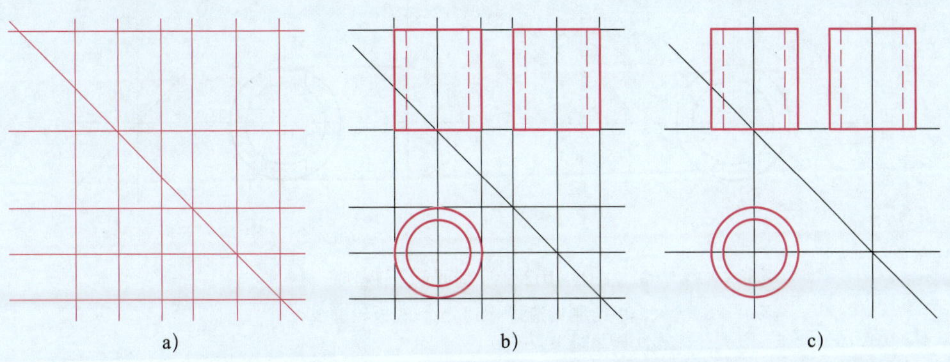

图 3-100　绘制直立圆柱筒三视图

a）绘制构造线　b）绘制轮廓线　c）删除部分构造线

2. 绘制圆柱筒上部凹槽三视图

（1）根据圆柱筒上部凹槽尺寸及三视图的对应关系，绘制水平和垂直构造线，如图 3-101a 所示。

（2）应用“直线”命令绘制圆柱筒上部凹槽的主视图、俯视图和左视图，并修剪左视图中多余的线条，结果如图 3-101b 所示。

（3）删除用不到的构造线，结果如图 3-101c 所示。

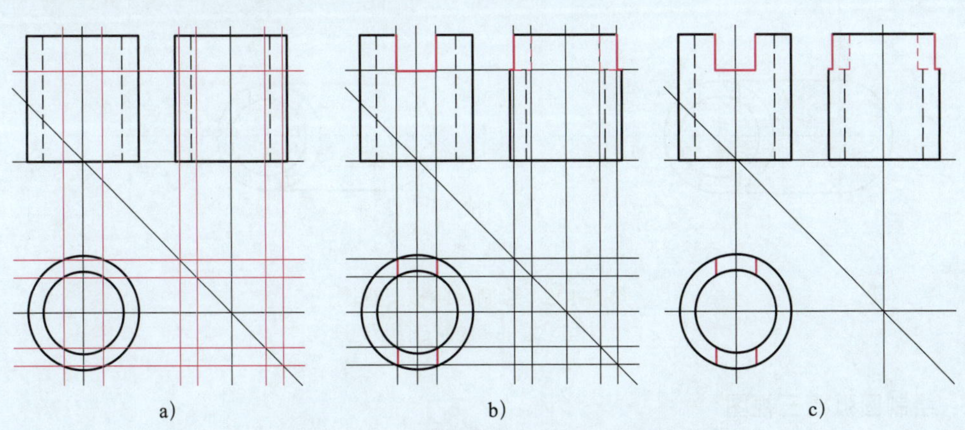

图 3-101　绘制圆柱筒上部凹槽的三视图

a）绘制构造线　b）绘制凹槽轮廓线　c）删除部分构造线

3. 绘制底板三视图

（1）根据底板尺寸绘制构造线，如图 3–102a 所示。

（2）利用“圆”和“直线”命令来绘制底板俯视图、主视图和左视图，并修剪主视图中被遮盖的线条，结果如图 3–102b 所示。

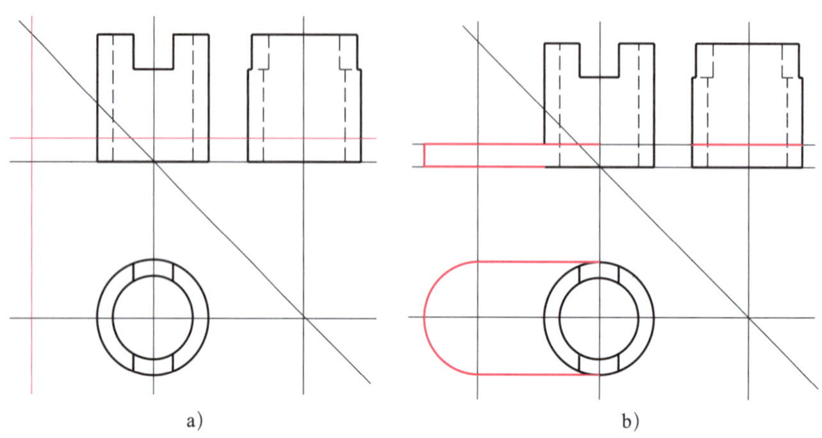

图 3–102　绘制底板三视图

a）绘制构造线　b）绘制底板轮廓线

4. 绘制台阶板三视图

（1）根据台阶板尺寸和三视图对应关系，绘制构造线，如图 3–103a 所示。

（2）应用“直线”命令绘制台阶板俯视图、主视图和左视图，修剪多余的线条，并删除用不到的构造线，结果如图 3–103b 所示。

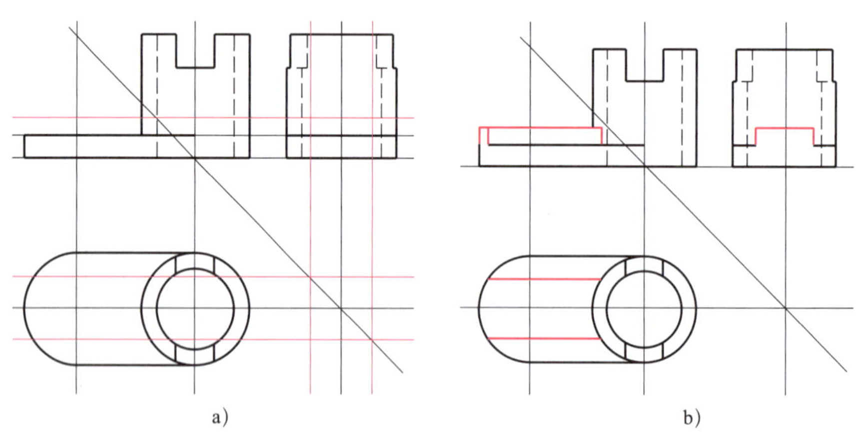

图 3–103　绘制台阶板三视图

a）绘制构造线　b）绘制台阶板轮廓线

5. 绘制圆弧槽三视图

（1）根据圆弧槽尺寸及三视图对应关系，绘制构造线，如图 3–104a 所示。

（2）利用“直线”和“圆弧”命令绘制圆弧槽俯视图、主视图和左视图轮廓线，修剪三视图中多余的线条，并删除不用的构造线，结果如图 3-104b 所示。

注意：绘制圆弧槽俯视图时，底板和台阶板左侧被切掉了一部分，故主视图中左端轮廓线发生了改变。

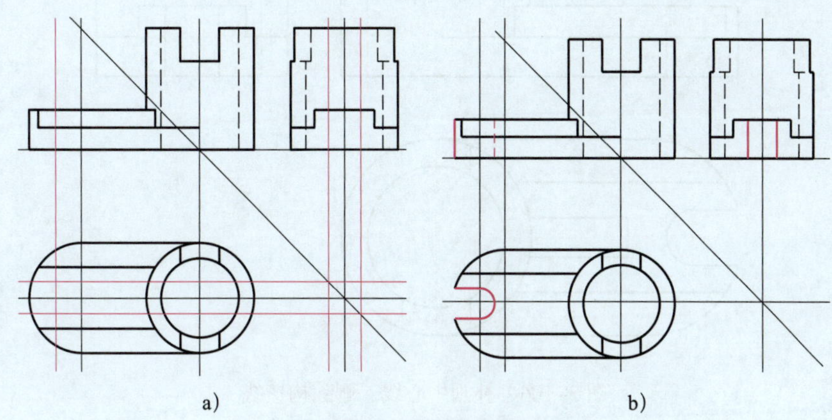

图 3-104　绘制圆弧槽三视图

a）绘制构造线　b）绘制圆弧槽轮廓线

6. 绘制肋板三视图

（1）根据肋板尺寸和三视图对应关系，绘制构造线，如图 3-105a 所示。

（2）利用“直线”和“圆弧”命令绘制肋板俯视图、主视图和左视图中的轮廓线，并修剪多余线条，删除用不着的构造线，结果如图 3-105b 所示。

注意：由于肋板与圆柱体相交，交线位置在主视图和左视图中都有改变，在绘制图形时要注意利用辅助线确定好各自线的位置和点的位置，以准确地绘制出所需要的图形。

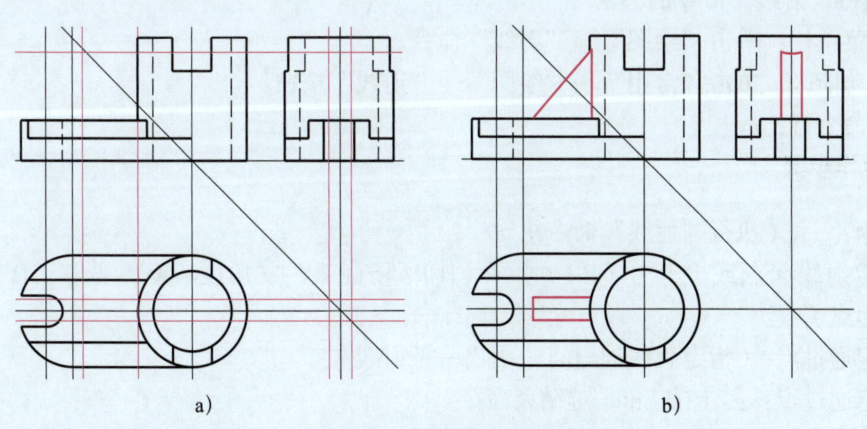

图 3-105　绘制肋板三视图

a）绘制构造线　b）绘制肋板轮廓线

7. 整理并保存

补画中心线，并删除构造线，调整视图位置，使其符合机械制图国家标准，结果如图 3-106 所示。将绘制好的图形进行保存。

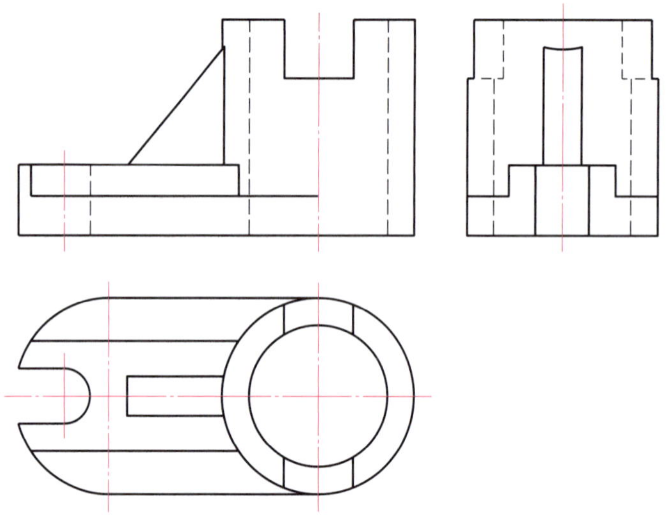

图 3–106　补画中心线、删除构造线

绘制射线

射线是单向无限长的直的线，相当于光线从某一点单向发射出去。射线可以替代构造线作为绘图辅助线，也可以在某些场合替代线段使用。

1. 执行“射线”命令的方法

（1）菜单栏：单击“绘图”→“射线”命令。

（2）功能区：单击“常用”→“绘图”→“射线”按钮。

（3）命令行：ray。

2. 操作步骤

命令：_ray（执行“射线”命令）

指定射线起点或［等分（B）/ 水平（H）/ 竖直（V）/ 角度（A）/ 偏移（O）］：（指定射线起点）

指定通过点：（指定射线通过点，画出一条射线）

指定通过点：↙（按 Enter 键结束命令）

执行上述操作，即可根据指定位置绘制一条射线。

“射线”命令操作过程中各选项的含义与“构造线”类似，在此不再赘述。

模块四 绘制机械零件图

任务 1　绘制技术制图标题栏

1. 掌握文字样式的设置方法。
2. 掌握文字的标注方法。
3. 能绘制技术制图标题栏。

本任务要求绘制如图 4-1 所示的技术制图标题栏。标题栏一般由更改区、签字区、其他区、名称及代号区组成，其格式和尺寸按 GB/T 10609.1—2008《技术制图　标题栏》的规定绘制。线型有粗实线和细实线两种，文字为长仿宋体，字号有大、小两种。

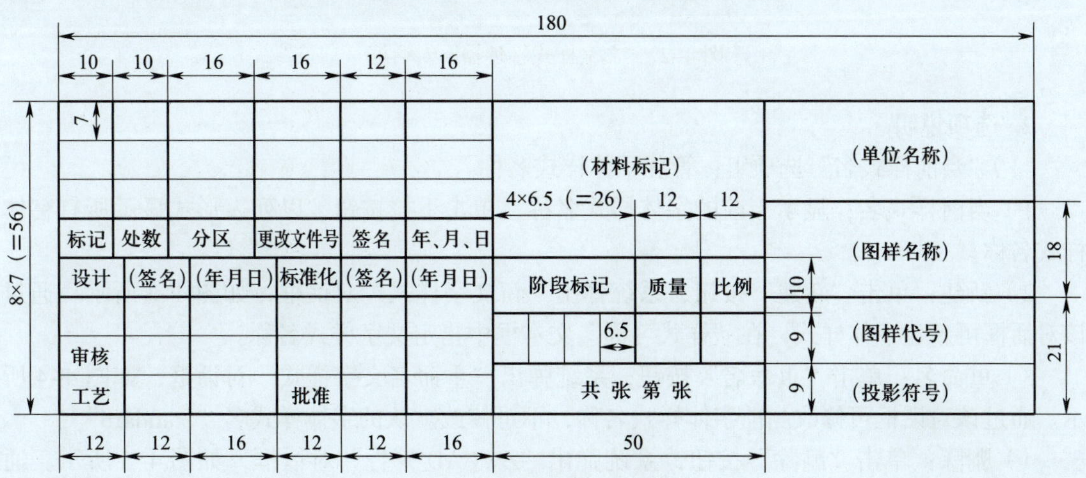

图 4-1　技术制图标题栏

文字是机械制图和工程制图中不可缺少的内容。在一个完整的图样中，通常包含一些文字注释来标注图样中的一些非图形信息。例如，机械工程图样中的标题栏、明细表、技术要求等都需要填写文字。

一、文字样式

“文字样式”命令主要用于控制文字的外观效果，如字体、字号、倾斜角、旋转角度以及其他的特殊效果等。

1. 执行“文字样式”命令的方法

（1）菜单栏：单击“格式”→“文字样式”命令。

（2）功能区：单击“工具”→“样式管理器”→“文字样式”按钮 A。

（3）命令行：ddstyle（style，st）。

执行“文字样式”命令后，系统弹出“文字样式管理器”对话框（见图 4-2）。用户可以利用该对话框修改或创建文字样式，并设置当前的文字样式。

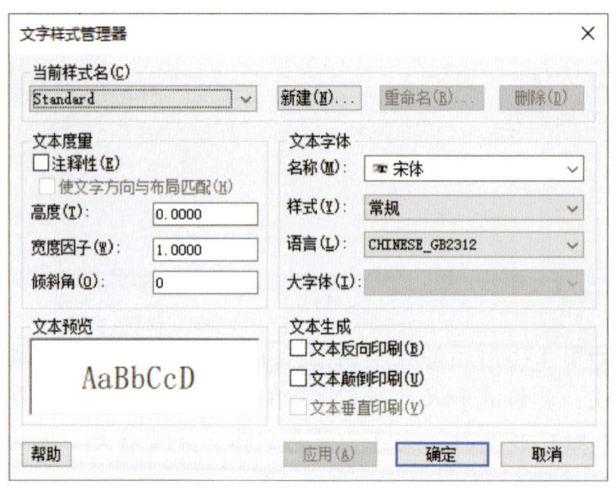

图 4-2 “文字样式管理器”对话框

2. 选项说明

（1）“当前样式名”选项组：管理字体样式名称。

1）当前样式名：显示当前的字体样式名称，单击下拉按钮，以列表形式显示所有字体样式名称。

2）新建：单击“新建”按钮，系统弹出“新文字样式”对话框，如图 4-3 所示。通过该对话框可新建字体样式，在“样式名称”文本框中指定文字样式名称。

3）重命名：单击“重命名”按钮，系统弹出“重命名文字样式”对话框，如图 4-4 所示。通过该对话框可修改当前字体样式名称，不可修改默认的字体样式名“Standard”。

4）删除：单击“删除”按钮，系统弹出“ZWCAD 警告”对话框，如图 4-5 所示。通过该警告对话框可删除当前字体样式，不可删除默认的字体样式“Standard”。

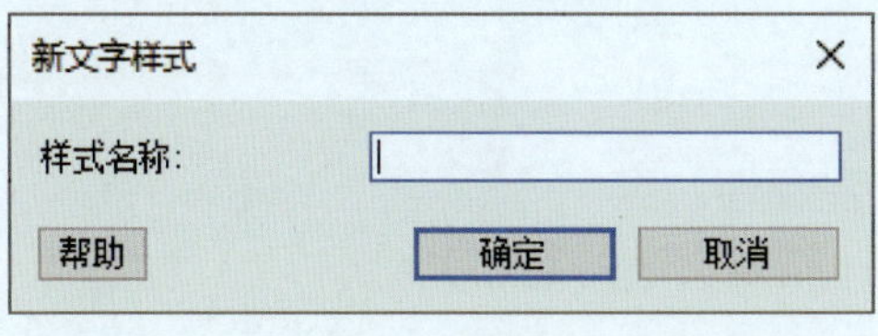

图 4-3 “新文字样式”对话框

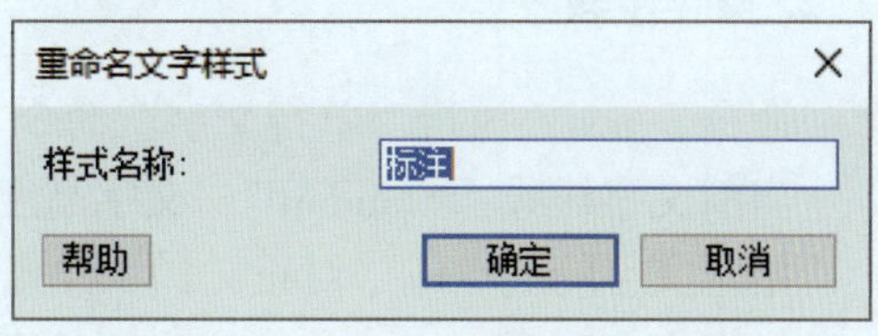

图 4-4 “重命名文字样式”对话框

（2）“文本度量”选项组：修改文字的高度、宽度因子以及倾斜角。

1）注释性：使文字具有注释性特性。控制文字对象在模型空间或布局空间中的显示比例和尺寸。

2）“使文字方向与布局匹配”勾选项：该选项仅在文字具有注释性特性时可用，指定图纸空间视口中的注释性文字对象的方向和布局方向一致。

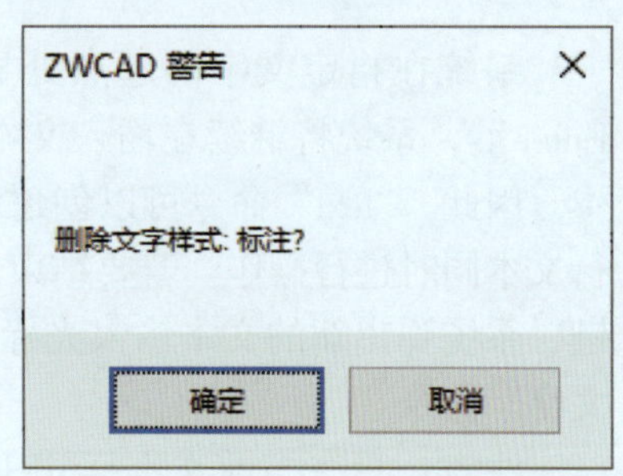

图 4-5 “ZWCAD 警告”对话框

3）高度：设置文字的固定高度。在标注文字中，如果文字样式的固定文本高度不为 0，则始终使用文本样式的固定高度而忽略标注样式中的文字高度设置。

4）宽度因子：设置字符的间距，宽度因子大于 1 时扩大文字，小于 1 时压缩文字。

5）倾斜角：设置文字的倾斜角度，此角度的取值范围为 -85° ~ 85°。

（3）“文本字体”选项组：修改或编辑文本的字体样式。

1）名称：在下拉列表中选择文本的字体名。

2）样式：选择文字的字型。

3）语言：指定字体对应的语言。

4）大字体：指定亚洲语言的大字体文件。

（4）“文本生成”选项组：设置文本的印刷方式。

1）文本反向印刷：反向显示文字。

2）文本颠倒印刷：颠倒显示文字。

3）文本垂直印刷：显示垂直对齐的字符。

（5）“文本预览”框：指定不同的文字内容显示不同文字样式的效果。预览区域显示不同文字样式的显示效果。

二、单行文字

“单行文字”命令创建的是单行文字对象，每行文字是一个独立的对象。用户可以使用多种文字样式来设置输入的文字对象，还可以对这些文字对象进行旋转、对正和大小调整操作。

1. 执行“单行文字”命令的方法

（1）菜单栏：单击“绘图”→“文字”→“单行文字”命令。

（2）功能区：单击“常用”→“注释”→“单行文字”按钮 A_ 。

（3）命令行：text（dt）。

2. 操作步骤

命令：_text（执行“单行文字”命令）
当前文字样式："Standard"　文字高度：2.5　注释性：否
指定文字的起点或［对正（J）/样式（S）］：（指定文字的起点）
指定文字高度 <2.5>：（指定文字的高度）
指定文字的旋转角度 <0>：（指定文字的旋转角度）

系统在指定文字的起点处显示文本输入光标，此时，可输入文本，在输入文本后按 Enter 键，系统将继续在输入文本的下一行的开头处显示文本输入光标，可继续输入新的文本。因此，“text”命令可以创建多行文本，只是这种多行文本每一行是一个对象，不能对多行文本同时进行操作。若要结束“单行文字”命令，可在单行文字输入光标旁边单击鼠标左键，系统弹出新的文本输入光标，此时不输入文字内容，直接按 Enter 键，即可退出“单行文字”命令。

注意：只有当前文本样式中设置的字符高度为 0 时，在使用“单行文字”命令时，中望 CAD 2023 才出现要求用户确定字符高度的提示信息。中望 CAD 2023 允许将文本行倾斜排列，图 4–6 所示为倾斜角分别为 0°、45° 和 –45° 时的排列效果。在“指定文字的旋转角度 <0>：”提示下输入文本行的倾斜角或在屏幕上拉出一条直线来指定倾斜角，这与文字样式中设置文字的倾斜角不同。

图 4–6　文本行倾斜排列的效果

3. 选项说明

（1）指定文字的起点：指定文字对象的起点。

1）高度：指定文字对象的高度。此提示仅在当前文字样式没有固定高度时显示。

2）旋转角度：指定文字对象的旋转角度。

（2）设置对正方式：控制文字的对正方式。输入“J”，按 Enter 键，此时命令行显示如下提示信息：

输入选项［对齐（A）/布满（F）/居中（C）/中间（M）/左对齐（L）/右对齐（R）/左上（TL）/中上（TC）/右上（TR）/左中（ML）/正中（MC）/右中（MR）/左下（BL）/中下（BC）/右下（BR）］：

文字的对正方式是基于如图 4–7 所示的四条参考线而言的，这四条参考线分别为顶线、中线、基线、底线。单行文字对正方式及含义见表 4–1，单行文字对正点的位置如图 4–8 所示。

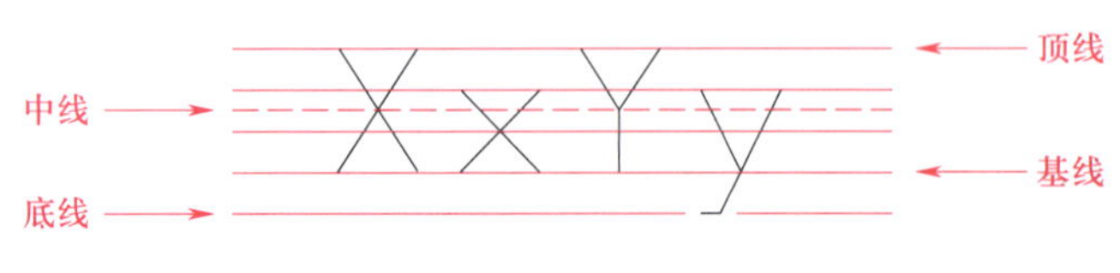

图 4–7　文字对正参考线

表 4-1　　　　　　　　　　　单行文字对正方式及含义

序号	对正选项	含义及使用说明
1	对齐	指定文字对象的起点和终点后，文字对象在两点之间进行布满排列，字高随着输入的文字多少进行调整，文字越多字高越矮
2	布满	指定文字对象的起点和终点后，输入文字的字高，文字对象在两点之间进行布满排列，但字高不会自动调整，文字越多字宽越窄
3	居中	指定文字的中心点，输入的文字以中心点为基准向两边排列
4	中间	指定中间点、文字高度和旋转角度，中间点既是文字基线方向上的中点，又是文字高度上的中点
5	左	指定文字的左起点，输入的文字以此点为基准靠左对齐
6	右	指定文字的右边点，输入的文字以此点为基准靠右对齐
7	左上	指定文字的左上点，输入的文字以此点为基准向上靠左对齐
8	中上	指定文字的上部中心点，使文字对象与之对齐
9	右上	指定文字的右上点，输入的文字在此点之下延伸并靠右对齐
10	左中	指定文字的左边中间点，在此点靠左对齐文字
11	正中	指定文字字符的中心点，使文字对象与之对齐
12	右中	指定文字的右边中间点，在此点靠右对齐文字
13	左下	指定文字的左下点，输入的文字以此点为基准靠左对齐
14	中下	指定文字的底部中心点，输入的文字以此点为基准居中对齐
15	右下	指定文字的右下点，输入的文字以此点为基准靠右对齐

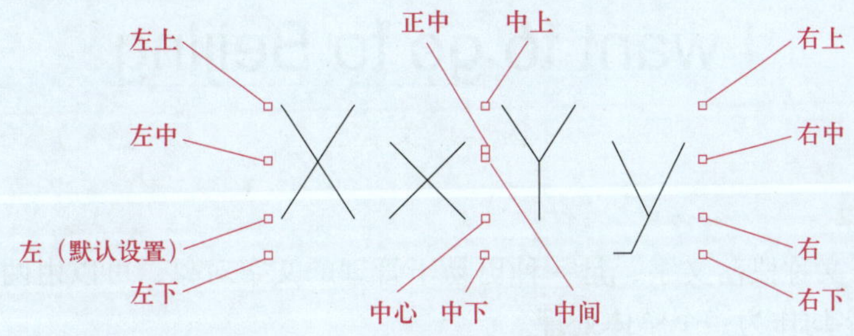

图 4-8　单行文字对正点的位置

“布满”“左上”“中上”“右上”“左中”“正中”“右中”“左下”“中下”及“右下”选项只对水平方向的文字有效。

（3）设置当前文字样式：用于设置当前使用的文字样式。选择该选项时，命令行显示如下提示信息：

```
输入文字样式或［？］<Standard>：
```

可以直接输入文字样式的名称，也可输入“？”，命令行提示“输入要列出的文字样式<*>:”，按 Enter 键，系统在“ZWCAD 文本窗口”中显示当前图形已有的文字样式。

4. 特殊字符

实际绘图时，有时需要标注一些特殊字符，如直径符号、上划线、下划线、角度符号等。由于这些符号不能直接从键盘输入，因此中望 CAD 2023 提供一些控制码以实现这些要求。常用的控制码见表 4–2。

表 4–2　　中望 CAD 2023 常用的控制码

符号	功能	符号	功能
%%c	直径	\U+0278	电相位
%%d	度	\U+2261	恒等于
%%p	正负	\U+00B3	立方
%%O	上划线	\U+2260	不相等
%%U	下划线	\U+2126	欧姆
\U+2248	几乎相等	\U+03A9	欧米茄
\U+2082	下标 2	\U+00B2	平方

%%O 和 %%U 分别是上划线和下划线的开关，第一次出现此符号时开始画上划线或下划线，第二次出现此符号时上划线或下划线终止。例如，输入“I want to %%ugo to Beijing%%u”，则得到如图 4–9 所示文本行。

I want to <u>go to Beijing</u>

图 4–9　文本行

三、多行文字

“多行文字”又称段落文字，是一种更易于管理的文字对象，可以由两行以上的文字组成，而且各行文字均作为一个整体处理。

1. 执行“多行文字”命令的方法

（1）菜单栏：单击“绘图”→“文字”→“多行文字”命令。

（2）功能区：单击“常用”→“注释”→“多行文字”按钮。

（3）命令行：mtext（mt，t）。

2. 操作步骤

命令：_mtext（执行“多行文字”命令）

当前文字样式："Standard"　文字高度：2.5　注释性：否

指定第一个角点：（指定文本边框的第一个角点）

指定对角点或［对齐方式（J）/ 行距（L）/ 旋转（R）/ 样式（S）/ 字高（H）/ 方向（D）/ 字宽（W）/ 列（C）］：（指定文本边框的第二个角点或者输入有关的选项）

指定文字输入框的对角点，系统弹出在位文字编辑器，如图 4-10 所示。同时显示“文本格式”工具栏，如图 4-11 所示。

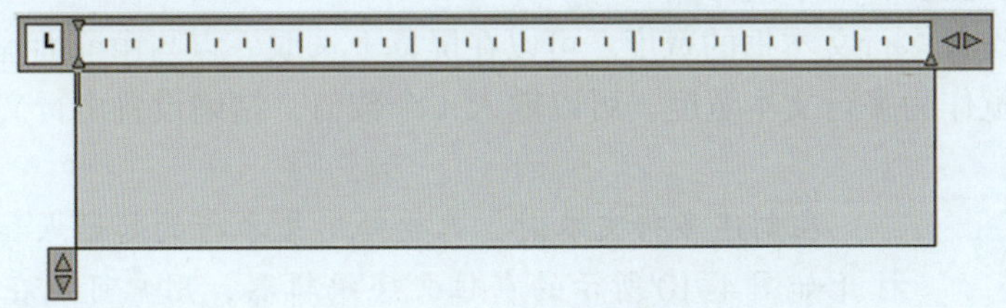

图 4-10　在位文字编辑器

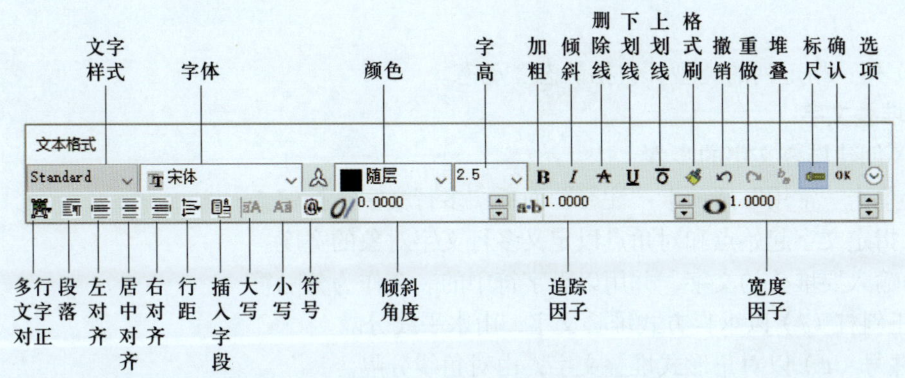

图 4-11　“文本格式”工具栏

3. 选项说明

（1）对角点：指定“对角点”，以一个矩形区域来显示多行文字对象的尺寸和位置。

（2）对齐方式：为文字对象设置以文本边界为基准的对齐方式。系统默认的对齐方式为“左上”。选择此选项，系统提示如下：

输入对正选项［左上（TL）/ 中上（TC）/ 右上（TR）/ 左中（ML）/ 正中（MC）/ 右中（MR）/ 左下（BL）/ 中下（BC）/ 右下（BR）］< 左上 >:

这些对齐方式与“单行文字”命令中的各对齐方式相同，这里不再赘述。

（3）行距：指定多行文字对象的行距。行距是一行文字的底部（或基线）与下一行文字底部（或基线）之间的垂直距离。执行此选项，系统提示如下：

输入行距类型［至少（A）/ 精确（E）］< 至少 >:

在此提示下有两种方式确定行距：“至少（A）”方式和“精确（E）”方式。在“至少（A）”方式下，中望 CAD 2023 根据每行文本中最大字符自动调整行距；在“精确（E）”方式下，中望 CAD 2023 为多行文本赋予一个固定的行距。可以直接输入一个确切的间距值，也可以输入 nx 的形式，其中 n 是一个具体数，表示行距设置为单行文本高度（x）的 n 倍，而单行文本高度是本行文本字符高度的 1.66 倍。

（4）旋转：指定多行文字对象的旋转角度。

（5）样式：为多行文字对象设置字型样式。

（6）字高：指定多行文字对象文字字符的高度。

（7）方向：设置多行文字的方向。

（8）字宽：设置多行文本框的宽度。可以在屏幕上选取一点与由前面确定的第一个角点组成的矩形框的宽作为多行文本宽度。可以输入一个数值，精确设置多行文本的宽度。

在创建多行文本时，只要给定文本行的起始点和宽度，系统就会打开如图 4–10 所示的在位文字编辑器，用户可以在编辑器中输入和编辑多行文本，包括字高、文本样式及倾斜角等。

（9）列：指定列的类型，包括静态、动态。

4. 堆叠文字

（1）创建堆叠文字的步骤

1）单击“常用”选项卡“注释”面板“多行文字”按钮 。

2）指定文字起始点和对角点以定义多行文字对象的宽度。

3）输入要堆叠的文字，并用以下字符中的一个作为分隔符。

①正斜杠（/）以垂直方式堆叠文字，由水平线分隔。

②井号（#）以对角形式堆叠文字，由对角线分隔。

③插入符（^）创建公差堆叠，不用线段分隔。

4）执行以下操作之一，即可生成堆叠文字。

①选择文字，然后在“文本格式”工具栏上单击“堆叠”命令按钮 。

②如果在正斜杠、井号或插入符前后输入了数字字符，输入一个空格或输入表 4–3 中的一个有效字符，系统弹出“自动堆叠特性”对话框，如图 4–12 所示。

表 4–3 常用符号

名称	符号	名称	符号	名称	符号
波浪号	~	重音符	`	感叹号	!
at 符号	@	井号	#	美元符号	$
百分比符号	%	插入符	^	“与”符号	&
星号	*	圆括号	( )	下划线	_
等号	=	大括号	{}	中括号	[ ]
竖杠	|	反斜杠	\	冒号	:
分号	;	双引号	“	单引号	‘
小于号与大于号	< >	问号	?	逗号	,

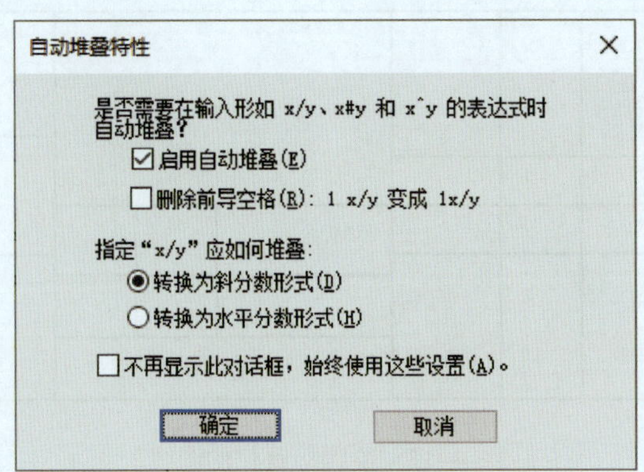

图 4–12 “自动堆叠特性”对话框

例如，要输入$\frac{1}{2}$，先输入“1/2”，然后选中“1/2”，再单击“堆叠”命令按钮即可；要输入$10^{\ 0}_{-0.1}$，输入“10、空格、0、^、–、0.1”，然后选中“空格、0、^、–、0.1”，再单击“堆叠”按钮即可。

（2）取消堆叠文字的步骤

双击多行文字对象，然后选择已堆叠的文字，单击文本格式中的“堆叠”命令按钮，即可取消堆叠。

5. 输入文字

在多行文字的文字输入窗口中，可以直接输入多行文字，也可以在文字输入窗口中右击，从弹出的快捷菜单中选择“输入文字”命令，将已经在其他文字编辑器中创建的文字内容直接导入到当前图形中。

6. 编辑多行文字

要编辑多行文字，可选择“修改”→“对象”→“文字编辑”命令，并单击多行文字，打开多行文字编辑窗口，然后参照多行文字的设置方法，修改并编辑文字。也可以在图形窗口中双击输入的多行文字，或在输入的多行文字上右击，从弹出的快捷菜单中选择“编辑多行文字”或“重复文字编辑”命令，打开多行文字编辑窗口。

1. 绘制标题栏的图线

根据图 4–1 所示尺寸，应用“直线”“偏移”和“修剪”命令，绘制如图 4–13 所示标题栏的图线。图中黑色线为粗实线，红色线为细实线。

2. 新建文字样式

打开“文字样式”对话框，新建“长仿宋体 1”和“长仿宋体 2”两种字体，如图 4–14 所示。“长仿宋体 1”的字体设置为“仿宋”，字高为“2.500”，宽度因子为“0.707”；“长仿宋体 2”的字体设置为“仿宋”，字高为“3.500”，宽度因子为“0.707”。

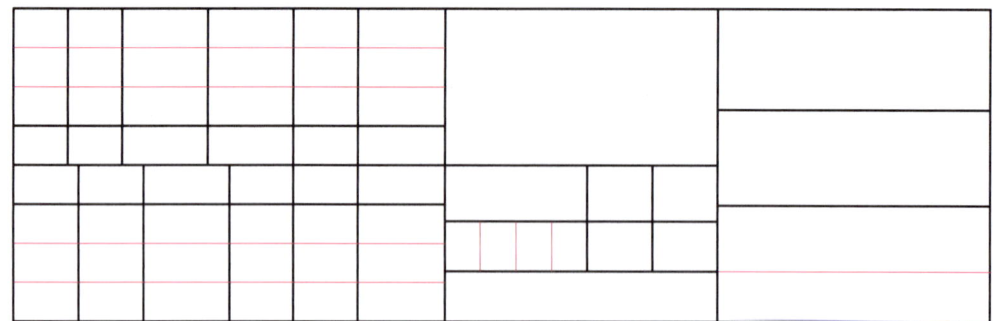

图 4-13　绘制标题栏的图线

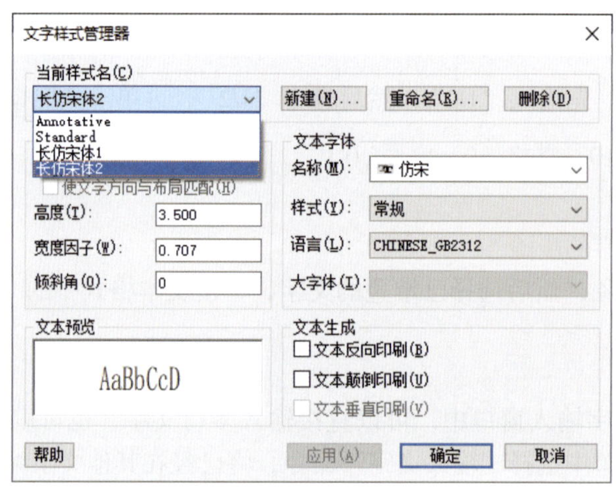

图 4-14　新建文字样式

3. 输入字高为“3.5”的文字

将“长仿宋体 2”置为当前文字样式，执行“多行文字”命令，系统提示如下：

命令：_mtext（执行“多行文字”命令）

当前文字样式："长仿宋体 2"　文字高度：3.5　注释性：否

指定第一个角点：（指定投影符号位置处的左上角点为第一角点）

指定对角点或［对齐方式（J）/ 行距（L）/ 旋转（R）/ 样式（S）/ 字高（H）/ 方向（D）/ 字宽（W）/ 列（C）］：j↙（输入“对齐方式”选项）

输入对正选项［左上（TL）/ 中上（TC）/ 右上（TR）/ 左中（ML）/ 正中（MC）/ 右中（MR）/ 左下（BL）/ 中下（BC）/ 右下（BR）］<左上>：mc↙（输入“正中”选项）

指定对角点或［对齐方式（J）/ 行距（L）/ 旋转（R）/ 样式（S）/ 字高（H）/ 方向（D）/ 字宽（W）/ 列（C）］：（指定投影符号位置处的右下角点为文字输入框的第二角点）

执行上述操作后，系统弹出在位文字编辑器。输入文字“(投影符号)”，并关闭在位文字编辑器，结果如图 4-15 所示。

按照上述方法，依次完成其余字高为 3.5 mm 文字的输入，结果如图 4-16 所示。

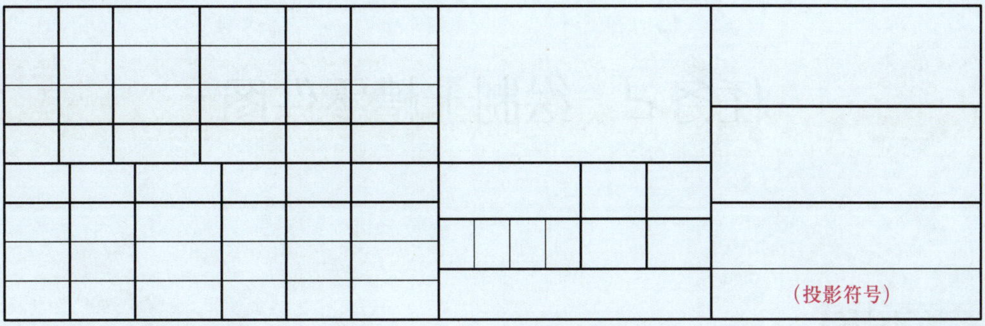

		(投影符号)

图 4–15　输入“(投影符号)”

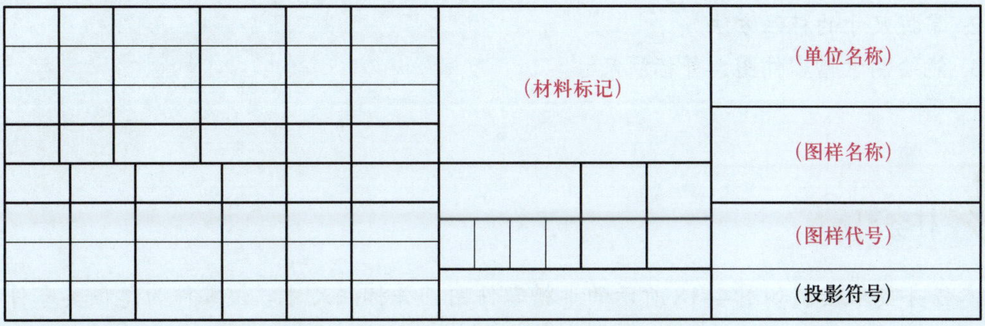

	(材料标记)	(单位名称)
		(图样名称)
		(图样代号)
		(投影符号)

图 4–16　输入其余字高为 3.5 mm 的文字

4. **输入字高为“2.5”的文字**

将“长仿宋体 1”置为当前文字样式，应用“多行文字”命令，依次输入字高为 2.5 mm 的文字，结果如图 4–17 所示。

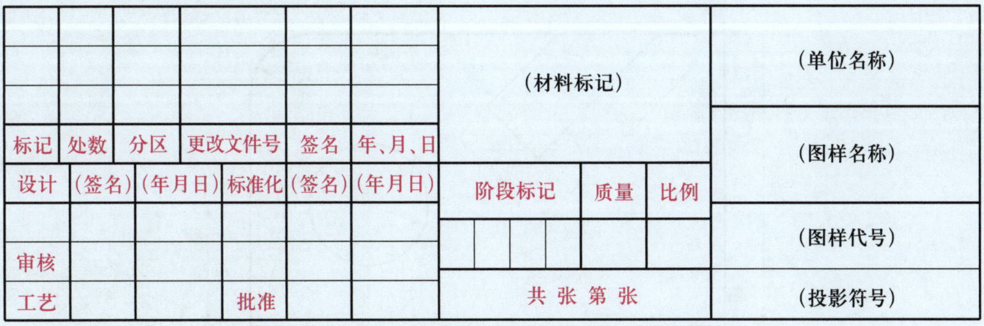

						(材料标记)			(单位名称)
标记	处数	分区	更改文件号	签名	年、月、日				
设计	(签名)	(年月日)	标准化	(签名)	(年月日)	阶段标记	质量	比例	(图样名称)
审核									(图样代号)
工艺			批准			共 张 第 张			(投影符号)

图 4–17　输入字高为 2.5 mm 的文字

注意：采用“多行文字”命令可以快速确定输入文字位于选定区域的正中位置，若采用“单行文字”命令，需要首先确定选定区域的中点位置，增加了辅助操作，所以采用“多行文字”命令可以快速输入标题栏中的文字。

5. **整理并保存**

将绘制好的标题栏整理并保存。

任务 2　绘制卡槽零件图

1. 掌握标注样式的设置方法。
2. 掌握尺寸的标注方法。
3. 能绘制卡槽零件图，并标注尺寸。

本任务要求绘制如图 4–18 所示的卡槽零件图，并标注尺寸。该零件为薄板类零件，其右上角为 90° 圆弧，半径为 13 mm；距其左侧上部 14 mm 处，有一个与上平面呈 45° 的卡槽，槽宽为 15 mm，槽左边线为 36 mm；距左端 75 mm，且高度为 25 mm 处，有一个 ϕ25 mm 孔。该图形轮廓相对简单，但尺寸类型较多，有水平尺寸、垂直尺寸、倾斜尺寸、角度尺寸、半径尺寸和直径尺寸。本次任务重点学习上述尺寸的标注。

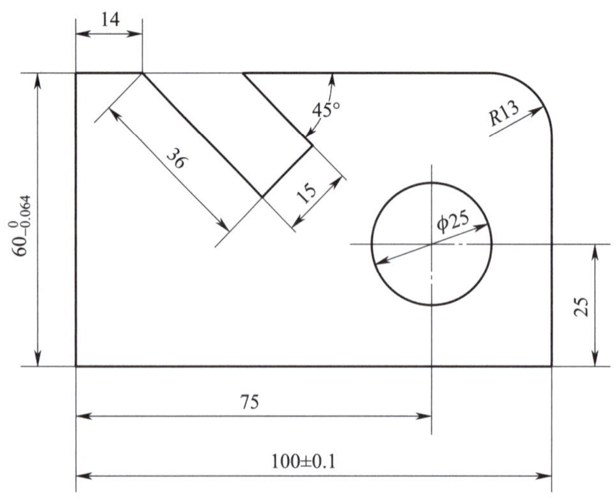

图 4–18　卡槽零件图

尺寸是工程图中的一项重要内容，它描述设计图形各组成部分的大小及其相对位置关系，是实际生产的重要依据。标注尺寸在图纸设计中是一个关键环节，正确的尺寸标注是产品生产的保证。

一、标注样式

标注样式是指标注尺寸的外观，比如标注文字的样式、箭头类型、颜色等都属于标注样式。尺寸标注样式由中望 CAD 系统提供的多个尺寸变量来控制，用户可以根据需要对其进行设置并保存。

1. 尺寸标注的组成

尺寸标注是一个复合对象，它以块的形式存储在图形中，其组成元素包括尺寸线、尺寸界线、标注文字和箭头等，如图 4-19 所示。各组成要素的含义及功能如下。

（1）尺寸线：表明尺寸长短并指明标注的方向。

（2）尺寸界线：用于标明标注范围，控制尺寸线的位置。

（3）标注文字：用于表示图形大小的数值。

（4）箭头：用于指出测量的开始和结束位置。

（5）标注起点：它是标注对象的起始点，中望 CAD 系统测量的数据均以起点为计算点。

（6）标注端点：它是标注对象的结束点，中望 CAD 系统测量的数据均以端点为结束点。

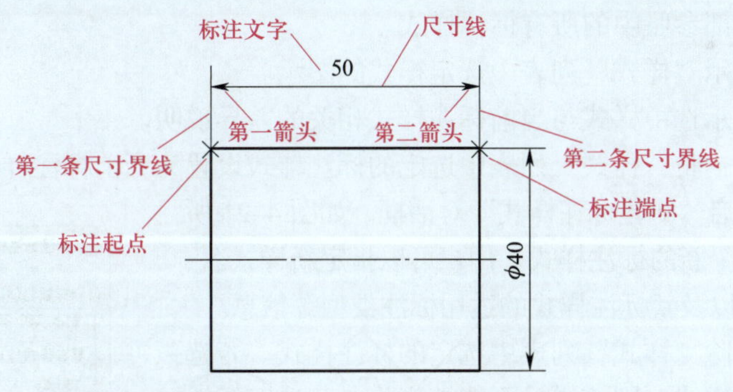

图 4-19　尺寸的组成

2. 执行“标注样式”命令的方法

（1）功能区：单击“工具”→“样式管理器”→“标注样式”按钮。

（2）菜单栏：单击“格式”→“标注样式”命令。

（3）命令行：dimstyle（dst）。

3.“标注样式管理器”对话框

执行“标注样式”命令后，系统弹出“标注样式管理器”对话框，如图 4-20 所示，各选项的含义如下。

（1）当前标注样式：列出当前标注样式。当前样式将应用于所创建的标注。

（2）样式：列出图形中的标注样式，当前样式亮显。

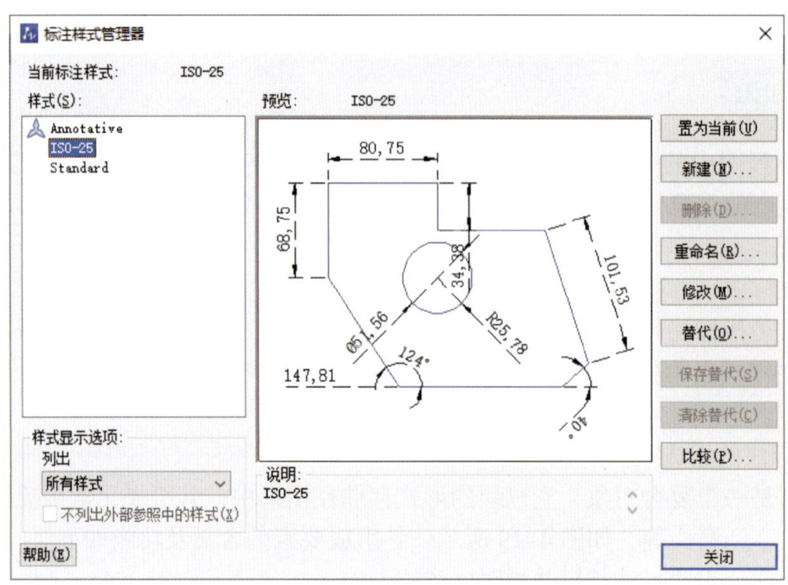

图 4-20 “标注样式管理器”对话框

（3）列出：控制标注样式的显示。如果要查看图形中所有的标注样式，应选择“所有样式”。如果只希望查看图形中标注当前使用的标注样式，应选择“正在使用的样式”。

（4）不列出外部参照中的样式：勾选“不列出外部参照中的样式”选项，则不在标注样式列表中列出外部参照中的标注样式；不勾选“不列出外部参照中的样式”选项，则在标注样式列表中列出外部参照中的所有标注样式。

（5）预览：显示“样式”列表中选定样式的图示。

（6）说明：显示选中样式与当前标注样式相关的差异说明。

（7）置为当前：将“样式”列表中选定的标注样式设置为当前标注样式。

（8）新建：开启“新建标注样式”对话框，如图 4–21 所示，用户可创建一个新的标注样式。用户可以指定新样式名、基本样式、注释性以及新标注样式的适用标注类型等信息。

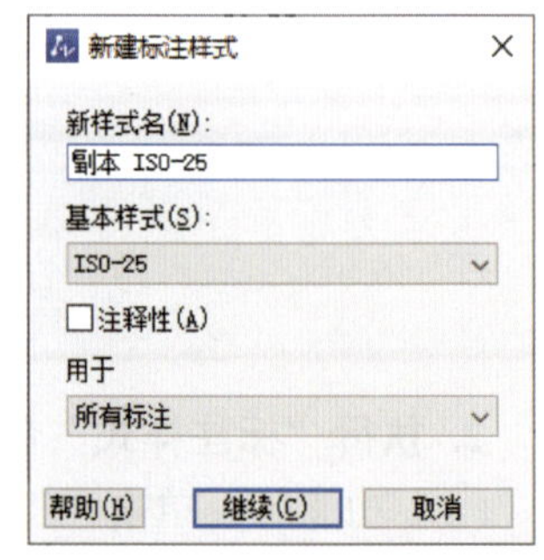

图 4–21 “新建标注样式”对话框

（9）删除：删除“样式”列表中选定的标注样式。若选定标注样式为当前样式，则该样式不能被删除。若选定标注样式为当前图形正在使用的样式（非当前样式），则会弹出选择对话框，如图 4–22 所示。用户可以根据需要，确定是否删除该标注样式。

（10）重命名：开启“重命名标注样式”对话框，如图 4–23 所示，用户可在其中修改标注样式的名称。

（11）修改：开启“修改标注样式”对话框，如图 4–24 所示，用户可在其中修改标注样式的各种特性。

（12）替代：开启“替代当前标注样式”对话框，如图 4–25 所示，用户可对当前使用标注样式创建与主样式属性不同的替代样式。注意：只可对当前使用的标注样式创建替代样式。

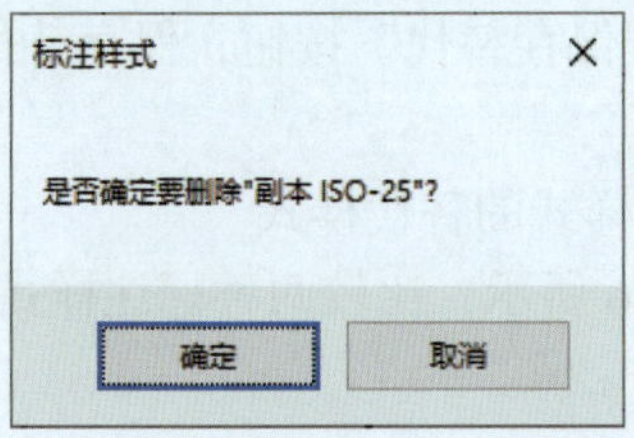

图 4–22 “标注样式”对话框

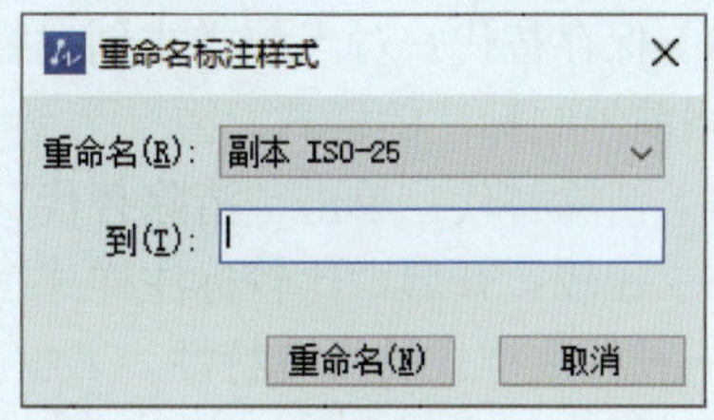

图 4–23 “重命名标注样式”对话框

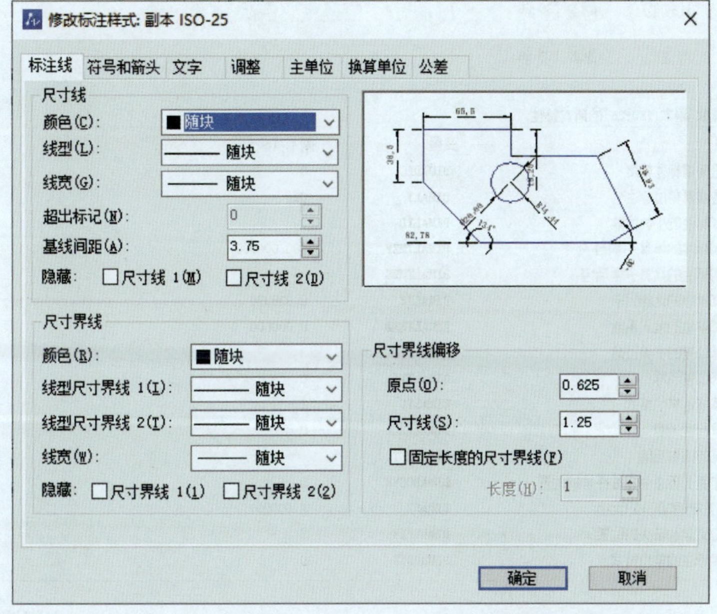

图 4–24 “修改标注样式”对话框

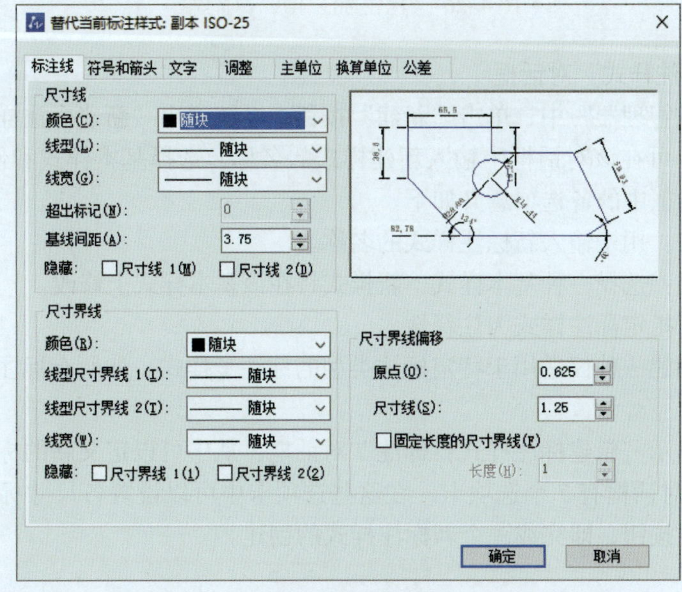

图 4–25 “替代当前标注样式”对话框

（13）保存替代：对当前样式创建替代样式后，单击“保存替代”按钮，保存替代样式，并作为当前绘制标注的样式。

（14）清除替代：单击“清除替代”，可清除当前标注样式的替代样式。

（15）比较：开启“比较标注样式”对话框，如图 4–26 所示，比较两种标注样式的特性或显示一种标注样式的所有特性。

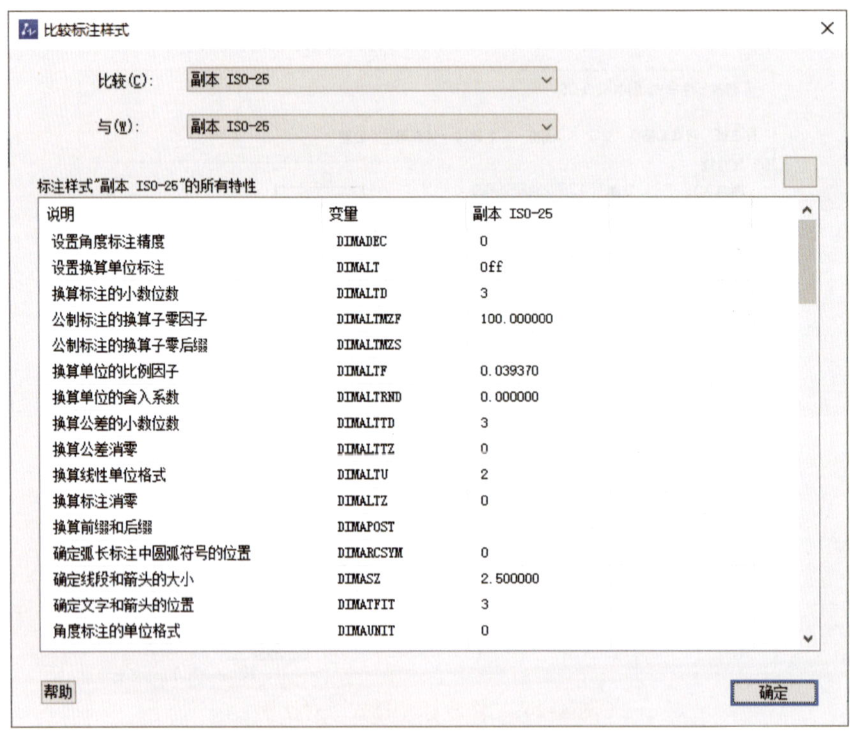

图 4–26 “比较标注样式”对话框

4.“创建新标注样式”对话框

在“标注样式管理器”中，单击“新建”按钮，系统弹出“新建标注样式：标注”对话框（见图 4–21），可在该对话框中输入新建样式的名称，选择基本样式和使用范围。“创建新标注样式”对话框中的各选项意义如下。

（1）新样式名：用于输入新标注样式的名称。

（2）基本样式：选择一种基本样式，新样式将在该基本样式上修改。

（3）注释性：指定标注样式为注释性。

（4）用于：创建一种仅适用于特定标注类型的标注子样式。如所有标注、线性标注、角度标注等。

（5）继续：显示“新建标注样式：标注”对话框，从中可以定义新的标注样式特性，如图 4–27 所示。该对话框有 7 个选项卡，在这些选项卡中可以设置各尺寸标注变量。设置完成后单击“确定”按钮，即完成一个新标注样式的创建。

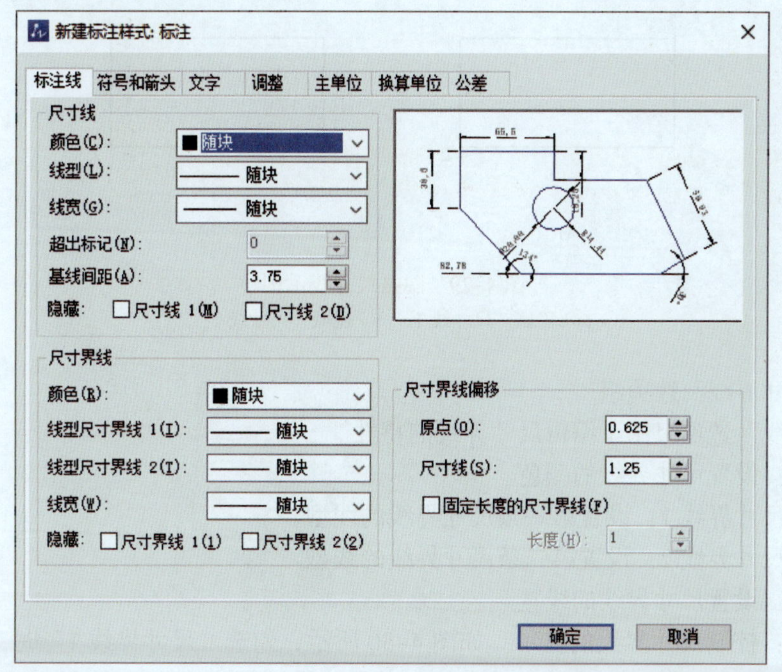

图 4–27 “新建标注样式：标注”对话框

二、“新建标注样式：标注”对话框的设置

1.“标注线”选项卡

使用图 4–27 所示“新建标注样式：标注”对话框中的“标注线”选项卡，可以为标注的尺寸线、尺寸界线设置各种特性。

（1）“尺寸线”选项组

“尺寸线”选项组用于设置尺寸线的特性。

1）颜色：设置尺寸线的颜色。在下拉列表底部单击“选择颜色”命令，将会打开“选择颜色”对话框。

2）线型：设置尺寸线的线型。在下拉列表底部单击“其他 ...”命令，将会打开“线型管理器”对话框，可以使用已加载的线型或从线型文件中加载。

3）线宽：设置尺寸线的线宽。

4）超出标记：控制在使用倾斜标记、建筑标记、积分标记作为箭头标记或不使用箭头进行标注时，尺寸线超过尺寸界线的长度。如图 4–28 所示，当箭头采用倾斜标记时，标注的尺寸线每端都超出原来 2 mm（超出标记为 2）。

5）基线间距：设置基线标注中的尺寸线的间距。

6）隐藏：隐藏尺寸线。如图 4–29 所示，勾选“尺寸线 1”时，隐藏第一条尺寸线；勾选“尺寸线 2”时，隐藏第二条尺寸线。

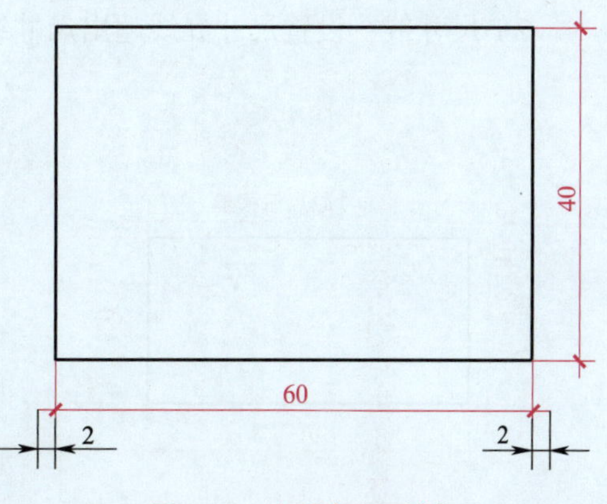

图 4–28 超出标记示例

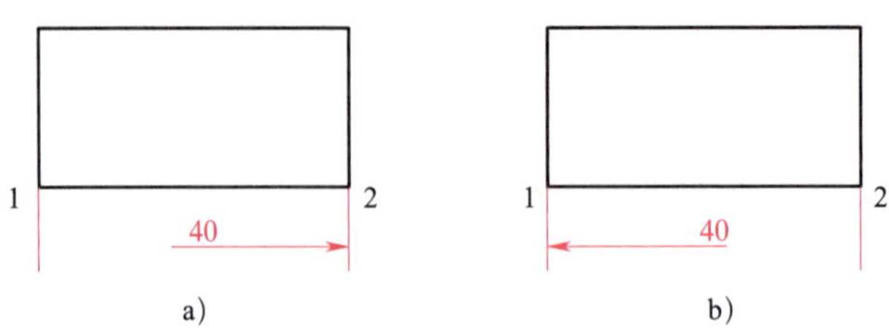

图 4–29　隐藏尺寸线示例

a）隐藏“尺寸线 1”　b）隐藏“尺寸线 2”

（2）“尺寸界线”选项组

“尺寸界线”选项组用于编辑尺寸界线的特性。

1）颜色：设置尺寸界线的颜色。

2）线型尺寸界线 1：设置第一条尺寸界线的线型。

3）线型尺寸界线 2：设置第二条尺寸界线的线型。

4）线宽：设置尺寸界线的线宽。

5）隐藏：控制尺寸界线的显示。如图 4–30 所示，勾选“尺寸界线 1”时，隐藏第一条尺寸界线；勾选“尺寸界线 2”时，隐藏第二条尺寸界线。

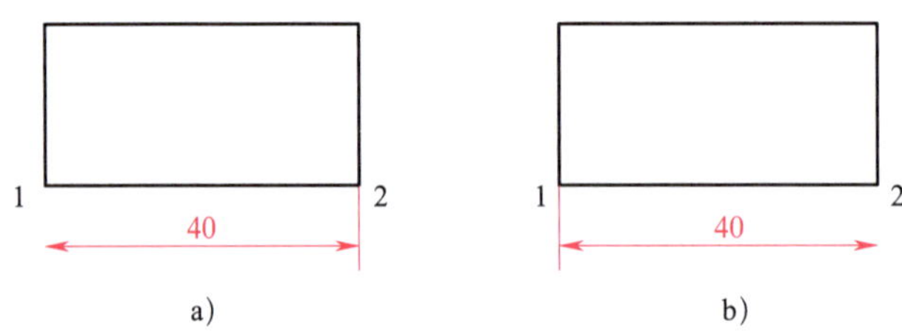

图 4–30　隐藏尺寸界线示例

a）隐藏“尺寸界线 1”　b）隐藏“尺寸界线 2”

（3）“尺寸界线偏移”选项组

“尺寸界线偏移”选项组用于设置尺寸界线偏移的特性。

1）原点：设置尺寸界线原点偏移对象上定义标注的点的距离，如图 4–31 所示。

2）尺寸线：设置尺寸界线超出尺寸线的距离，如图 4–32 所示。

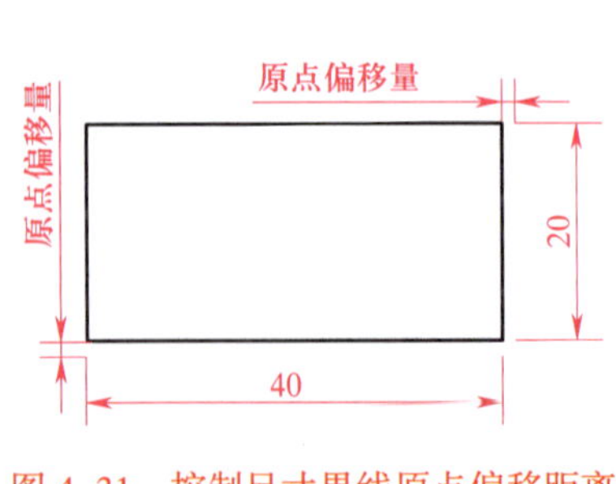

图 4–31　控制尺寸界线原点偏移距离

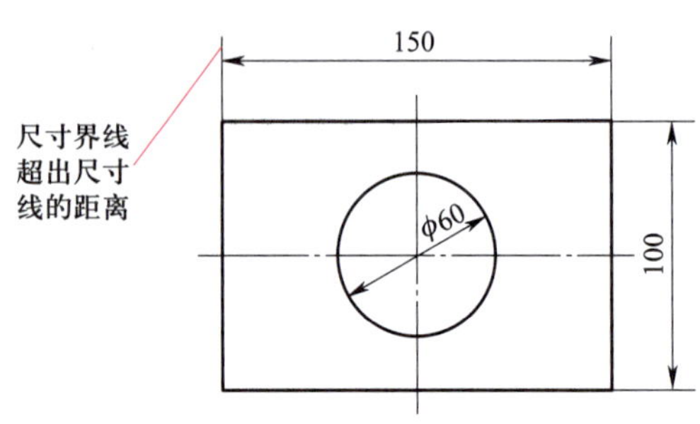

图 4–32　设置尺寸界线超出尺寸线的距离

3）固定长度的尺寸界线：设置尺寸界线的长度为固定值。可在“长度”文本框中设定尺寸界线的总长度。该长度起始于尺寸线，直到标注原点。“长度”设置为“5”时，尺寸界线如图 4–33 所示。

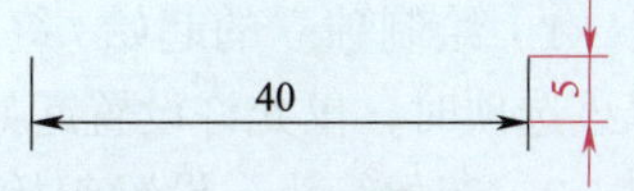

图 4–33　固定长度的尺寸界线示例

2.“符号和箭头”选项卡

如图 4–34 所示，使用“符号和箭头”选项卡可以为标注的箭头、圆心标记、折弯标注设置各种特性。

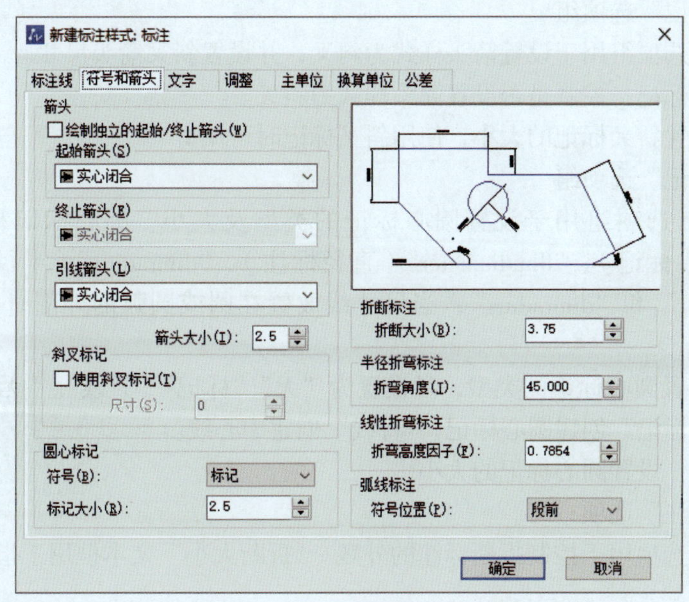

图 4–34　“符号和箭头”选项卡

（1）“箭头”选项组

“箭头”选项组用于设置箭头的特性。要自定义箭头样式，选择对应箭头样式下拉列表（见图 4–35）的最后一项“用户箭头”，此时显示“选择自定义箭头块”对话框（见图 4–36），选择用户自定义箭头块的名称。选择为自定义箭头的块定义必须在当前图形中。

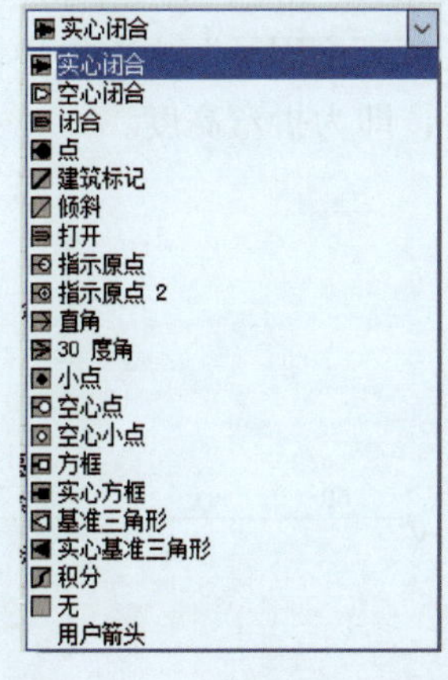

图 4–35　箭头样式下拉列表

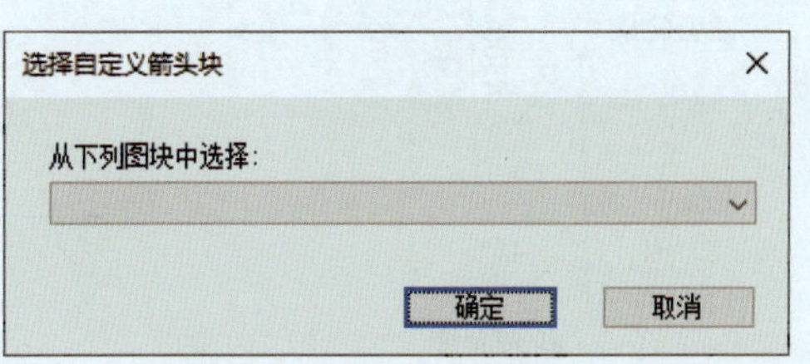

图 4–36　“选择自定义箭头块”对话框

1）绘制独立的起始 / 终止箭头：控制是否分开设置起始箭头和终止箭头的样式。未选择该选项时，仅允许设置起始箭头样式，终止箭头样式保持和起始箭头样式一致。

2）起始箭头：设置起始箭头的样式。

3）终止箭头：设置终止箭头的样式。

4）引线箭头：设置引线箭头的样式。

（2）“箭头大小”文本框

“箭头大小”文本框用于设置箭头的大小。

（3）“斜叉标记”选项组

“斜叉标记”选项组用于设置箭头样式为斜叉，并设置斜叉箭头尺寸。

1）使用斜叉标记：控制是否设置箭头样式为斜叉。

2）尺寸：设置斜叉标记的大小，使用斜叉标记时可用。

（4）“圆心标记”选项组

“圆心标记”选项组用于设置圆心标记的类型及大小。圆心标记和中心线仅用于“dimcenter”（圆心标记）、“dimdiameter”（直径标注）、“dimradius”（半径标注）命令中。对于“dimdiameter”和“dimradius”，当尺寸线放置在圆或圆弧的外部时，才会使用圆心标记。

1）符号：设置圆心标记的类型，可设置为“无”“标记”“直线”。“无”不创建圆心标记或直线标记，“标记”创建圆心标记，“直线”创建中心线。

2）标记大小：设置圆心标记的大小。

（5）“折断标注”选项

“折断标注”选项用于控制折断标注的外观。“折断大小”文本框用于指定折断标注的间隙的大小。

（6）“半径折弯标注”选项

“半径折弯标注”选项用于控制半径折弯标注的外观，如图 4–37 所示。半径折弯标注通常在圆或圆弧的圆心位于页面外部时创建。在“折弯角度”文本框中可以设定折弯角度的大小，即尺寸线的横向线段的角度。

（7）“线性折弯标注”选项

“线性折弯标注”选项用于控制线性折弯标注的外观，如图 4–38 所示。当标注不能精确表示实际尺寸时，通常将折弯线添加到线性标注中。在“折弯高度因子”文本框中输入的数值乘以文字高度，即可确定形成折弯的两个顶点之间的距离，即为折弯高度。

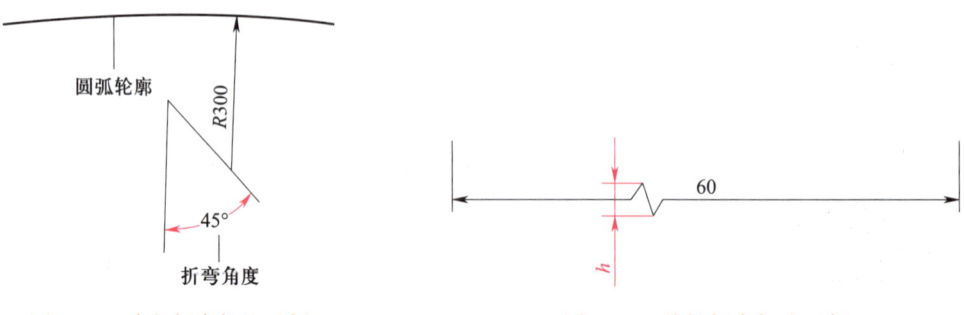

图 4–37　半径折弯标注示例　　图 4–38　线性折弯标注示例

（8）“弧线标注”选项

“弧线标注”选项用于设置弧线符号的位置。可设置弧线符号的位置为段前、上方、隐藏。

3.“文字”选项卡

“文字”选项卡（见图 4-39）用于设置标注文字的特性。

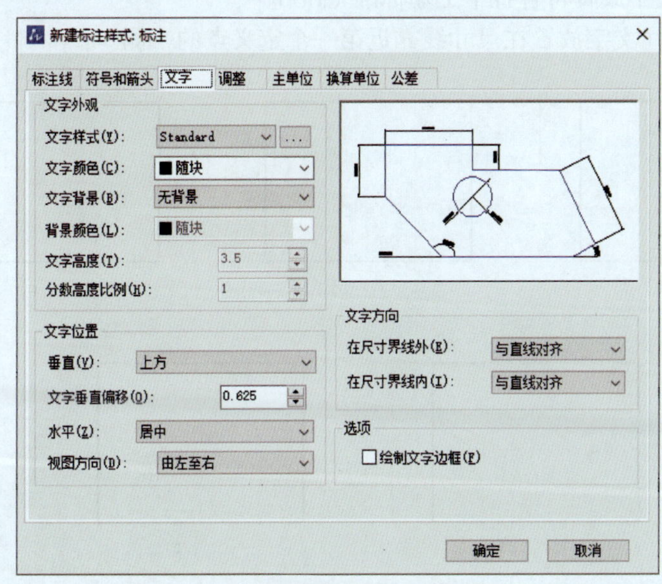

图 4-39 “文字”选项卡

（1）“文字外观”选项组

“文字外观”选项组用于设置标注文字的样式、颜色、高度以及其他特性。

1）文字样式：设置标注文字的样式。单击“文字样式”右侧的按钮显示“文字样式管理器”来修改或新建文字样式。

2）文字颜色：设置标注文字的颜色。在下拉列表底部单击“选择颜色”命令，将会打开“选择颜色”对话框。

3）文字背景：设置标注文字是否有背景及背景类型。

4）背景颜色：当文字背景类型为用户颜色时，自定义指定背景颜色。在下拉列表底部单击“选择颜色”命令，将会打开“选择颜色”对话框。

5）文字高度：设置标注文字的高度。如果标注文字的当前文字样式使用了固定文本高度，则该设置被忽略，标注文字将使用当前文字样式中指定的固定文本高度取代该设置。如果需要在标注样式中设置文本高度，应确保文字样式中的固定文本高度设置为 0。

6）分数高度比例：以标注文字为基准，设置相对于标注文字的分数比例。当“主单位”选项卡中“线性标注 - 单位格式”设置为“分数”时，此选项可用。使用该设置值乘以文字高度，即为分数文字的高度。

（2）“文字位置”选项组

“文字位置”选项组用于设置标注文字的位置。

1）垂直：确定标注文字在尺寸线的垂直方向的位置。垂直位置选项包括置中、上方、外部、JIS 和下方，如图 4–40 所示。

①置中：将标注文字放置在尺寸线的中间位置。

②上方：将标注文字放置在尺寸线的上方。

③外部：将标注文字放置在尺寸线远离第一个定义点的一侧。

④ JIS：标注文字放置符合日本工业标准（JIS）。

⑤下方：将标注文字放置在尺寸线靠近第一个定义点的一侧。

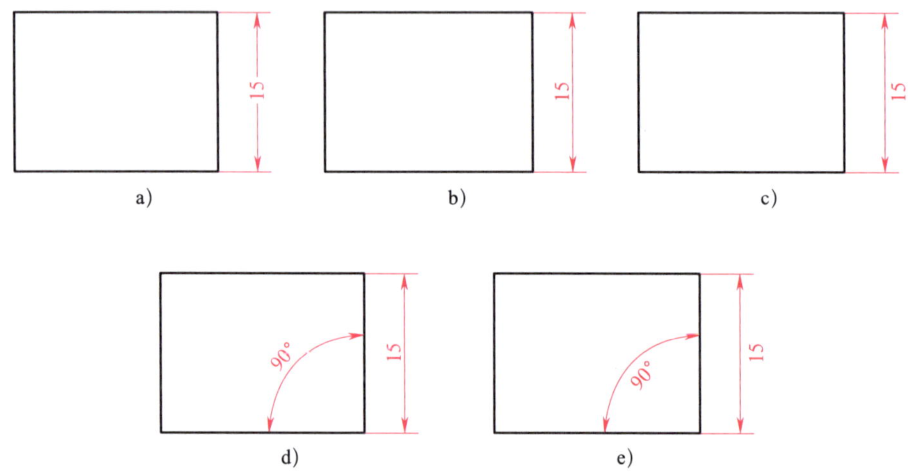

图 4–40　尺寸文本在垂直方向的放置

a）置中　b）上方　c）外部　d）JIS　e）下方

2）水平：设置标注文字相对于尺寸线和尺寸界线的水平位置。水平位置选项包括居中、第一条尺寸界线、第二条尺寸界线、第一条尺寸界线上方、第二条尺寸界线上方，如图 4–41 所示。

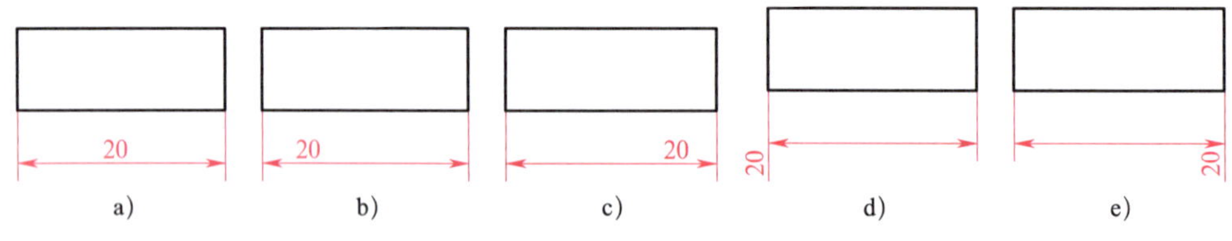

图 4–41　尺寸文本在水平方向的位置

a）居中　b）第一条尺寸界线　c）第二条尺寸界线　d）第一条尺寸界线上方　e）第二条尺寸界线上方

①居中：将标注文字沿尺寸线放置在两条尺寸界线的中间位置。

②第一条尺寸界线：将标注文字与第一条尺寸界线左对正。标注文字左端与第一条尺寸界线的距离为箭头大小与两倍文字间距之和。

③第二条尺寸界线：将标注文字与第二条尺寸界线右对正。标注文字右端与第二条尺寸界线的距离为箭头大小与两倍文字间距之和。

④第一条尺寸界线上方：将标注文字放置在第一条尺寸界线之上，或者沿第一条尺寸界

线放置标注文字。

⑤第二条尺寸界线上方：将标注文字放置在第二条尺寸界线之上，或者沿第二条尺寸界线放置标注文字。

3）视图方向：设置标注文字的阅读方向，可设置为由左至右、由右至左。

①由左至右：按从左到右阅读的方式放置文字。

②由右至左：按从右到左阅读的方式放置文字。

（3）“文字方向”选项组

1）在尺寸界线外：设置当标注文字放置在尺寸界线外时的显示方向。有“与直线对齐”和“水平”两个选项。

2）在尺寸界线内：设置当标注文字放置在尺寸界线内时的显示方向。有“与直线对齐”和“水平”两个选项。

图 4–42 所示为文字方向标注示例。

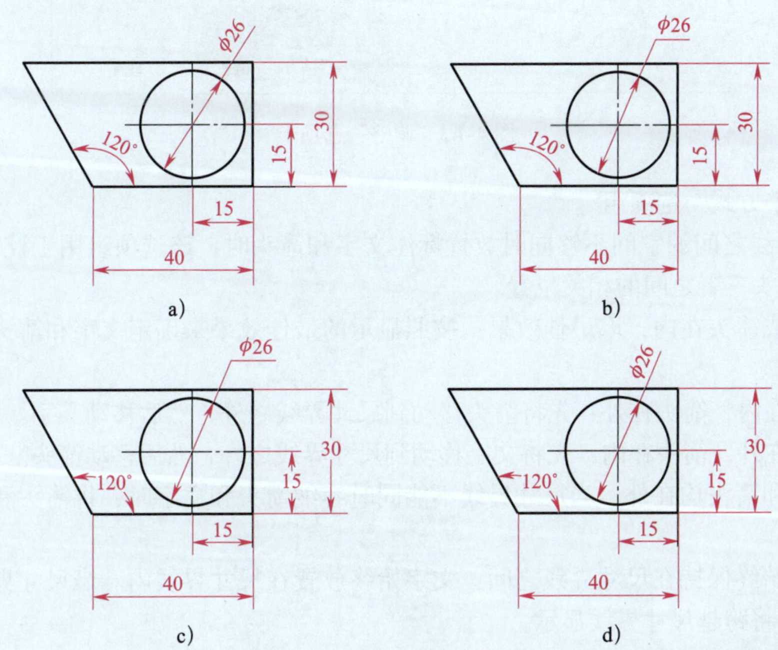

图 4–42　文字方向标注示例

a）线内、线外均“与直线对齐”　b）线内“与直线对齐”、线外“水平”

c）线内、线外均“水平”　d）线内“水平”、线外“与直线对齐”

（4）选项

设置是否为标注文字绘制边框。勾选“绘制文字边框”，则在标注文字周围绘制一个边框。

4.“调整”选项卡

“调整”选项卡（见图 4–43）根据两条尺寸界线之间的空间，设置将尺寸文本、尺寸箭头放在两条尺寸界线的里边还是外边。如果空间允许，中望 CAD 2023 总是把尺寸文本和尺寸箭头放在尺寸界线的里边；如果空间不够，则根据本选项卡的各项设置放置。

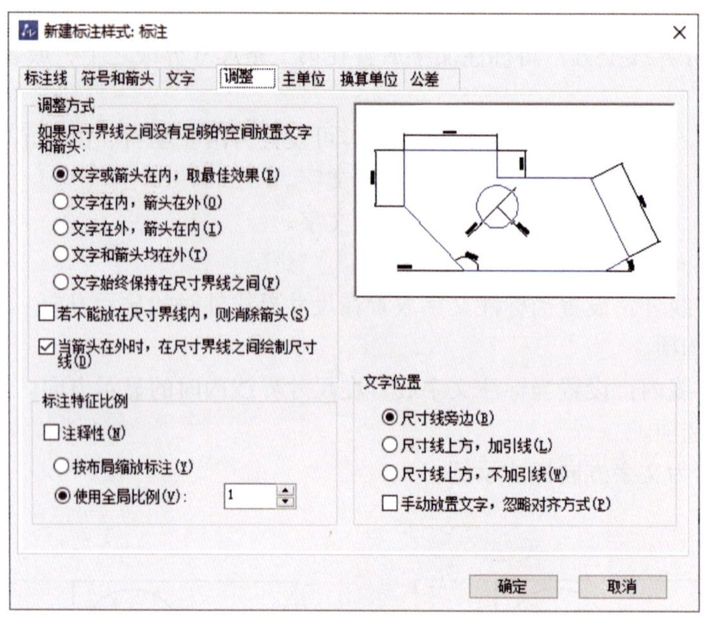

图 4–43“调整”选项卡

（1）“调整方式”选项组

当尺寸界线之间的空间不够同时放置标注文字和箭头时，该选项组用于控制标注文字、尺寸界线与箭头三者之间的相关位置。

1）文字或箭头在内，取最佳效果：按照显示的最佳效果来确定文字和箭头相对于尺寸界线的位置。

2）文字在内，箭头在外：先将箭头移动到尺寸界线之外，然后移动文字。

3）文字在外，箭头在内：先将文字移动到尺寸界线之外，然后移动箭头。

4）文字和箭头均在外：当尺寸界线不能同时容纳箭头和文字时，将箭头和文字都放置在尺寸界线外。

5）文字始终保持在尺寸界线之间：文字始终放置在尺寸界线内。当尺寸界线不能容纳文字时，文字将跨越尺寸界线显示。

6）若不能放在尺寸界线内，则消除箭头：若尺寸界线内没有足够的空间，则不显示箭头。

7）当箭头在外时，在尺寸界线之间绘制尺寸线：当箭头不放置在尺寸界线之间时，仍在尺寸界线之间绘制尺寸线。

（2）“标注特征比例”选项组

该选项组用于设置全局标注比例或按布局（图纸空间）缩放标注。

1）注释性：指定标注是否为注释性。注释对象在模型空间或布局中显示的尺寸和比例由注释性对象及其样式控制。

2）按布局缩放标注：根据模型空间的当前视口和图纸空间之间的比例来计算比例因子。当在图纸空间中绘图，或从图纸空间切换到模型空间时，将使用默认比例因子 1.0 或使用系统变量 DIMSCALE 所指定的值。

3）使用全局比例：为所有标注指定一个比例来设置标注中的文字和箭头大小、距离或间距等。该缩放比例不影响标注的实际测量值。

（3）“文字位置”选项组

该选项组用于设置当标注文字从标注样式定义的默认位置移动时，标注文字相对于尺寸线的位置。

1）尺寸线旁边：当移动标注文字时，尺寸线随标注文字一起移动，如图 4–44a 所示。

2）尺寸线上方，加引线：当移动标注文字时，尺寸线不随标注文字一起移动。如果文字从尺寸线上移开，则在文字和尺寸线之间创建一条引线。当文字非常靠近尺寸线时，则忽略引线，如图 4–44b 所示。

3）尺寸线上方，不加引线：当移动标注文字时，尺寸线不随标注文字一起移动，且不会在文字和尺寸线之间创建引线，如图 4–44c 所示。

4）手动放置文字，忽略对齐方式：忽略对标注文字水平对正的设置，将文字放置在“尺寸线位置”中所指定的位置，如图 4–44d 所示。

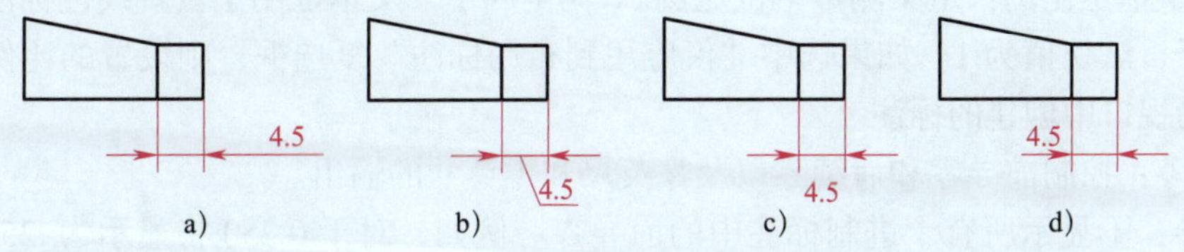

图 4–44　尺寸文本的位置

a）尺寸线旁边　b）尺寸线上方，带引线　c）尺寸线上方，不带引线

d）手动放置文字，忽略对齐方式

5.“主单位”选项卡

“主单位”选项卡（见图 4–45）为线性标注和角度标注设置标注单位和精度等特性。

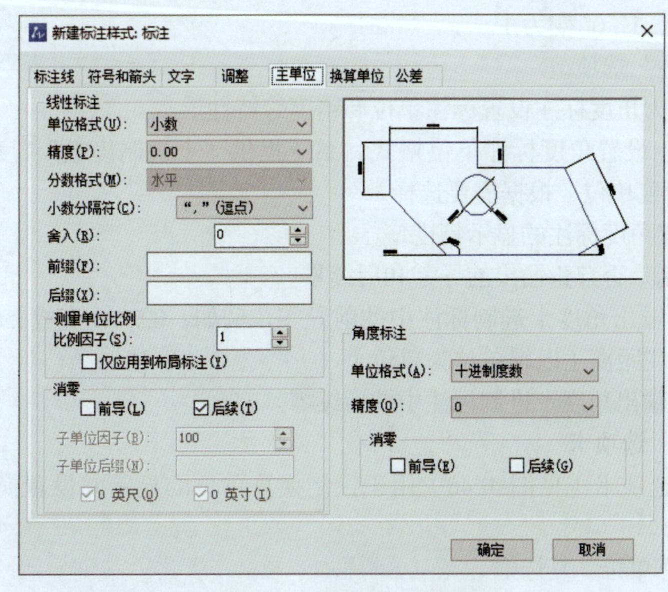

图 4–45　“主单位”选项卡

（1）“线性标注”选项组

该选项组为线性标注设置标注单位和精度等特性。

1）单位格式：为线性标注设置单位格式。系统提供了“科学”“小数”“工程”“建筑”“分数”“Windows 桌面”6 种单位制，根据需要选择。

2）精度：为标注文字设置精度，也就是小数位数。

3）分数格式：当单位格式为“分数”或“建筑”时，设置分数的格式。

4）小数分隔符：当单位格式为“小数”时，设置小数的分隔符。

5）舍入：除角度标注外，为所有标注类型设置标注测量值的圆整规则。如果输入 0.25，则所有标注距离都以 0.25 为单位进行舍入。如果输入 1.0，则所有标注距离都将舍入为最接近的整数。注意，小数点后显示的位数取决于“精度”设置。

6）前缀：为标注文字添加前缀。

7）后缀：为标注文字添加后缀。

8）测量单位比例：定义测量单位比例。“比例因子”文本框用于设置线性标注中测量值的比例因子，默认值为 1。如果选中“仅应用到布局标注”复选框，则设置的比例因子只应用于在布局视口中创建的标注。

9）消零：控制前导零和后续零以及零英尺和零英寸的输出。

①前导：不显示所有十进制标注中的前导零。例如，对于 0.250 将显示为 .250。选择使用前导零消除，将启用子单位显示。在“子单位因子”中输入使用子单位与主单位的换算倍率。例如，主单位后缀为 m，子单位后缀为 cm 时，则设置“子单位因子”为 100，“子单位后缀”为 cm。

②后续：不显示所有十进制标注中的后续零。例如，对于 9.8000 将显示为 9.8。

③ 0 英尺：对于英尺 – 英寸标注中，如果长度小于一英尺，则消除英尺 – 英寸标注中的英尺部分。例如，0′–6 1/2″ 变成 6 1/2″ 。

④ 0 英寸：对于英尺 – 英寸标注中，如果长度为整英尺数，则消除英尺 – 英寸标注中的英寸部分。例如，1′–0″ 变为 1′。

（2）“角度标注”选项组

该选项组用于为角度标注设置标注单位和精度等特性。

1）单位格式：设置角度标注单位格式，系统提供“十进制度数”“度 / 分 / 秒”“百分度”“弧度”4 种角度单位，根据需要选择。

2）精度：设置角度标注的显示精度。

3）消零：控制是否禁止输出前导零和后续零。

①前导：禁止输出角度十进制标注中的前导零。例如，0.5000 变成 .5000。也可以显示小于一个单位的标注距离（以辅单位为单位）。

②后续：禁止输出角度十进制标注中的后续零。

6.“换算单位”选项卡

“换算单位”选项卡（见图 4–46）用于控制换算单位的显示并设置换算单位的格式和精度。

（1）“显示换算单位”复选框

选中此复选框，将给标注文字添加换算单位。

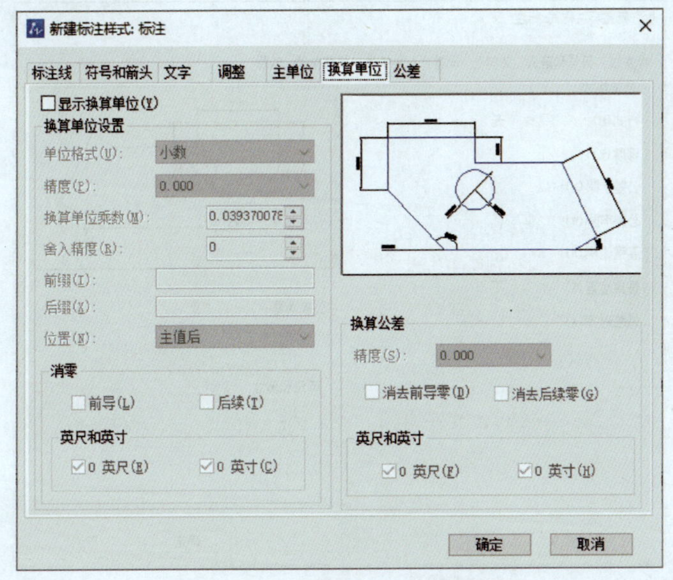

图 4–46 “换算单位”选项卡

（2）“换算单位设置”选项组

该选项组用于设置除角度标注以外所有标注的换算单位的格式和精度。

1）单位格式：设置换算单位的格式。

2）精度：设置换算单位的精度。

3）换算单位乘数：设置主单位与换算单位之间的换算因子。

4）舍入精度：除角度标注外，为其他所有标注类型设置换算单位的舍入规则。

5）前缀：为换算标注文字添加前缀。

6）后缀：为换算标注文字添加后缀。

7）位置：指定换算标注文字的放置位置。“主值后”用于指定换算单位放置在主标注单位的后面。“主值下”用于指定换算单位放置在主标注单位的下方。

（3）“消零”选项组

设置前导零和后续零以及零英尺和零英寸的显示。

（4）“换算公差”选项组

该选项组用于设置换算公差的显示精度和消零方式。

1）精度：设置换算公差的显示精度。

2）英尺和英寸：控制零英尺和零英寸的显示。

7.“公差”选项卡

“公差”选项卡（见图 4–47）用于设置测量尺寸的公差样式。

（1）“公差格式”选项组

该选项组用于设置公差格式。

1）方式：设置公差计算的方式。单击右侧的向下箭头，在弹出的下拉列表中列出了“无”“对称”“极限偏差”“极限尺寸”和“基本尺寸”5 种标注公差的形式。其中，“无”表示不标注公差，其余 4 种标注如图 4–48 所示。

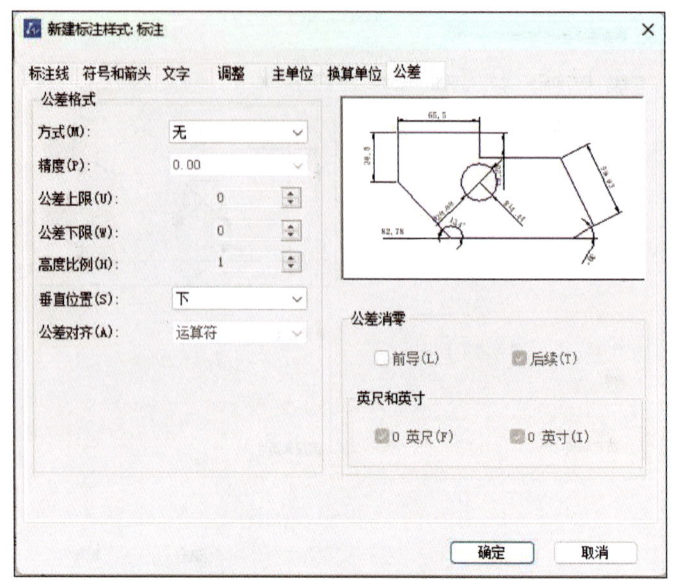

图 4–47 “公差”选项卡

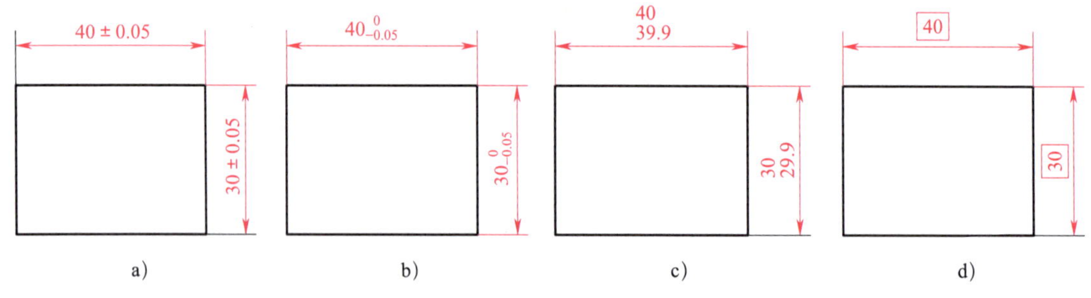

图 4–48 公差标注的形式

a）对称 b）极限偏差 c）极限尺寸 d）基本尺寸

2）精度：设置公差的精度。

3）公差上限：设置上偏差。

4）公差下限：设置下偏差。

注意：系统自动在上偏差数值前加“+”，在下偏差数值前加“–”，如果上偏差是负值或下偏差是正值，都需要在输入的偏差值前加上“–”，如下偏差是“+0.005”，则需要在“下偏差”输入框中输入“–0.005”。

5）高度比例：设置公差文字相对于主标注文字高度的比例值。

6）垂直位置：为对称公差和极限公差设置标注文字的对齐方式。有“上”“中”“下”三种形式，如图 4–49 所示。“上”表示公差文字与主标注文字顶部对齐，“中”表示公差文字与主标注文字中间对齐，“下”表示公差文字与主标注文字底部对齐。

7）公差对齐：设置“公差上限”与“公差下限”的对齐方式。

（2）“消零”选项组

设置公差标注的消零方式。

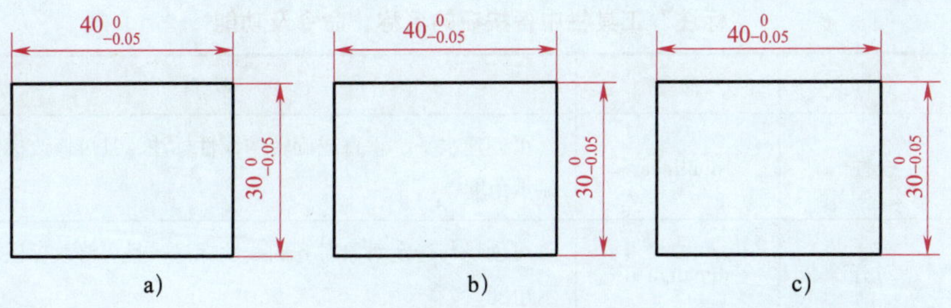

图 4-49 公差文本的对齐方式

a）上对齐 b）中对齐 c）下对齐

三、尺寸标注

1. 尺寸标注类型

中望 CAD 2023 提供了多种尺寸标注类型，如图 4-50 和图 4-51 所示。这些标注方式的名称、对应的按钮及功能见表 4-4。

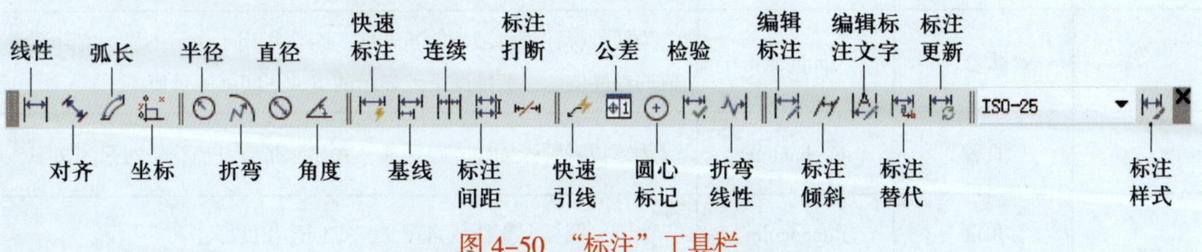

图 4-50 “标注”工具栏

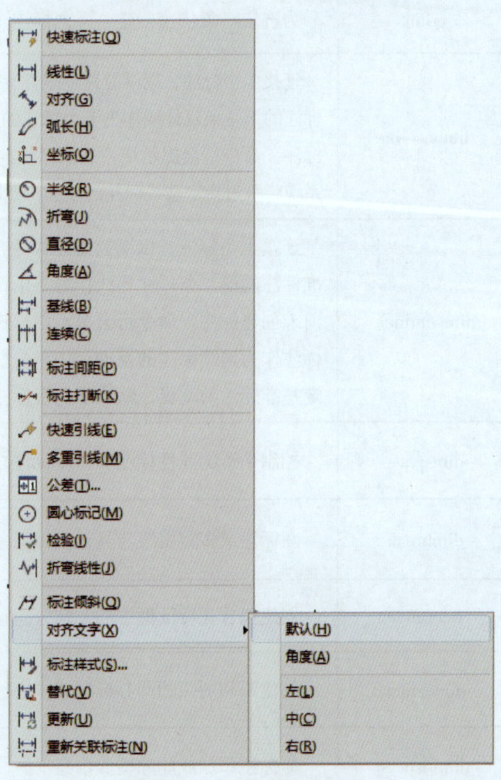

图 4-51 “标注”菜单

表 4–4　　　　“标注”工具栏中各按钮的名称、命令及功能

按钮	名称	命令	功能
	线性	dimlinear	可创建水平、垂直或旋转的线性标注，且可修改标注文本内容及显示角度
	对齐	dimaligned	可创建与选定对象对齐的线性标注，且可修改标注文本内容及显示角度
	弧长	dimarc	为圆弧或者多段线圆弧创建弧长标注
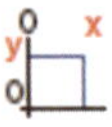	坐标	dimordinate	创建坐标标注。坐标标注显示的水平或垂直距离，即特性点在当前 UCS 中的 *X* 轴或 *Y* 轴坐标值。坐标标注的引线平行于当前 UCS 的 *X* 轴或 *Y* 轴方向
	半径	dimradius	创建圆或圆弧的半径标注。半径标注为一条指向圆或圆弧的带箭头的半径尺寸线，并在标注文字前显示半径符号 *R*
	折弯	dimjogged	为线性标注添加或删除折弯线。折弯线用于表示不显示实际测量值的标注值，一般情况下，显示的值大于实际测量值
	直径	dimdiameter	为圆或者圆弧创建直径标注，并显示带有直径符号的标注文字
	角度	dimangular	为圆、圆弧、直线或自定义三点创建角度标注
	快速标注	qdim	为选定对象快速创建一系列标注
	基线	dimbaseline	连接上个标注，以继续建立线性、坐标或角度的标注。系统将基准标注的第一条延伸线作为下个标注的第一条延伸线。如果先前未创建标注，命令行会提示用户选取基线的标注；如果先前已创建了标注，系统将跳过指定基线标注的流程，默认以上个标注为基准标注
	连续	dimcontinue	连接上个标注，以继续建立线性、坐标或角度的标注。系统将基准标注的第二条尺寸界线作为下个标注的第一条尺寸界线。如果先前未创建标注，命令行会提示用户选取线性标注、角度标注或坐标标注作为连续标注的基准；如果先前已创建了标注，系统将跳过指定基准标注的流程，默认以上个标注为基准标注
	标注间距	dimspace	控制平行的线性标注和角度标注之间的间距
	标注打断	dimbreak	在标注或多重引线与其他实体对象的相交处添加或删除标注打断
	公差	tolerance	创建包含在特征框中的几何公差标注
	圆心标记	dimcenter	创建圆和圆弧的圆心标记或中心线
	检验	diminspect	为标注添加或删除检验信息

续表

按钮	名称	命令	功能
	折弯线性	dimjogline	为线性标注添加或删除折弯线。折弯线用于表示不显示实际测量值的标注值，一般情况下，显示的值大于实际测量值
	编辑标注	dimedit	编辑标注文字和尺寸界线。旋转、修改或恢复标注文字。更改尺寸界线的倾斜角
	标注倾斜	dimedit	设置线性标注尺寸界线的倾斜角，倾斜角从 UCS 的 *X* 轴进行测量。默认情况下，系统在创建线性标注时，尺寸界线与尺寸线是垂直的。这个选项的设置在尺寸界线与图形的其他部件有重叠或其他冲突时用处很大
	编辑标注文字	dimtedit	编辑标注对象中的尺寸界线和标注文字；旋转标注文字或将标注文字恢复至默认位置；倾斜尺寸界线
	标注替代	dimoverride	为选定标注中的系统变量设置替代值或清除替代。设置替代后，标注的样式不会发生变化
	标注样式	dimstyle	创建和修改标注样式

2. 创建尺寸标注的基本步骤

在中望 CAD 2023 中对图形进行尺寸标注的基本步骤如下：

（1）选择“格式”→“文字样式”命令，在打开的“文字样式”对话框中创建一种文字样式，用于尺寸标注。

（2）选择“格式”→“标注样式”命令，在打开的“标注样式管理器”对话框中设置标注样式。

（3）打开“图层特性管理器”选项板，创建一个独立的图层，用于尺寸标注。

（4）使用注释功能区中的“标注”按钮，或“标注”工具栏中的“标注”按钮，或标注菜单中的“标注”命令，对图形中的元素进行标注。

3. 常用标注命令的应用

（1）线性标注

命令：_dimlinear（执行“线性”标注命令）

指定第一条尺寸界线原点或 <选择对象>：（指定 *A* 点为第一条尺寸界线原点）

指定第二条尺寸界线原点：（指定 *B* 点为第二条尺寸界线原点）

指定尺寸线位置或［多行文字（M）/ 文字（T）/ 角度（A）/ 水平（H）/ 垂直（V）/ 旋转（R）］：（移动光标至合适位置，单击鼠标左键确定尺寸线位置）

标注文字 =40

执行上述操作，则标注出水平尺寸 40，如图 4–52 所示。

命令：↙（按 Enter 键，重复“线性”标注命令）

_DIMLINEAR

指定第一条尺寸界线原点或 <选择对象>：（指定 *C* 点为第一条尺寸界线原点）

指定第二条尺寸界线原点：（指定 *B* 点为第二条尺寸界线原点）

指定尺寸线位置或 [多行文字（M）/ 文字（T）/ 角度（A）/ 水平（H）/ 垂直（V）/ 旋转（R）]：（移动光标至合适位置，单击鼠标左键确定尺寸线位置）

标注文字 =30

执行上述操作，则标注出垂直尺寸 30，如图 4–52 所示。

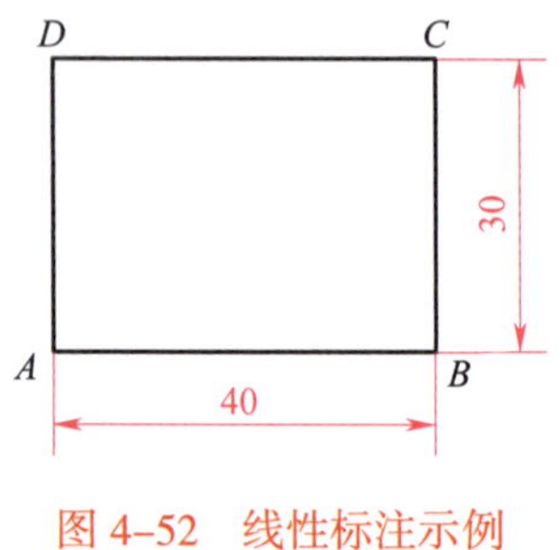

图 4–52　线性标注示例

（2）对齐标注

命令：_dimaligned（执行“对齐”标注命令）

指定第一条尺寸界线原点或 <选择对象>：（指定 *A* 点为第一条尺寸界线原点）

指定第二条尺寸界线原点：（指定 *B* 点为第二条尺寸界线原点）

指定尺寸线位置或 [角度（A）/ 多行文字（M）/ 文字（T）]：（移动光标，确定尺寸线位置）

标注文字 =42

执行上述操作，则标注出如图 4–53 所示对齐尺寸。

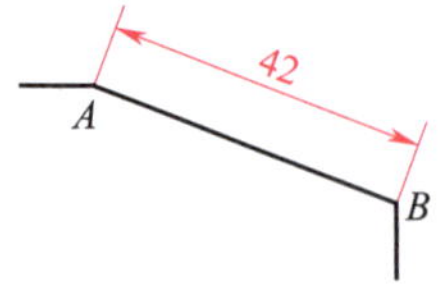

图 4–53　对齐标注示例

（3）角度标注

命令：_dimangular（执行“角度”标注命令）

选择直线、圆弧、圆或 <指定顶点>：（选择直线 *AB*）

选取角度标注的另一条直线：（选择直线 *AC*）

指定标注弧线的位置或 [多行文字（M）/ 文字（T）/ 角度（A）]：（移动光标至图 4–54 所示适当位置后，单击鼠标左键确定标注弧线位置）

标注文字 =50

执行上述操作，则标注出如图 4-54 所示角度。

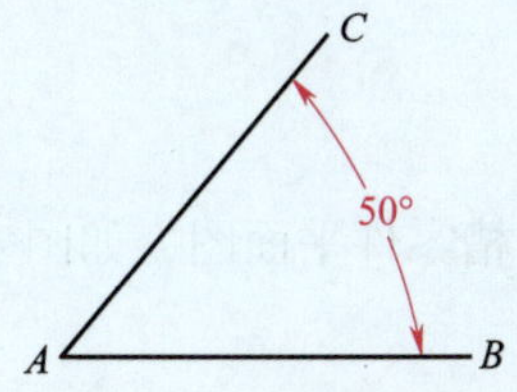

图 4-54　角度标注示例

（4）半径标注

命令：_dimradius（执行“半径”标注命令）
选取弧或圆：（拾取图 4-55 中的圆弧）
标注文字 =15
指定尺寸线位置或［角度（A）/ 多行文字（M）/ 文字（T）］：（移动光标，确定尺寸线位置）

执行上述操作，则标注出如图 4-55 所示半径尺寸。

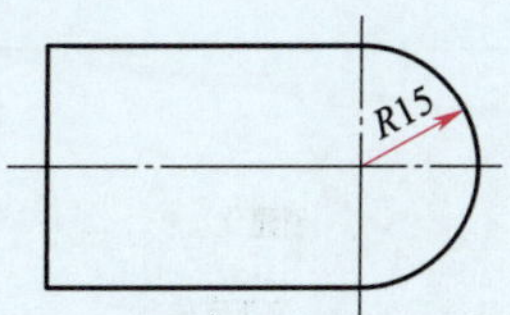

图 4-55　半径标注示例

（5）直径标注

命令：_dimdiameter（执行“直径”标注命令）
选择圆弧或圆：（选择图 4-56 所示圆）
标注文字 =30
指定尺寸线位置或［角度（A）/ 多行文字（M）/ 文字（T）］：（移动光标，确定尺寸线位置）

执行上述操作，则标注出如图 4-56 所示直径尺寸。

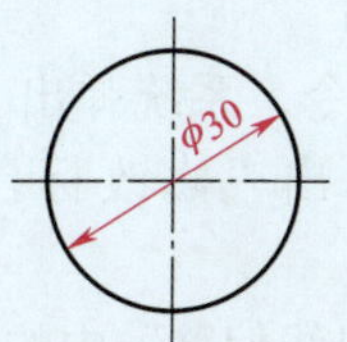

图 4-56　直径标注示例

1. 绘制图形

根据图 4–18 所示尺寸，绘制卡槽零件平面图，如图 4–57 所示。

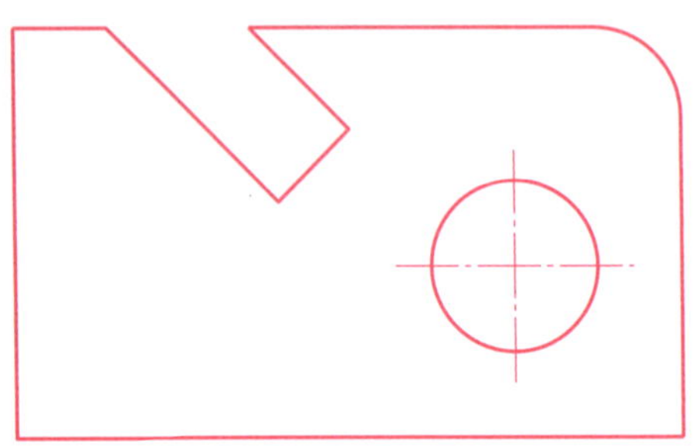

图 4–57　绘制卡槽零件平面图

2. 设置文字样式

单击“格式”→“文字样式”命令，系统弹出“文字样式”对话框，将字体设置为“宋体”，字高为 3.500，“宽度因子”设置为 0.707，其他采用系统默认值，如图 4–58 所示。

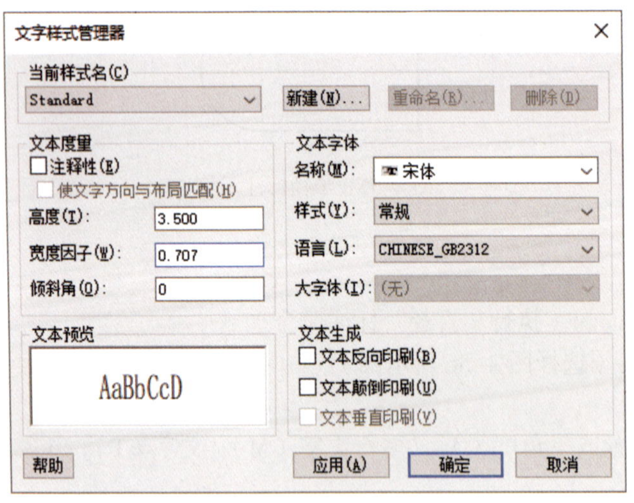

图 4–58　设置文字样式

3. 设置标注样式

（1）修改“ISO–25”标注样式

单击“格式”→“标注样式”命令，系统弹出“标注样式”对话框。选择“ISO–25”样式，单击“修改”按钮，系统弹出“修改标注样式：ISO–25”对话框，如图 4–59 所示。

将“标注线”选项卡中的“尺寸界线偏移”中的“原点”设置为 0，将“文字”选项卡中的“文字方向”选项组中的“在尺寸界线外”设置为“水平”，将“主单位”选项卡中的

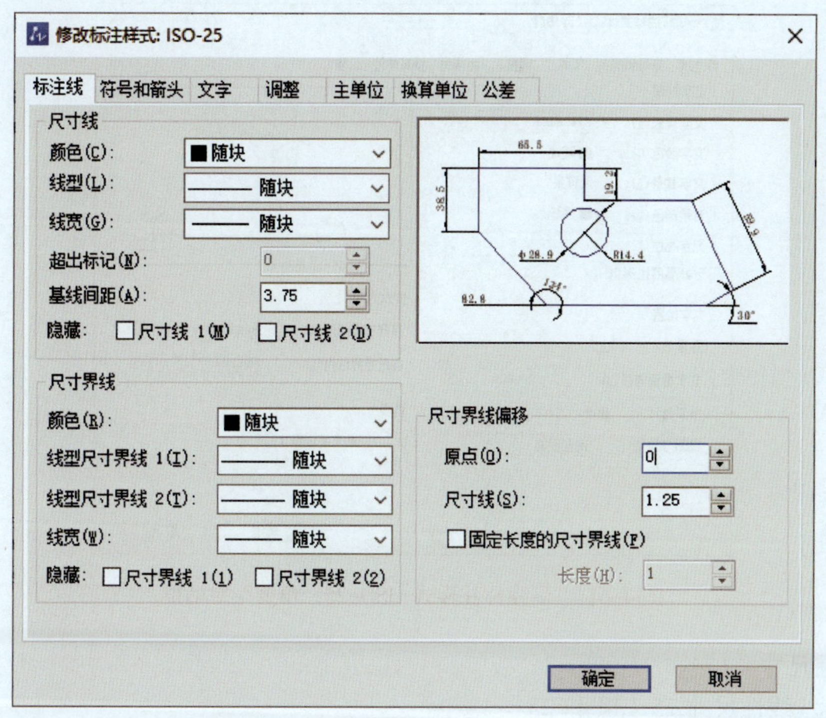

图 4-59 “修改标注样式：ISO-25”对话框

“小数分隔符”设置为“. 句点”，其余参数采用系统默认值。设置完后，单击“确定”按钮，关闭“修改标注样式：ISO-25”对话框。

（2）新建“角度”标注样式

单击“新建”按钮，系统弹出“新建标注样式”对话框，在“用于”下拉列表中选择“角度标注”，如图 4-60 所示。

新建标注样式
新样式名(N):
ISO-25: 角度
基本样式(S):
ISO-25
注释性(A)
用于
角度标注
帮助(H)
继续(C)
取消

图 4-60 “新建标注样式”对话框

单击“继续”按钮，系统弹出“新建标注样式：ISO-25：角度”对话框。将“文字”选项卡中的“文字方向”中的“在尺寸界线外”和“在尺寸界线内”均设置为“水平”，如图 4-61 所示。其余参数采用“ISO-25”设置。

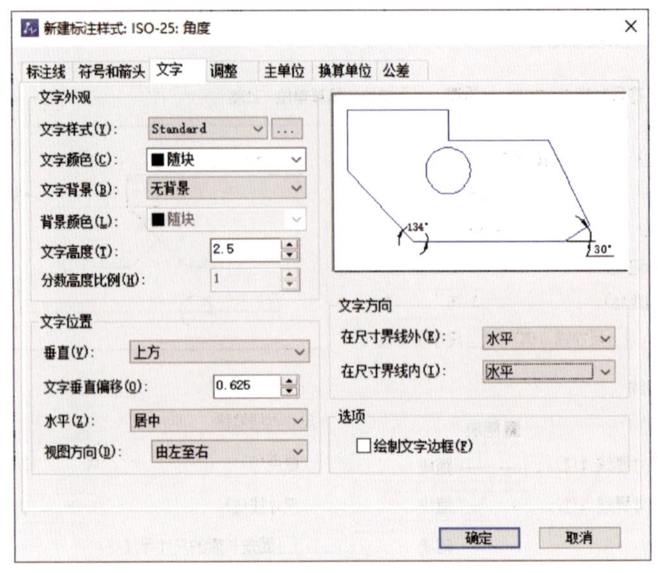

图 4-61 “新建标注样式：ISO-25：角度”对话框

4. 标注尺寸

（1）标注线性尺寸 75、14 和 25

将“ISO-25”样式置为当前标注样式，执行“线性”标注命令，系统提示如下：

命令：_dimlinear（执行“线性”标注命令）

指定第一条尺寸界线原点或 <选择对象>：（指定图 4-62 中的 *A* 点为第一条尺寸界线原点）

指定第二条尺寸界线原点：（指定图 4-62 中的 *B* 点为第二条尺寸界线原点）

指定尺寸线位置或 [多行文字（M）/ 文字（T）/ 角度（A）/ 水平（H）/ 垂直（V）/ 旋转（R）]：（指定尺寸线位置）

标注文字 =75

执行上述操作，即可标注出线性尺寸 75，结果如图 4-62 所示。按照上述操作方法，标注线性尺寸 14 和 25，结果如图 4-63 所示。

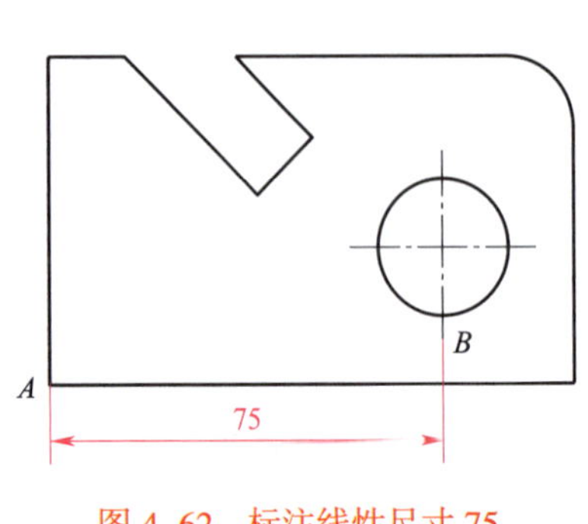

图 4-62 标注线性尺寸 75

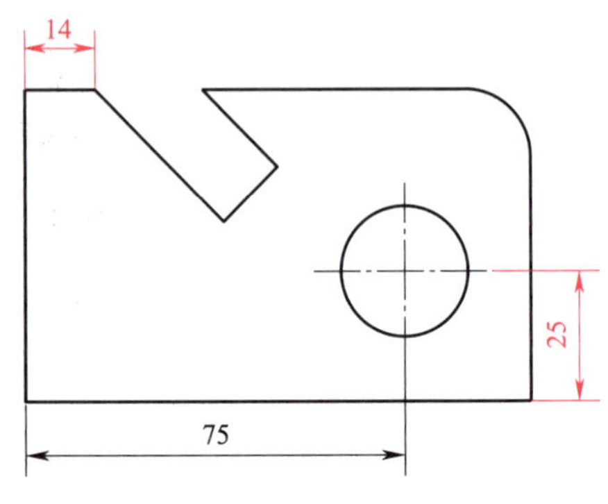

图 4-63 标注线性尺寸 14 和 25

（2）标注线性尺寸 100 ± 0.1

命令: _dimlinear（执行“线性”标注命令）

指定第一条尺寸界线原点或 < 选择对象 >:（指定图 4-64 中的 *A* 点为第一条尺寸界线原点）

指定第二条尺寸界线原点:（指定图 4-64 中的 *C* 点为第二条尺寸界线原点）

指定尺寸线位置或［多行文字（M）/ 文字（T）/ 角度（A）/ 水平（H）/ 垂直（V）/ 旋转（R）］: m↙（选择“多行文字”选项）

指定尺寸线位置或［多行文字（M）/ 文字（T）/ 角度（A）/ 水平（H）/ 垂直（V）/ 旋转（R）］:（在尺寸数字 100 后面输入“%%P0.1”，并指定尺寸线位置）

标注文字 =100

执行上述操作，即可标注出线性尺寸 100 ± 0.1，如图 4-64 所示。

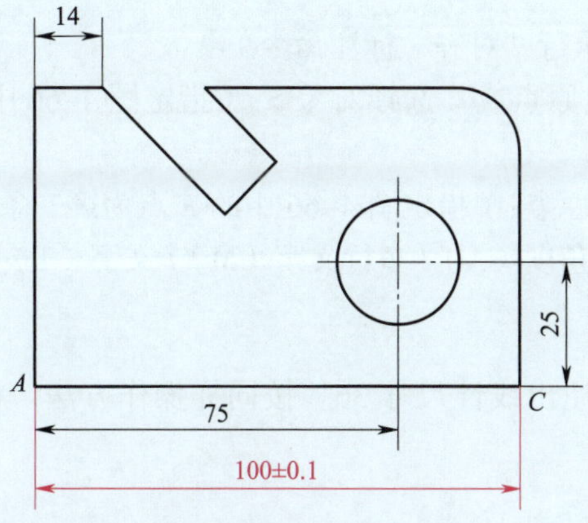

图 4-64　标注线性尺寸 100 ± 0.1

（3）标注线性尺寸$60_{-0.064}^{0}$

命令: _dimlinear（执行“线性”标注命令）

指定第一条尺寸界线原点或 < 选择对象 >:（指定图 4-65 中的 *A* 点为第一条尺寸界线原点）

指定第二条尺寸界线原点:（指定图 4-65 中的 *D* 点为第二条尺寸界线原点）

指定尺寸线位置或［多行文字（M）/ 文字（T）/ 角度（A）/ 水平（H）/ 垂直（V）/ 旋转（R）］: m↙（选择“多行文字”选项）

指定尺寸线位置或［多行文字（M）/ 文字（T）/ 角度（A）/ 水平（H）/ 垂直（V）/ 旋转（R）］:（将光标移到 60 的后面，依次输入“空格、0、^、-0.064”，选中输入的字符和符号，单击“堆叠”按钮，即可生成尺寸 60 的公差。并指定尺寸线位置）

标注文字 =60

执行上述操作，可标注出线性尺寸$60_{-0.064}^{0}$，如图 4-65 所示。

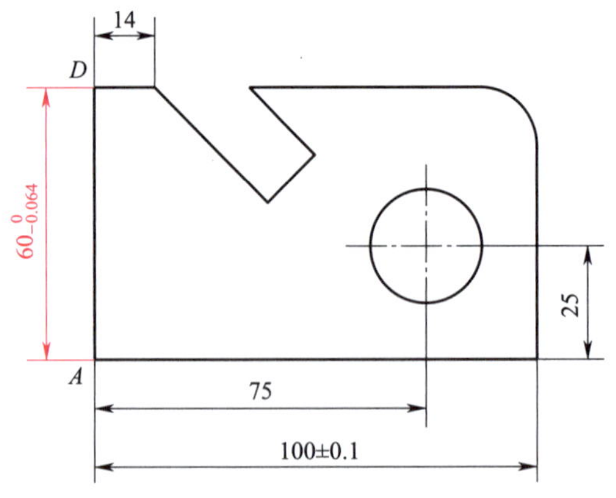

图 4–65　标注线性尺寸$60^{0}_{-0.064}$

（4）标注线性尺寸 36 和 15

命令：_dimaligned（执行“对齐”标注命令）

指定第一条尺寸界线原点或 < 选择对象 >：（指定图 4–66 中的 *E* 点为第一条尺寸界线原点）

指定第二条尺寸界线原点：（指定图 4–66 中的 *F* 点为第二条尺寸界线原点）

指定尺寸线位置或［角度（A）/ 多行文字（M）/ 文字（T）］：（指定尺寸线位置）

标注文字 =36

执行上述操作，则标注出线性尺寸 36。按同样操作方法，标注线性尺寸 15，结果如图 4–66 所示。

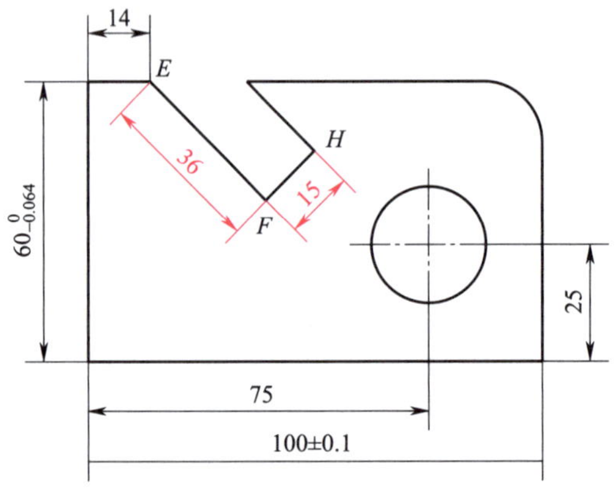

图 4–66　标注线性尺寸 36 和 15

（5）标注半径尺寸 *R*13

命令：_dimradius（执行“半径”标注命令）

选取弧或圆：（选择图 4–67 中的 *R*13 mm 圆弧）

标注文字 =13

指定尺寸线位置或［多行文字（M）/ 文字（T）/ 角度（A）]:M↙（输入“多行文字”选项）

指定尺寸线位置或［角度（A）/ 多行文字（M）/ 文字（T）]:（删除自动生成的“R13”，重新输入“R13”，并选中字母“R”使其为斜体，然后指定尺寸线位置）

执行上述操作，则完成圆弧半径标注，如图 4-67 所示。

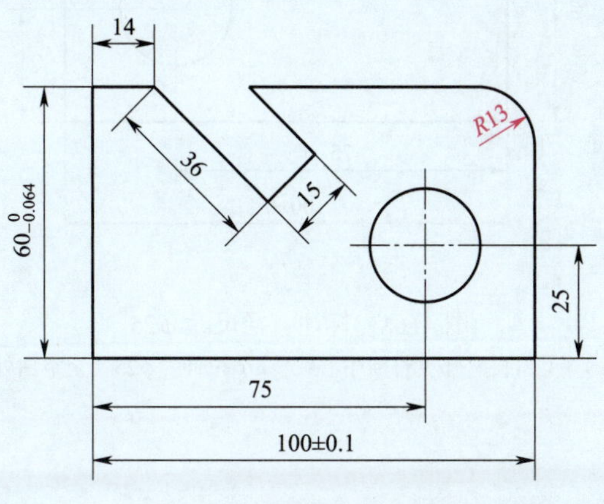

图 4-67　标注半径尺寸 *R*13

（6）标注直径尺寸 $\phi25$

命令: _dimdiameter（执行“直径”标注命令）

选取弧或圆:（选择图 4-68 中的 $\phi25$ mm 圆）

标注文字 =25

指定尺寸线位置或［角度（A）/ 多行文字（M）/ 文字（T）]:（确定尺寸线位置）

执行上述操作，完成直径尺寸 $\phi25$ 的标注，如图 4-68a 所示。但标注的直径符号和数字与中心线重叠，不符合机械制图要求，可以应用“打断”命令，将中心线与尺寸标注重合部分删除，如图 4-68b 所示。或者将“$\phi25$”拉伸至空白处，如图 4-68c 所示。

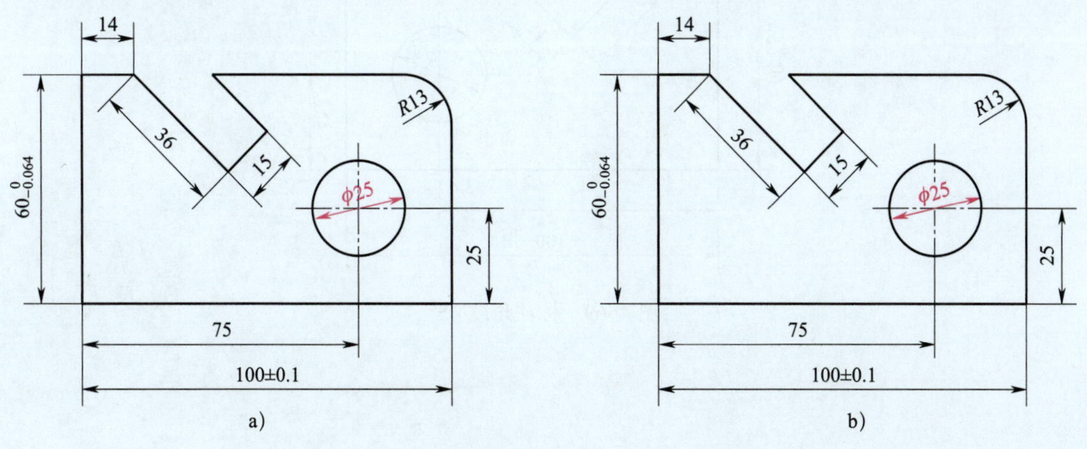

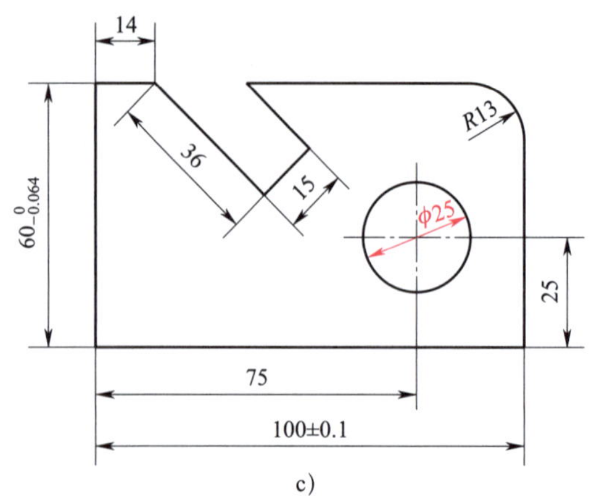

图 4-68　标注直径尺寸 φ25

a）标注直径　b）打断中心线　c）拉伸“φ25”至空白处

（7）标注角度 45°

命令：_dimangular（执行“角度”标注命令）

选择直线、圆弧、圆或 < 指定顶点 >：（拾取 45° 角的水平线）

选取角度标注的另一条直线：（拾取 45° 角的斜线）

指定标注弧线的位置或［多行文字（M）/ 文字（T）/ 角度（A）］：（指定标注弧线位置）

标注文字 =45

执行上述操作，完成 45° 角的标注，如图 4-69 所示。

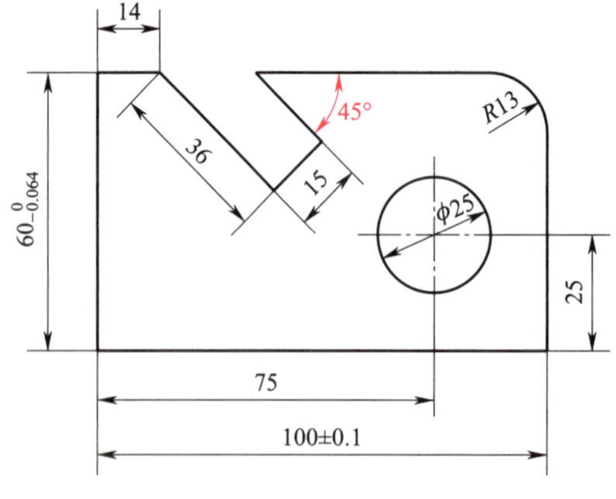

图 4-69　标注角度 45°

任务3　绘制光轴零件图

1. 掌握多重引线样式的设置方法。
2. 掌握引线的标注方法。
3. 能绘制光轴零件图。

本任务要求绘制如图 4-70 所示的光轴零件图，该图形轮廓相对简单，标注内容为零件的长度、直径、倒角和中心孔。零件长度和直径可通过“线性”命令进行标注，而倒角和中心孔需要应用“多重引线”命令来进行标注，这是本次任务学习重点。

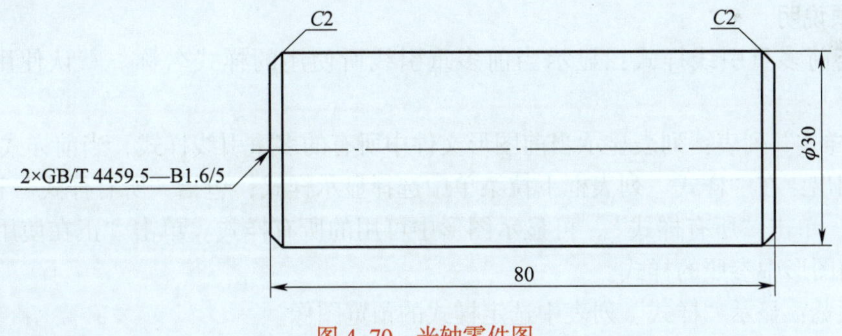

图 4-70　光轴零件图

一、引线标注的组成

引线标注一般由引线、基线和文字三部分组成，如图 4-71 所示。由于引线标注的文字位置不方便调整，因此在添加引线标注的文字时，建议采用“多行文字”方式进行录入。

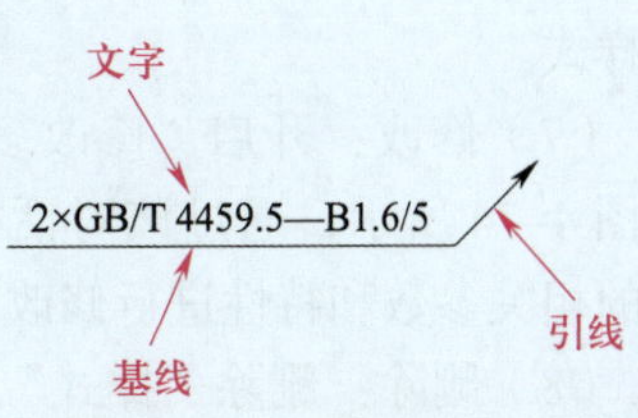

图 4-71　引线标注的组成

二、“多重引线样式”命令

使用“多重引线样式”命令可以创建、修改或删除多重引线样式。

1. 执行“多重引线样式”命令的方法

（1）功能区：单击“工具”→“样式管理器”→“多重引线样式”按钮。

（2）菜单栏：单击“格式”→“多重引线样式”命令。

（3）命令行：mleaderstyle（mls）。

执行“多重引线样式”命令，系统弹出“多重引线样式管理器”对话框，如图 4-72 所示。

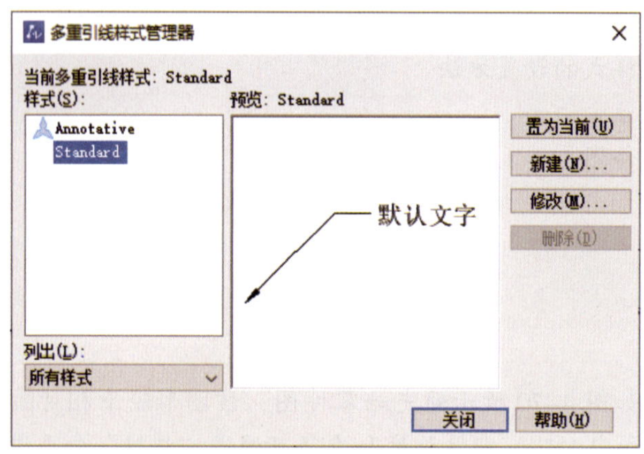

图 4-72 “多重引线样式管理器”对话框

2. 选项说明

（1）当前多重引线样式：显示当前多重引线所使用的样式名称。默认使用标准样式（Standard）。

（2）“样式”列表：列表显示当前图形文件中所有的多重引线样式，当前样式亮显。

（3）列出：在“样式”列表框下拉菜单中选择显示样式，包括“所有样式”和“正在使用的样式”。单击“所有样式”，可显示图形中可用的所有样式。单击“正在使用的样式”，仅显示当前图形中参照的样式。

（4）预览：显示“样式”列表中选定样式的预览图像。

（5）置为当前：将“样式”列表中当前选定的多重引线样式设置为当前多重引线样式。如果不做新的修改，后续创建的多重引线都将默认使用此样式。

（6）新建：开启“创建新多重引线样式”对话框，如图 4-73 所示，通过该对话框可建新的多重引线样式。

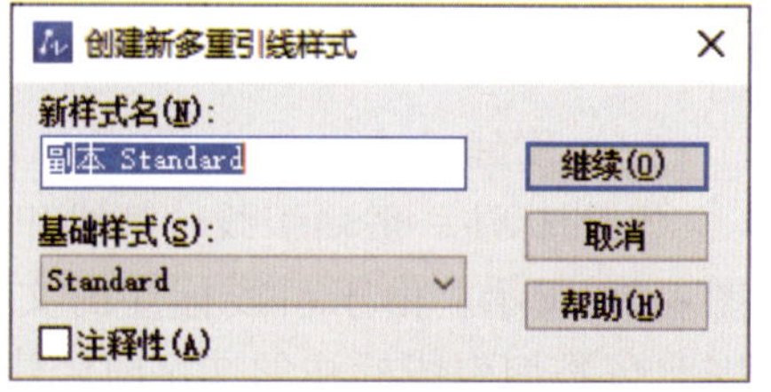

图 4-73 “创建新多重引线样式”对话框

（7）修改：开启“修改多重引线样式”对话框，如图 4-74 所示，通过该对话框可对当前多重引线样式的相关参数和特性进行修改。

（8）删除：删除“样式”列表中选定的样式。不能删除图形中正在使用的样式。

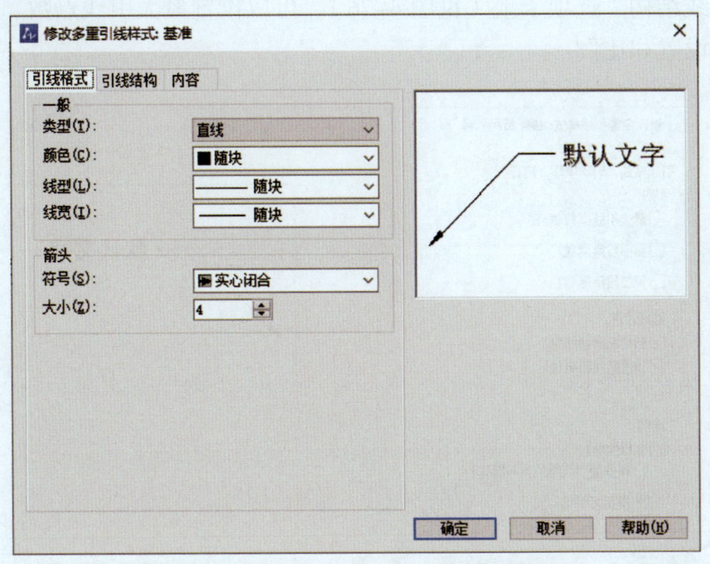

图 4–74 “修改多重引线样式：基准”对话框

3. 新建引线样式的步骤

（1）在“多重引线样式管理器”中，单击“新建”，系统弹出“创建新多重引线样式”对话框，如图 4–73 所示。

（2）在“新样式名”文本框中指定新多重引线样式的名称，单击“继续”按钮，系统弹出“修改多重引线样式”对话框，如图 4–75 所示。

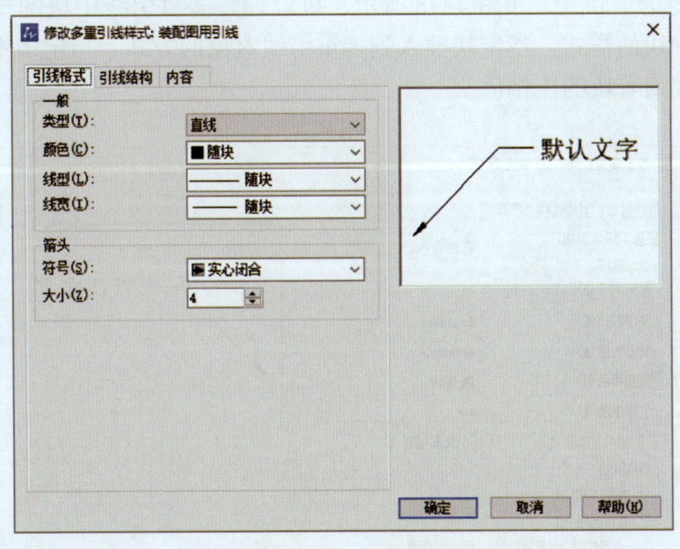

图 4–75 “修改多重引线样式：装配图用引线”对话框

（3）在“修改多重引线样式”对话框的“引线格式”选项卡中，可以设置引线的类型、颜色、线型和线宽。

（4）在“箭头”选项组可指定多重引线箭头的符号和大小。

（5）在“引线结构”选项卡上（见图 4–76），可以设置最大引线点数、第一段角度、第二段角度、基线设置和比例。

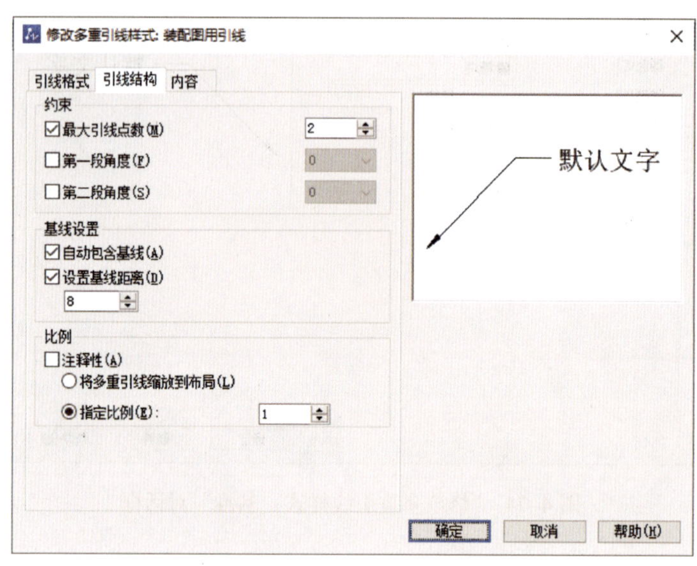

图 4–76 “引线结构”选项卡

（6）在“内容”选项卡上，“多重引线类型”可以设置为“多行文字”“块”或“无”。如果“多重引线类型”设置为“多行文字”，如图 4–77 所示，可以为“多重引线”设置默认文字、文字样式、文字角度、文字颜色、文字高度、文字边框和引线连接方式。如果“多重引线类型”指定为“块”，如图 4–78 所示，可以设置多重引线中块的相关选项，可以设置用于多重引线中块的样式，指定块插入到多重引线对象的方式，指定多重引线块内容的颜色，设置多重引线附着块的比例值。

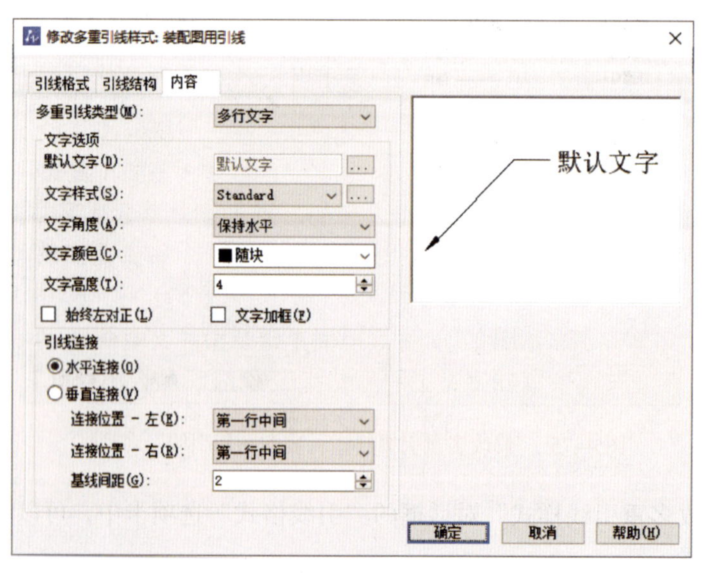

图 4–77 “多重引线类型”为“多行文字”

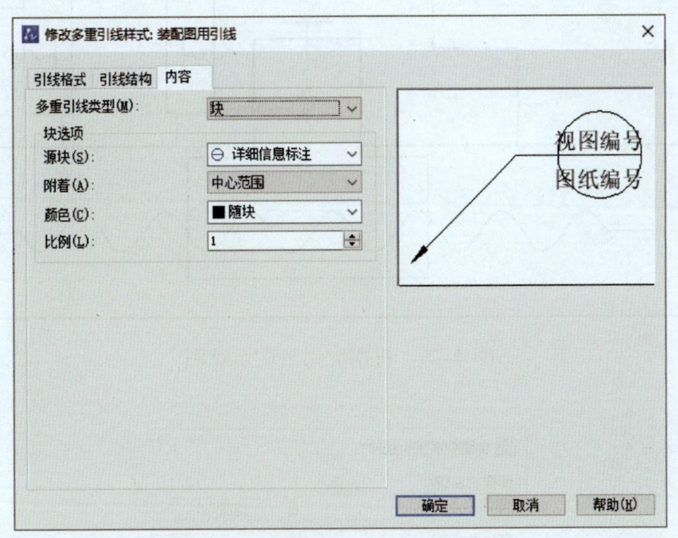

图 4-78 “多重引线类型”为“块”

三、“多重引线”命令

“多重引线”命令用于创建多重引线对象。

1. 执行“多重引线”命令的方法

（1）功能区：单击“常用”→“注释”→“多重引线”按钮；或者单击“注释”→“引线”→“多重引线”按钮。

（2）菜单栏：单击“标注”→“多重引线”命令。

（3）命令行：mleader（mld）。

2. 操作过程

执行“多重引线”命令，在图形中单击确定引线箭头位置，然后在打开的文字输入窗口中输入注释内容即可，命令提示如下：

命令：_mleader（执行“多重引线”命令）

指定引线箭头的位置或［内容优先（C）/ 引线基线优先（L）/ 选项（O）］<引线箭头优先>：（指定引线箭头的位置）

指定引线基线的位置：（指定引线基线位置）

3. 示例

使用“多重引线”命令标注图 4–79 所示机用虎钳装配示意图的零件序号。

（1）创建多重引线样式

1）执行“多重引线样式”命令，系统弹出“多重引线样式管理器”对话框，单击“新建”按钮，系统弹出“创建新多重引线样式”对话框，新样式名为“零件序号”，基础样式选择“Standard”，如图 4–80 所示。

2）单击“继续”按钮，系统弹出“修改多重引线样式：零件序号”对话框，在“箭头”选项组中，“符号”设置为“小点”，“大小”设置为“1.5”，如图 4–81 所示。

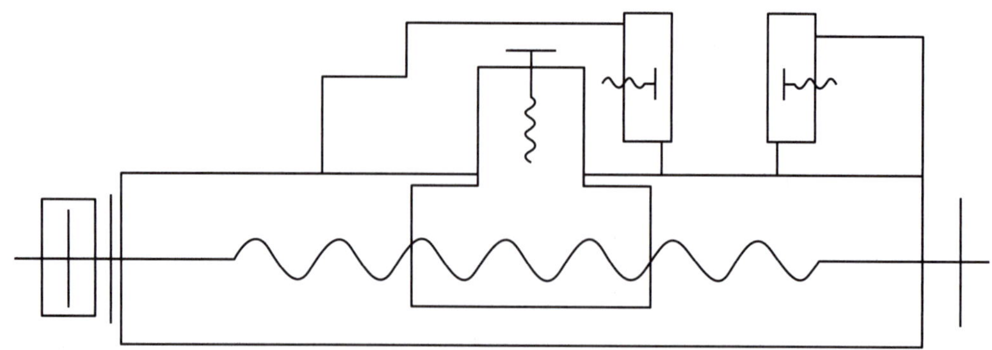

图 4-79　机用虎钳装配示意图

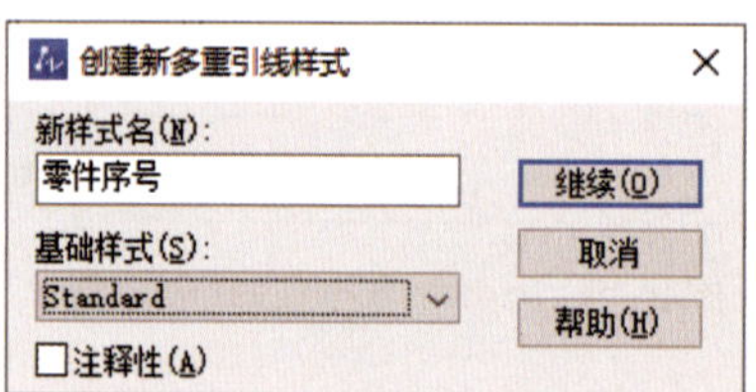

图 4-80　“创建新多重引线样式”对话框

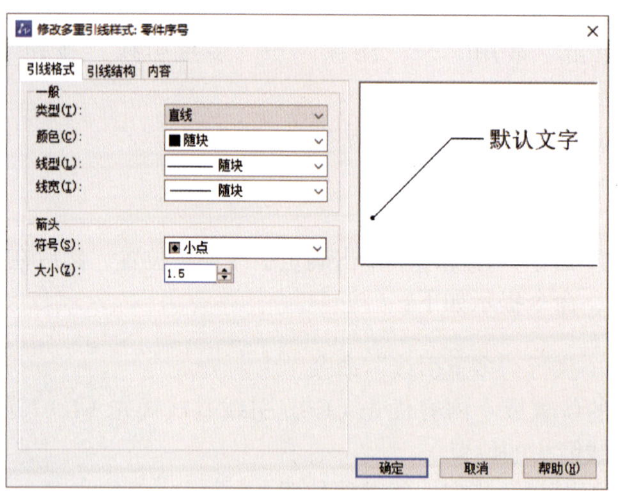

图 4-81　设置“符号”和“大小”

3）在“引线结构”选项卡中，将“设置基线距离”设置为“0”，同时不勾选“自动包含基线”选项，如图 4-82 所示。

4）在“内容”选项卡中，将“多重引线类型”设置为“块”，“源块”设置为“○圆”，“附着”设置为“插入点”，如图 4-83 所示。

5）设置完毕，单击“确定”按钮，完成“零件序号”多重引线样式的设置，并返回“多重引线样式管理器”对话框。“零件序号”多重引线样式就呈现在“样式”列表框中（见图 4-84），单击“关闭”按钮，完成设置。

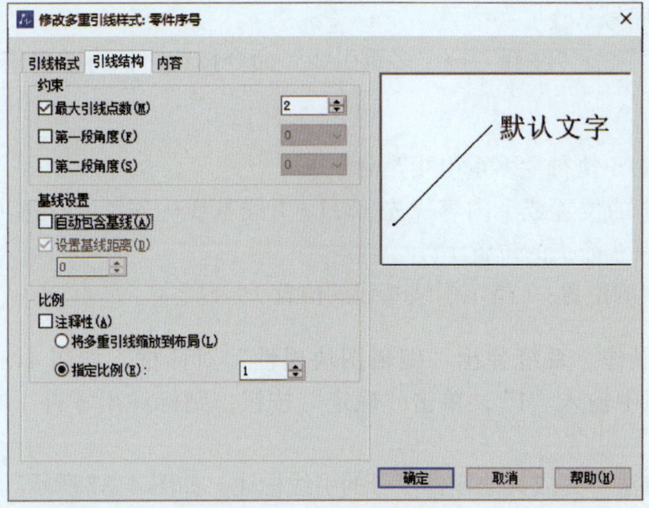

图 4-82 设置基线距离

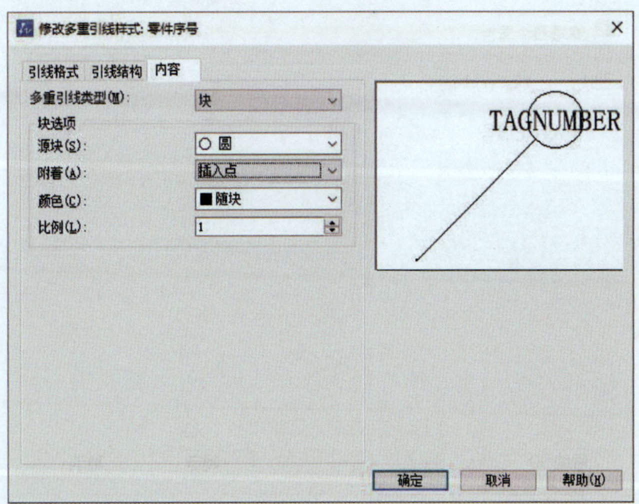

图 4-83 设置“多重引线类型”及“源块”选项

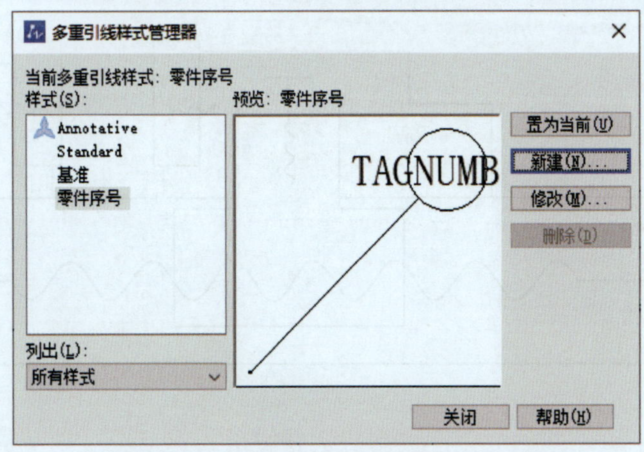

图 4-84 “多重引线样式管理器”对话框

（2）标注零件序号

1）单击“常用”→“注释”→“多重引线”命令按钮，执行“多重引线”命令，系统给出如下提示：

命令：_mleader（执行“多重引线”命令）

指定引线箭头的位置或［内容优先（C）/ 引线基线优先（L）/ 选项（O）］<引线箭头优先>：（指定引线箭头的位置）

指定引线基线的位置：（指定引线基线的位置）

2）执行上述操作，系统弹出“编辑图块属性”对话框，如图 4–85 所示。在“输入标记编号”文本框中输入“1”，单击“确定”按钮，则标注出零件 1 的序号，如图 4–86 所示。

3）用相同的方法，完成其他零件序号的引线标注，如图 4–87 所示。

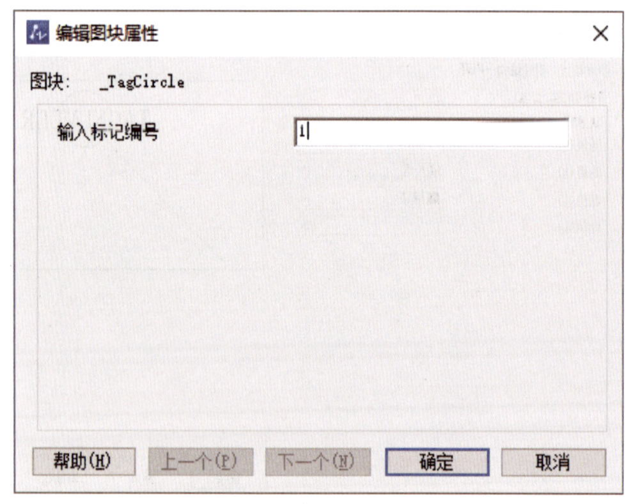

图 4–85　“编辑图块属性”对话框

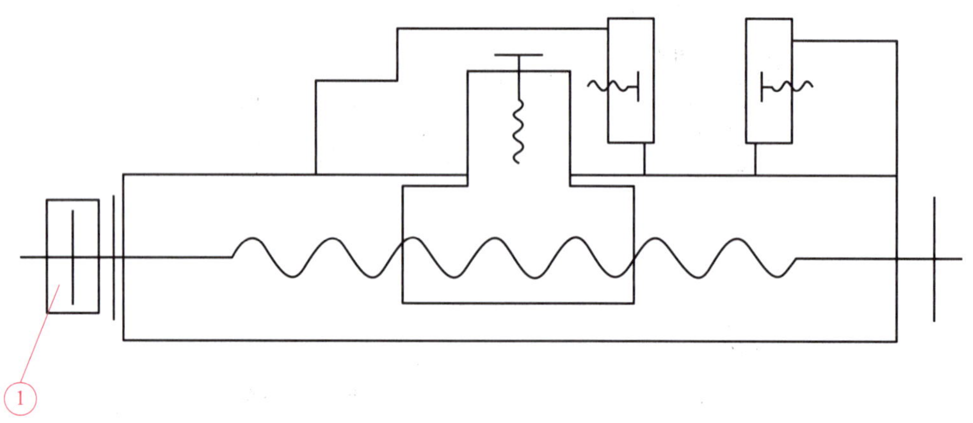

图 4–86　标注零件 1 的序号

直接标注的零件序号杂乱无章，可应用“对齐引线”命令将其对齐。

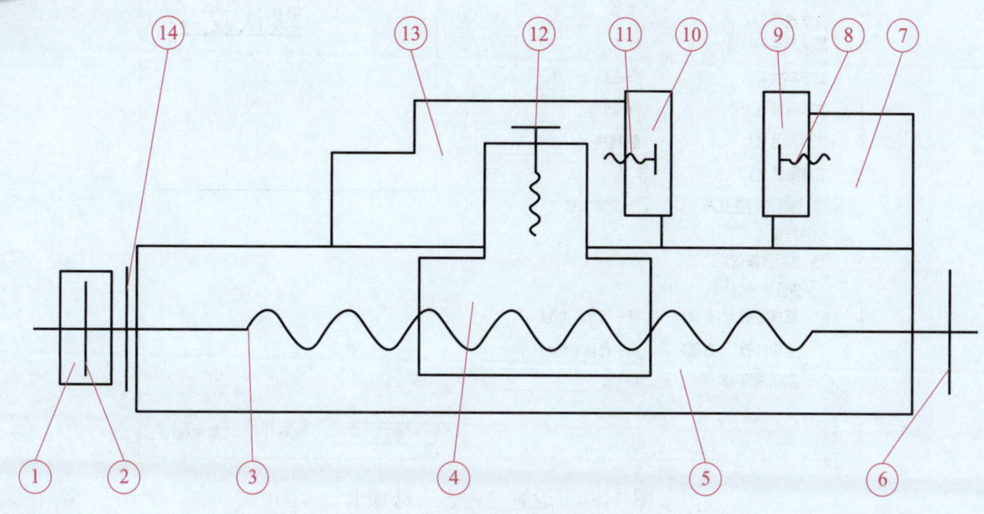

图 4–87　标注机用虎钳装配示意图的零件序号

1. 绘制光轴并标注线性尺寸，如图 4–88 所示。

图 4–88　绘制光轴并标注线性尺寸

2. 标注倒角。

（1）执行“多重引线样式”命令，新建“倒角”样式。在“引线格式”选项卡中，将“箭头”选项组的“符号”设置为“无”，“大小”设置为 0；在“引线结构”选项卡中，将“基线距离”设置为 0；“内容”选项卡设置如图 4–89 所示。

（2）执行“多重引线”命令，在倒角处引出引线并输入“*C*2”，完成倒角标注，注意字母 *C* 为斜体；用同样的方法，标注另一侧的倒角，结果如图 4–90 所示。

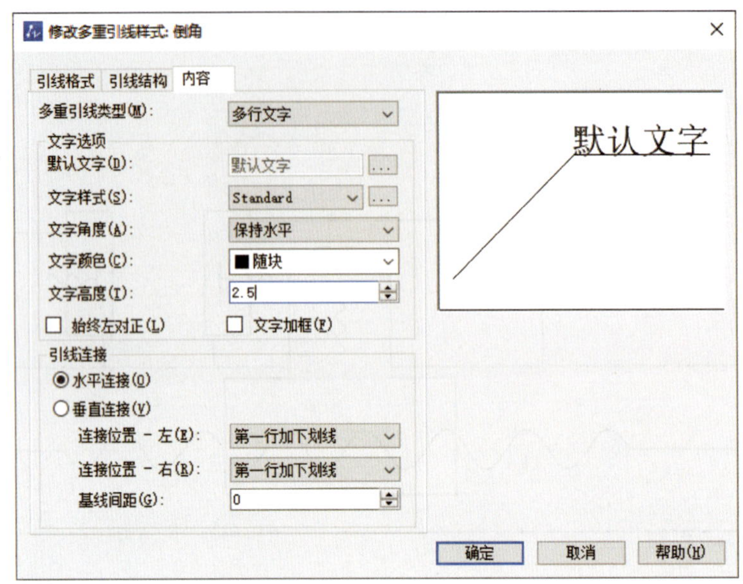

图 4-89　设置“内容”选项卡

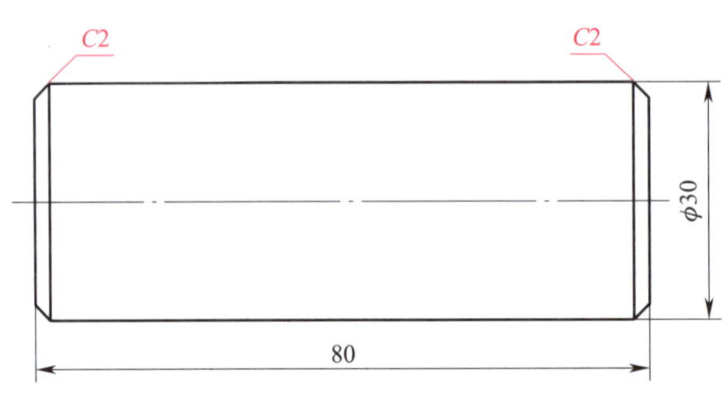

图 4-90　应用“多重引线”命令标注倒角

3. 标注中心孔。

（1）执行“多重引线样式”命令，将“Standard”样式置为当前样式，单击“修改”按钮，对箭头大小、字体高度进行设置，使其与标注样式所用箭头和字体高度一致。

（2）执行“多重引线”命令，根据系统提示进行下列操作。

命令：_mleader（执行“多重引线”命令）

指定引线箭头的位置或［内容优先（C）/ 引线基线优先（L）/ 选项（O）］<引线箭头优先>:（用光标拾取光轴左端面中点为引线箭头位置）

指定引线基线的位置：（移动光标至合适的位置，指定引线基线位置）

完成上述操作，光标变为文字输入状态，输入“2 × GB/T 4459.5—B1.6/5”后，关闭文字编辑器，结果如图 4-91 所示。

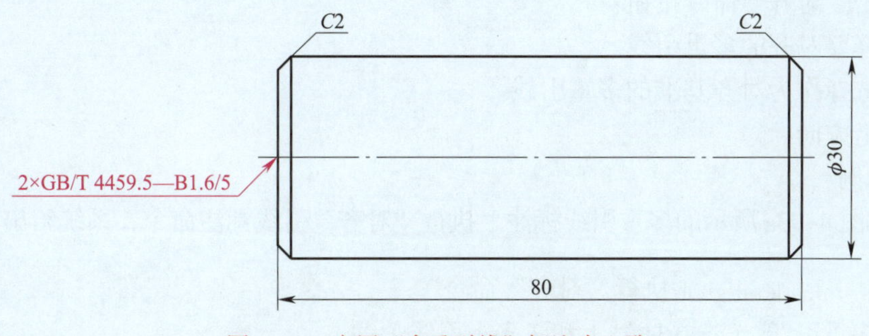

图 4–91　应用“多重引线”标注中心孔

多重引线工具命令

在中望 CAD 2023 中，系统提供的“多重引线”工具栏如图 4–92 所示。各命令的名称及功能见表 4–5。

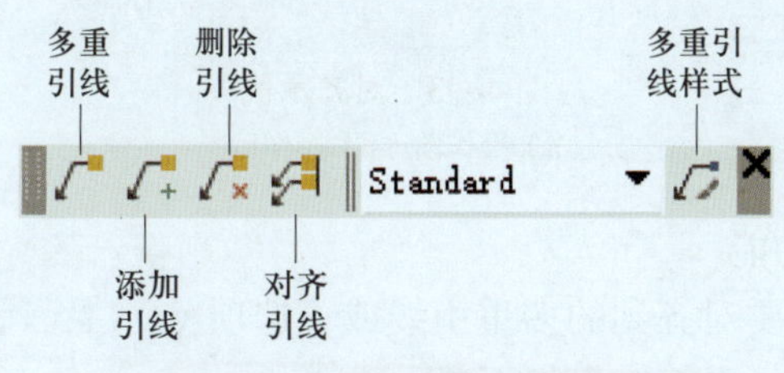

图 4–92　“多重引线”工具栏

表 4–5　“多重引线”工具栏中各命令名称及其功能

按钮	名称	功能
	多重引线	创建多重引线对象
	添加引线	将引线添加至现有的多重引线对象
	删除引线	将引线从现有的多重引线对象中删除
	对齐引线	将多重引线对象按指定间距对齐排列，多重引线对齐方式可选择为分布、使引线线段平行、指定间距、使用当前间距。默认情况下使用当前间距
	多重引线样式	创建和修改多重引线样式，用于控制多重引线的外观

1. 对齐并间隔排列选定的多重引线对象

（1）步骤

对齐并间隔排列选定的多重引线对象的步骤如下。

1）单击“对齐”命令按钮 。

2）选择要对齐的多重引线。

3）再选择作为对齐基准的多重引线。

4）指定方向。

（2）示例

对齐如图 4-93a 所示的多重引线标注。执行“对齐”引线标注命令，系统给出如下提示：

命令：_mleaderalign（执行“对齐”命令）
选择多重引线：（选择序号 1 和 3 多重引线）
选择多重引线：↙（按 Enter 键结束选择）
当前模式：使用当前间距
选择要对齐到的多重引线或［选项（O）］：（选择序号 2 多重引线）
指定方向：（指定水平方向为指定方向）

执行上述操作，结果如图 4-93b 所示。

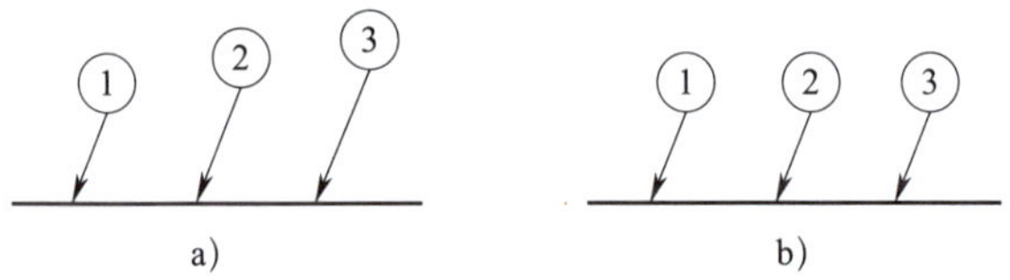

图 4-93　对齐示例

a）操作前　b）操作后

（3）“选项”命令的功能

在命令行出现“选择要对齐到的多重引线或［选项（O）］：”，输入“O”按 Enter 键即可激活“选项（O）”命令，系统给出如下提示：

选择要对齐到的多重引线或［选项（O）］：O↙（输入选项 O）
输入选项［分布（D）/ 使引线线段平行（P）/ 指定间距（S）/ 使用当前间距（U）］< 使用当前间距 >：

“选项”命令用于指定多重引线的对齐方式。

1）分布：在指定两点之间均匀排列多重引线内容。

2）使引线线段平行：选定的多重引线对象的引线线段与指定的引线线段平行排列。

3）指定间距：指定作为对齐基准的引线，选定的多重引线对象与基准引线的内容按照指定的间距和方向进行对齐排列。

4）使用当前间距：指定作为对齐基准的引线，选定的多重引线的内容按照指定方向排列，且排列前与排列后内容端之间的连线与对齐线垂直。

2. 添加引线

（1）步骤

添加引线的操作步骤如下。

1）单击“添加引线”命令按钮 。

2）选择已经绘制的多重引线。

3）指定新添加引线箭头的位置，可以继续添加其他引线箭头。

4）按 Enter 键完成命令。

（2）示例

在如图 4–94a 中的引线标注的基础上，添加两处引线，如图 4–94b 所示。

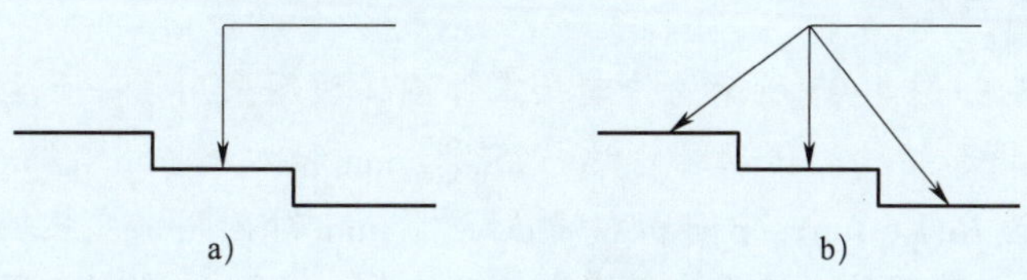

图 4–94　添加引线示例

a）操作前　b）操作后

执行“添加引线”命令，系统提示如下：

选择多重引线：（选择图 4–94a 所标注的多重引线）
指定引线箭头位置或［删除引线（R）］：（移动光标至左端台阶面指定引线箭头位置）
指定引线箭头位置或［删除引线（R）］：（移动光标至右端台阶面指定引线箭头位置）
指定引线箭头位置或［删除引线（R）］：↙（按 Enter 键结束添加）

执行上述操作，结果如图 4–94b 所示。

3. 删除引线

将引线从现有的多重引线对象中删除的一般步骤如下。

（1）单击“删除引线”按钮 。

（2）选择多重引线。

（3）选择要删除的一条引线，可以继续选择其他要删除的引线，或按 Enter 键结束“删除引线”命令。

任务 4　绘制传动轴零件图

1. 掌握创建与插入内部块和外部块的方法。
2. 能创建与编辑动态块和属性块。

3. 能标注几何公差和基准符号。

4. 能绘制传动轴零件图。

任务引入

本任务要求绘制如图 4–95 所示的传动轴零件图，该图采用了一个主视图和两个断面图来表达传动轴的形状和结构。传动轴左端 $\phi45^{+0.018}_{+0.012}$ mm 和右端 $\phi58^{+0.060}_{+0.041}$ mm 外圆用于安装齿轮，其表面粗糙度为 $Ra1.6$ μm；中间和右端 $\phi55^{+0.021}_{+0.002}$ mm 外圆用来安装轴承，其表面粗糙度为 $Ra0.8$ μm；$\phi52$ mm 外圆的左端面为齿轮安装限位面；$\phi66$ mm 轴段起限位作用。传动轴有两处键槽，左端键槽尺寸为 14N9，中间键槽尺寸为 16N9。$\phi58^{+0.060}_{+0.041}$ mm 外圆标注了对轴线的径向圆跳动公差，$\phi66$ mm 轴段两端面标注了轴向圆跳动公差，键槽标注了对称度公差。本次任务不仅要求绘制零件图，还要求标注轮廓尺寸、基准符号、表面结构要求的图形符号和几何公差等。

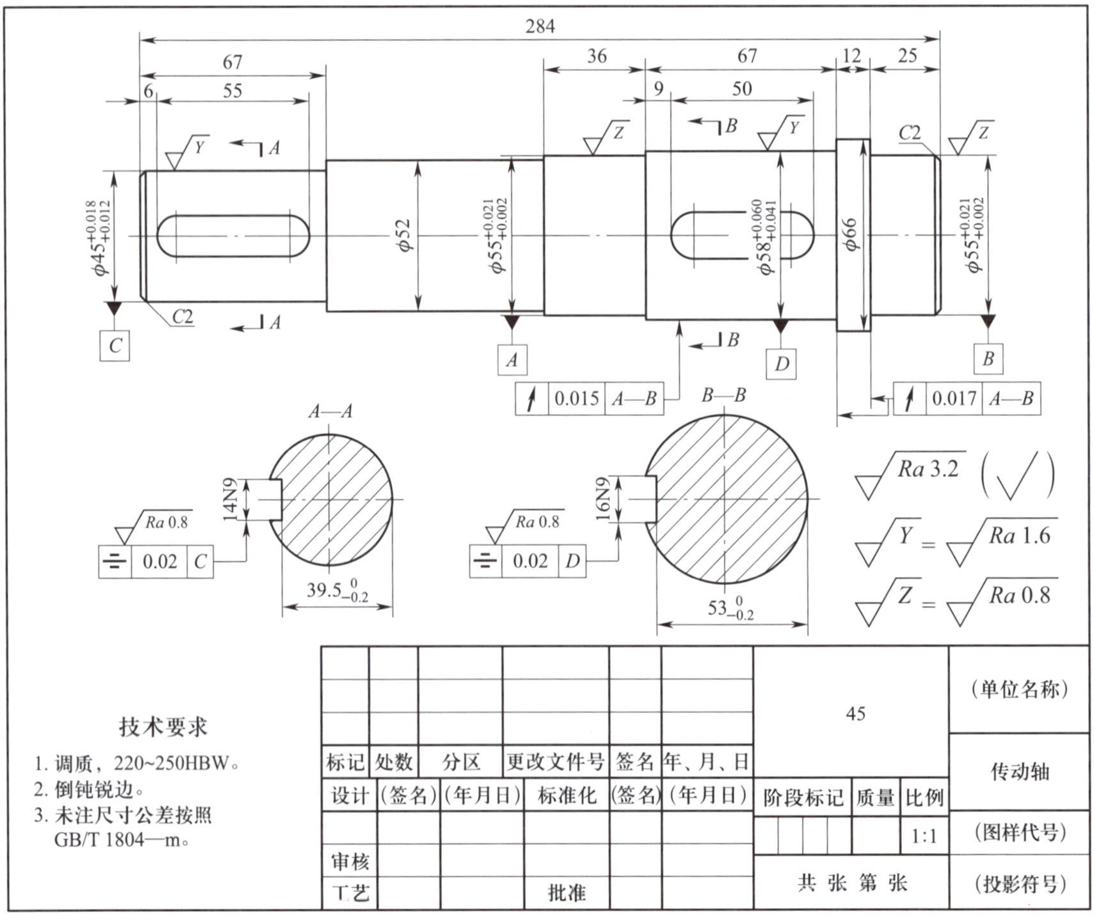

技术要求

1. 调质，220~250HBW。
2. 倒钝锐边。
3. 未注尺寸公差按照 GB/T 1804—m。

						45			(单位名称)
标记	处数	分区	更改文件号	签名	年、月、日			传动轴
设计	(签名)	(年月日)	标准化	(签名)	(年月日)	阶段标记	质量	比例	
								1:1	(图样代号)
审核						共 张 第 张			(投影符号)
工艺			批准						

图 4–95　传动轴零件图

一、图块及其属性

在绘制和设计机械图样的过程中，经常会发现一张图样中含有很多重复的部分，例如，在一张机械图样标注中可能会包含许多相同的部分（如表面结构要求的图形符号、基准符号等）。对于这些重复的部分，若一一绘制会相当麻烦。中望 CAD 2023 通过提供图块和外部参照来解决这些问题。

图块是将多个图形元素组合在一起形成的一个整体的图形集合单元。用户可以将这个图形集合单元作为单一的图形对象进行编辑和使用。图块主要由块名、组成块的对象、用于插入块的基点坐标值及相关的属性数据等组成元素构成。

1. 创建块定义

（1）执行“创建”块定义命令的方法

1）功能区：单击“常用”→“块”→“创建”按钮。

2）菜单栏：单击“绘图”→“块”→“创建”命令。

3）命令行：block（b）。

执行“创建”块定义命令后，系统弹出“块定义”对话框，如图 4-96 所示。

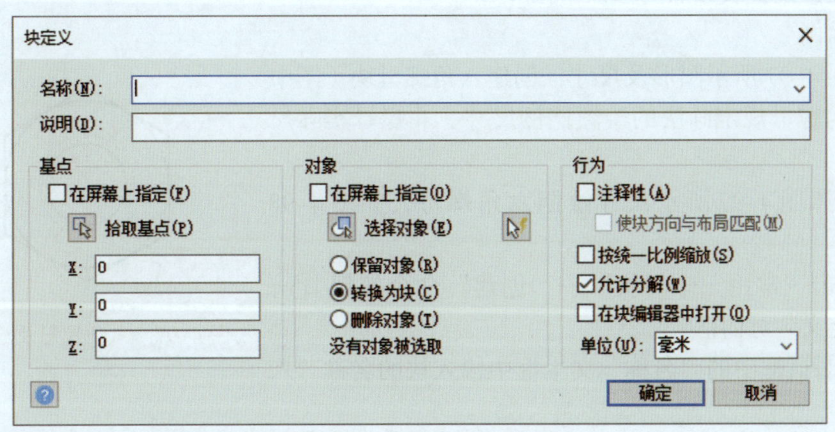

图 4-96 “块定义”对话框

（2）选项说明

1）“名称”下拉框：设置块的名称。块的命名规则由系统变量 EXTNAMES 决定。当系统变量设置为 1 时，名称最多可以包含 255 个字符，包括字母、数字、空格，以及系统或程序未作他用的任何特殊字符。若输入的块名在当前已经存在，可选择是否要更新已存在的块的定义，但存在的块属性将保持不变。

2）“说明”文本框：设置块的文字说明。

3）“基点”选项组：设置块的插入点。

①在屏幕上指定：关闭对话框时，提示用户指定基点。

②拾取基点：单击此按钮，临时关闭“块定义”对话框，提示用户指定基点，待用户指

定基点后返回“块定义”对话框。

③ X、Y、Z：分别指定插入点的 X、Y、Z 坐标以确定基点。

4)“对象”选项组：选择创建块的对象。

①在屏幕上指定：关闭对话框时，提示用户指定对象。

②选择对象：单击此按钮，临时关闭“块定义”对话框，待用户完成选择后按 Enter 键返回“块定义”对话框。

③保留对象：完成创建块定义操作后，仍然保留选取的对象为单一独立的对象。

④转换为块：完成创建块定义操作后，将选取的对象转换为块。

⑤删除对象：完成创建块定义操作后，将选取的对象从图形中删除。

⑥被选取的对象：显示被选取对象的总数。

5)“行为”选项组：设置创建块的行为。

①注释性：设置块为注释性。

②使块方向与布局匹配：设置图纸空间视口中的块参照的方向与布局一致。若未勾选“注释性”复选框，此选项不可用。

③按统一比例缩放：设置块参照是否允许不按统一比例进行缩放。

④允许分解：设置块参照是否允许被分解。

⑤在块编辑器中打开：指示是否在块编辑器中打开当前的块定义。

⑥单位：设置块参照的插入单位。

(3) 示例

根据图 4-97 所示图形及尺寸，创建六角螺母块（图中所示尺寸为螺母规定画法的绘图比例尺寸，非螺母实际尺寸）。

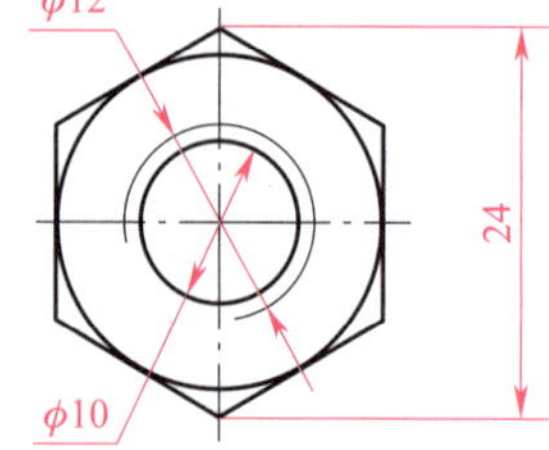

图 4-97　六角螺母及绘图比例尺寸

1) 按照图 4-97 所示尺寸绘制六角螺母，如图 4-98 所示。

2) 单击“常用”→“块”→“创建”命令按钮 ，打开“块定义”对话框。

3) 在对话框中的“名称”文本框中输入块的名称“六角螺母”。

4) 单击“基点”选项组上的“拾取基点”按钮，系统返回绘图区域。拾取圆心作为块的基点，如图 4-99 所示。

5) 单击“对象”选项组上的“选择对象”按钮，系统返回绘图区域，用鼠标框选六角螺母所有图形对象作为图块组成对象。

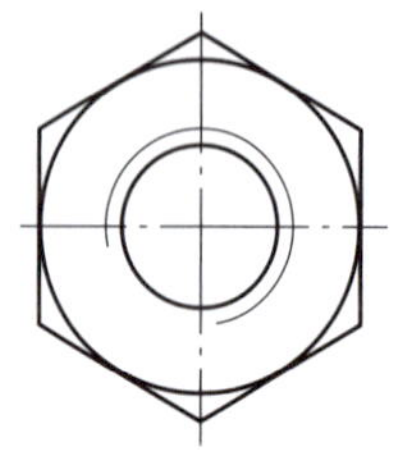
图 4-98　绘制六角螺母

图 4-99　拾取圆心作为块的基点

6）按 Enter 键，返回“块定义”对话框，如图 4-100 所示。

7）单击“确定”按钮，返回绘图区域，完成块的定义。

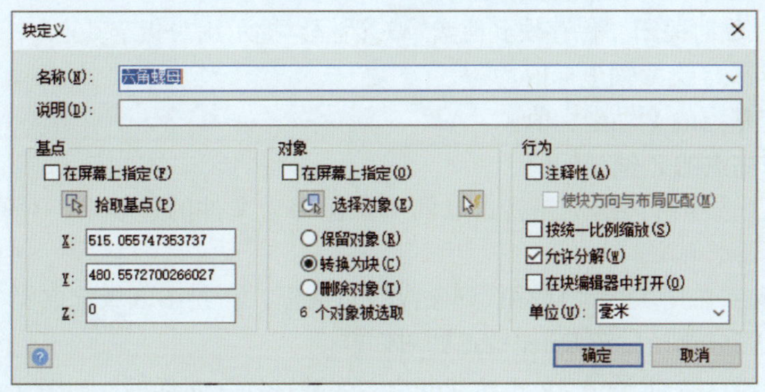

图 4-100　六角螺母“块定义”对话框

2. 创建外部块

块定义仅限于在创建块的图形文件中使用，当其他文件中也需要使用时，则需要创建外部块。外部块不依赖于当前图形，可以在任意图形文件中调用并插入。使用“写块”命令可以创建外部块。在命令行中执行“w”（或“wblock”）命令，弹出如图 4-101 所示“保存块到磁盘”对话框，对话框中各项含义如下。

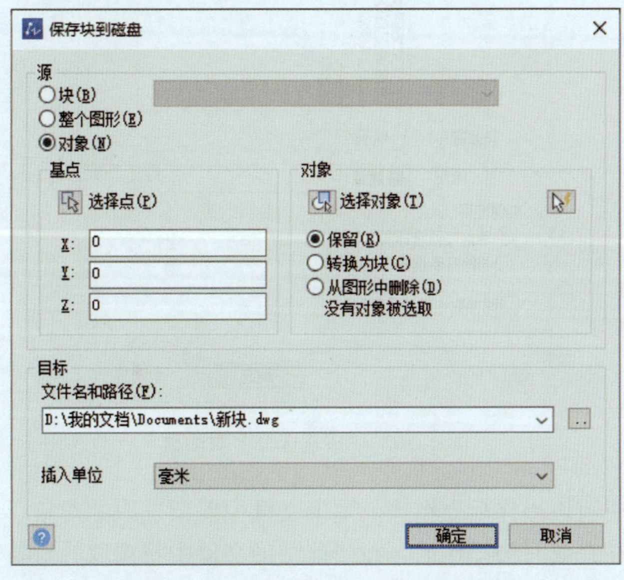

图 4-101　“保存块到磁盘”对话框

（1）“源”选项组：指定块或对象，将其写入到新的图形文件并指定插入点。

1）块：选择此项，用户可从下拉列表中选择块。下拉列表中显示的块都是当前图形文件中存在的块。

2）整个图形：将当前图形写入到新的图形文件中。

3）对象：选取要写入到新的图形文件中的对象。只有选择此项，用户才可以指定基点和选择对象。

（2）“基点”选项组：指定块的基点。

1）选择点：临时关闭“保存块到磁盘”对话框，提示用户指定基点。

2）X：指定基点的 X 轴坐标值。

3）Y：指定基点的 Y 轴坐标值。

4）Z：指定基点的 Z 轴坐标值。

（3）“对象”选项组：指定在将选取的对象保存为文件的过程中，对原始对象的处理方法。

1）选择对象：临时关闭“保存块到磁盘”对话框，在绘图区域选取要写入到新的图形文件中的对象，完成选择后按 Enter 键返回对话框。

2）“快速选择”按钮 ：单击按钮开启“快速选择”对话框，如图 4–102 所示，通过过滤条件构造对象。将最终的结果作为所选择的对象。

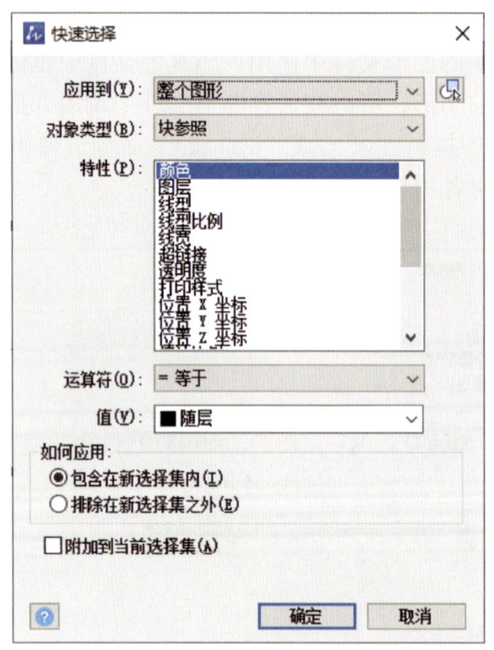

图 4–102 “快速选择”对话框

3）保留：在完成写块操作后，在当前图形文件中保留选取的对象。

4）转换为块：在完成写块操作后，在当前图形文件中将选取的对象转换为块。

5）从图形中删除：在完成写块操作后，从当前图形文件中删除选取的对象。

（4）“目标”选项组：指定新文件的名称和保存路径，以及插入块时所用的单位。

1）文件名和路径：输入新文件的名称和保存路径，或单击文本框后面的“...”按钮开启“要创建的 .DWG 文件名”对话框，从中指定新图形文件的名称、文件格式以及保存位置。

2）插入单位：为新图形指定插入单位。

3. 插入图块

在用中望 CAD 2023 绘图的过程中，可根据需要随时把定义好的图块或图形文件插入当前图形的任意位置处，在插入的同时还可以改变图块的大小、旋转一定角度或把图块分解等。

（1）执行“插入块”命令的方法

1）功能区：单击“常用”→“块”→“插入”按钮 。

2）菜单栏：单击“插入”→“块”命令。

3）命令行：insert（i）。

执行“插入”块命令，系统打开“插入图块”对话框，如图 4-103 所示。

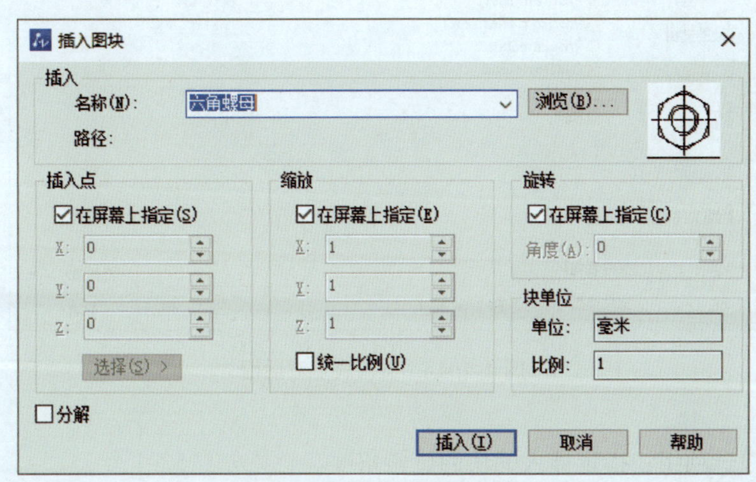

图 4-103 “插入图块”对话框

（2）选项说明

1）“插入”选项组。

①名称：指定要插入的块，或指定要以块的形式插入到图形中的文件。

②“浏览”按钮：单击该按钮，开启“插入块”对话框，如图 4-104 所示，从中选择要插入的文件名。

③路径：显示要插入的文件路径。

2）“插入点”选项组：指定图块或文件的插入位置。

①在屏幕上指定：关闭“插入图块”对话框时，命令行提示指定插入点，可以在绘图区域指定图块或文件的插入点。

② X、Y、Z 坐标值：分别输入插入点的 X、Y、Z 轴坐标值。

③选择：勾选“在屏幕上指定”选项后，该功能可用。单击“选择”后将临时关闭“插入图块”对话框，用户可以在绘图区域指定图块或文件的插入点。指定插入点后，返回“插入图块”对话框。

3）“缩放”选项组：指定插入的图块或文件的缩放比例因子。

①在屏幕上指定：关闭“插入图块”对话框时，命令行提示指定缩放比例因子。

② X、Y、Z：分别指定图块缩放的 X、Y、Z 轴方向的缩放比例因子。

③统一比例：为 X、Y 和 Z 坐标指定相同的缩放比例因子。

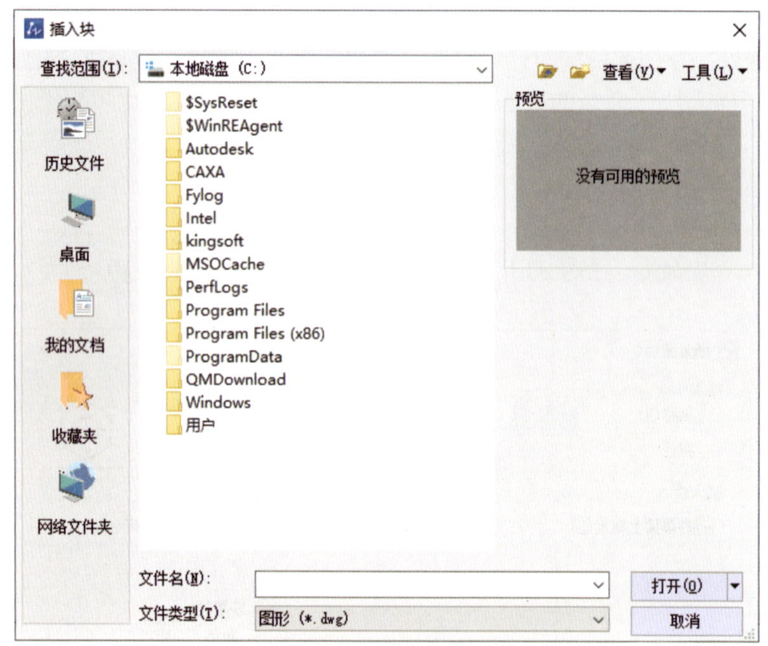

图 4–104 “插入块”对话框

4）“旋转”选项组：指定插入的块的旋转角度。

①在屏幕上指定：关闭“插入图块”对话框，命令行提示指定块的旋转角度，用户可以使用定点设备在绘图区域旋转图像或直接输入旋转角度。

②角度：指定图块的旋转角度。

5）“块单位”选项组：显示块单位信息。

①单位：显示插入块的 INSUNITS 值（将块、图形或外部参照插入或附着到图形时，自动缩放所使用的图形单位值）。

②比例：显示单位比例因子，它是根据源块和当前图形 INSUNITS 值计算出来的。

6）“分解”勾选项：勾选此项，将块分解为单独的对象插入到当前图形文件中。注意，勾选“分解”选项，则仅可以按统一比例插入块或文件。

（3）示例

插入如图 4–105 所示“六角螺母”块。

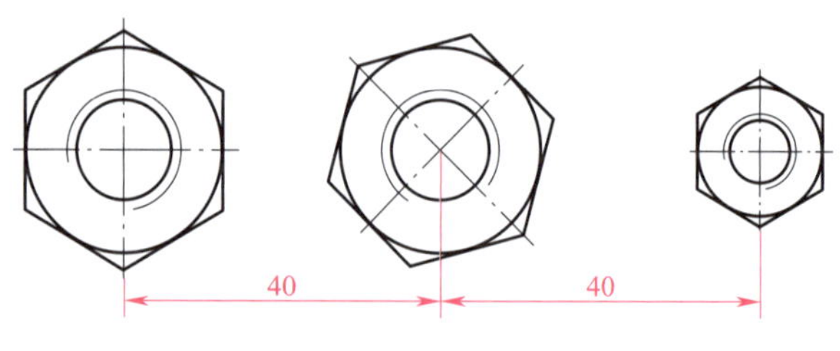

图 4–105 插入“六角螺母”块

1）绘制点。绘制 3 个点，如图 4–106 所示。

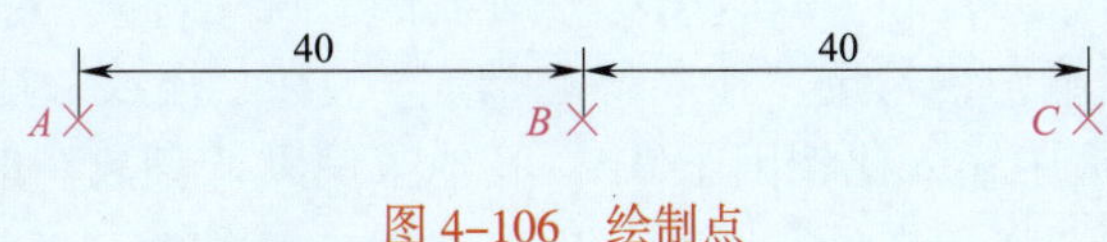

图 4–106　绘制点

2）在 A 点插入一个“六角螺母”图块。

执行“插入”块命令，打开“插入图块”对话框，在“名称”处选择“六角螺母”图块，在“插入点”选项组中，勾选“在屏幕上指定”，其他采用默认参数，如图 4–107 所示。

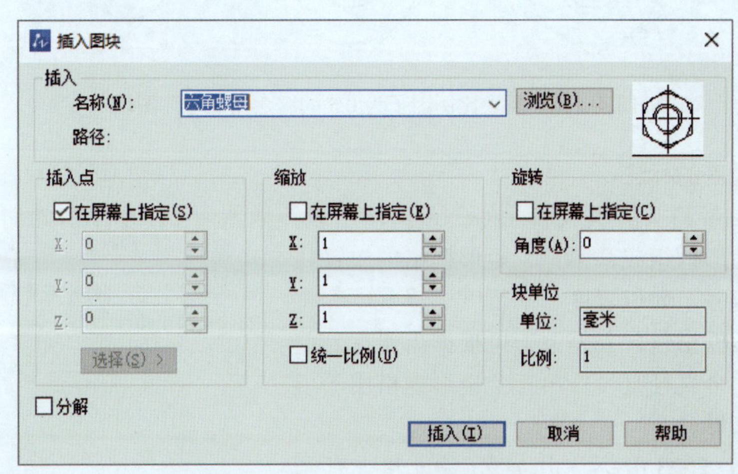

图 4–107　“插入图块”对话框

单击“插入”按钮，屏幕中显示出一个跟随光标移动的“六角螺母”图块，拾取 A 点，如图 4–108 所示，“六角螺母”图块被插入到 A 点位置。

3）在 B 点插入一个旋转 45° 的“六角螺母”图块。

执行“插入”块命令，打开“插入图块”对话框，在“名称”处选择“六角螺母”图块，在“插入点”选项组中，勾选“在屏幕上指定”，在“旋转”选项组中的“角度”文本框中输入 45，其他采用默认参数。单击“插入”按钮，屏幕中显示出一个跟随光标移动的旋转 45° 的“六角螺母”图块，拾取 B 点，如图 4–109 所示，一个旋转 45° 的“六角螺母”图块被插入到 B 点位置。

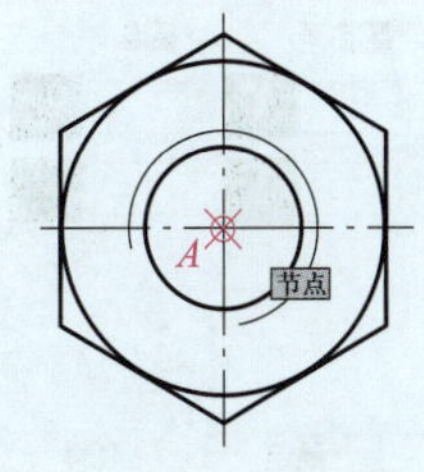

图 4–108　在 A 点插入“六角螺母”图块

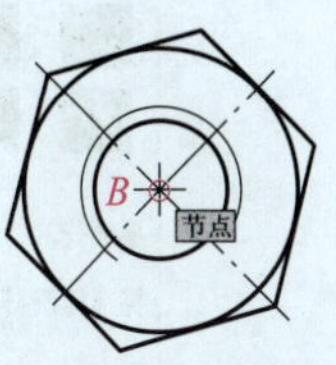

图 4–109　在 B 点插入一个旋转 45° 的“六角螺母”图块

4）在 C 点插入一个比例因子为 0.5 的“六角螺母”图块。

执行“插入”块命令，打开“插入图块”对话框，在“名称”处选择“六角螺母”图块，在“插入点”选项组中，勾选“在屏幕上指定”，在“缩放”选项组中勾选“统一比例”项，在“X”文本框中输入比例因子 0.5，其他采用默认参数。单击“插入”按钮，屏幕中显示出一个缩小的“六角螺母”图块，拾取 C 点，如图 4–110 所示，则在 C 点插入了一个比例因子为 0.5 的“六角螺母”图块。

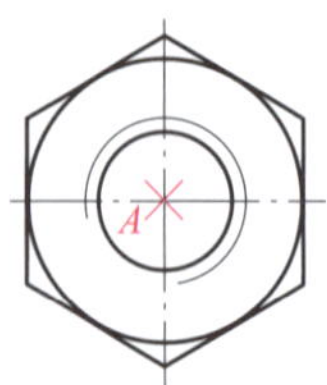

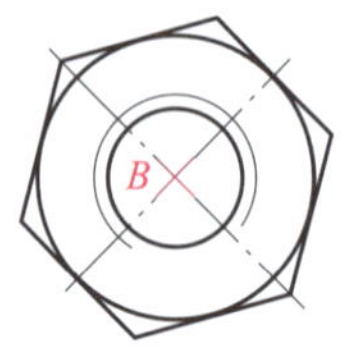

图 4–110　插入比例因子为 0.5 的“六角螺母”图块

二、几何公差的标注

几何公差由带箭头的引线和几何公差框格组成，如图 4–111 所示。几何公差框格一般由两个或三个矩形框组成，第一个矩形框格内放置几何公差的类型符号，如位置度、平行度、垂直度等符号；第二个矩形框格包含公差值，可根据需要在公差值的前面添加一个直径符号；第三个矩形框格用于填写表示基准的字母。

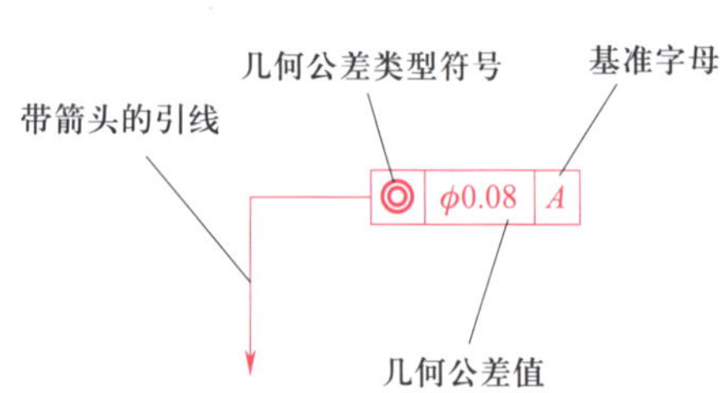

图 4–111　几何公差的组成

在中望 CAD 2023 中标注几何公差的方法有两种，分别用于不带引线的几何公差标注和带引线的几何公差标注。

1. 不带引线的几何公差标注

（1）执行“公差”命令的方法

1）功能区：单击“注释”→“标注”→“公差”按钮。

2）菜单栏：单击“标注”→“公差”命令。

3）命令行：tolerance（tol）。

执行“公差”命令，系统弹出“几何公差”对话框，如图 4–112 所示。

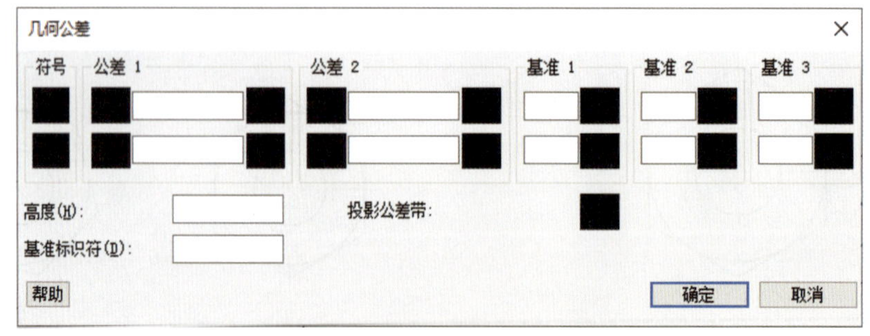

图 4–112　“几何公差”对话框

（2）选项说明

1）在“符号”选项区单击小黑框■，系统弹出“符号”对话框，如图 4–113 所示，通过该对话框可以选择几何公差符号。

2）在“公差 1”和“公差 2”选项区域中，在白色文本框中可以输入几何公差值，单击文本框前面的小黑框■，系统会自动为公差值加上前缀“ϕ”，单击文本框后面的小黑框■，系统会弹出如图 4–114 所示“附加符号”对话框，通过此对话框可以选择附加符号。

3）在“基准”选项区域中，在白色文本框中可以输入基准符号，单击文本框后面的小黑框■，系统会弹出如图 4–114 所示“附加符号”对话框，通过此对话框可以选择附加符号。

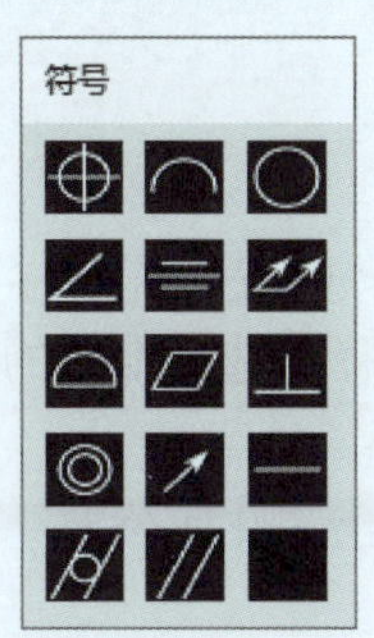

图 4–113 “符号”对话框

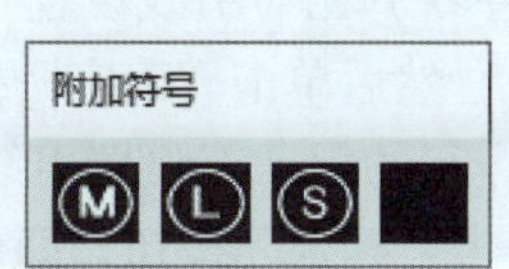

图 4–114 “附加符号”对话框

4）“高度”文本框用于输入投影公差带的高度值。投影公差带控制固定垂直部分延伸区的高度变化，并以位置公差控制公差精度。

5）“投影公差带”选项用于在投影公差带的高度值后面插入投影公差带符号。只要单击“投影公差带”后面的方框，即可将投影公差带符号插入到高度值后面。

6）“基准标识符”用于输入由字母组成的基准标识符号。

设置完毕，单击“确定”按钮，关闭“几何公差”对话框，一个设置好的几何公差框格随着光标的移动而移动，在绘图区域适当位置确定几何公差框格的放置点即可。

（3）示例

创建如图 4–115 所示的几何公差框格（不带引线）。

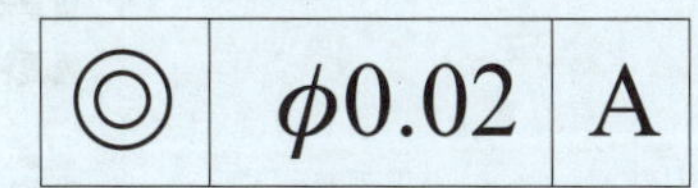

图 4–115 不带引线的几何公差框格示例

1）执行“公差”命令，系统弹出“几何公差”对话框。

2）在“符号”选项区单击小黑框■，系统弹出“符号”对话框（见图 4–113），单击同轴度符号◎。

3）单击“公差 1”文本框前面的小黑框■，系统会自动为公差值加上前缀“ϕ”，在文本框里输入公差值“0.02”，如图 4–116 所示。

4）在“基准 1”的文本框里输入“A”，如图 4–116 所示。

5）在绘图区域适当位置单击鼠标左键，设置好的几何公差框格（不带引线）被绘制出来。

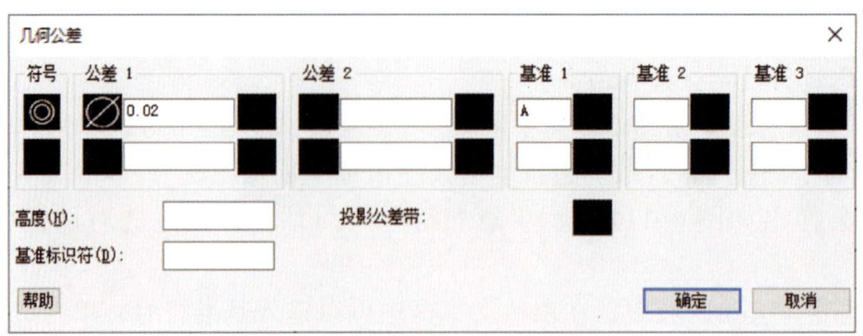

图 4–116　设置“几何公差”

2. 带引线的几何公差标注

（1）绘制带引线的几何公差的方法

1）在命令行中输入“LE”，执行“引线”命令。

2）当命令行提示“指定第一个引线点或［设置（S）］<设置>：”时，输入“S”并按 Enter 键，系统弹出“引线设置”对话框，选择对话框“注释”选项卡中的“公差”选项（见图 4–117），然后单击“确定”按钮。

3）在命令行的提示下设置引线的位置，完成后系统会弹出“几何公差”对话框，输入公差参数，单击“确定”按钮，即可标注带引线的几何公差。

（2）示例

创建如图 4–118 所示的带引线的对称度公差。

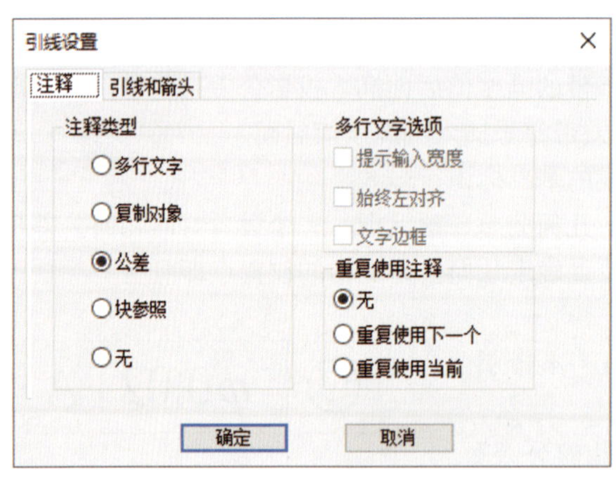

图 4–117　“引线设置”对话框

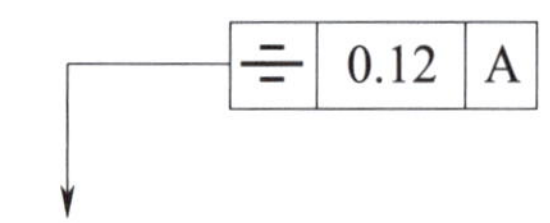

图 4–118　带引线的对称度公差

1）在命令行中输入“LE”，执行“引线”命令。

2）在绘图区域适当位置确定引线的位置（需要确定引线的起点、中间转折点和终点），系统弹出“几何公差”对话框。在符号处选择“对称度”符号，在“公差 1”处填写公差值 0.12，在“基准 1”处填写大写字母 A（注意：直接通过公差标注生成的基准字母为正体，而制图标准上基准字母为斜体），单击“确定”按钮，即可绘制出如图 4–118 所示带引线的对称度公差。

3. 绘制几何公差框格

中望 CAD 2023 自带的几何公差框格在许多情况下并不符合我国机械制图国家标准的相关规定，比如几何公差的图形符号、字母的正斜体形式等。要想得到符合国家标准的几何公差框格，可以自行绘制，其尺寸参照如图 4–119 所示（尺寸非国家标准规定）。框格既可以用表格的形式绘制，也可用“直线”命令绘制。为方便使用，用户还可以将其创建成块。

三、基准符号的标注

1. 基准符号的组成

基准符号如图 4–120 所示，由基准三角形、引线、方框和字母组成。

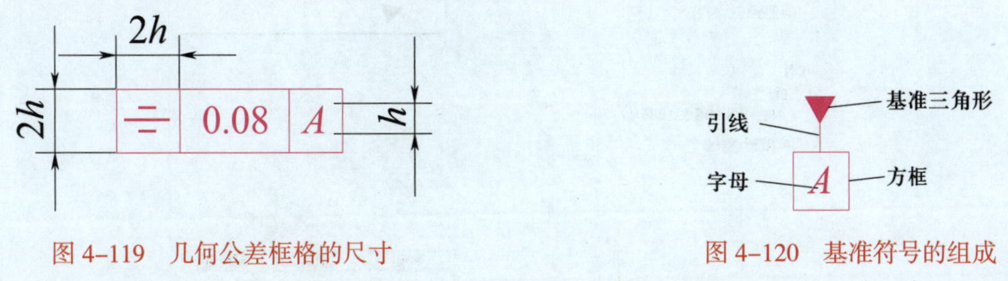

图 4–119　几何公差框格的尺寸

图 4–120　基准符号的组成

2. 绘制基准符号

绘制如图 4–120 所示的基准符号。

（1）创建引线标注样式

执行“多重引线样式”命令，创建“基准符号”多重引线样式，具体设置如下。

1）单击菜单栏“格式”→“多重引线样式”命令，系统弹出“修改多重引线样式：基准”对话框，如图 4–121 所示。

2）在“引线格式”选项卡中，将“箭头”选项组中的“符号”设置为“实心基准三角形”，“大小”设置为“2.5”，如图 4–121 所示。

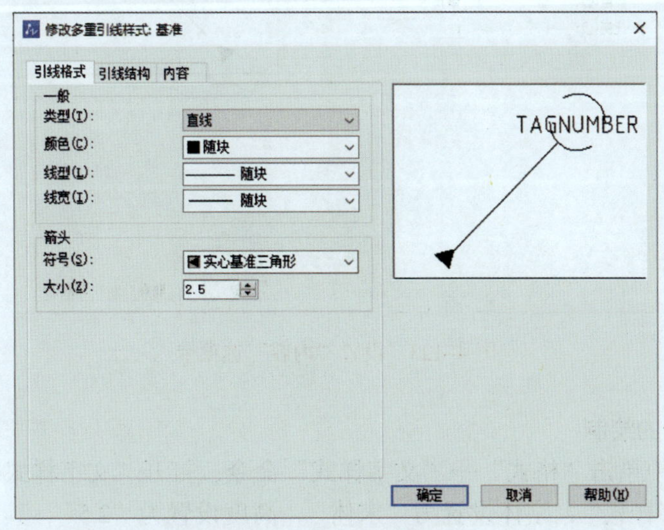

图 4–121　设置引线格式

3）在“引线结构”选项卡中，在“设置基线距离”的文本框中输入“0”，不勾选“自动包含基线”选项，如图 4–122 所示。

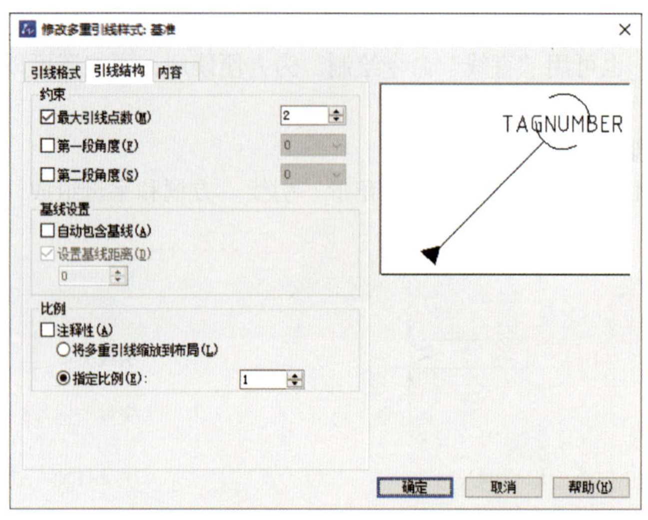

图 4–122　设置引线结构

4）在“内容”选项卡中，将“多重引线类型”设置为“块”，“源块”设置为“方框”，“附着”设置为“插入点”，“比例”设置为“1”，如图 4–123 所示。

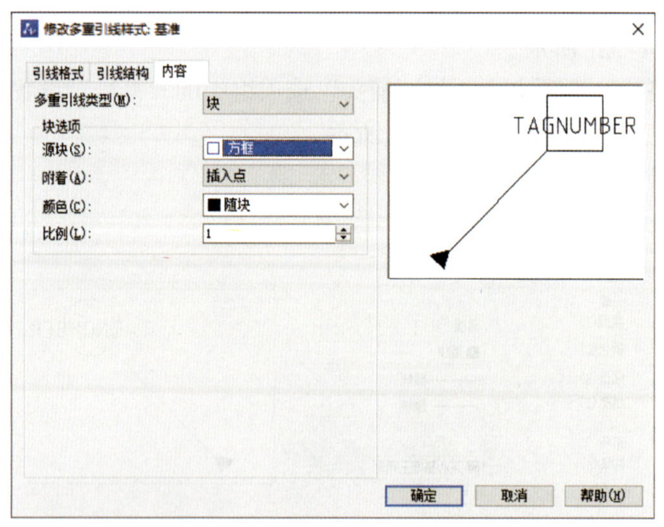

图 4–123　设置“内容”选项卡

（2）基准符号的绘制

1）在菜单栏中单击“格式”→“文字样式”命令，打开“文字样式管理器”对话框，新建“基准用文字样式”，字体设置为“宋体”，高度设置为“2.5”，其他采用默认设置，如图 4–124 所示。

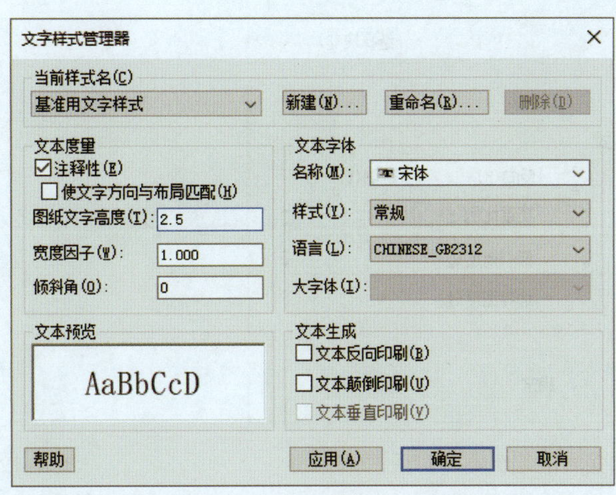

图 4-124　新建“基准用文字样式”

2）在功能区中单击“常用”→“注释”→“引线”按钮，执行“多重引线”标注命令。

3）在绘图区域单击指定一点作为引线的起点，向下拖动鼠标到适当位置，系统弹出“编辑图块属性”对话框，如图 4-125 所示，输入字母 A，按“确定”按钮，则绘制出如图 4-126 所示基准符号。

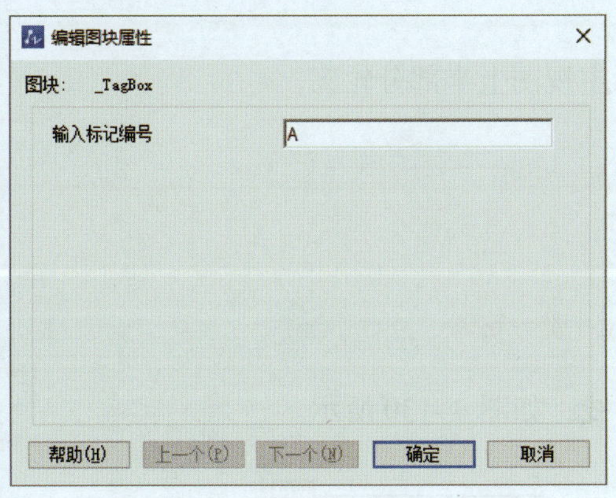

图 4-125　“编辑图块属性”对话框

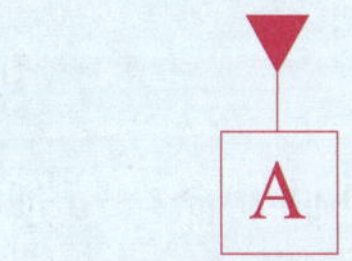

图 4-126　用“多重引线”命令绘制的基准符号

机械制图国家标准要求基准符号中的字母为斜体，需要应用分解命令将其分解，然后双击字母“A”，系统弹出“增强属性编辑器”对话框，如图 4-127 所示，在“文字选项”中，将“倾斜角度”设置为 15，然后单击“确定”按钮，字母“A”变为斜体，如图 4-128 所示。

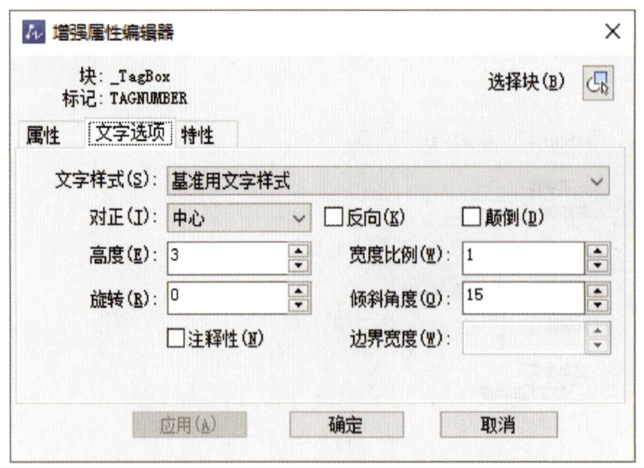

图 4–127 “增强属性编辑器”对话框

图 4–128 将基准符号改为斜体

1. 绘制图框和标题栏

根据传动轴轮廓尺寸，绘制 A3 图框和标题栏。

2. 绘制主视图

（1）绘制长为 290 mm 的中心线。

（2）应用“直线”命令，绘制如图 4–129 所示主视图上半部分轮廓。

图 4–129 绘制主视图上半部分轮廓

（3）应用“延伸”命令，延伸短竖直线至中心线，如图 4–130 所示。

图 4–130 延伸短竖直线至中心线

（4）应用“倒角”命令绘制两端 *C*2 mm 倒角，并绘制倒角线，如图 4–131 所示。

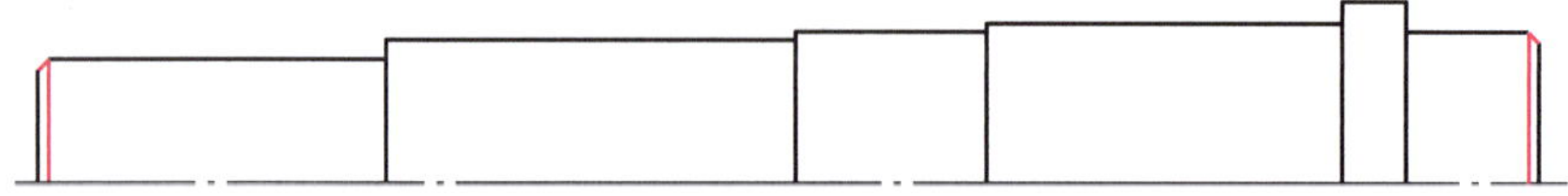

图 4–131 倒角

（5）应用“镜像”命令，将主视图上半部分轮廓镜像生成下半部分轮廓，如图 4–132 所示。

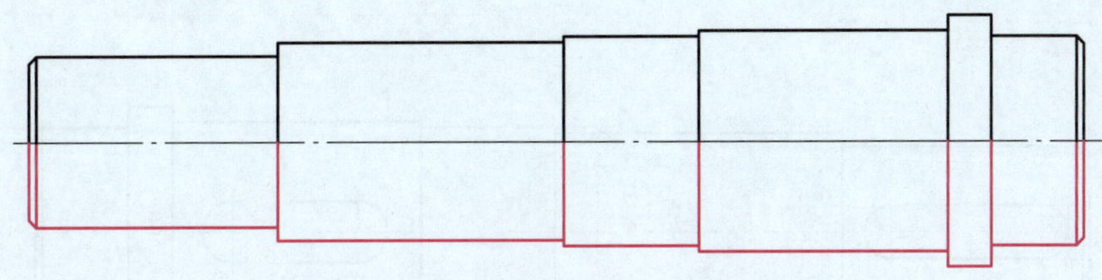

图 4–132　镜像生成下半部分轮廓

（6）根据键槽尺寸，绘制主视图上的两处键槽，如图 4–133 所示。

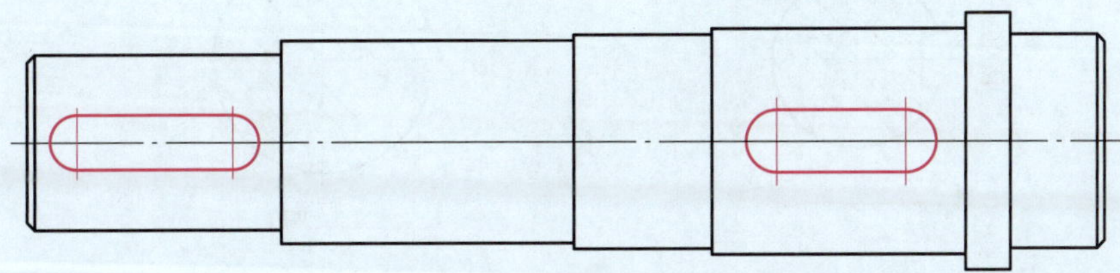

图 4–133　绘制主视图上的两处键槽

3. 绘制断面图

应用“直线”“圆”“等距”和“图案填充”等命令绘制两断面图，如图 4–134 所示。

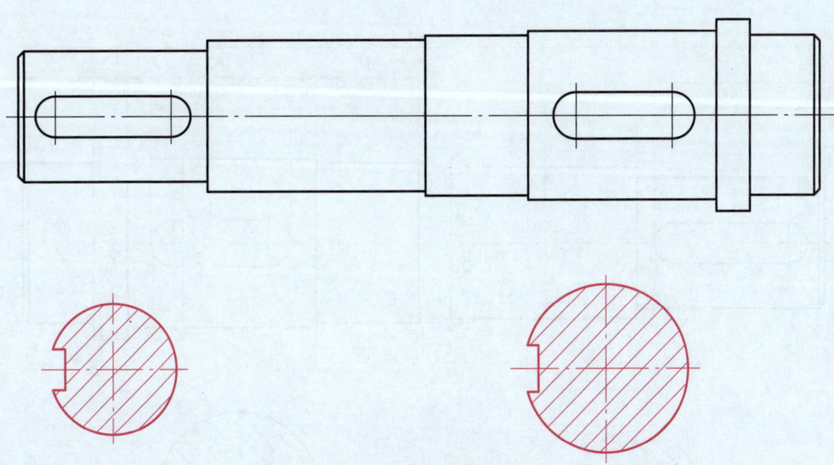

图 4–134　绘制两断面图

4. 标注尺寸及几何公差等

（1）标注线性尺寸

应用“线性”标注命令，标注传动轴零件图中的线性尺寸及公差，如图 4–135 所示。

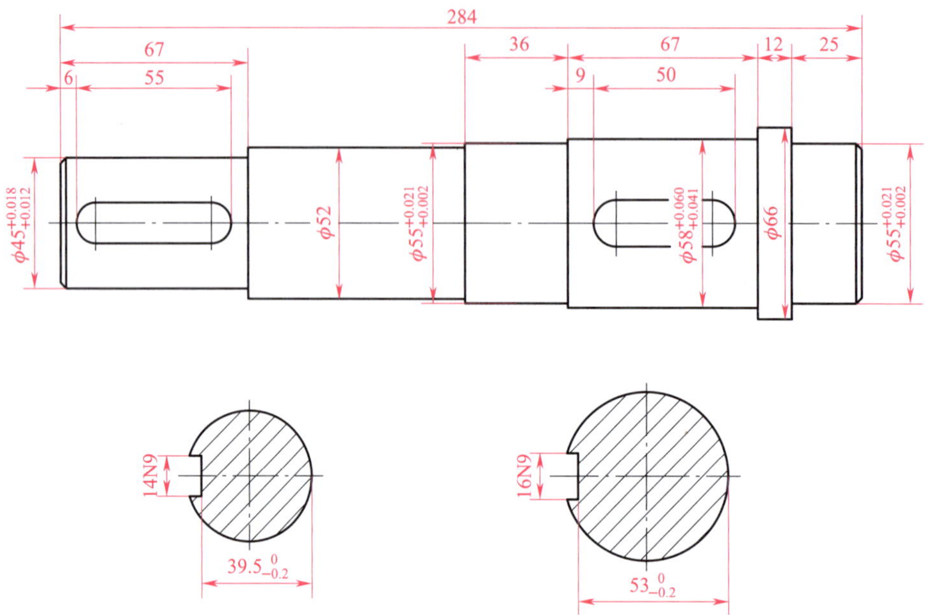

图 4-135　标注线性尺寸及公差

（2）标注基准符号

设置“多重引线样式”，应用“多重引线”命令，在主视图中标注 4 处基准符号，如图 4-136 所示。

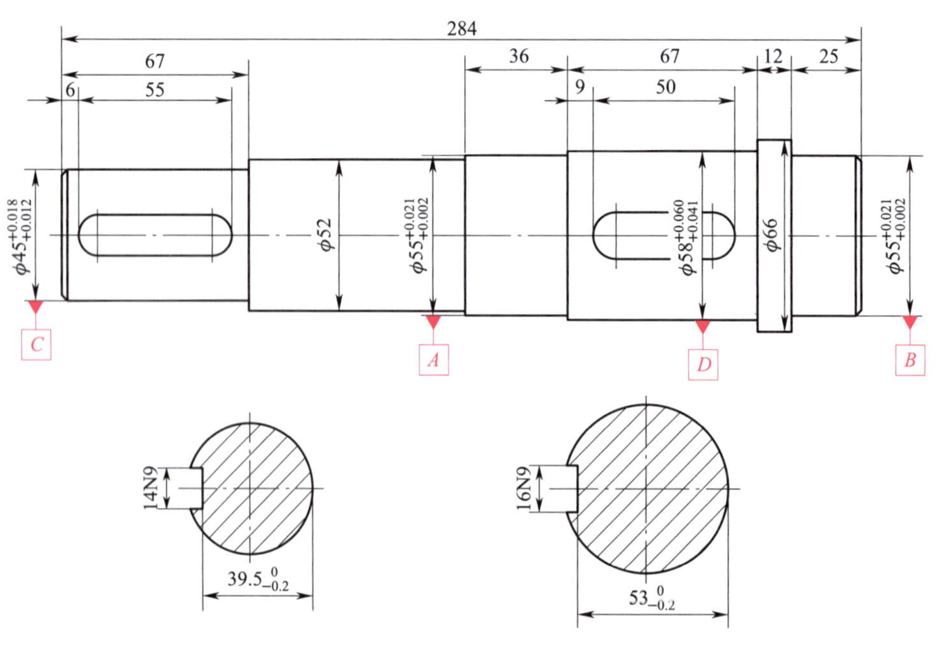

图 4-136　标注基准符号

（3）标注几何公差

应用“公差”指令，标注主视图和断面图上的几何公差，如图 4–137 所示。

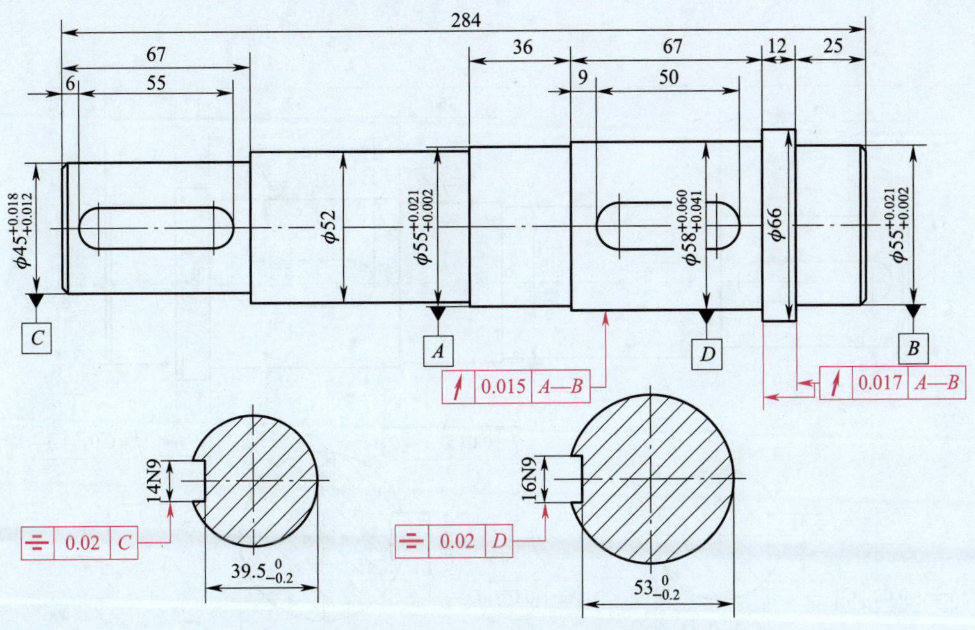

图 4–137　标注几何公差

（4）标注表面结构要求的图形符号

创建表面结构要求的图形符号图块，并将其插入到标注位置，如图 4–138 所示。

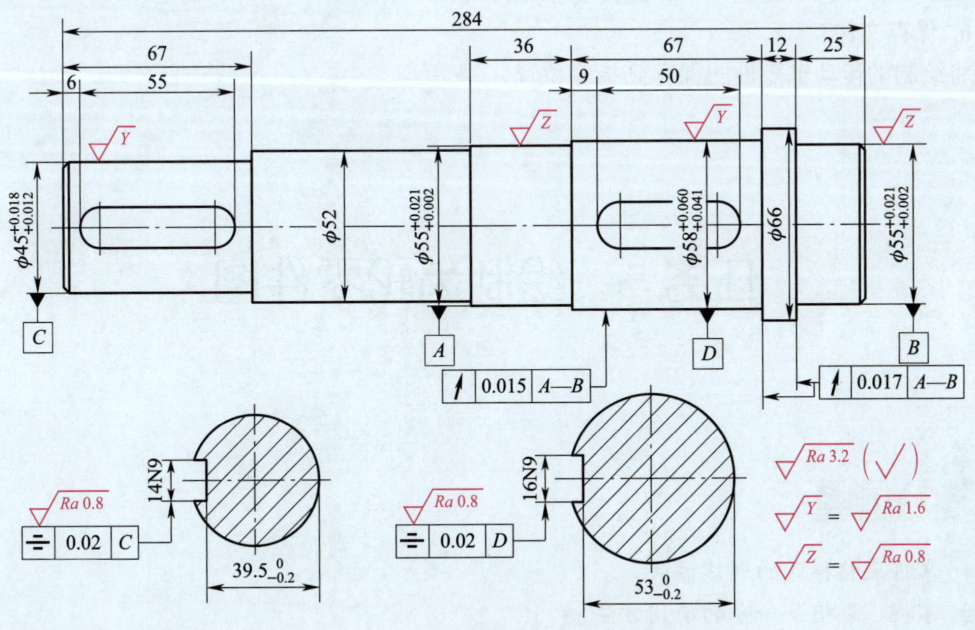

图 4–138　标注表面结构要求的图形符号

（5）标注倒角及断面符号

新建“多重引线样式”，应用“多重引线”命令标注两端倒角和剖切符号，应用“多行文字”命令标注字母，如图 4–139 所示。

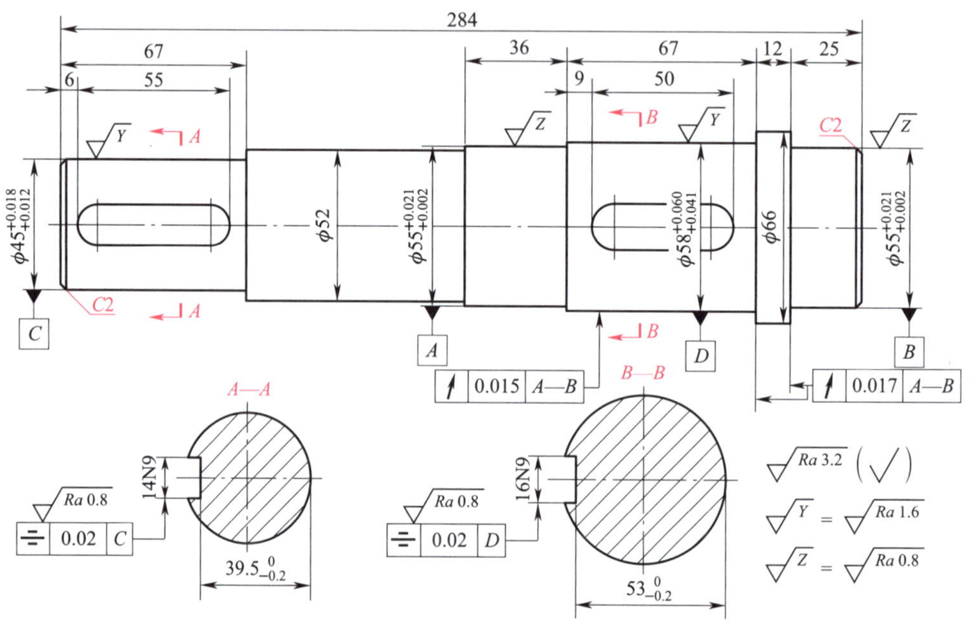

图 4–139　标注倒角及断面符号

5. 标注技术要求

应用“多行文字”命令，标注传动轴零件图技术要求。

6. 保存文件

将绘制的传动轴零件图保存到指定位置。

任务 5　绘制齿轮零件图

1. 掌握表格样式的创建方法。
2. 掌握“表格”命令的使用方法。
3. 能绘制齿轮零件图。

任务引入

本任务要求绘制如图 4-140 所示的齿轮零件图。有时零件图仅靠图形和尺寸表达的信息是不够全面的，如齿轮技术参数通过图形和尺寸标注是表达不出来的，这时需要通过表格来表达，图示齿轮零件图还绘制了齿轮技术参数表。本次任务的学习重点是表格样式的创建与表格的绘制。

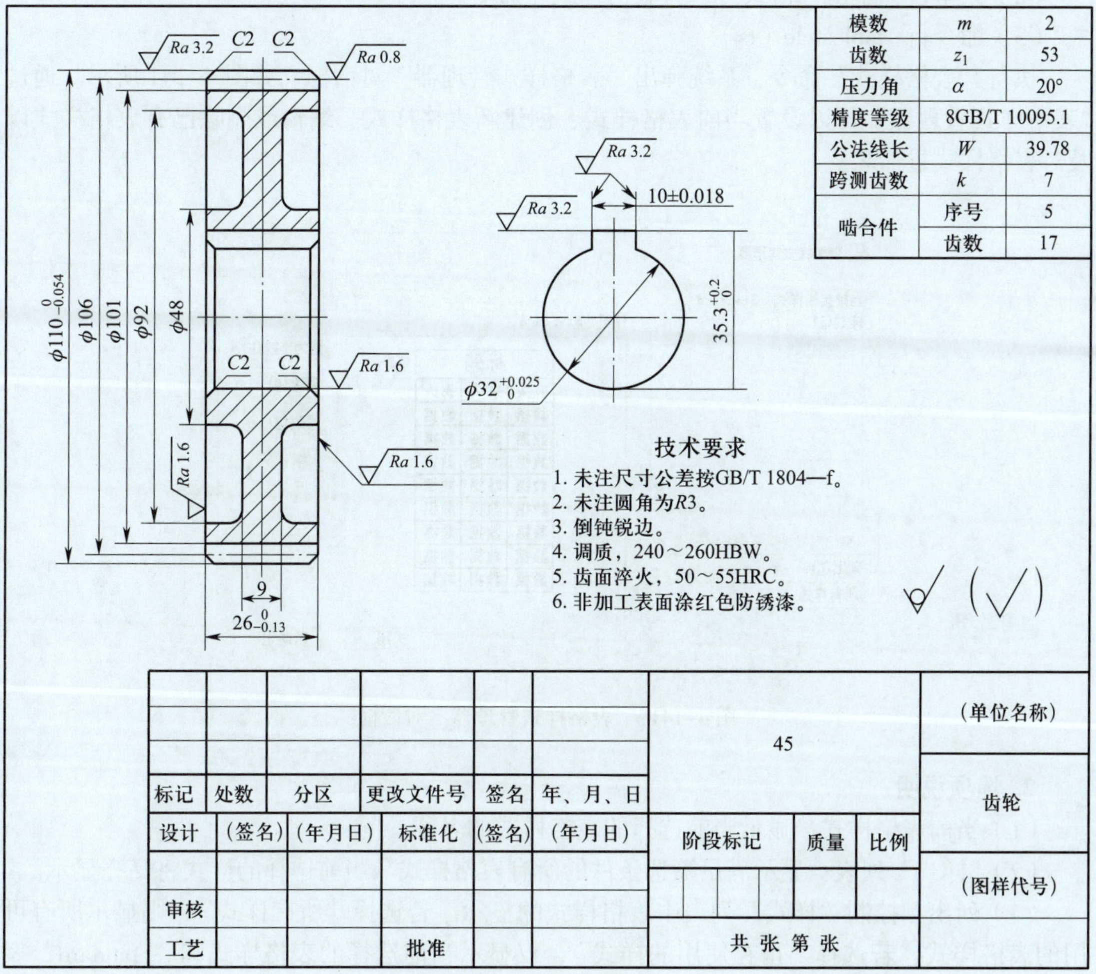

模数	m	2
齿数	z_1	53
压力角	α	20°
精度等级	8GB/T 10095.1	
公法线长	W	39.78
跨测齿数	k	7
啮合件	序号	5
	齿数	17

Ra 3.2　C2　C2　Ra 0.8　Ra 3.2　Ra 3.2　10±0.018

$\phi110^{\ 0}_{-0.054}$　$\phi106$　$\phi101$　$\phi92$　$\phi48$　$35.3^{+0.2}_{\ 0}$

C2　C2　Ra 1.6　$\phi32^{+0.025}_{\ 0}$　Ra 1.6　Ra 1.6

9　$26^{\ 0}_{-0.13}$

技术要求

1. 未注尺寸公差按GB/T 1804—f。
2. 未注圆角为$R3$。
3. 倒钝锐边。
4. 调质，240～260HBW。
5. 齿面淬火，50～55HRC。
6. 非加工表面涂红色防锈漆。

						45			(单位名称)
标记	处数	分区	更改文件号	签名	年、月、日				齿轮
设计	(签名)	(年月日)	标准化	(签名)	(年月日)	阶段标记	质量	比例	
审核									(图样代号)
工艺			批准			共 张 第 张			

图 4-140　齿轮零件图

相关知识

模块四任务 1 要求绘制的技术制图标题栏是采用“直线”“偏移”“多行文字” 和 “复制”等命令来完成的，这样的操作过程烦琐而复杂，不利于提高绘图效率。使用表格功能使创建表格变得非常容易，用户可以直接插入设置好样式的表格，而不用绘制由单独的图线组成的表格。

一、创建表格样式

和文字标注样式一样，表格也有表格样式。表格样式是用来控制表格基本形状和间距的一组设置。

1. 执行“表格样式”命令的方法

（1）功能区：单击“工具”→“样式管理器”→“表格样式”按钮 。

（2）菜单栏：单击“格式”→“表格样式”命令。

（3）命令行：tablestyle（ts）。

执行“表格样式”命令，系统弹出“表格样式管理器”对话框，如图 4–141 所示。通过“表格样式管理器”可以设置当前表格样式、创建新表格样式、编辑或删除已有表格样式以及对表格样式重命名。

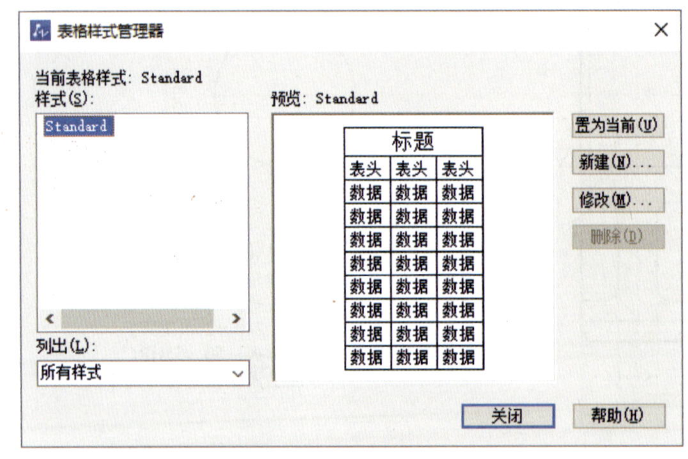

图 4–141 “表格样式管理器”对话框

2. 选项说明

（1）当前表格样式：显示当前选择的表格样式的名称。

（2）“样式”列表：显示满足筛选条件的所有表格样式。当前选择的样式将高亮显示。

（3）列出：控制“样式”列表中表格样式的显示。若选择“所有样式”，则显示所有可用的表格样式。若选择“正在使用的样式”，仅显示当前选择的表格样式和“Standard”表格样式。

（4）预览：显示“样式”列表中选定样式的预览效果，如不满足需求，可以进一步修改。

（5）置为当前：将选定的表格样式置为当前样式，并作为新建表格的基础样式。

（6）新建：开启“创建新的表格样式”对话框，如图 4–142 所示，通过该对话框可创建新的表格样式。

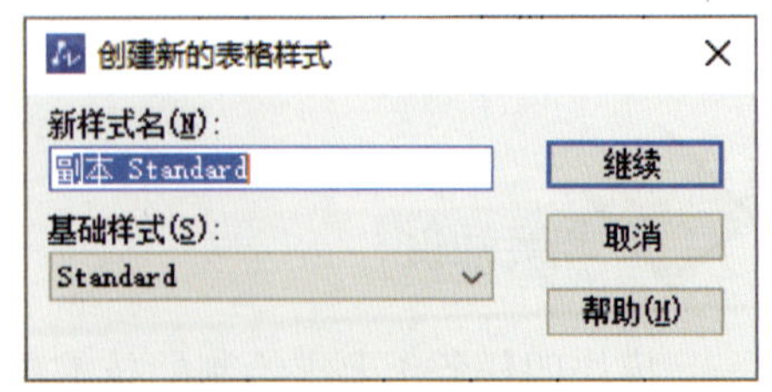

图 4–142 “创建新的表格样式”对话框

（7）修改：开启“修改表格样式”对话框，如图 4–143 所示，通过该对话框可对当前表格样式进行修改。

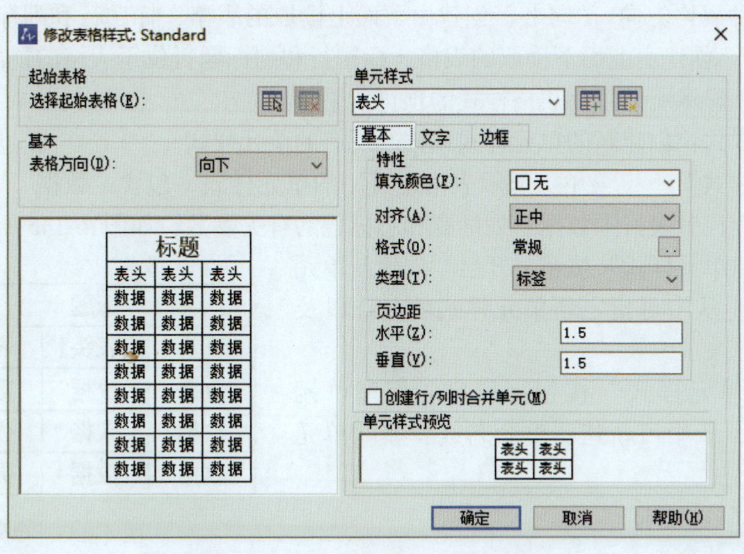

图 4–143 “修改表格样式”对话框

（8）删除：删除选定的表格样式。若选定的表格样式正在使用，则按钮灰显。

3.“新建表格样式”对话框

在图 4–142 中的“新样式名”文本框中输入新的表格样式名后，单击“继续”按钮，系统打开“新建表格样式”对话框，如图 4–144 所示。通过该对话框可以定义新的表格样式或修改当前选定的表格样式。

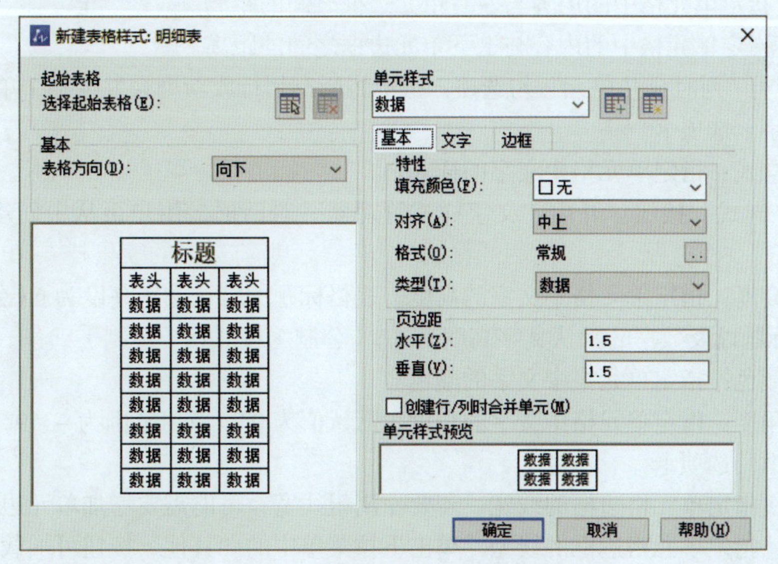

图 4–144 “新建表格样式”对话框

（1）起始表格：选择一个表格作为样例来设置表格样式的格式，指定要复制的结构和内容，也可以删除起始表格。

（2）基本：设置表格样式的基本信息。“表格方向”用来更改表格方向，包括“向上”和“向下”两种表格方向。“向上”创建由下而上读取的表格，标题行和列标题行位于表格的底部。“向下”创建由上而下读取的表格，标题行和列标题行位于表格的顶部。

（3）预览：显示所设置的表格样式的预览效果。

（4）单元样式：创建新的单元样式或修改现有的单元样式。

1）“单元样式”下拉菜单：显示表格中可用的单元样式，包含“数据”“表头”“标题”三个选项，分别控制表格中数据、列标题和总标题的有关参数，如图 4–145 所示。

2）“创建新单元样式”按钮：开启“创建新单元样式”对话框，从中可指定新单元样式的名称以及基础样式。

3）“管理单元样式”按钮：开启“管理单元样式”对话框，从中可新建、重命名或者删除单元样式。

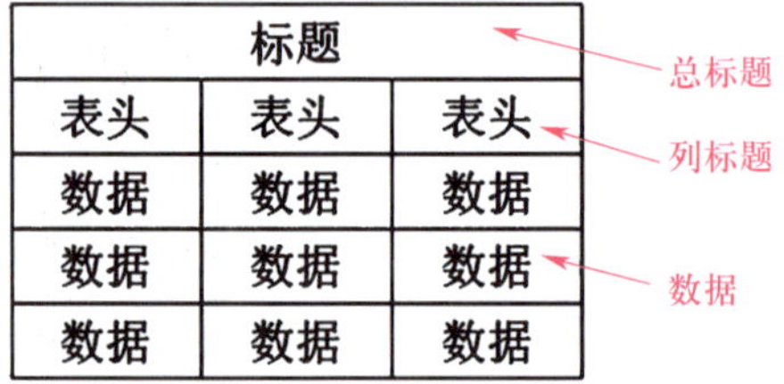

图 4–145　单元样式

（5）“基本”选项卡

1）“特性”选项组

①填充颜色：指定单元格的填充颜色，默认值为“无”。

②对齐：设置单元格内容的对齐方式。

③格式：设置单元格内容的格式。单击右侧的“...”按钮，开启“格式”对话框，用户可通过该对话框进一步定义格式选项。

④类型：指定单元样式类型为标签或数据。

2）“页边距”选项组：指定单元格中的内容和单元边框之间的距离。水平方向和垂直方向的间距都默认为 1.5（公制）或 0.06（英制）。

①水平：指定单元格中的内容与左右单元边框之间的距离。

②垂直：指定单元格中的内容与上下单元边框之间的距离。

3）“创建行 / 列时合并单元”勾选项：指定将所有新行或新列合并为一个单元。

（6）“文字”选项卡

1）文字样式：指定单元格中文字的样式。

2）“文字样式”按钮：开启“文字样式管理器”对话框，用户可从中创建或修改文字样式。

3）文字高度：指定单元格中文字的高度。表格标题的默认文字高度为 6（公制）或 0.25（英制），列标题以及数据的默认文字高度为 4.5（公制）或 0.18（英制）。

4）文字颜色：指定单元格中文字的颜色。

5）文字角度：指定单元格中文字的角度。默认值为 0°。取值范围为 –359° ~ +359°。

（7）“边框”选项卡

1）线宽：指定单元格边框的线宽。若要使用粗线宽，可能需要增加单元边距。

2）线型：指定单元格边框的线型。单击下拉菜单中的“其他”按钮可加载自定义线型。

3）颜色：指定单元格边框的颜色。

4）双线：指定表格边框显示为双线。

5）间距：指定双线边框的双线之间的距离。默认值为 1.125（公制）或 0.045（英制）。

6）边框按钮：控制单元格边框的外观，各按钮的名称及功能见表 4-6。

表 4-6　　边框按钮

按钮	名称	功能
	所有边框	将边框设置应用到单元格的所有边框
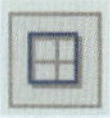	外边框	将边框设置应用到单元格的外边框
	内边框	将边框设置应用到单元格的内边框
	底部边框	将边框设置应用到单元格的底部边框
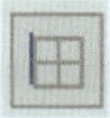	左边框	将边框设置应用到单元格的左边框
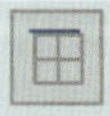	上边框	将边框设置应用到单元格的上边框
	右边框	将边框设置应用到单元格的右边框
	无边框	不将边框设置应用到单元格的边框

（8）单元样式预览：显示所设置的单元样式的效果。

二、创建表格

在设置好表格样式后，用户可以利用“表格”命令创建表格。

1. 执行“表格”命令的方法

（1）功能区：单击“常用”→“注释”→“表格”按钮 。

（2）菜单栏：单击“绘图”→“表格”命令。

（3）命令行：table。

执行“表格”命令，系统打开“插入表格”对话框，如图 4-146 所示。

通过“插入表格”对话框，可以设置新建表格的表格样式、插入方式、行高、列宽以及单元样式等。

2. 选项说明

（1）表格样式：从下拉列表中选择创建表格所采用的表格样式。用户也可以通过单击下拉列表旁边的按钮，启动“表格样式”对话框，创建新的表格样式。

（2）插入选项：指定插入表格的方式。

1）从空表格开始：在图形中插入一个空白表格，用户可手动填充表格数据。

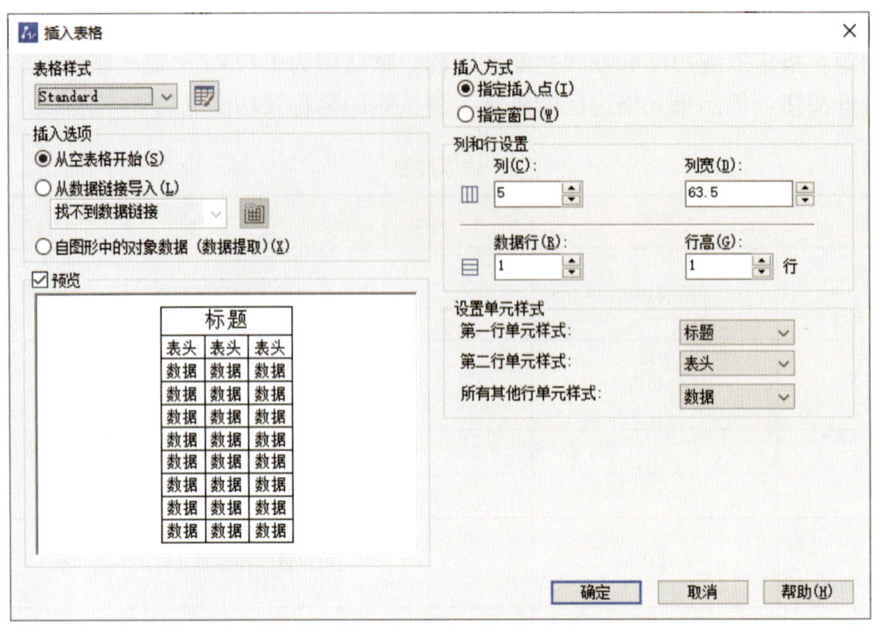

图 4–146 “插入表格”对话框

2）从数据链接导入：根据“数据链接管理器”中已建立的数据链接来创建表格。选择该项，然后单击下拉列表旁边的按钮，启动“数据链接管理器”对话框。

3）自图形中的对象数据（数据提取）：从当前图形提取图形数据来创建表格。

（3）插入方式：指定在图形中插入表格的方式。

1）指定插入点：指定表格插入点的位置。默认情况下，插入点位于表格的左上角。当表格样式将表格的方向设置为由下而上读取时，插入点位于表格的左下角。

2）指定窗口：指定表格的大小和位置。窗口的大小以及列和行设置将决定行数、列数、列宽和行高。

（4）列和行设置：设置表格列和行的数目以及大小。如果使用窗口插入方式，用户只需指定“列”和“列宽”、“数据行”和“行高”两者中的一个即可，没有指定的选项将根据指定窗口大小自动计算。

1）列：指定列数。

2）列宽：指定列的宽度。

3）数据行：指定行数。

4）行高：根据行数指定行的高度。

（5）设置单元样式：若用户选择的表格样式不包含起始表格，则需要指定新表格中行的单元样式。

1）第一行单元样式：指定新表格中第一行的单元样式。默认使用标题单元样式。

2）第二行单元样式：指定新表格中第二行的单元样式。默认使用表头单元样式。

3）所有其他行单元样式：指定新表格中除第一行和第二行之外的其他行的单元样式。默认使用数据单元样式。

（6）预览：根据表格样式及单元格样式生成表格样例，如不满足需求，可以继续调整。

三、示例

绘制如图 4-147 所示的滑动轴承装配图明细表。

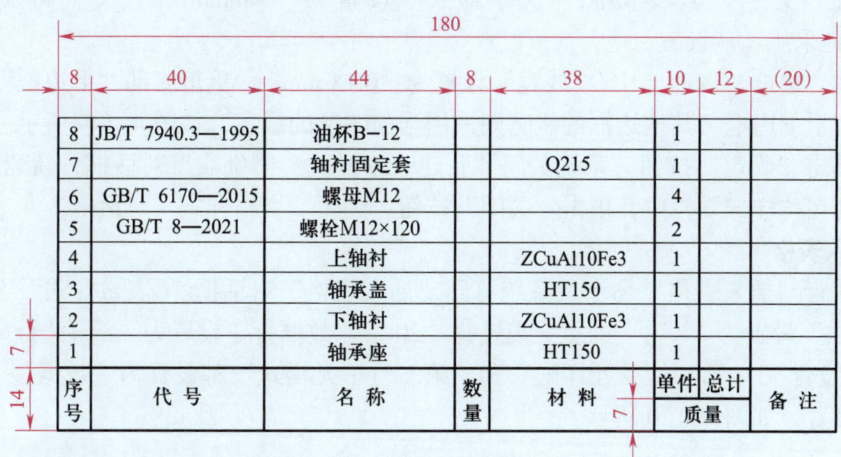

8	JB/T 7940.3—1995	油杯B-12			1		
7		轴衬固定套		Q215	1		
6	GB/T 6170—2015	螺母M12			4		
5	GB/T 8—2021	螺栓M12×120			2		
4		上轴衬		ZCuAl10Fe3	1		
3		轴承盖		HT150	1		
2		下轴衬		ZCuAl10Fe3	1		
1		轴承座		HT150	1		
序号	代 号	名 称	数量	材 料	单件	总计	备 注
					质量		

图 4-147 滑动轴承装配图明细表

1. 新建图形文件

打开“制图样板”，新建图形文件。

2. 设置图层

由于滑动轴承装配图明细表中大部分图线都是粗实线，因此将“粗实线”图层设置为当前图层。

3. 设置表格样式

（1）执行“表格样式”命令，系统打开“表格样式”对话框。单击“新建”按钮，打开“创建新的表格样式”对话框。在“新样式名”文本框中输入“明细表”。单击“继续”按钮，打开“新建表格样式：明细表”对话框，如图 4-148 所示。

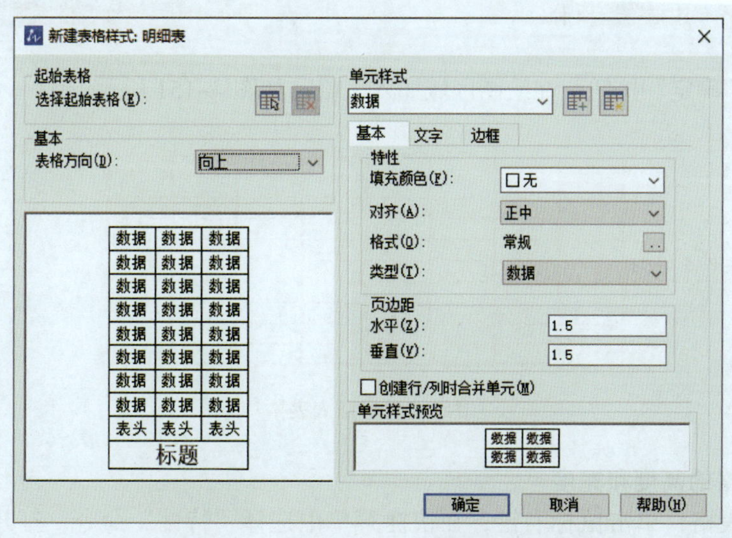

图 4-148 “新建表格样式：明细表”对话框

（2）“表格方向”栏设置为“向上”，“基本”选项卡中的“对齐”方式设置为“正中”，其他采用默认设置，如图 4–148 所示。

（3）在“文字”选项卡中，“文字样式”设置为“Standard”，“文字高度”设置为“2.5”，其他采用默认设置。

（4）在“边框”选项卡中，“线宽”设置为“0.18 mm”，单击底部“下边框”按钮，将该线宽应用于下边框，其他边框的线宽则采用当前图层的线宽，如图 4–149 所示。

（5）单击“确定”按钮，系统关闭“新建表格样式：明细表”对话框，新建“明细表”样式就呈现在“样式”栏中，单击“关闭”按钮，关闭“表格样式”对话框。

4. 插入表格

（1）执行“插入表格”命令，系统打开“插入表格”对话框。“表格样式”选择“明细表”；“列数”设置为“8”，“列宽”设置为“20”；“数据行”设置为“8”，“行高”设置为“1”（默认设置）；“第一行单元样式”和“第二行单元样式”都设置为“数据”；其他参数采用默认设置，如图 4–150 所示。

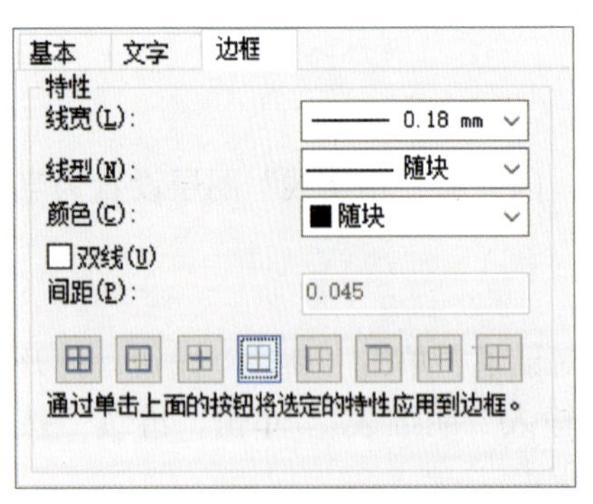

图 4–149 设置“边框”选项卡

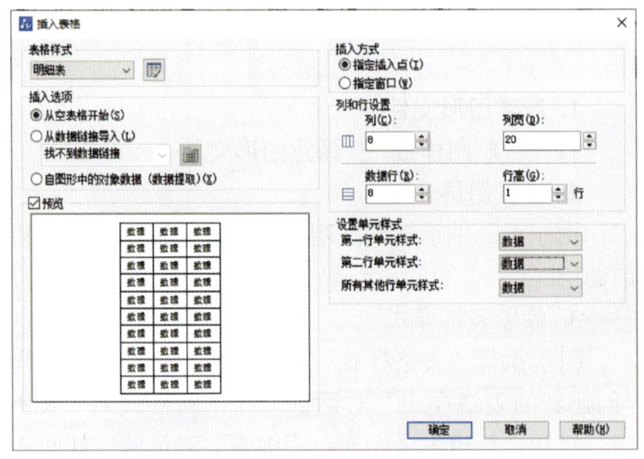

图 4–150 设置表格参数

（2）单击“确定”按钮，在绘图区域插入表格，如图 4–151 所示。

图 4–151 插入表格

5. 编辑表格的高度和宽度

（1）选择表格，单击鼠标右键，在快捷菜单中选择“特性”命令，打开“特性”对话框，如图 4–152 所示。

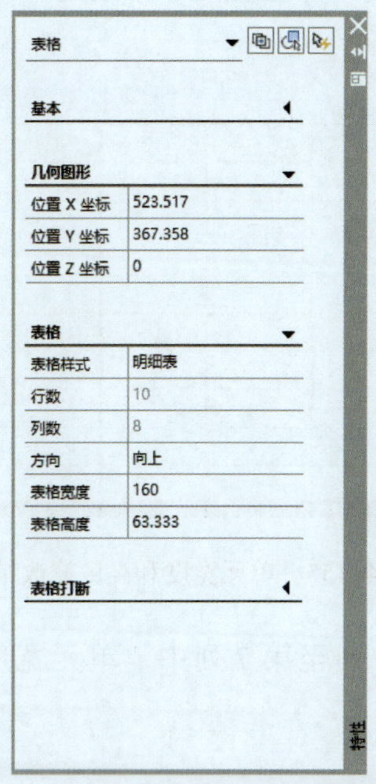

图 4–152 “特性”对话框

（2）在表格的左下单元格内单击鼠标左键，该单元格四周边框呈黄色粗线，并呈现蓝色夹点，如图 4–153 所示。

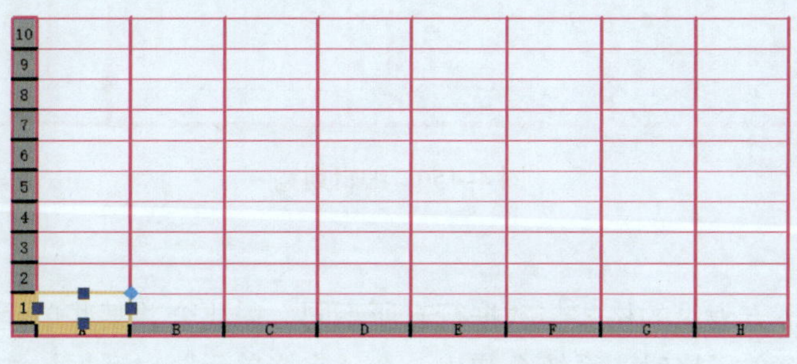

图 4–153 选中单元格

（3）向上拖动右上角蓝色夹点，选中该列所有行，如图 4–154 所示。

图 4–154 选中左侧第一列所有行

（4）在“特性”对话框中，将“单元宽度”修改为“8”，“单元高度”修改为“7”，修改结果如图 4–155 所示。

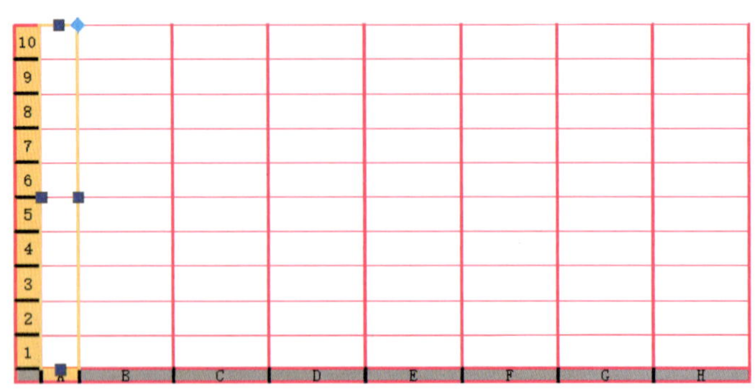

图 4–155　单元宽度和高度修改结果

（5）用同样的方法，将第 2 列至第 7 列中“单元宽度”依次修改为 40、44、8、38、10、12，结果如图 4–156 所示。

图 4–156　编辑列宽

6. 合并单元格

在明细栏中，下方表头的格式与数据行有所不同，需要合并某些单元格。

（1）在选中一个单元格时，系统会弹出一个“表格单元”对话框，如图 4–157 所示。在该对话框中，可以进行插入行、删除行、插入列、删除列、合并等操作。

图 4–157　表格单元

（2）选择左下角的单元格，按住 Shift 键的同时选择第 5 列第 2 行单元格，则选中了第 1 列至第 5 列中的第 1、2 行单元格，如图 4–158 所示。

（3）单击“表格单元”→“合并”→“按列合并”按钮，将选中的单元格按列进行合并，合并结果如图 4–159 所示。

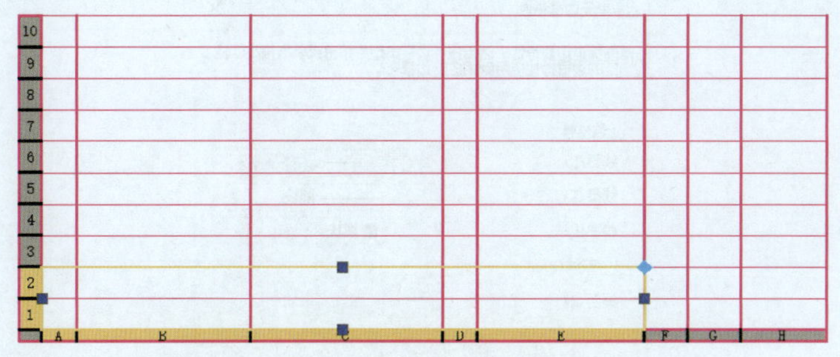

图 4–158　选择多个单元格

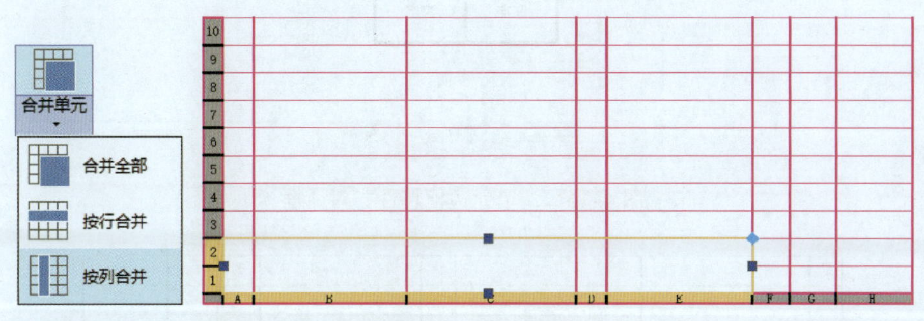

图 4–159　按列合并结果

（4）用同样的方法，合并第 6、7 两列中的第 1 行单元格，以及合并第 8 列的第 1、2 行单元格，结果如图 4–160 所示。

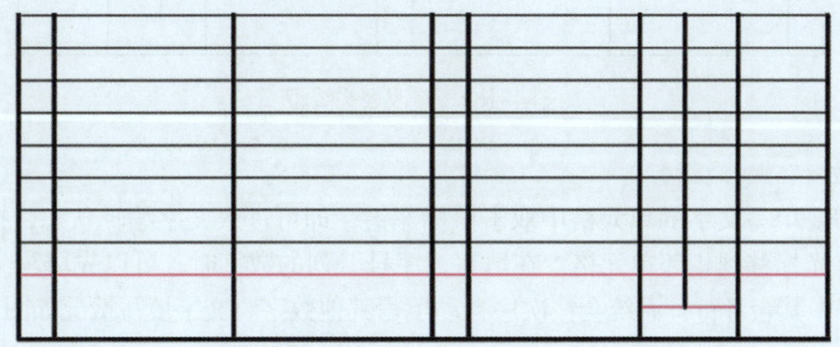

图 4–160　合并其余单元格

7. 编辑单元格的线宽

对比分析图 4–147 和图 4–160 可知，两个图中的部分线宽不一致，需要修改。即图 4–160 所示表头的 2 条细实线要修改为粗实线。

先选择表头，再单击“表格单元”→“单元样式”→“编辑边框”按钮 ，系统弹出“单元边框特性”对话框，如图 4–161 所示。“线宽”设置为 0.35 mm，然后单击“所有边框”按钮 ，再单击“确定”按钮，选中表头单元的所有边框线的线宽修改为 0.35 mm，如图 4–162 所示。

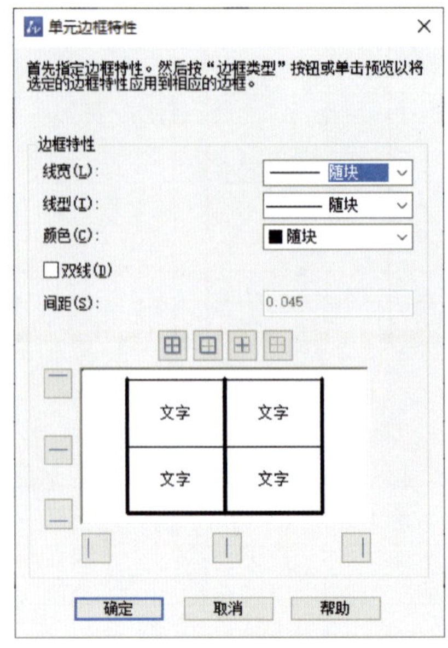

图 4–161　“单元边框特性”对话框

图 4–162　修改表头线型

8. 填写文字

（1）在需要填写文字的单元格中双击鼠标左键，即可进入文字编辑状态，按下键盘上的箭头键，可将光标移到相邻单元格。在填写“序号”列的数字时，可以先填写“1”，然后向上拖动光标选中其余各行，系统会按次序自动填写其他数字。文字填写情况如图 4–163 所示。

序号	代 号	名 称	数量	材 料	单件（质量）	总计（质量）	备 注
8	JB/T 7940.3—1995	油杯B–12			1		
7		轴衬固定套		Q215	1		
6	GB/T 6170—2015	螺母M12			4		
5	GB/T 8—2021	螺栓M12×120			2		
4		上轴衬		ZCuAl10Fe3	1		
3		轴承盖		HT150	1		
2		下轴衬		ZCuAl10Fe3	1		
1		轴承座		HT150	1		

图 4–163　填写文字

（2）填写后的文字有可能不符合排版要求，如图 4–163 所示的数字采用的是“右中”的格式。由于本表中的所有文字都是“正中”模式，所以选择所有单元格，然后单击“表格单元”→“单元样式”→“对齐”→“正中”按钮 ，将文字在单元格中的位置设置为“正中”，如图 4–164 所示。至此，表格绘制完毕。

8	JB/T 7940.3—1995	油杯B–12			1		
7		轴衬固定套		Q215	1		
6	GB/T 6170—2015	螺母M12			4		
5	GB/T 8—2021	螺栓M12×120			2		
4		上轴衬		ZCuAl10Fe3	1		
3		轴承盖		HT150	1		
2		下轴衬		ZCuAl10Fe3	1		
1		轴承座		HT150	1		
序号	代 号	名 称	数量	材 料	单件	总计	备 注
					质量		

图 4–164　对齐文字

1. 绘制图形

根据图 4–140 所示尺寸，绘制齿轮零件图，如图 4–165 所示。

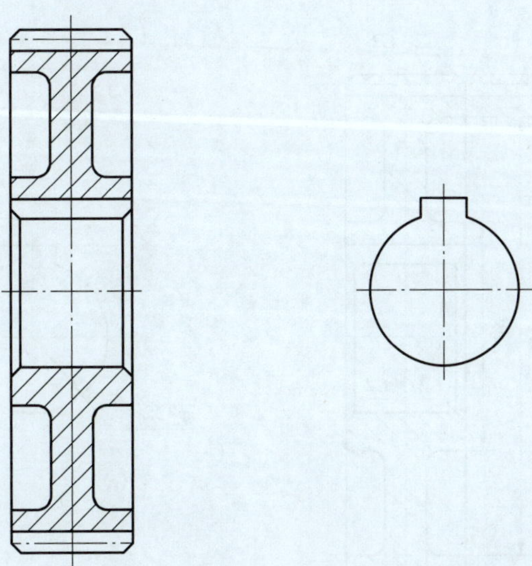

图 4–165　绘制齿轮零件图

2. 标注尺寸

标注线性尺寸和倒角，结果如图 4–166 所示。

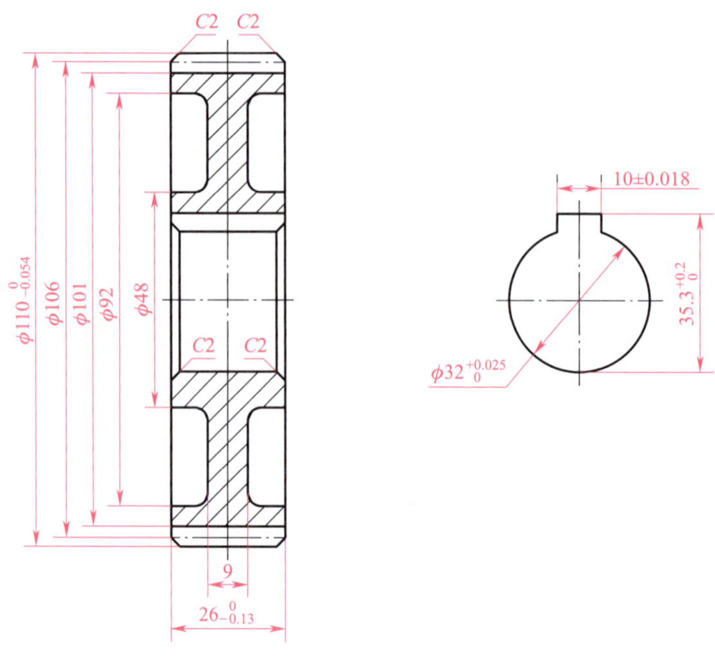

图 4-166　标注线性尺寸和倒角

3. 标注表面结构要求的图形符号

创建表面结构要求的图形符号图块，并将其插入到标注位置，如图 4-167 所示。

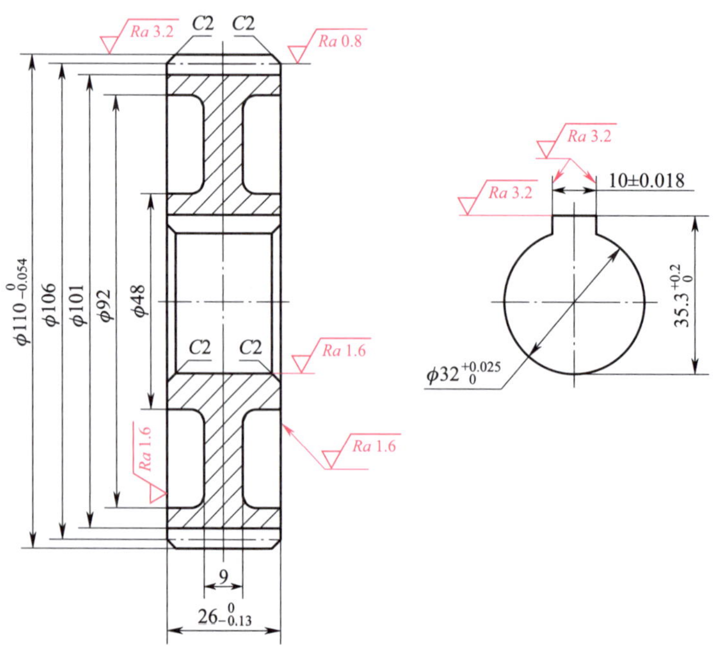

图 4-167　标注表面结构要求的图形符号

4. 绘制图框和标题栏

应用“直线”和“表格”命令绘制图框和标题栏，如图 4–168 所示。如果把标题栏作为一个表格绘制，则非常麻烦。如果把表格分解成更改区、签字区、其他区、名称及代号区四个区域（见图 4–169），分别绘制四个表格，然后将表格组合在一起，则非常简单，具体绘制步骤在此不再赘述。

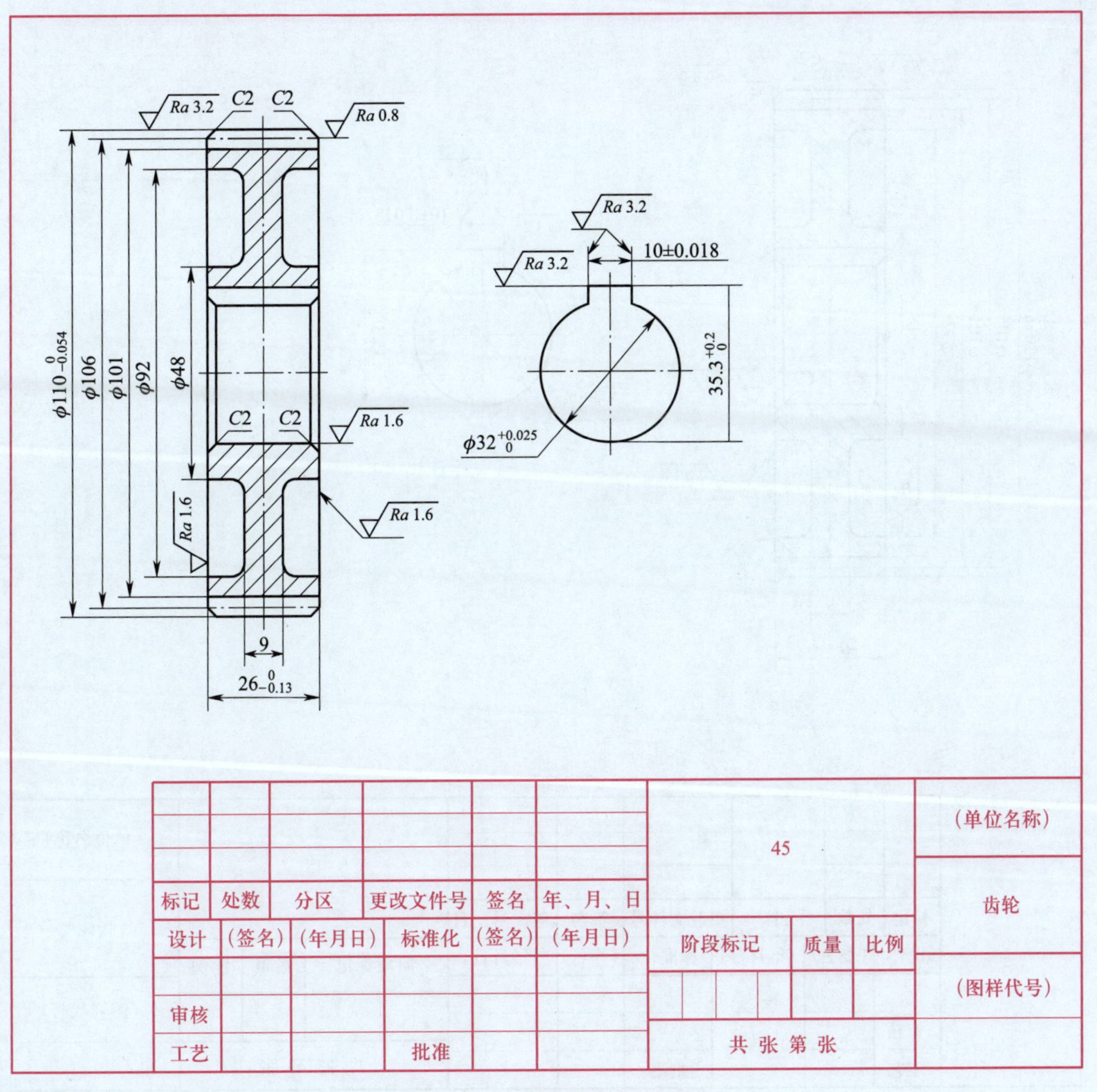

图 4–168　绘制图框和标题栏

更改区	其他区	名称及代号区
签字区		

图 4–169　将标题栏分解为四个区域

5. 绘制齿轮技术参数表

应用“表格”命令绘制齿轮技术参数表，如图 4–170 所示。

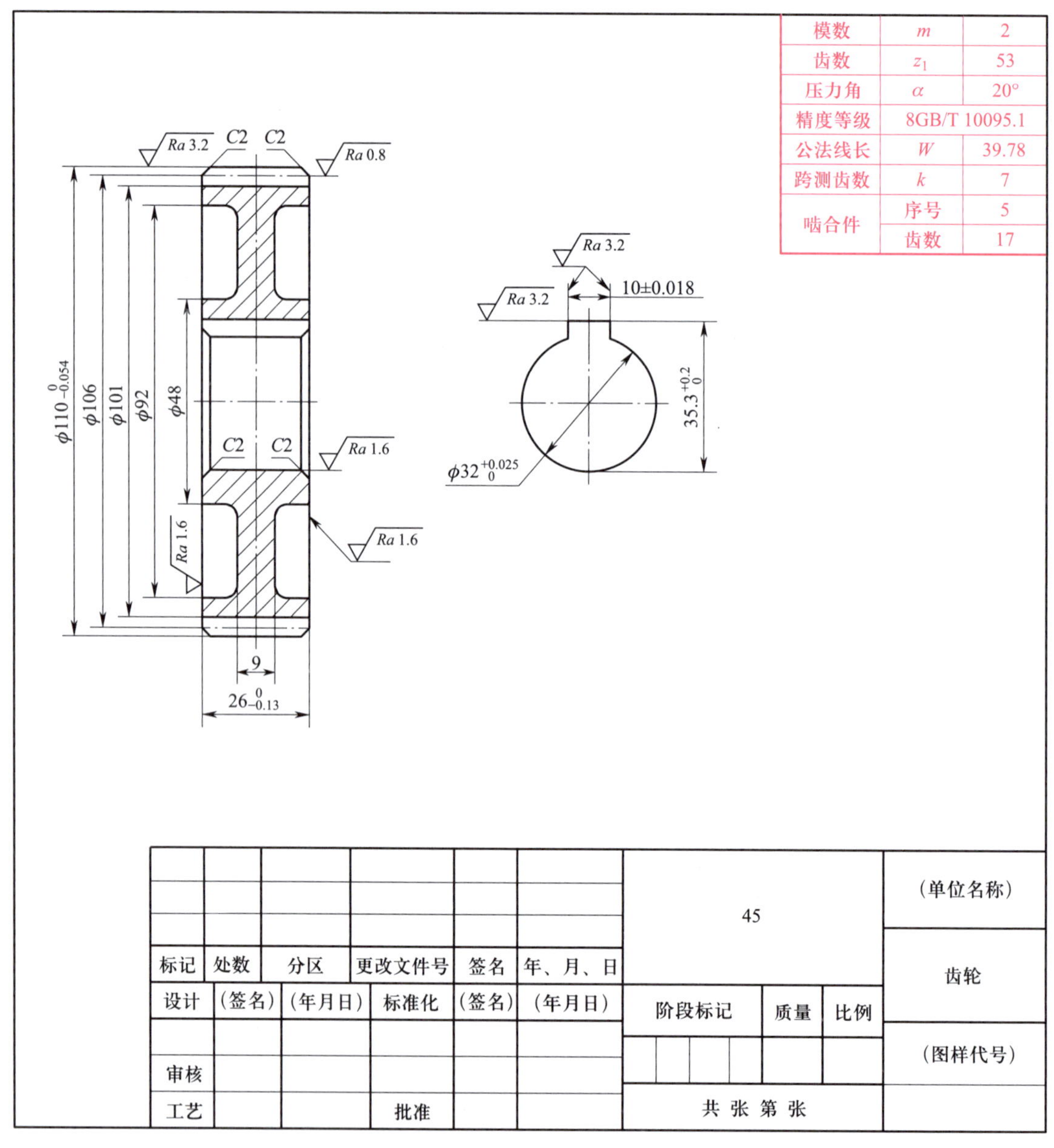

图 4–170　绘制齿轮技术参数表

6. 标注技术要求

应用“多行文字”命令，标注技术要求，如图 4–171 所示。

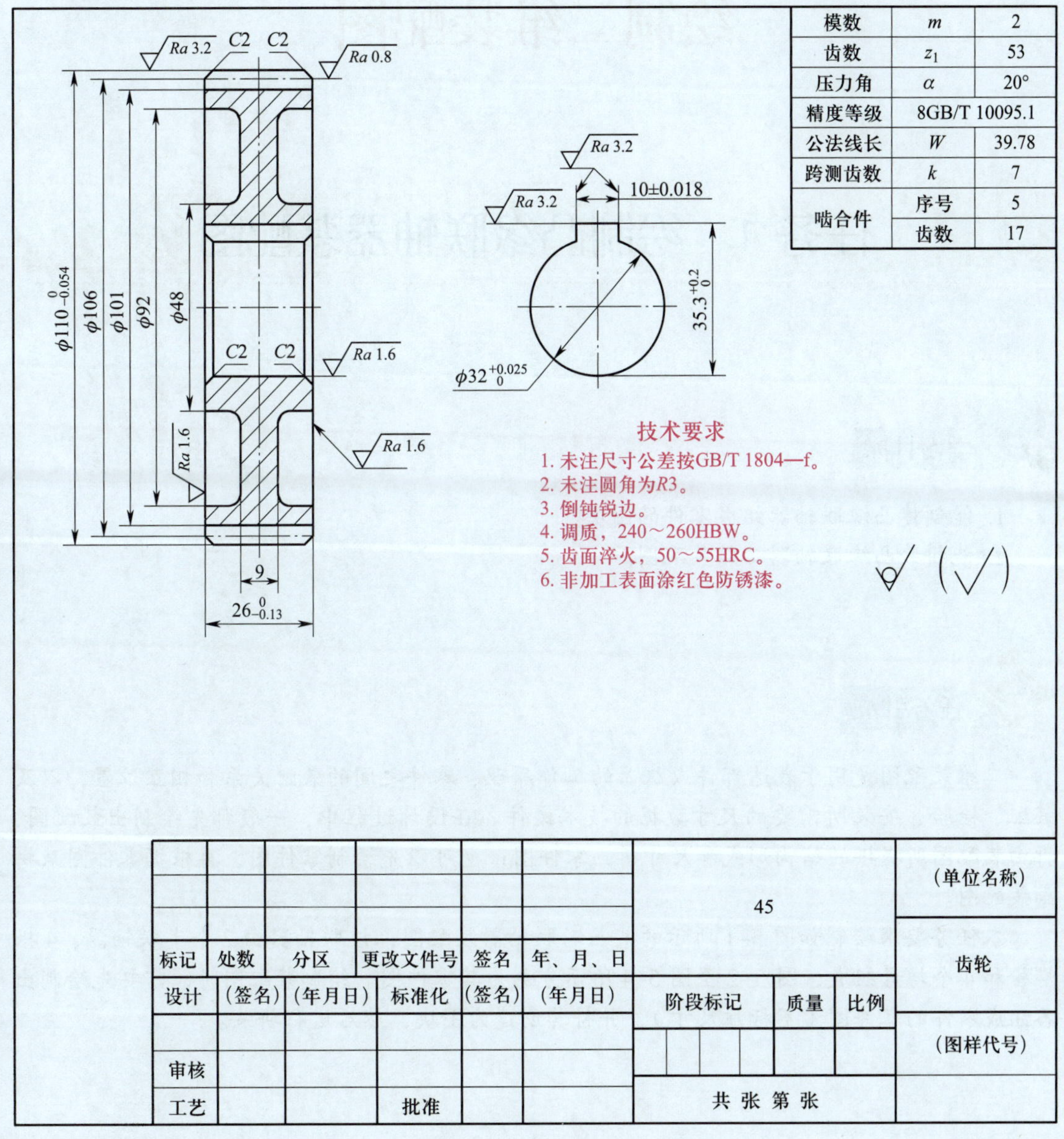

图 4–171　标注技术要求

模块五 绘制二维装配图

任务 1 绘制凸缘联轴器装配图

1. 能创建凸缘联轴器组成零件的图块。
2. 能拼装凸缘联轴器二维装配图。

二维装配图是用于表达部件或机器的工作原理、零件之间的装配关系和相互位置，以及装配、检验、安装所需要的尺寸数据的技术文件。在设计过程中，一般都先绘制出装配图，再由装配图所提供的结构形式和尺寸拆画零件图；也可以先绘制零件图，再根据零件图来拼画装配图。

本任务要求绘制如图 5–1 所示的某凸缘联轴器装配图，该联轴器由 2 个半联轴器、4 根螺栓和 4 个螺母组成，图 5–2 至图 5–4 所示分别为其零件图。绘制装配图时，需要先绘制出各组成零件的零件图（不标注尺寸），并将其创建为图块，然后进行拼装。

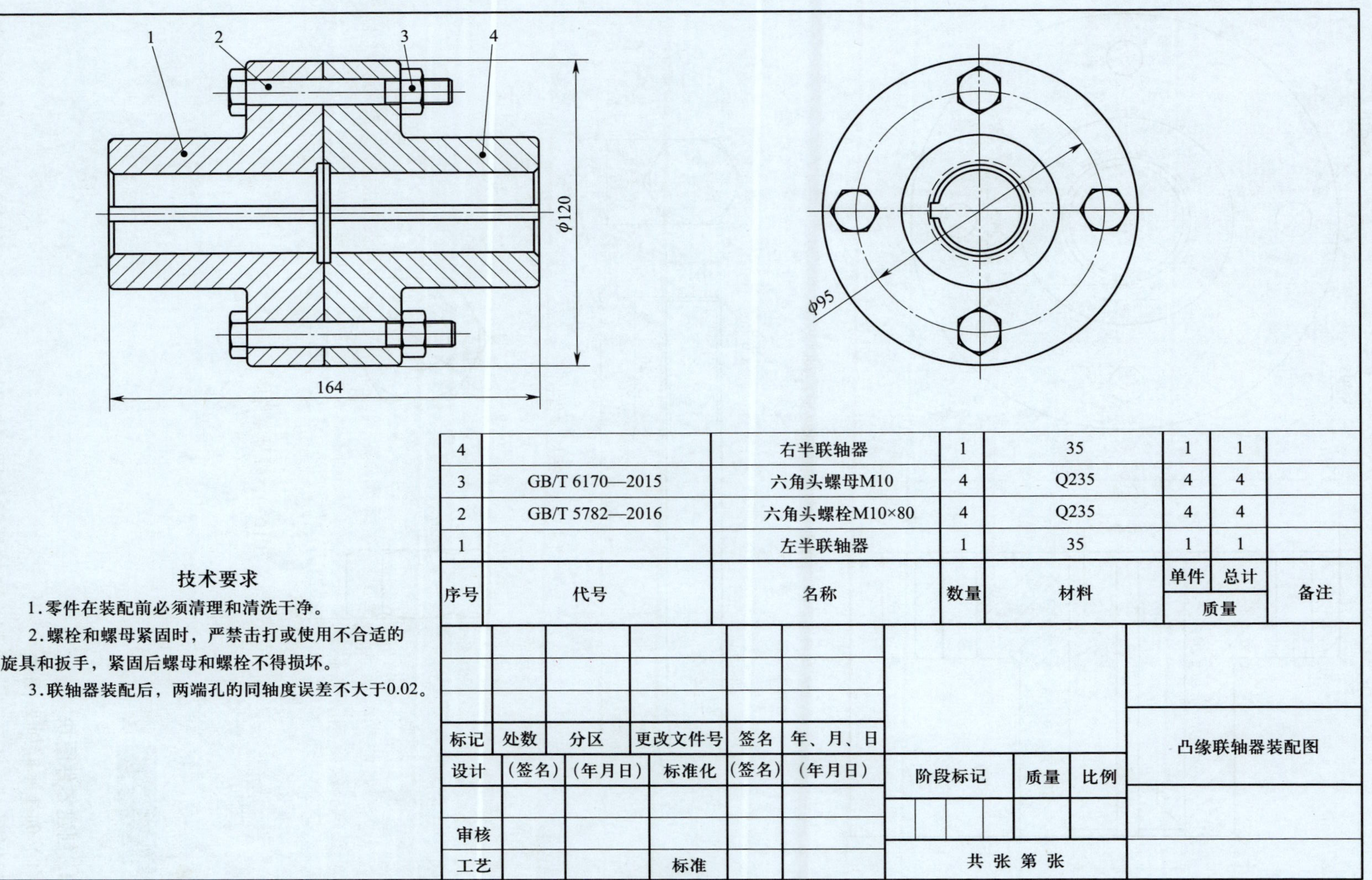

图 5-1　某凸缘联轴器装配图

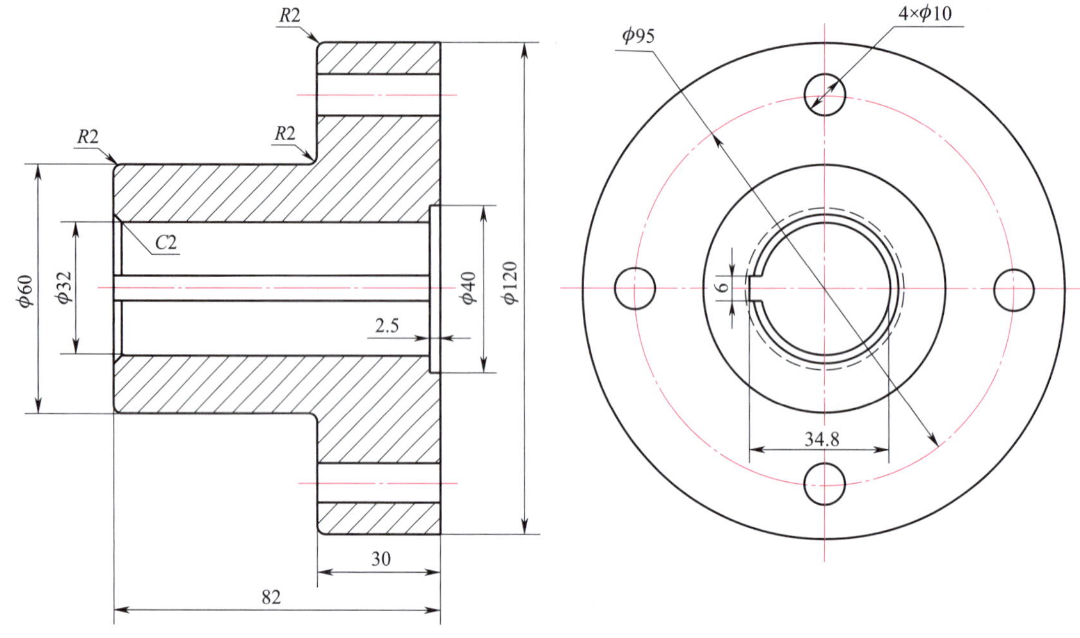

图 5-2　半联轴器零件图

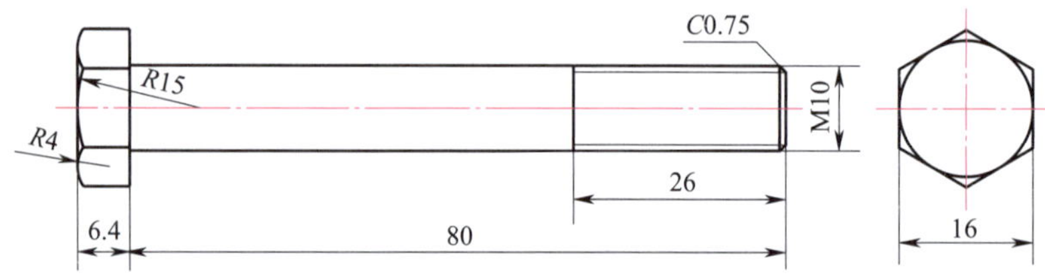

图 5-3　螺栓零件图

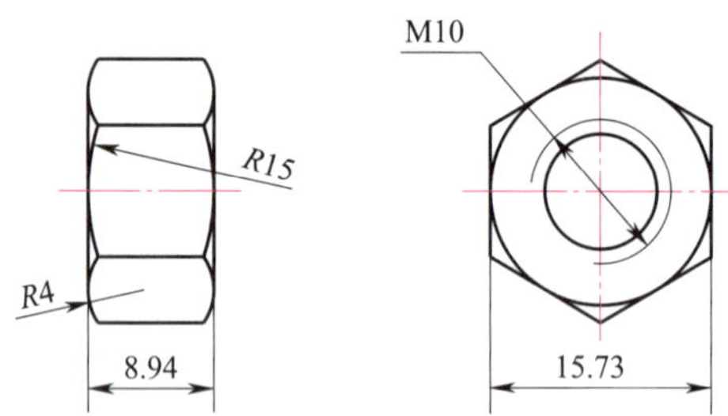

图 5-4　螺母零件图

1. 创建零件图块

（1）创建半联轴器图块

根据图 5-2 所示尺寸绘制半联轴器零件图，如图 5-5 所示，不标注尺寸。在命令行中运行“wblock”命令，系统打开“保存块到磁盘”对话框，如图 5-6 所示。单击“选择点”按钮，系统返回绘图界面，拾取半联轴器主视图中心线与右端面的交点为基点，系统返回“保存块到磁盘”对话框。单击“选择对象”按钮，系统返回绘图界面，拾取半联轴器主视图和左视图所有组成对象，确认后系统返回“保存块到磁盘”对话框。在“文件名和路径”文本框中输入图块保存位置，其他设置如图 5-6 所示。

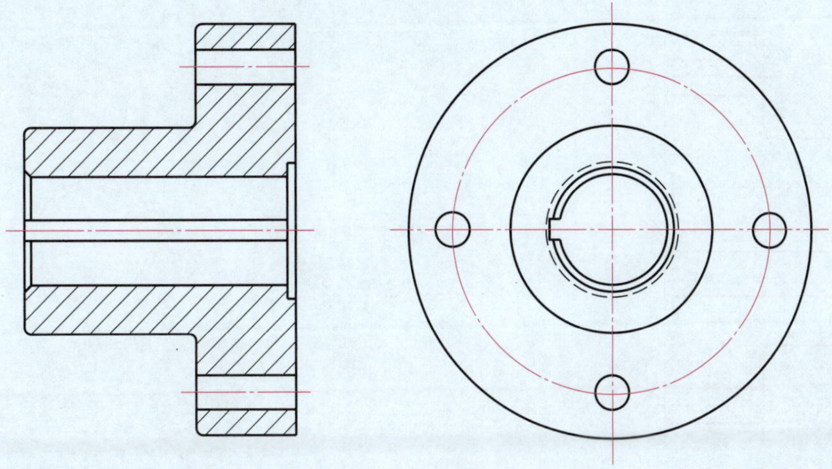

图 5-5 半联轴器

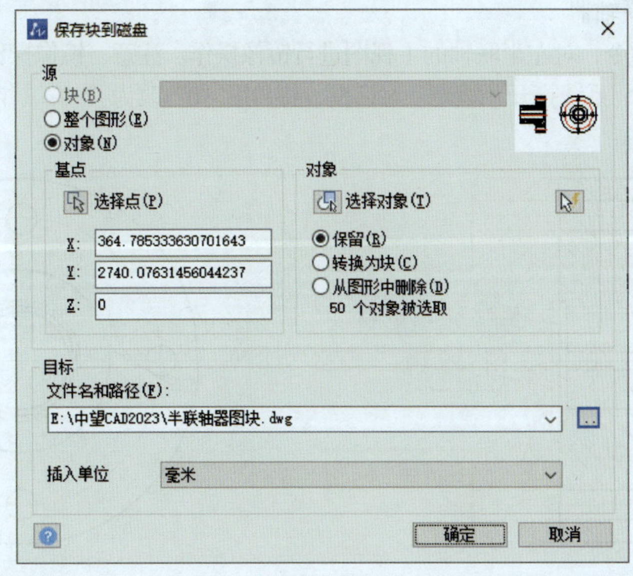

图 5-6 “保存块到磁盘”对话框

（2）创建螺栓和螺母图块

绘制螺栓和螺母零件图，用上述方法将其创建成图块。注意，螺栓主视图和左视图在装配图中是分开应用的，可以创建成两个图块；螺母在装配图中只绘制了主视图，所以只创建主视图的图块就可以了。

2. 拼装凸缘联轴器装配图

（1）绘制左半联轴器

单击“默认”选项卡中“块”面板上“插入”按钮 ，系统显示当前图形中块的库，选择“半联轴器”图块，光标变成了“半联轴器”图块，在绘图区域确定插入点，即可完成“半联轴器”块的插入。将整个图块进行分解，并移动左视图，使其离主视图约 100 mm，如图 5-7 所示。

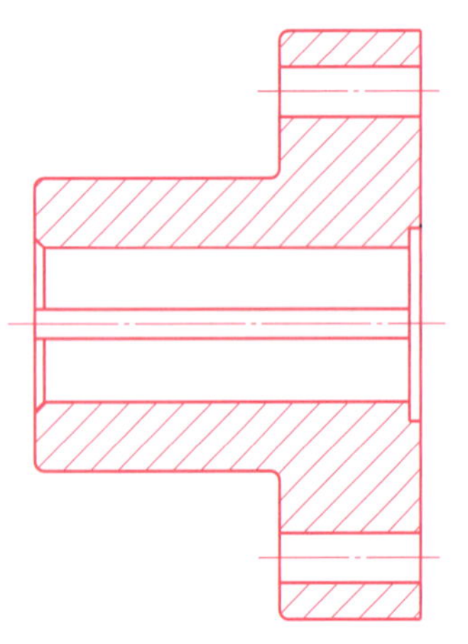
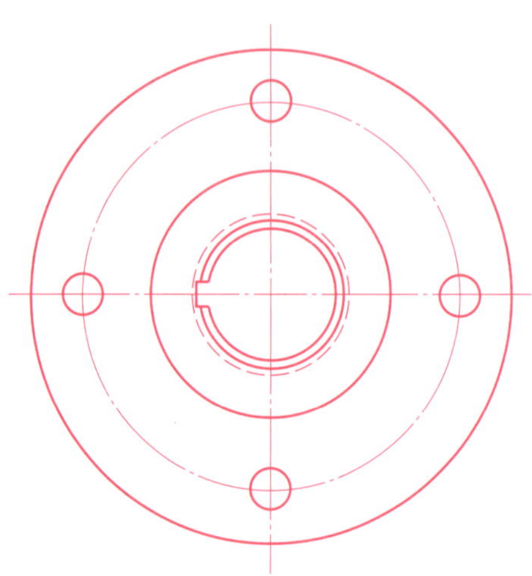

图 5-7　绘制左半联轴

（2）绘制右半联轴器

应用“镜像”命令，对左半联轴的主视图进行镜像操作。注意，镜像操作不改变剖面线的方向，需要选中剖面线，系统打开“填充”对话框，将角度“0”改为“90”，结果如图 5-8 所示。

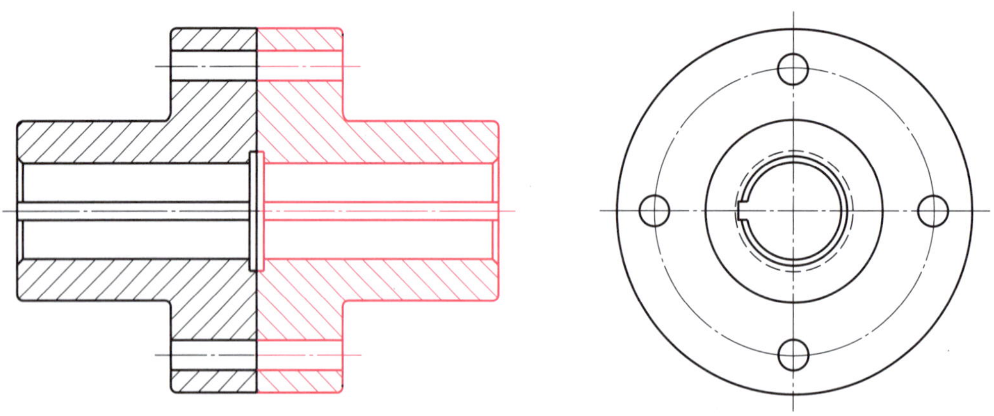

图 5-8　绘制右半联轴器

（3）绘制螺栓主视图

将“螺栓主视图”图块插入到装配图中，如图 5-9a 所示。根据装配图绘图原则，“螺栓主视图”图块将遮挡左、右半联轴器部分线条，所以被遮挡住的线条应删除。将“螺栓主视图”图块分解，并修剪或删除被遮挡的线条，如图 5-9b 所示。

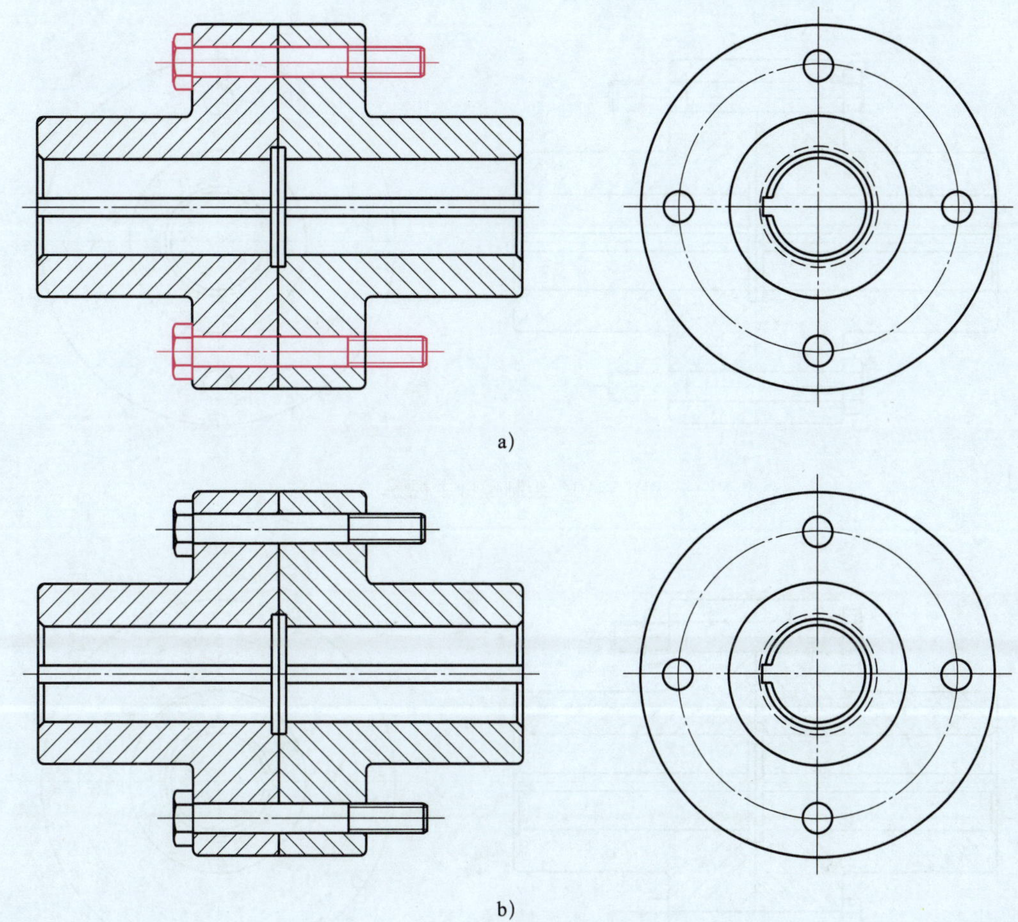

图 5-9　绘制螺栓主视图

a）插入“螺栓主视图”图块　b）修剪或删除被遮挡的线条

（4）绘制螺母

用上述方法，将螺母主视图插入到装配图中，并进行修剪，如图 5-10 所示。

（5）绘制螺栓左视图

将“螺栓左视图”图块插入到装配图中，上、下两个不旋转，中间两个旋转 90°。删除被遮挡住的 4 个小圆和螺栓左视图中心线，结果如图 5-11 所示。

3. 标注尺寸

由于凸缘联轴器的结构和功能比较简单，标注出凸缘联轴器的外形尺寸和 4 个螺栓的装配尺寸即可，如图 5-12 所示。

4. 标注零件序号

设置“多重引线样式”，并应用“多重引线”命令，依次标注零件序号，并应用引线“对齐”命令对齐，结果如图 5-13 所示。

5. 绘制图框、标题栏和明细表

应用“直线”和“表格”命令，绘制图框、标题栏和明细表，如图 5-14 所示。

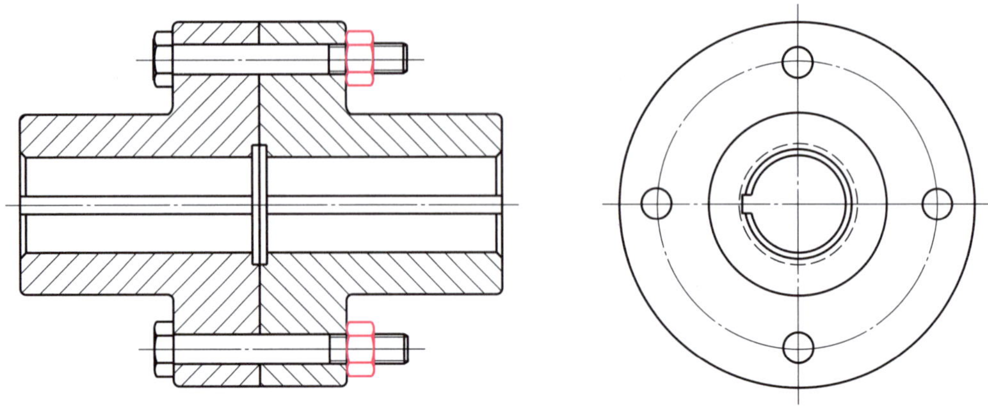

图 5-10　绘制螺母主视图

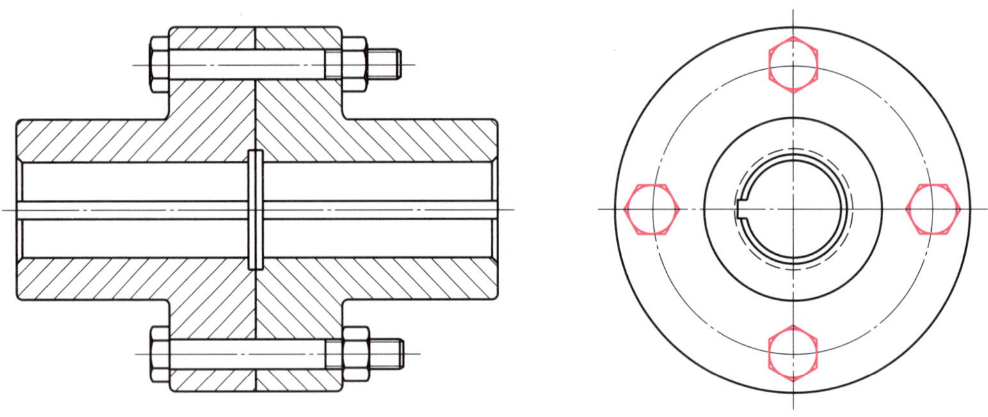

图 5-11　绘制螺栓左视图

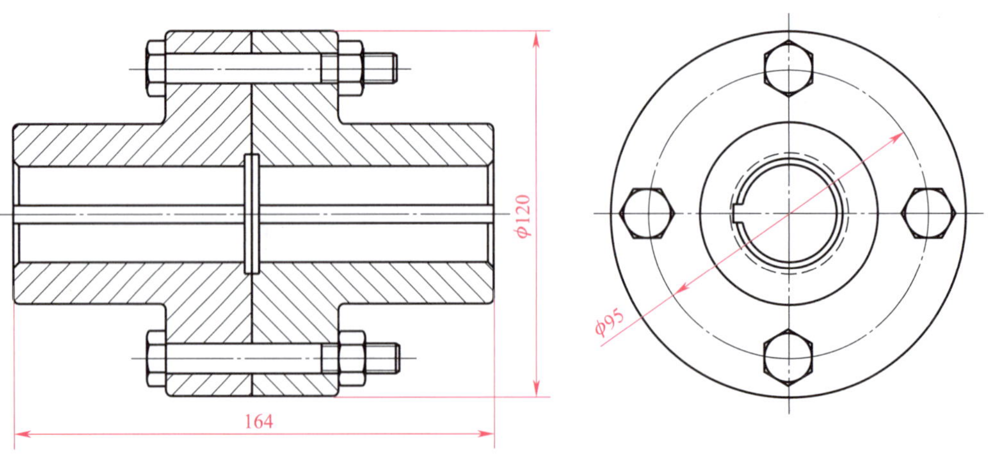

图 5-12　标注尺寸

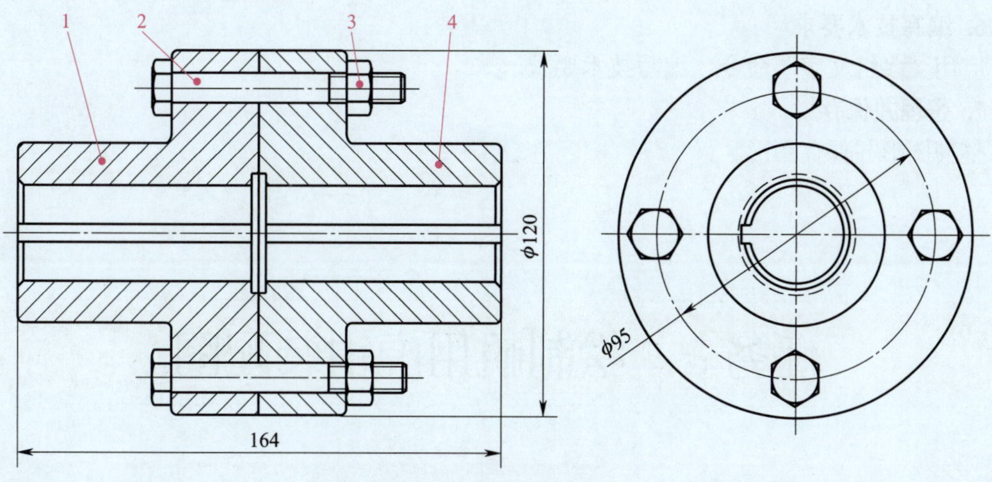

图 5-13　标注零件序号

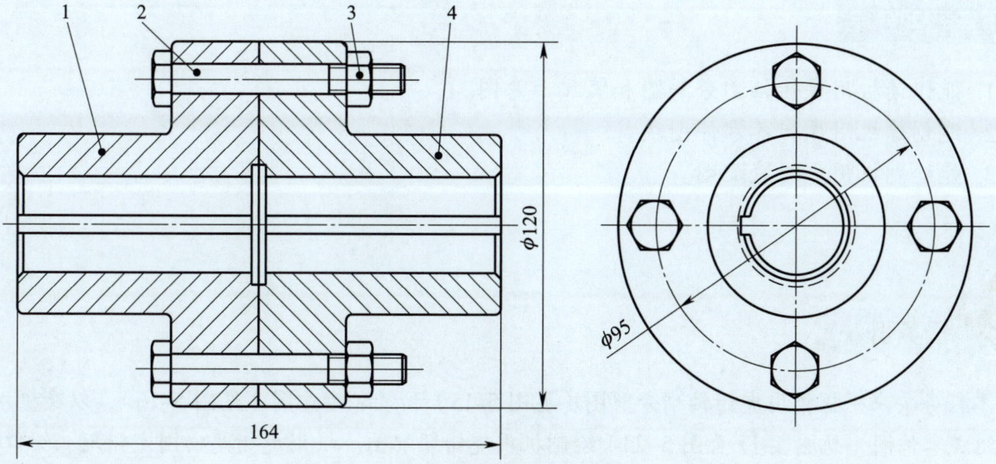

4		右半联轴器	1	35	1	1	
3	GB/T 6170—2015	六角头螺母M10	4	Q235	4	4	
2	GB/T 5782—2016	六角头螺栓M10×80	4	Q235	4	4	
1		左半联轴器	1	35	1	1	
序号	代号	名称	数量	材料	单件 质量	总计 质量	备注

标记	处数	分区	更改文件号	签名	年、月、日				凸缘联轴器装配图
设计	（签名）	（年月日）	标准化	（签名）	（年月日）	阶段标记	质量	比例	
审核									
工艺			批准			共 张 第 张			

图 5-14　绘制图框、标题栏和明细表

6. 编写技术要求

应用“多行文字”命令，编写技术要求。

7. 整理并保存

整理图形并保存图形。

任务2　绘制机用虎钳装配图

1. 能识读机用虎钳轴测分解图和装配示意图。
2. 能创建机用虎钳各零件图块。
3. 能绘制机用虎钳装配图。

本任务要求根据机用虎钳轴测分解图（见图5–15）和装配示意图（见图5–16），以及机用虎钳各组成零件图（见图5–17至图5–23）绘制机用虎钳装配图。机用虎钳是由固定钳座、钳口板、活动钳身、螺杆、螺母块、环、螺钉、垫圈等11种零件组成的，其中固定钳座为装配基准件。

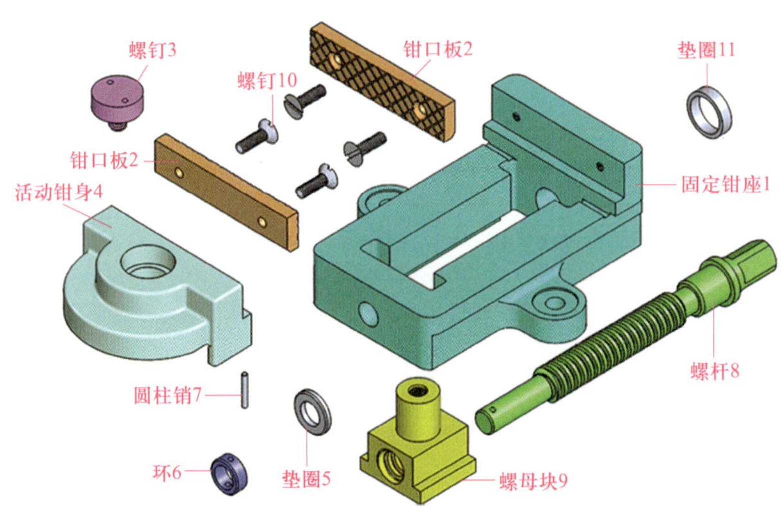

图5–15　机用虎钳轴测分解图

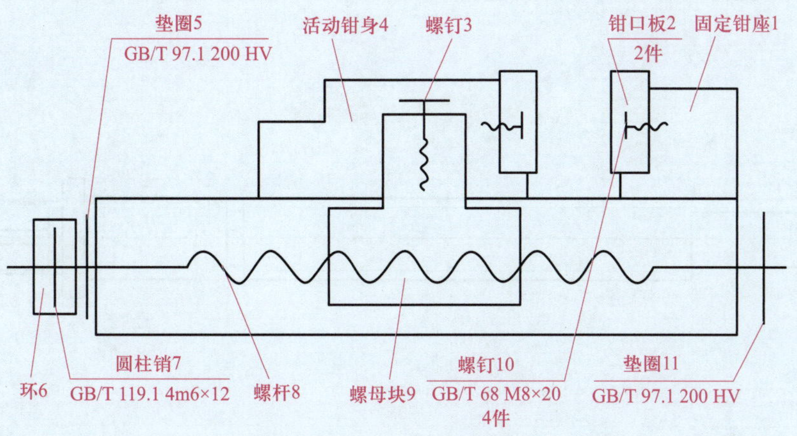

图 5-16　机用虎钳装配示意图

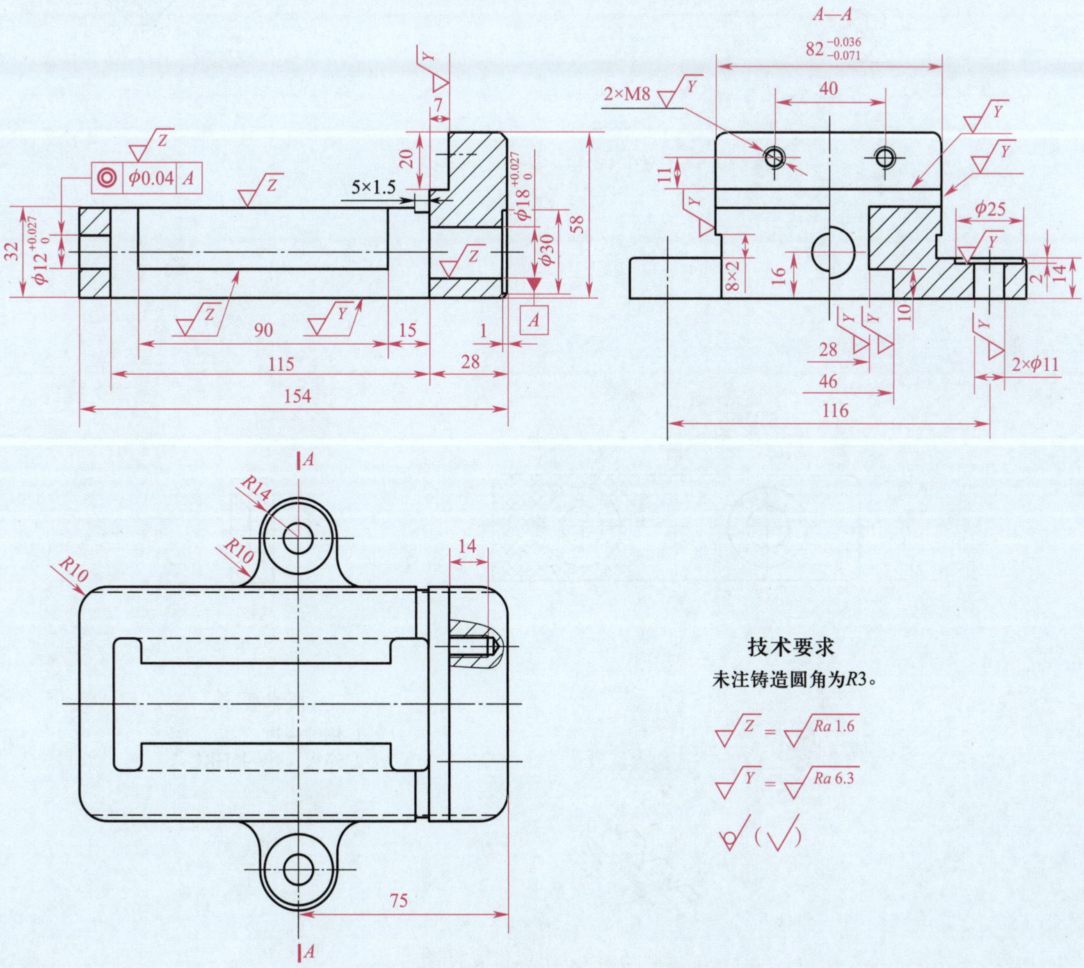

技术要求

未注铸造圆角为$R3$。

$\sqrt{Z} = \sqrt{Ra\ 1.6}$

$\sqrt{Y} = \sqrt{Ra\ 6.3}$

$\sqrt{}$ ($\sqrt{}$)

图 5-17　固定钳座零件图

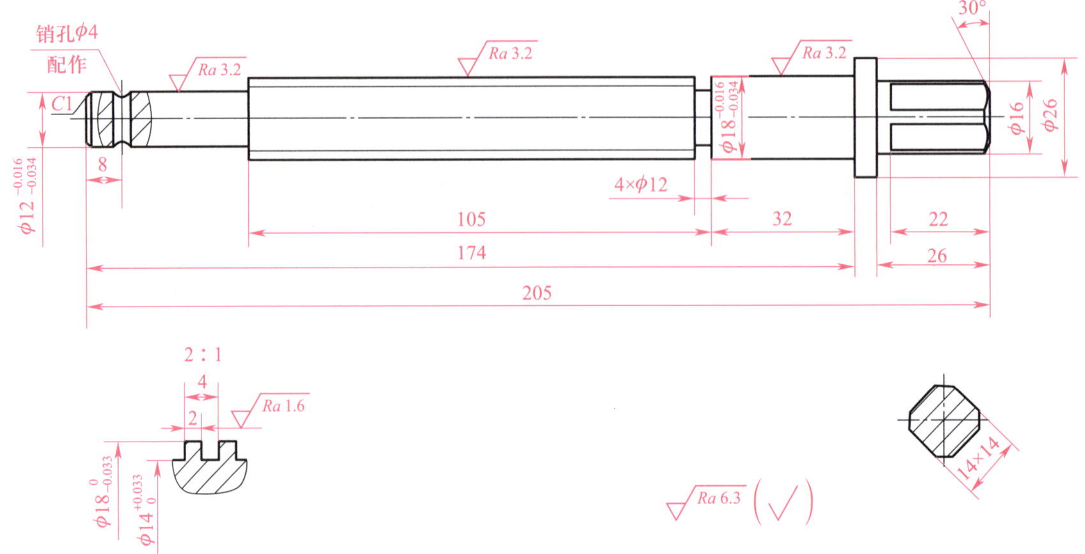

图 5-18　螺杆零件图

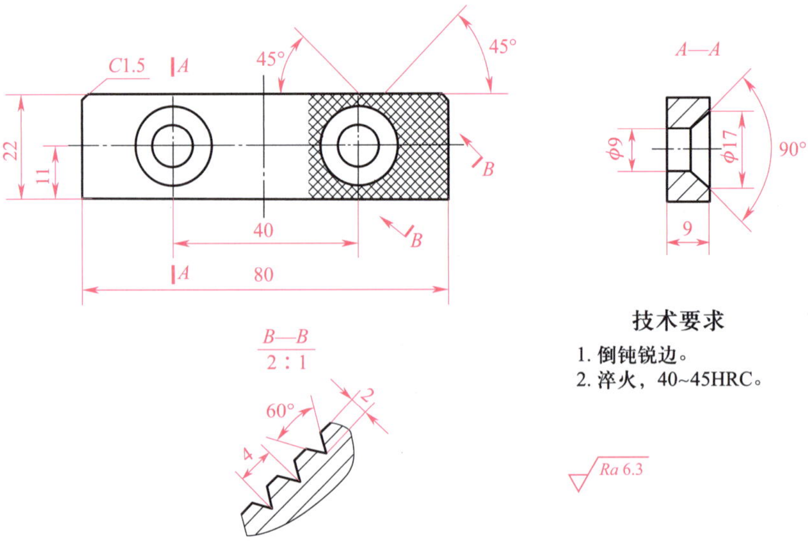

技术要求

1. 倒钝锐边。
2. 淬火，40~45HRC。

Ra 6.3

图 5-19　钳口板零件图

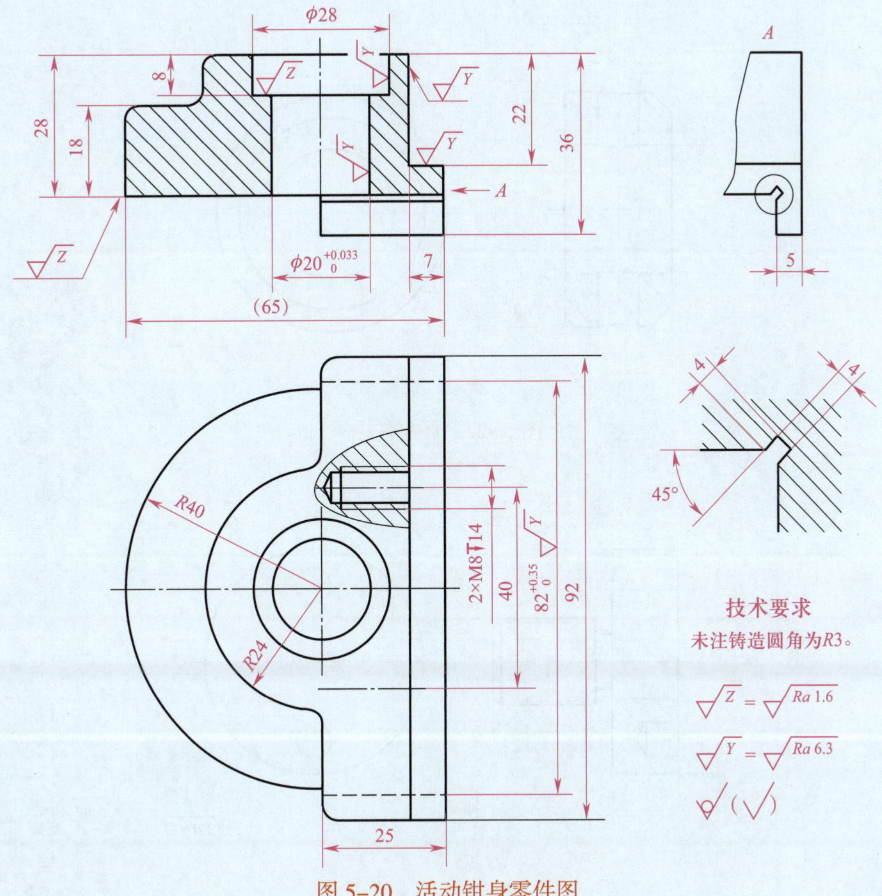

图 5-20　活动钳身零件图

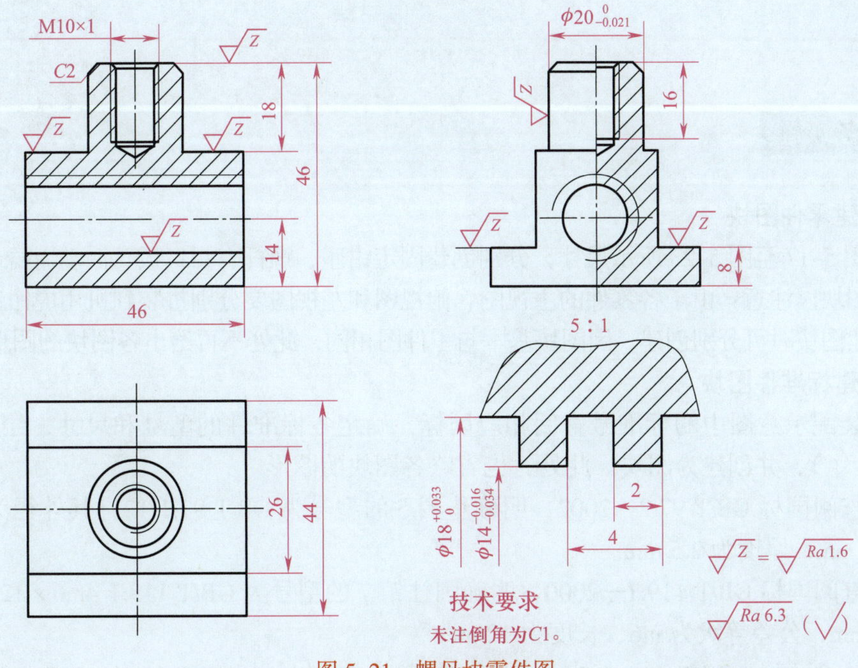

图 5-21　螺母块零件图

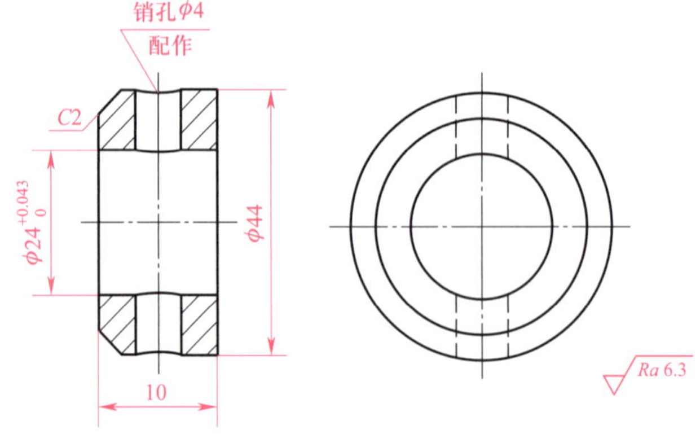

图 5-22　环零件图

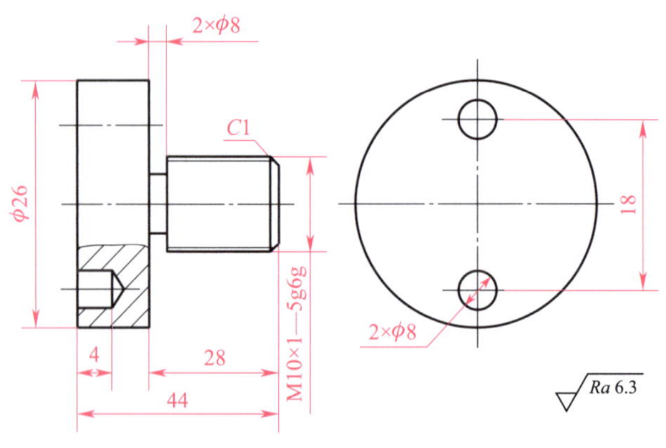

图 5-23　螺钉零件图

1. 创建零件图块

根据图 5-17 至图 5-23 所示尺寸，分别创建固定钳座、螺杆、钳口板、活动钳身、螺母块、环、螺钉图块。注意：由于各零件的主视图、俯视图和左视图要分别拼装到机用虎钳装配图中，因此，创建图块时可分别创建。因图块基本与零件图相同，此处不再给出各图块的图形。

2. 创建标准件图块

根据装配示意图中的标准号查阅相应国标，确定各标准件的型号和尺寸，绘制零件图（不标注尺寸），并创建为图块。此处，也省略各图块的图形。

（1）查阅国标 GB/T 97.2—2002，明确垫圈 5 的型号为 GB/T 97.1 12；其外径为 24 mm，内径为 13 mm，厚度为 2.5 mm。

（2）查阅国标 GB/T 119.1—2000，明确圆柱销 7 的型号为 GB/T 119.1 4m6 × 12，其公称直径为 4 mm，公差等级为 m6，长度为 12 mm。

（3）查阅国标 GB/T 68—2016，明确螺钉 10 的型号为 GB/T 68 M8 × 20，其尺寸为

M8 × 20 mm。

（4）查阅国标 GB/T 97.1—2002，明确垫圈 11 的型号为 GB/T 97.1 18。其外径为 34 mm，内径为 19 mm，厚度为 3 mm。

3. 绘制机用虎钳装配图

（1）绘制图框和标题栏

应用“直线”和“表格”命令，绘制图框和标题栏。

（2）绘制固定钳座 1

利用“插入块”命令，将固定钳座图块插入绘图区域，如图 5-24 所示，并利用“分解”命令将图块分解。

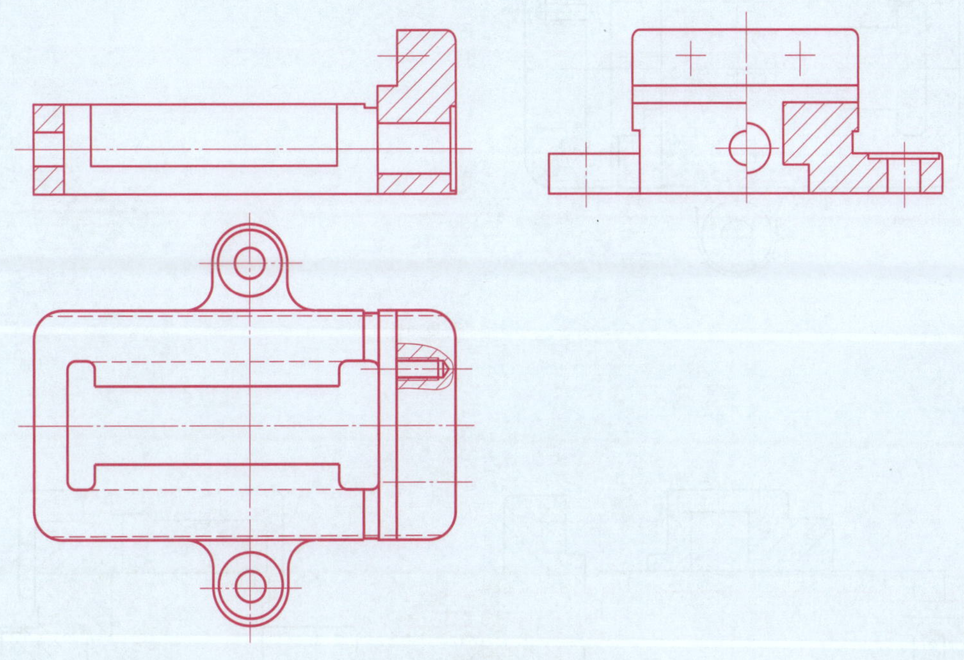

图 5-24　绘制固定钳座

（3）绘制活动钳身 4

将活动钳身图块插入固定钳座上，将图块分解，并根据投影原理修改图形，如图 5-25 所示。

（4）绘制垫圈 11 和螺杆 8

先绘制垫圈 11，然后将螺杆图块插入图形中，将图块分解，并根据投影原理修改图形，如图 5-26 所示。

（5）绘制螺母块 9

将螺母块图块（不包含俯视图）插入图形中，将图块分解，并根据投影原理修改图形，如图 5-27 所示。

（6）绘制螺钉 3 和钳口板 2

将螺钉 3 和钳口板 2 图块插入图形中，将图块分解，并根据投影原理修改图形，如图 5-28 所示。

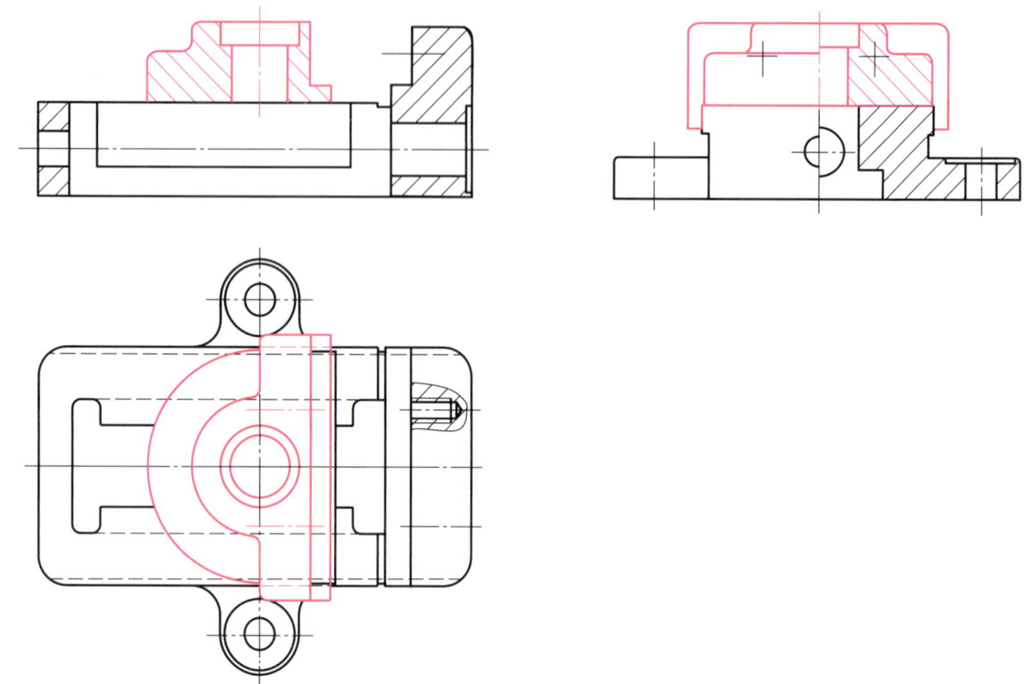

图 5-25　绘制活动钳身

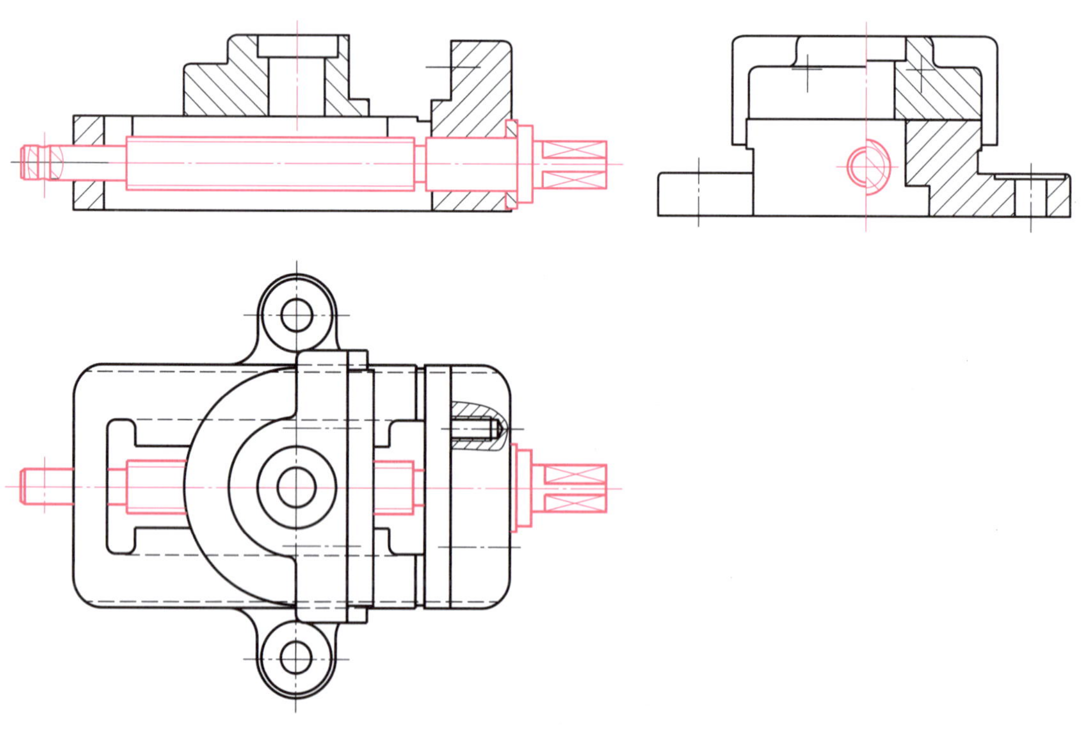

图 5-26　绘制垫圈 11 和螺杆 8

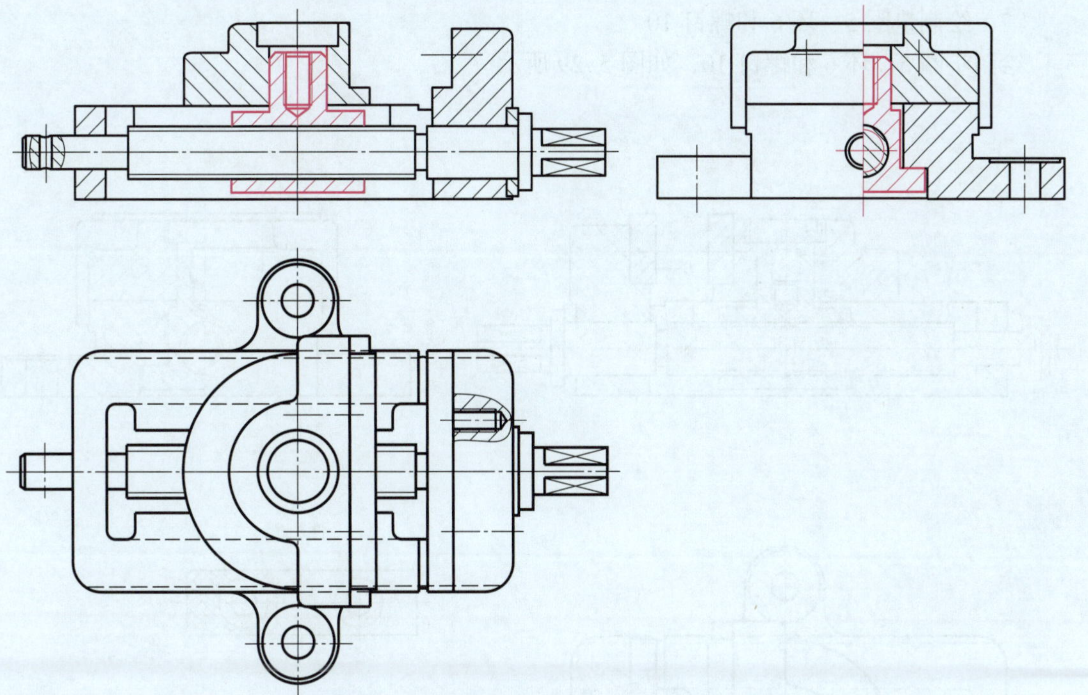

图 5-27　绘制螺母块 9

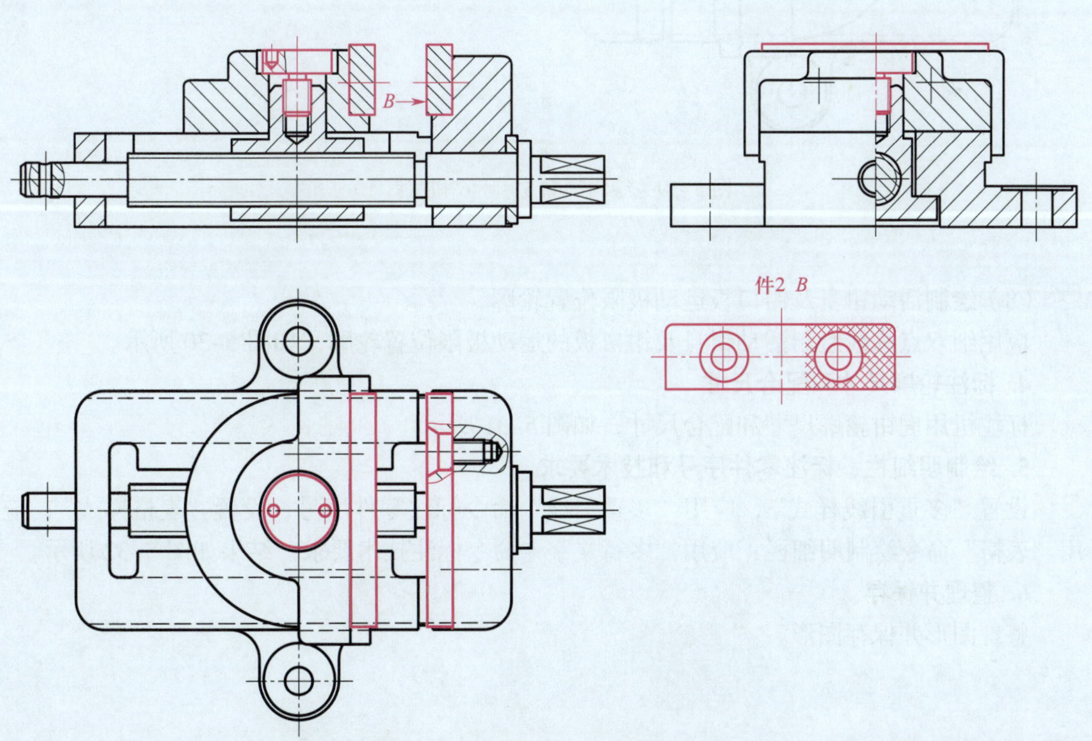

图 5-28　绘制螺钉 3 和钳口板 2

（7）绘制垫圈 5、环 6 和螺钉 10

绘制垫圈 5、环 6 和螺钉 10，如图 5-29 所示。

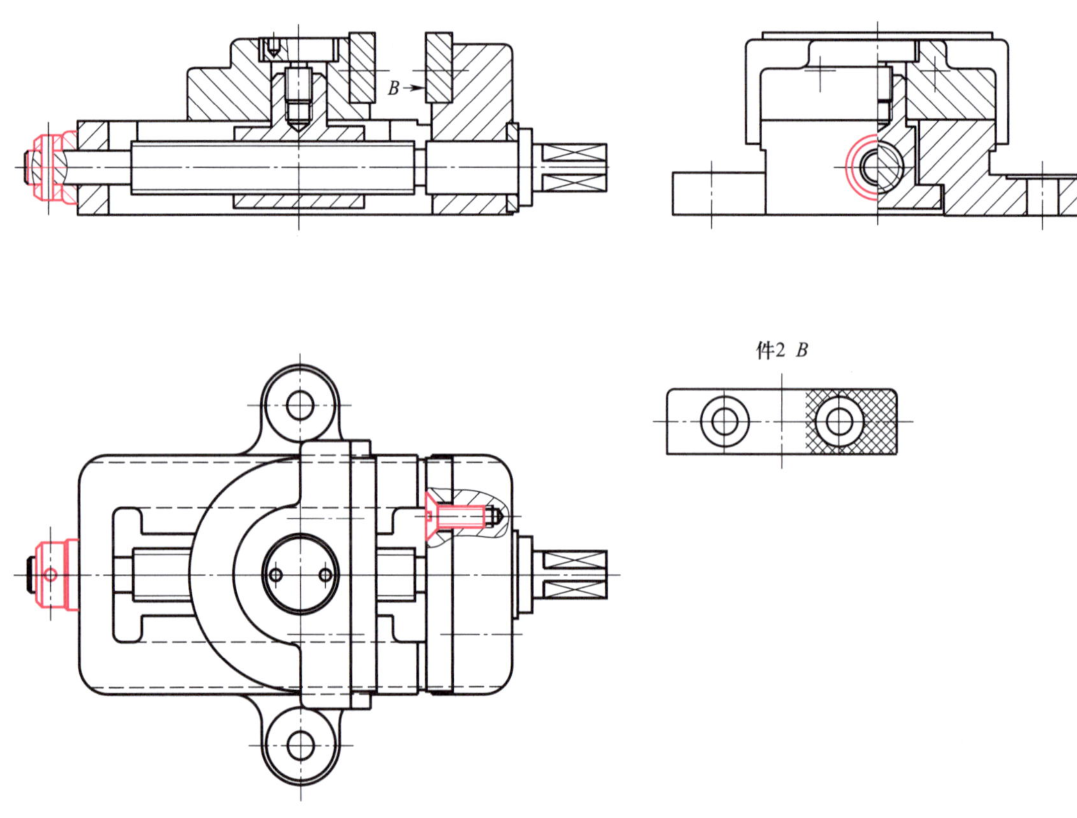

图 5-29　绘制垫圈 5、环 6 和螺钉 10

（8）绘制活动钳身及钳口板运动极限位置轮廓

应用细双点画线绘制活动钳身及钳口板的运动极限位置轮廓，如图 5-30 所示。

4. 标注轮廓尺寸和配合尺寸

标注机用虎钳轮廓尺寸和配合尺寸，如图 5-31 所示。

5. 绘制明细栏、标注零件序号和技术要求

设置“多重引线样式”，应用“多重引线”命令标注零件序号；设置“表格样式”，应用“表格”命令绘制明细栏；应用“多行文字”命令标注技术要求。结果如图 5-32 所示。

6. 整理并保存

整理图形并保存图形。

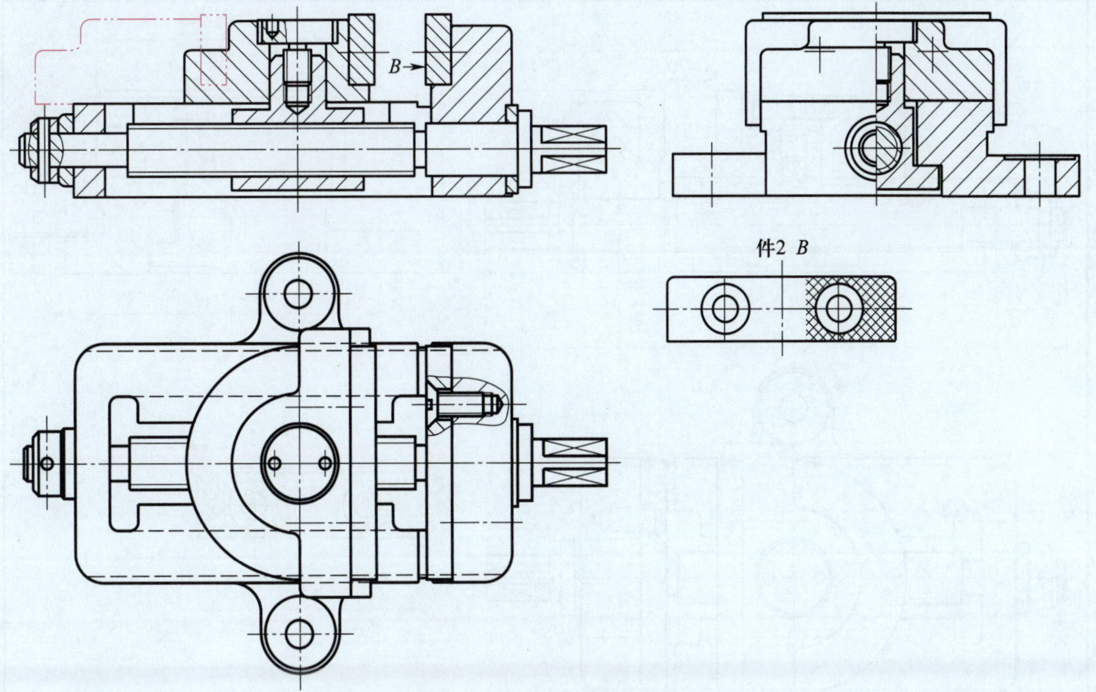

图 5-30　绘制活动钳身及钳口板运动极限位置轮廓

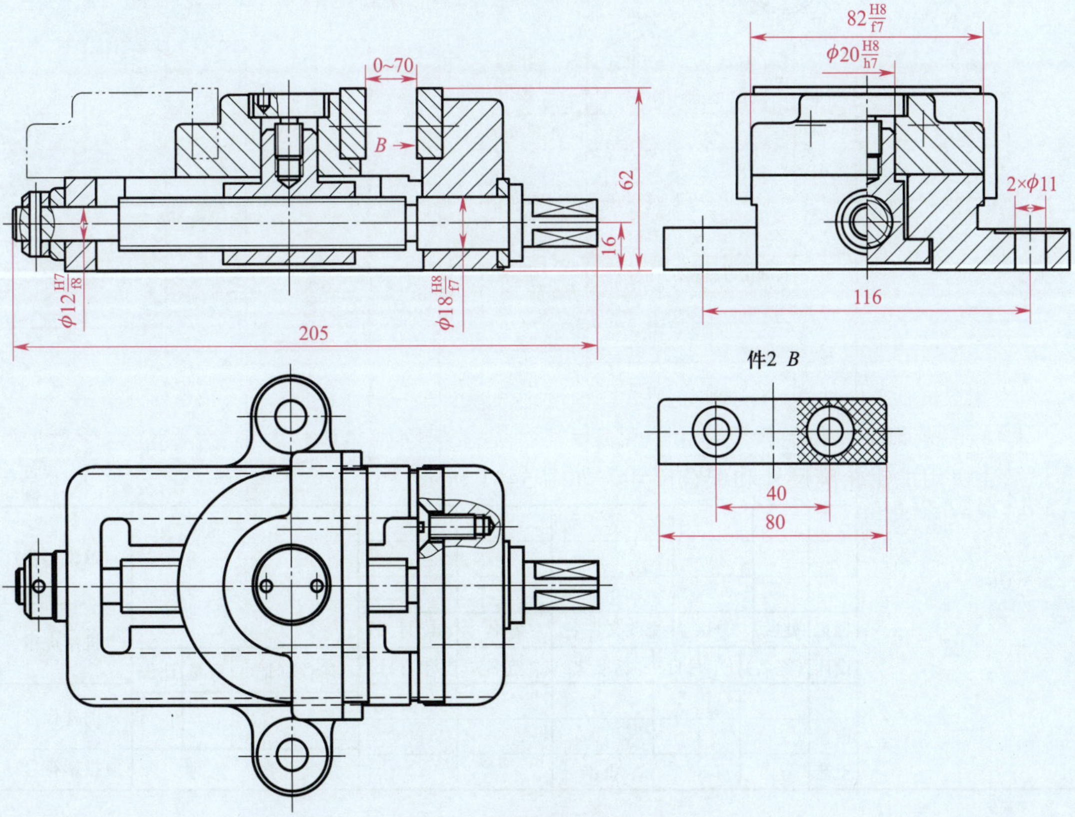

图 5-31　标注轮廓和配合尺寸

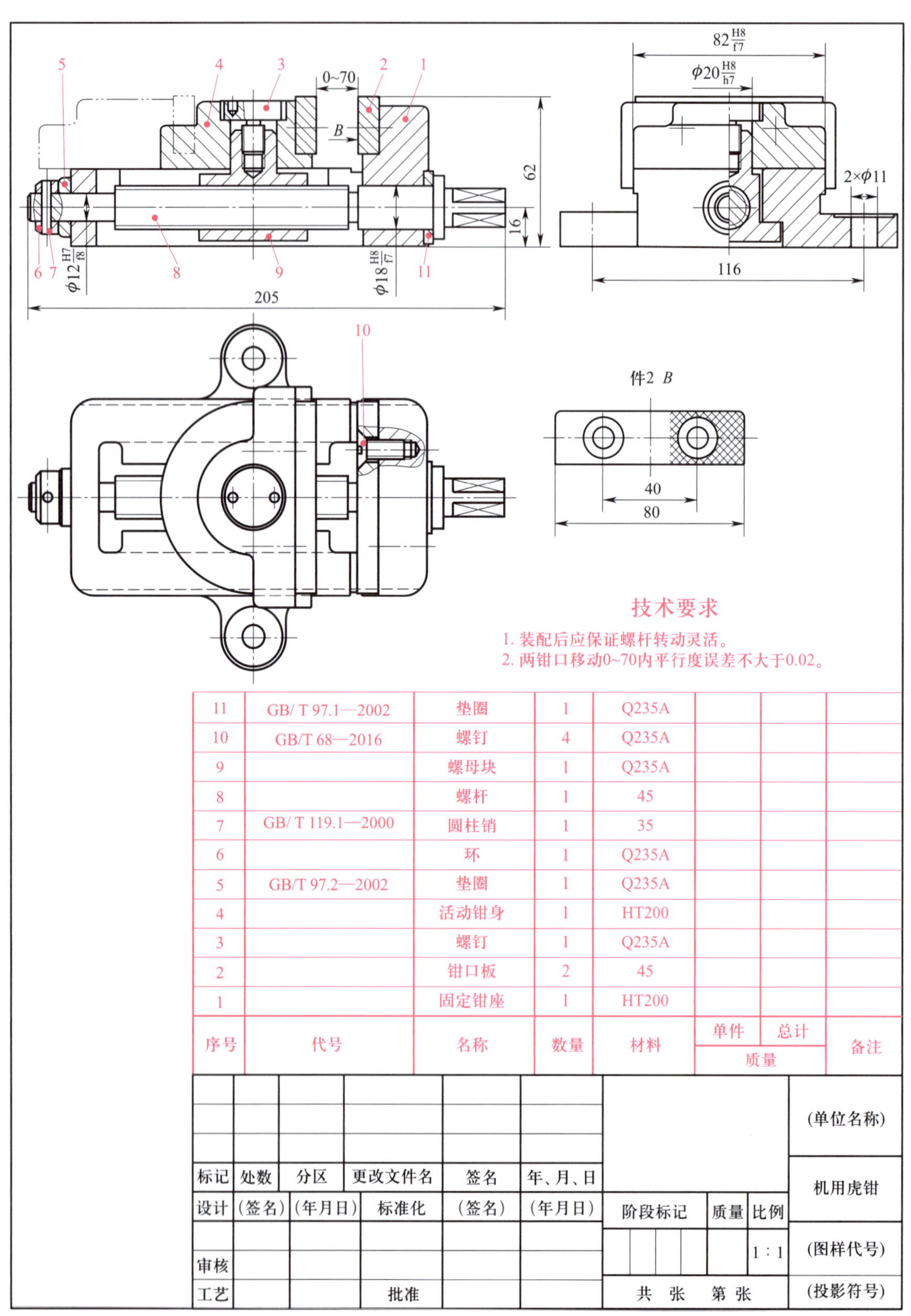

技术要求

1. 装配后应保证螺杆转动灵活。
2. 两钳口移动0~70内平行度误差不大于0.02。

11	GB/ T 97.1—2002	垫圈	1	Q235A			
10	GB/T 68—2016	螺钉	4	Q235A			
9		螺母块	1	Q235A			
8		螺杆	1	45			
7	GB/ T 119.1—2000	圆柱销	1	35			
6		环	1	Q235A			
5	GB/T 97.2—2002	垫圈	1	Q235A			
4		活动钳身	1	HT200			
3		螺钉	1	Q235A			
2		钳口板	2	45			
1		固定钳座	1	HT200			
序号	代号	名称	数量	材料	单件	总计	备注
					质量		

							(单位名称)
标记	处数	分区	更改文件名	签名	年、月、日		机用虎钳
设计	(签名)	(年月日)	标准化	(签名)	(年月日)	阶段标记 质量 比例	
						1 : 1	(图样代号)
审核							
工艺			批准			共 张 第 张	(投影符号)

图 5-32　绘制明细栏、标注零件序号和技术要求

模块六 三维实体建模

任务 1 三维实体建模基本操作

学习目标

1. 能建立用户坐标系（UCS）。
2. 能应用视点命令观察三维模型。
3. 能应用视觉样式命令查看三维模型的显示效果。

任务引入

应用中望 CAD 2023 创建三维模型，必然用到一些基本操作，如 UCS 的建立、三维模型的观察、视觉样式的应用等。本任务主要学习这些基本操作，为三维实体建模打好基础。

相关知识

一、用户坐标系

1. 世界坐标系与用户坐标系

中望 CAD 2023 的坐标系是三维笛卡儿直角坐标系，分为世界坐标系（World Coordinate System，WCS）和用户坐标系（User Coordinate System，UCS）。中望 CAD 2023 默认的坐标系是世界坐标系，图形中的所有对象均由世界坐标系中的坐标定义。世界坐标系无法移动或旋转，但可以从任意角度、任意方向来观察或旋转。二维世界坐标系的平面图标如图 6–1a 所示，其 *X* 轴正向向右，*Y* 轴正向向上，*Z* 轴正向由屏幕指向操作者，坐标系原点位于屏幕左下角。当用户从三维空间观察世界坐标系时，其图标如图 6–1b 所示。世界坐标系坐标轴的交汇处显示“□”形的标记。

中望 CAD 2023 允许用户建立自己的坐标系，即用户坐标系。用户坐标系的原点可以放在任意位置上，坐标系也可以倾斜任意角度。用户坐标系为可移动坐标系，移动用户坐标系可以使设计者处理图形的特定部分变得更加容易。旋转用户坐标系可以帮助用户在三维或旋转视图中指定点。用户可以任意定义用户坐标系的原点，也可以使用户坐标系与世界坐标系相重合。用户坐标系没有“□”形标记，如图 6–1c 和图 6–1d 所示。

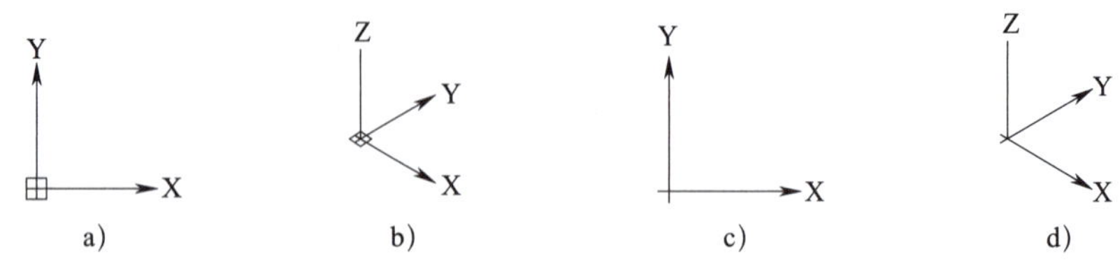

图 6–1 世界坐标系与用户坐标系

a）二维世界坐标系 b）三维世界坐标系 c）二维用户坐标系 d）三维用户坐标系

2. 用户坐标系的建立

（1）命令执行方法

1）功能区：单击“视图”→“坐标”→“UCS”按钮 ⊾，如图 6–2 所示。

2）菜单栏：单击“工具”→“新建 UCS”子菜单中的命令，如图 6–3 所示。

3）命令行：UCS。

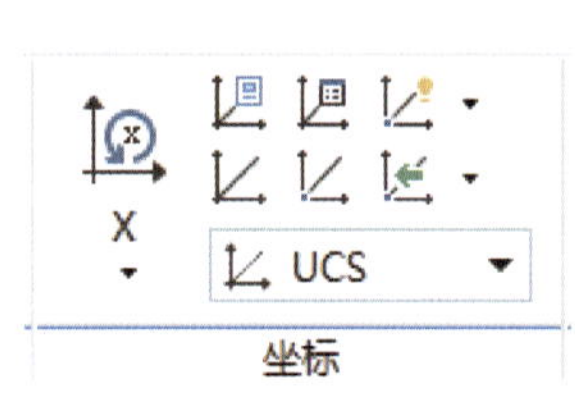

图 6–2 “坐标”面板

图 6–3 “新建 UCS”子菜单

（2）操作提示

执行“UCS”命令，系统提示如下：

命令：UCS↙

当前在世界 UCS。

指定 UCS 的原点或［？/面（F）/3 点（3）/删除（D）/对象（OB）/原点（O）/上一个（P）/还原（R）/保存（S）/视图（V）/X/Y/Z/Z 轴（ZA）/世界（W）］<世界>：（指定用户坐标系原点）

指定 X 轴上的点或 <接受>：（指定 *X* 轴正方向上的点）

指定 XY 平面上的点或 <接受>：（指定 *Y* 轴正方向上的点）

（3）选项说明

1）指定 UCS 的原点：通过指定一点、两点或三点来定义一个新的 UCS。若指定一点，当前 UCS 的原点将会移动，而 *X*、*Y* 和 *Z* 轴的方向保持不变。若指定第二点，UCS 旋转以将 *X* 轴正半轴通过该点。若指定第三点，UCS 绕新的 *X* 轴旋转以定义 *Y* 轴正半轴。

如果未给原点指定 *Z* 轴坐标值，此选项将使用当前标高。

2）？：列出指定名称的 UCS 定义的详细信息。输入星号（*）列出所有已保存的 UCS 名称及定义。若含有自定义但未命名的 UCS，则以"未命名"列出。

3）面：指定三维实体的一个面，使 UCS 动态对齐到指定面。可通过在面的边界内或面所在的边上单击以选择三维实体的一个面，选中面将亮显。UCS 的 *X* 轴将与选中面上距离选择点最近的边对齐。执行该选项，系统提示如下：

```
选择实体面、曲面或网格：
输入选项［下一个（N）/X 轴反向（X）/Y 轴反向（Y）］<接受>:
```

①下一个：在相邻的面或选定边的后向面上定位 UCS。

② X 轴反向：将当前显示的 UCS 围绕 *X* 轴旋转 180°。

③ Y 轴反向：将当前显示的 UCS 围绕 *Y* 轴旋转 180°。

④接受：接受当前 UCS 的定位。

4）3 点：通过指定 3 个点来定义新的 UCS。这 3 个点分别是新 UCS 的原点、*X* 轴正方向上的一点以及 *XY* 平面内 *Y* 轴正方向上的一点。

5）删除：删除指定的 UCS。若要删除的 UCS 当前处于活动状态，UCS 将保持在原位，但会以"未命名"列出。

6）对象：通过将 UCS 与选定的二维或三维对象对齐来建立新的 UCS。新 UCS 的 *Z* 轴正方向与选定对象的一样。

7）原点：通过直接指定坐标系原点来定义一个新的 UCS。

8）上一个：恢复上一个定义的 UCS。用户可逐步返回创建的最后 10 个 UCS 设置。系统将单独存储模型空间和图纸空间的 UCS 设置。

9）还原：恢复已保存的 UCS，使其成为当前 UCS。执行该选项，系统提示如下：

```
输入要还原的 UCS 名称或［？］:
```

① UCS 名称：通过指定已保存 UCS 的名称来恢复该 UCS。

②？：列出指定名称的 UCS 的详细信息。

10）保存：按指定名称保存当前 UCS。

11）视图：以平行于屏幕的平面为 *XY* 平面建立新的坐标系。UCS 原点保持不变。

12）X/Y/Z：绕指定轴旋转当前 UCS 来定义新的 UCS。将右手拇指指向 *X*（或 *Y*，或 *Z*）

轴的正方向，卷曲其余四指，其余四指所指的方向即绕轴的正旋转方向。通过指定原点和一个或多个绕 *X*、*Y* 或 *Z* 轴的旋转，可以定义任意的 UCS，如图 6–4 所示。

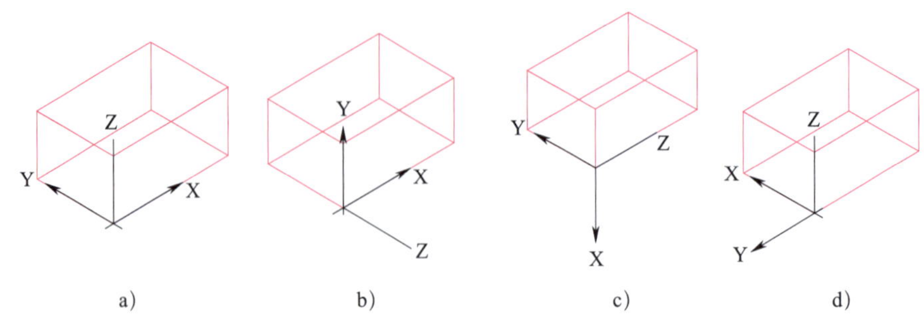

图 6–4　用户坐标系绕 *X*、*Y*、*Z* 轴旋转 90°

a）原用户坐标系　b）用户坐标系绕 *X* 轴旋转 90°

c）用户坐标系绕 *Y* 轴旋转 90°　d）用户坐标系绕 *Z* 轴旋转 90°

13）Z 轴：通过指定坐标系原点和 *Z* 轴正半轴上的一点来建立新的 UCS。

14）世界：设置当前用户坐标系为世界坐标系（WCS）。WCS 是所有用户坐标系的基准，不能被修改。

二、观察三维模型

三维建模过程中，常需从不同方向观察模型。观察图形的方向称为视点，中望 CAD 2023 提供了视点预设（也称标准视点）、视点命令等多种方法来设置视点。

1. 标准视点

中望 CAD 2023 提供了俯视、仰视、左视、右视、前视和后视 6 个基本视点，另外还提供了西南等轴测、东南等轴测、东北等轴测和西北等轴测 4 个特殊视点。从 4 个特殊视点观察，可以得到具有立体感的 4 种特殊视图。图 6–5 所示为同一形体分别在西南等轴测与东南等轴测两个不同视点观察所看到的效果。

图 6–5　同一形体不同视点

a）西南等轴测　b）东南等轴测

从 6 个基本视点来观察图形非常方便，因为这 6 个基本视点的视线方向都与 *X*、*Y*、*Z* 三坐标轴之一平行，而与 *YZ*、*XZ*、*XY* 平面之一正交，所以，相对应的 6 个基本视图实际上是三维模型投影在 *YZ*、*XZ*、*XY* 平面上的二维图形。这样，就将三维模型转化为二维模型，在这 6 个基本视图上对模型进行编辑，就如同绘制二维图形一样。

2. 启动标准视点的方式

（1）功能区：单击“视图”选项卡→“视图”列表框中的按钮，如图 6–6 所示。

（2）菜单栏：单击“视图”→“三维视图”菜单中的命令，如图 6–7 所示。

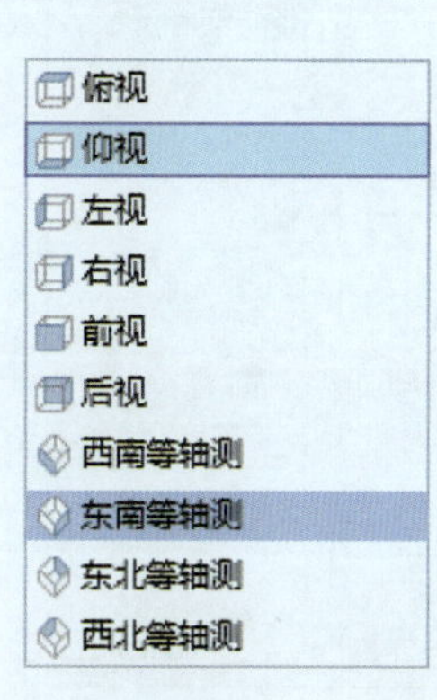

图 6–6 “视图”列表框

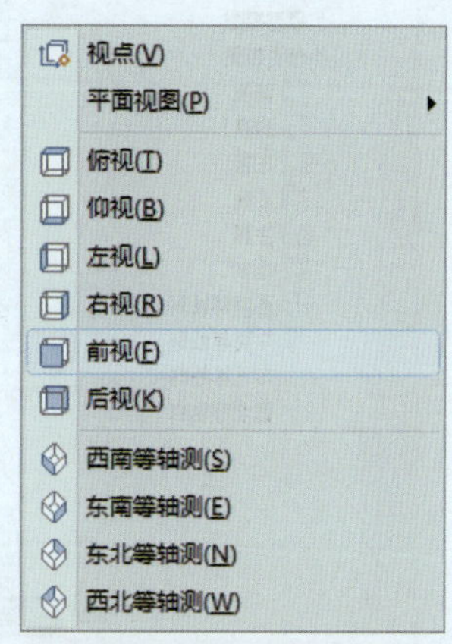

图 6–7 “三维视图”菜单

西南等轴测方向与正等轴测图的视觉方向是一致的，本教材默认三维实体图的视觉方向为西南等轴测方向。

3. 视图管理器

通过“视图管理器”命令，可以增加、修改和删除模型视图，并编辑模型视图的边界。将模型视图和预设视图应用到当前操作中，可在图纸上即时显示操作结果。

（1）执行“视图管理器”命令的方法

1）功能区：单击“视图”选项卡→“视图”→“视图管理器”按钮 。

2）菜单栏：单击“视图”→“命名视图”命令。

3）命令行：view。

执行“视图管理器”命令，系统弹出“视图管理器”对话框，如图 6–8 所示。

（2）选项说明

1）视图列表包括“当前”“模型视图”“预设视图”三种可选项，默认为“当前”。

①当前：表示当前显示，无子节点。显示当前视图的“视图”和“剪裁”特性，对应数据列表为只读。

②模型视图：含有子节点，每个子节点对应一个保存在模型空间的视图。显示已定义视图的“基本”“视图”和“剪裁”特性，对应数据列表中的“视觉样式”“背景替代”“活动截面”“相机坐标”“目标坐标”“摆动角度”“高度”“宽度”为只读。

③预设视图：含有子节点，每个子节点表示一种观察方向，与“视图”列表框和“三维视图”菜单中的预设方向一一对应，对应数据列表为只读。

2）数据列表针对“当前”“模型视图”“预设视图”各项节点与子节点，显示所对应的特性数据。

3）置为当前：将选定的视图置为当前视图。

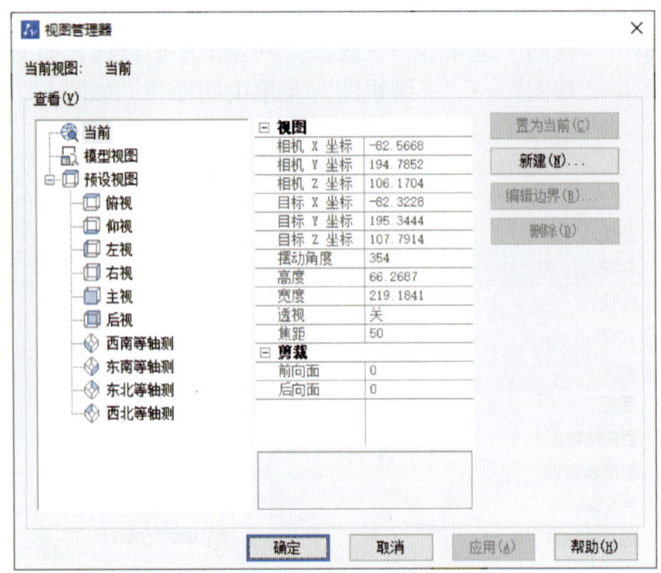

图 6-8 “视图管理器”对话框

4）新建：打开“新建视图”对话框，通过该对话框可创建模型视图。

5）编辑边界：编辑选定视图的边界，在图纸中指定对角点作为新边界。

6）删除：删除选定的视图。

7）应用：保存选定视图的修改。

三、动态观察

“动态观察”命令用于在三维空间中动态查看对象。

1. 执行“动态观察”命令的方法

（1）功能区：单击“视图”→“定位”→“动态观察”按钮 ；或单击“实体”→“观察”→“动态观察”按钮 。

（2）菜单栏：单击“视图”→“三维动态观察”命令。

（3）命令行：3dorbit（3do）。

可以在执行命令之前，选择一个或多个对象进行动态查看。执行“3dorbit”命令，进入三维动态观察模式，显示三维动态观察光标图标，视点的位置将随着光标的移动而发生变化，被观察对象的视图将保持静止，视点围绕对象移动。如果水平拖动光标，视点将平行于世界坐标系的 *XY* 平面移动。如果竖直拖动光标，视点将沿 *Z* 轴移动。

2. 动态观察的类型及功能

命令处于激活状态时，右击可以显示“三维动态观察”快捷菜单，如图 6-9 所示。

（1）动态观察：不参照平面，在任意方向上进行动态观察。沿 *XY* 平面和 *Z* 轴进行动态观察时，视点不受约束。

（2）受约束的动态观察：沿 *XY* 平面或 *Z* 轴约束三维动态观察。

（3）连续动态观察：连续地进行动态观察。在要使连续动态观察移动的方向上单击并拖动，然后松开鼠标按键，轨道沿该方向继续移动。

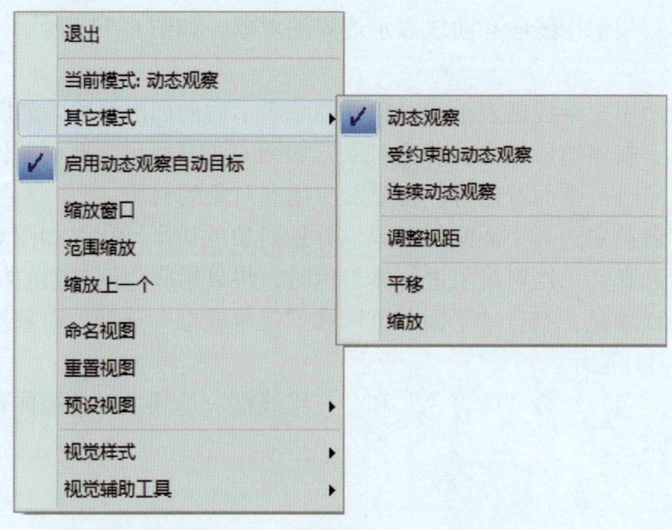

图 6–9 “三维动态观察”快捷菜单

四、视觉样式

视觉样式是指三维实体在中望 CAD 2023 中的显示形式。在默认状态下，系统是以线框形式显示对象的。如果绘制的图形比较复杂，则众多的线条交织在一起，很难清晰地观察对象的结构形状。为了获得较好的显示效果，中望 CAD 系统提供了 7 种视觉样式。

1. 启动“视觉样式”命令的方法

（1）功能区：单击“视图”→“视觉样式”→“视觉样式”下拉列表（见图 6–10a）中的按钮。

（2）菜单栏：单击“视图”→“着色”菜单（见图 6–10b）中的命令。

（3）命令行：shademode（sha）。

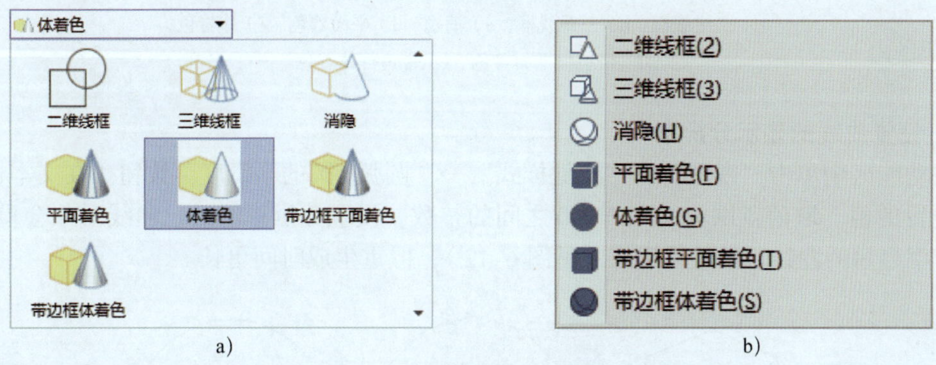

a) b)

图 6–10 视觉样式

a)“视觉样式”下拉列表 b)“着色”菜单

2. 各种视觉样式的功能

（1）二维线框：显示用线段和曲线表示边界的对象，如图 6–11a 所示。光栅和 OLE 对象（通过 OLE 技术创建的可以嵌入其他文档中或者链接到其他文档的对象）、线型和线宽都是可见的。

（2）三维线框：显示用线段和曲线表示边界的对象，如图 6–11b 所示。显示应用到对象的材质颜色。

（3）消隐：显示用三维线框表示的对象并隐藏表示后向面的线段，如图 6–11c 所示。

（4）平面着色：在多边形面之间着色对象，如图 6–11d 所示。此对象比体着色的对象平淡和粗糙。当对对象进行平面着色时，将显示应用到对象的材质。

（5）体着色：着色多边形平面间的对象，并使对象的边平滑化，如图 6–11e 所示。着色的对象外观较平滑和真实。当对对象进行体着色时，将显示应用到对象的材质。

（6）带边框平面着色：结合“平面着色”和“三维线框”选项。对象被平面着色，同时显示线框，如图 6–11f 所示。

（7）带边框体着色：结合“体着色”和“三维线框”选项。对象被体着色，同时显示线框，如图 6–11g 所示。

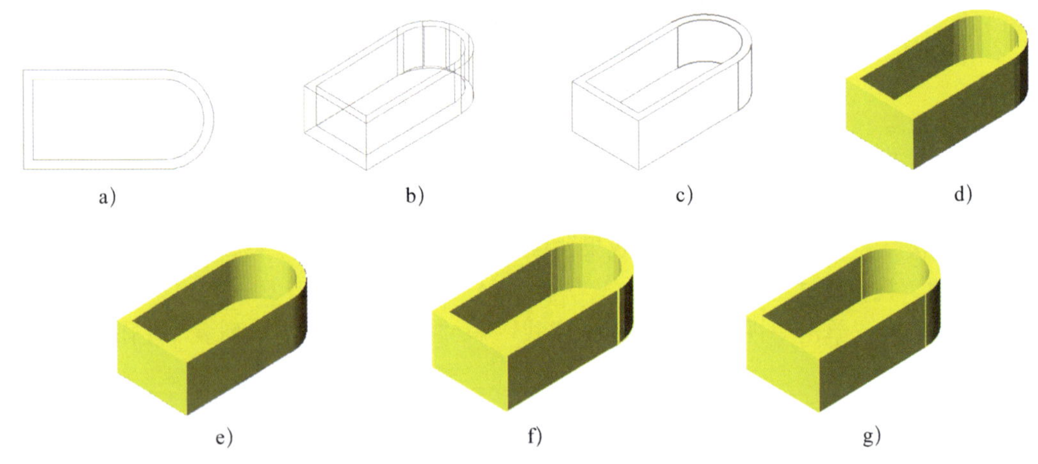

图 6–11　各种视觉样式的显示效果

a）二维线框　b）三维线框　c）消隐　d）平面着色　e）体着色

f）带边框平面着色　g）带边框体着色

3. 设置曲线的显示分辨率

在功能区中单击“视图”→“视觉样式”→“圆弧 / 圆的平滑度”按钮。在文本框中指定要设置的值。取值范围为 1 ~ 20 000 之间的整数。设置分辨率值后，曲线对象会重生成，高分辨率显示的曲线对象效果更好（见图 6–12），但重生成时间更长。

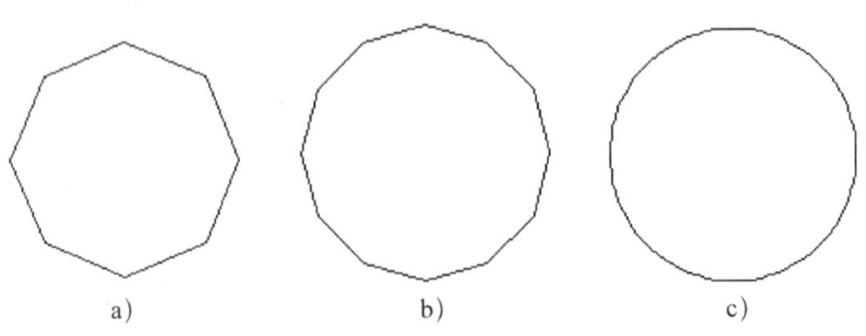

图 6–12　不同分辨率的显示效果

a）分辨率为 10　b）分辨率为 20　c）分辨率为 100

任务2　绘制圆台三维实体

1. 掌握基本三维实体的绘制。
2. 能创建圆台三维实体。

本任务要求根据图 6–13a 所示的圆台零件图，绘制其三维实体，如图 6–13b 所示。

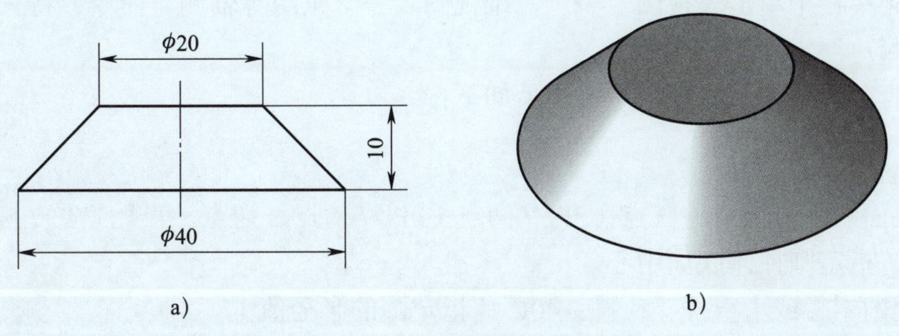

图 6–13　圆台

a）圆台零件图　b）圆台三维实体（着色）

一、基本三维实体命令

中望 CAD 2023 能生成圆柱体、圆锥体、长方体、球体、楔形体、棱锥体、圆环体及多段体等基本三维实体。单击菜单栏中的“绘图”→“实体”命令，或单击“实体”工具栏中的按钮，或单击功能区中的“实体”→“图元”→各三维实体命令按钮，或通过命令行输入相应命令，都能执行基本三维实体命令。表 6–1 列出了基本三维实体命令、按钮、功能及操作主要参数。

表 6-1　基本三维实体命令、按钮、功能及操作主要参数

命令	按钮	功能	操作主要参数
box		创建长方体	通过指定长方体角点、中心点等方式创建长方体
cyl（或 cylinder）		创建圆柱体	创建底面和顶面为圆或椭圆的圆柱体
sphere		创建球体	指定球心、球半径或球直径创建球体
wedge		创建楔体	通过指定楔体的角点或中心点创建楔体
cone		创建圆锥体	创建底面为圆或椭圆的圆锥体
tor（或 torus）		创建圆环体	指定圆环中心点，输入圆环半径及圆管半径创建圆环体

二、创建圆柱体

1. 命令执行方法

（1）功能区：单击“实体”→“图元”→“圆柱体”按钮。

（2）菜单栏：单击“绘图”→“实体”→“圆柱体”命令。

（3）命令行：cylinder（cyl）。

2. 示例

创建底面半径为 40 mm、高为 60 mm 的圆柱体。创建过程如下。

（1）在菜单栏中单击“视图”→“三维视图”→“东南等轴测”命令，将三维视图设置为东南等轴测。

（2）执行“圆柱体”命令，系统提示如下：

命令：_cylinder

指定底面的中心点或［三点（3P）/ 两点（2P）/ 切点、切点、半径（T）/ 椭圆（E）]：0，0，0↙（指定圆柱体底面中心）

指定圆的半径或［直径（D）]：40↙（指定圆的半径值）

指定高度或［两点（2P）/ 中心轴（A）] >：60↙（指定圆柱体高度）

执行上述操作，绘制出如图 6-14a 所示的圆柱体。该图缺少立体感，可通过调整 ISOLINES、FACETRES 变量参数，使圆柱体更逼真。

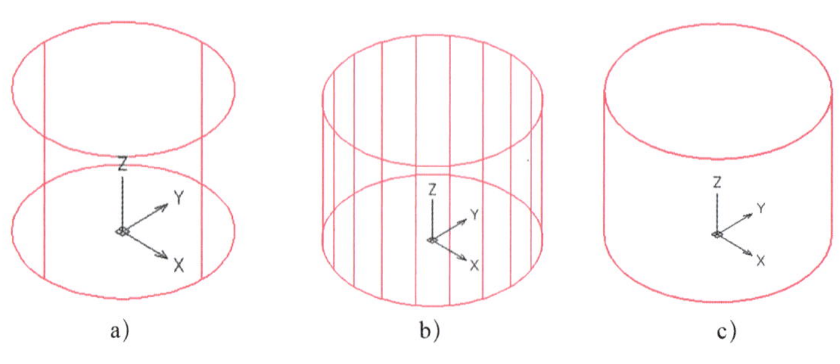

图 6-14　创建圆柱体

a）默认三维线框模型　b）ISOLINES 为 20 时的三维模型　c）消隐模型

（3）设置实体表面网格线数量。

命令：ISOLINES↙
输入 ISOLINES 的新值 <4>：20↙（设置实体表面网格线数量）

（4）在菜单栏中单击“视图”→“重生成”命令，生成图 6–14b 所示图形。

系统变量 ISOLINES 为对象上每个曲面指定轮廓素线数目，该变量的有效取值范围为 0 ~ 2 047。

（5）设置实体消隐的网格密度。

命令：FACETRES↙
输入 FACETRES 的新值 <0.5000>：5↙（设置实体消隐后的网格密度）

系统变量 FACETRES 为着色和渲染的实体对象以及删除隐藏线的对象设定平滑度。该变量只影响对象经消隐（hide）、着色（shade）以及渲染（render）后的实体的平滑度，取值范围是 0.01 ~ 10.0。其值越大，显示越光滑，但执行“hide”“shade”“render”命令所需要等待的时间也越长。

（6）在菜单栏中单击“视图”→“消隐”命令，重新生成三维模型，结果如图 6–14c 所示。

注意：圆柱体在输入其高度后已经生成，将实体表面网格线由默认的 4 改为 20，网格密度由 0.5 改为 5，是为了使三维模型消隐后在视觉上更光滑和逼真。

三、创建圆锥体

1. 命令执行方法

（1）功能区：单击“实体”→“图元”→“圆锥体”按钮 ◭。

（2）菜单栏：单击“绘图”→“实体”→“圆锥体”命令。

（3）命令行：cone。

2. 示例

创建底面半径为 10 mm、高为 12 mm 的圆锥体。操作步骤如下：

命令：_cone
指定底面的中心点或［三点（3P）/ 两点（2P）/ 切点、切点、半径（T）/ 椭圆（E）]：0，0，0↙（指定底面中心坐标）
指定圆的半径或［直径（D）] <40.0000>：10↙（指定圆的半径）
指定高度或［两点（2P）/ 中心轴（A）/ 顶面半径（T）]<60.0000>：12↙（指定圆锥高度）

执行上述操作，绘制出如图 6–15 所示的圆锥体。

3. 选项说明

（1）出现“指定底面的中心点或［三点（3P）/ 两点（2P）/ 切点、切点、半径（T）/ 椭圆（E）］：”提示时，如果选择“椭圆”，则可以绘制椭圆锥体。

（2）出现“指定高度或［两点（2P）/ 中心轴（A）/ 顶面半径（T）］<60.0000>：”提示时，如选“顶面半径”，当输入的数值与底面半径相同时，则为圆柱，如果输入的是一个非零的半径值，则为圆台。

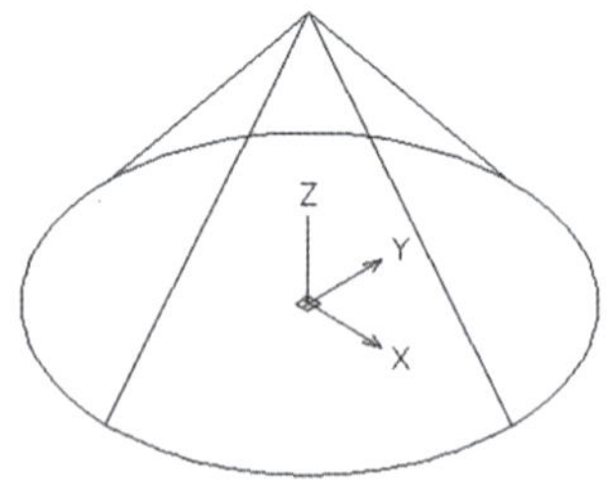

图 6–15　创建圆锥体

说明：

（1）本书仅介绍圆柱体、圆锥体的绘制方法，其余不再赘述。

（2）在创建基本立体过程中，可以通过鼠标的拖动来实现尺寸的输入，特别适于可通过捕捉获得尺寸的图形绘制。

（3）利用夹点可对实体进行拉伸等操作，如图 6–16a 所示。

（4）基本实体绘制完成后，可通过“特性”面板（见图 6–16b）修改参数来控制现有对象的基本特性、几何图形特性。选中实体后，在绘图区域中单击鼠标右键，在快捷菜单中选择“特性”，打开“特性”面板。

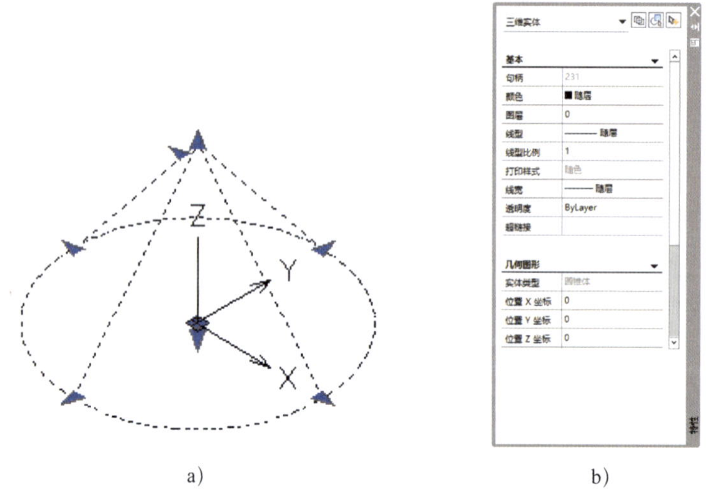

a）　　　　　　b）

图 6–16　修改实体特性

a）利用夹点拉伸实体　b）通过“特性”面板修改参数

1. 绘图前准备

（1）启动中望 CAD 2023，在菜单栏中单击“文件”→“新建”命令，打开“选择样板文件”对话框。选择“zwcadiso”样板后将其打开。

（2）为便于观察，将三维视图设置为“西南等轴测”样式。

（3）选择“二维线框”视图样式。

（4）建立“粗实线”“细实线”两个图层。

2. 执行“圆锥体”命令

命令：_cone

指定底面的中心点或［三点（3P）/ 两点（2P）/ 切点、切点、半径（T）/ 椭圆（E）］：0，0，0↙（指定底面的中心点）

指定圆的半径或［直径（D）］<10.0000>：20↙（指定圆的半径）

指定高度或［两点（2P）/ 中心轴（A）/ 顶面半径（T）］<12.0000>：t↙（选择“顶面半径”选项）

指定顶面半径 <0.0000>：10↙（输入顶面半径）

指定高度或［两点（2P）/ 中心轴（A）/ 顶面半径（T）］<12.0000>：10↙（指定圆台高度）

执行上述操作，结果如图 6-17a 所示，图 6-17b 所示为圆台在消隐视觉样式（“视图”→“消隐”）中的效果，图 6-17c 所示为圆台在“带边框体着色”视觉样式（“视图”→“着色”→“带边框体着色”）中的效果，实体颜色为灰色。

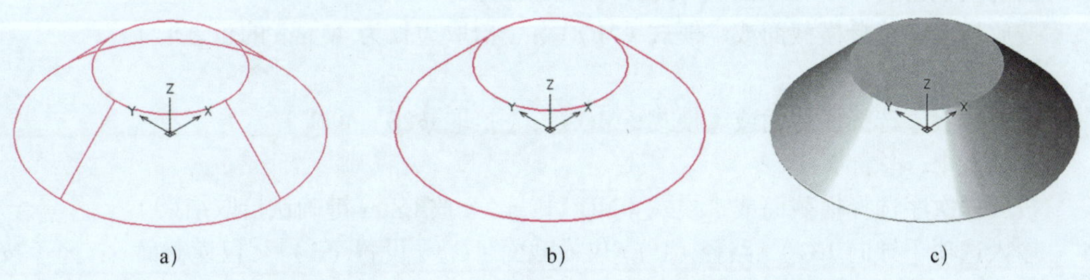

图 6-17　创建圆台三维实体

a）“三维线框”显示　b）“消隐”显示　c）“带边框体着色”显示

放　样

放样是将二维对象创建为三维对象的方法之一，它通过指定一系列横截面来创建三维实体或曲面。横截面的定义决定了实体或曲面的形状。使用“放样”命令，必须至少指定两个横截面。放样轮廓可以是开放或闭合的平面或非平面，也可以是边子对象。开放的横截面创建曲面，闭合的横截面创建实体或曲面。

1. 命令执行方法

（1）功能区：单击“实体”选项卡→“实体”→“放样”按钮。

（2）菜单栏：单击“绘图”→“实体”→“放样”命令。

（3）命令行：loft。

2. 示例

绘制如图 6–18 所示上圆下方三维实体，上面圆的直径为 20 mm，下面正方形的边长为 40 mm，三维实体的高度为 30 mm。绘图步骤如下：

命令：_polygon（执行“正多边形”命令）

输入边的数目 <4> 或［多个（M）/ 线宽（W）］：4↙（指定侧面数）

指定正多边形的中心点或［边（E）］：0，0，0↙（指定正方形的中心坐标）

输入选项［内接于圆（I）/ 外切于圆（C）］< 外切于圆 >：↙（按 Enter 键确认）

指定圆的半径：20↙（指定圆的半径）

命令：C↙（执行“圆”命令）

CIRCLE

指定圆的圆心或［三点（3P）/ 两点（2P）/ 切点、切点、半径（T）］：0，0，30↙（指定圆心坐标）

指定圆的半径或［直径（D）］：10↙（指定圆的半径）

命令：_loft（执行“放样”命令）

当前线框密度：ISOLINES=4，闭合轮廓创建模式 = 实体

按放样次序选择横截面或［模式（MO）］：（拾取边长为 40 mm 的正方形）

找到 1 个

按放样次序选择横截面或［模式（MO）］：（拾取 ϕ20 mm 圆）

找到 1 个，总计 2 个

按放样次序选择横截面或［模式（MO）］：↙（按 Enter 键确认拾取结束）

输入选项［导向（G）/ 路径（P）/ 仅横截面（C）/ 设置（S）］< 仅横截面 >：↙（按 Enter 键确认）

执行上述操作，则绘制出如图 6–18 所示的三维实体。

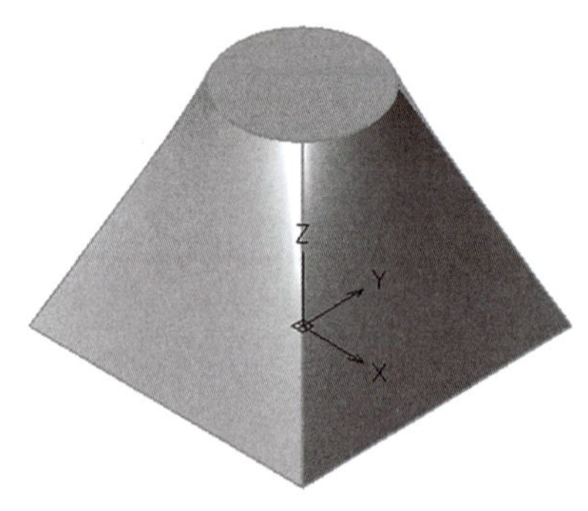

图 6–18　上圆下方三维实体

3. 选项说明

（1）按放样次序选择横截面：按照放样次序选择可作为放样的横截面。横截面可以是闭合或非闭合的。可以通过系统变量 DELOBJ 来控制在创建实体后是否自动删除原来横截面。

（2）模式：设置放样对象为实体或是曲面。

（3）导向：指定放样实体的导向曲线，放样实体会沿着指定的导向曲线生成三维实体。

（4）路径：指定放样实体的放样路径，和导向比较相似，但区别是路径必须是唯一的。放样路径必须与横截面的所有平面相交。

（5）仅横截面：不使用导向或路径创建放样对象。

（6）设置：打开“放样设置”对话框，如图 6–19 所示。通过该对话框可以设置不同的三维实体生成方式。

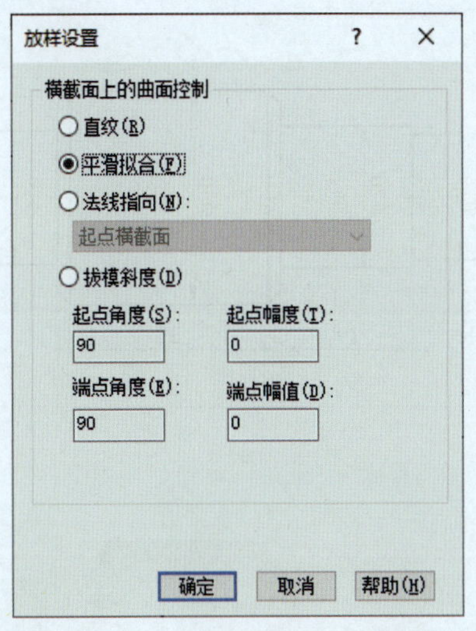

图 6-19 “放样设置”对话框

任务 3 绘制台阶轴三维实体

学习目标

1. 掌握“面域”命令的功能与操作方法。
2. 掌握“旋转”命令的功能与操作方法。
3. 能绘制台阶轴三维实体。

任务引入

本任务要求根据图 6-20a 所示的台阶轴零件图，绘制如图 6-20b 所示台阶轴三维实体图。轴类零件为旋转体零件，绘制三维实体图时，将视图设置为俯视图，绘制半个与零件轮廓形状相同的平面图，并将平面图创建为面域，然后将面域绕其对称轴旋转 360°，即可绘制出其三维实体图。

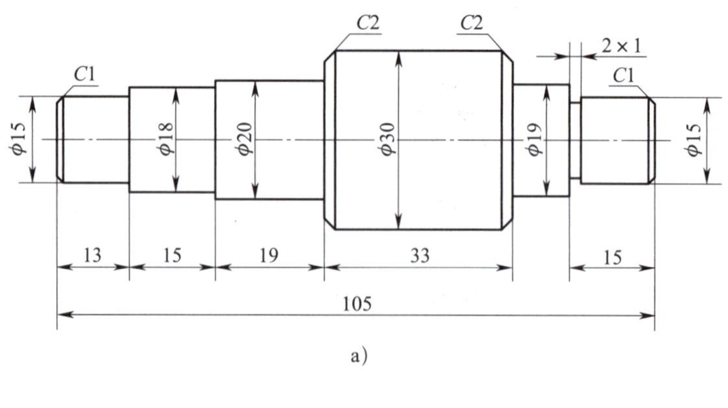

a）

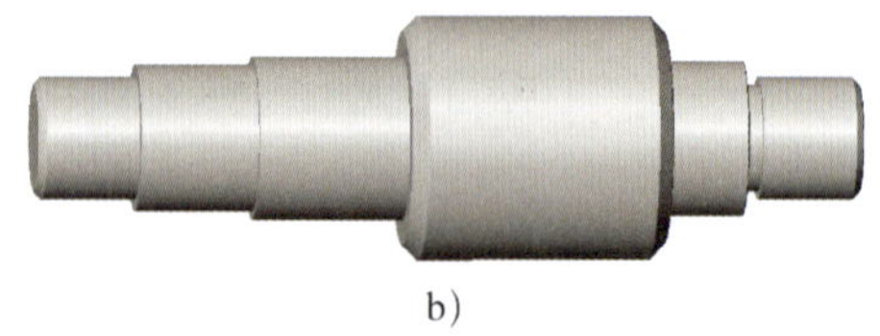

b）

图 6-20　台阶轴

a）零件图　b）三维实体图

在中望 CAD 2023 中，除可以通过基本体命令创建三维实体外，还可以通过旋转、拉伸、扫掠、放样等方法将二维对象创建为三维实体或曲面。

一、面域

面域是具有物理特性的二维封闭区域。可以转换为面域的闭环对象是封闭某个区域的多段线、线段、圆弧、椭圆、椭圆弧以及样条曲线的组合，但不包括交叉交点和自交曲线。每个闭合环都将转换为独立的面域对象。通过并集、交集以及差集操作可以将多个面域合并为单一复杂面域对象。

1. 命令执行方法

（1）菜单栏：单击“绘图”→“面域”命令 。

（2）功能区：单击“常用”→“绘图”→“面域”按钮 。

（3）命令行：region（reg）。

通过“边界”命令也可创建面域。执行“边界”命令，系统弹出“边界”对话框，将“边界类型”项设置为“面域”即可，有关操作将在后面相关知识里介绍。

2. 示例

将图 6-21a 所示的图形转换为面域。单击功能区中的“常用”→“绘图”→“面域”按钮，系统提示如下：

命令: _region（执行“面域”命令）
选择对象（从右向左框选，选择图形中的所有对象，如图 6-21b 所示）
找到 12 个
选择对象:（按 Enter 键或右击确定）
已提取 3 个环。
已创建 3 个面域。

面域创建后的选中状态如图 6-21c 所示，它由三个面域组成，显然与图 6-21b 所示状态存在差别。

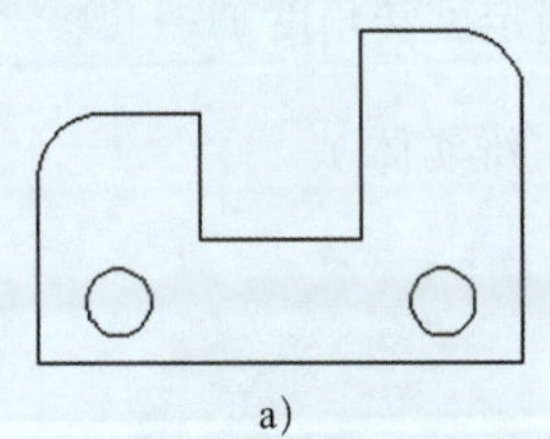
a)

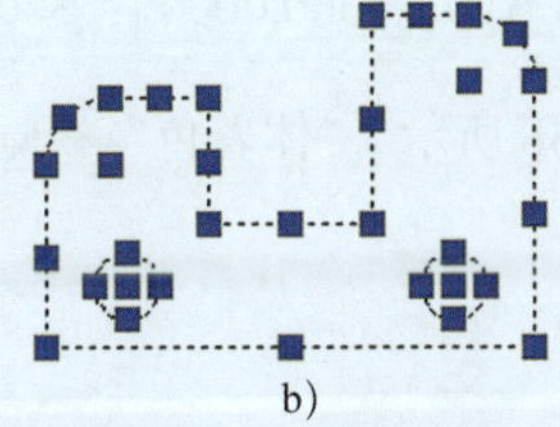
b)

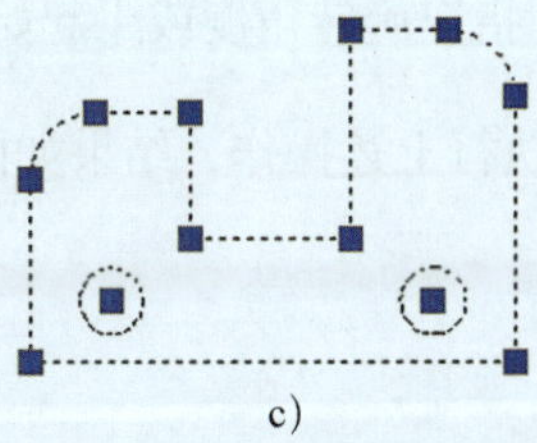
c)

图 6-21　创建面域示例

a）创建前　b）选择创建前的对象　c）选择面域对象

创建面域之前，应对二维图上部分多余的线进行删除、修剪等操作，应保证相邻对象间连接端点的共享性，使之成为一个封闭的二维图，否则将不能创建面域。如图 6-22 所示的图形就无法创建面域，只有修剪左边长出的线段才可创建面域。

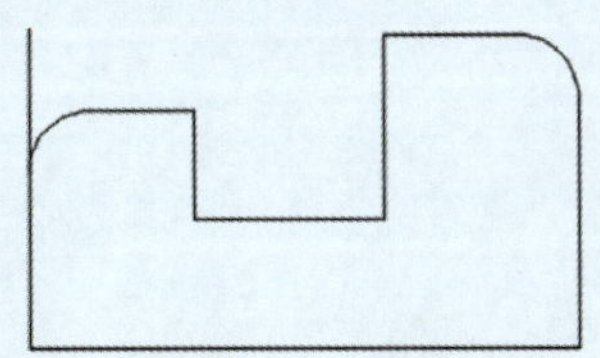

图 6-22　无法创建面域的图形

二、旋转

旋转是指通过绕轴旋转封闭或不封闭对象来创建实体或曲面。如果旋转对象是封闭的，则生成三维实体；如果旋转对象是不封闭的，则生成曲面。对象绕轴旋转的正方向遵循右手法则。

1. 命令执行方法

（1）菜单栏：单击“绘图”→“实体”→“旋转”命令。

（2）功能区：单击“实体”→“实体”→“旋转”按钮 。

（3）命令行：revolve（rev）。

2. 示例

将图 6–23a 所示面域绕直线旋转 360°，操作步骤如下：

命令：_revolve（执行“旋转”命令）

当前线框密度：ISOLINES=4，闭合轮廓创建模式 = 实体

选择对象或［模式（MO）］：（选择面域）

找到 1 个

选择对象或［模式（MO）］：↙（按 Enter 键结束选择）

指定旋转轴的起始点或通过选项定义轴［对象（O）/X 轴（X）/Y 轴（Y）/Z 轴（Z）］< 对象 >：（指定旋转轴的起点）

指定轴端点：（指定旋转轴的端点）

指定旋转角度或［起始角度（ST）］<360.0000>：360↙（指定旋转角度）

执行上述操作，结果如图 6–23b 所示（“体着色”视觉样式三维实体）。

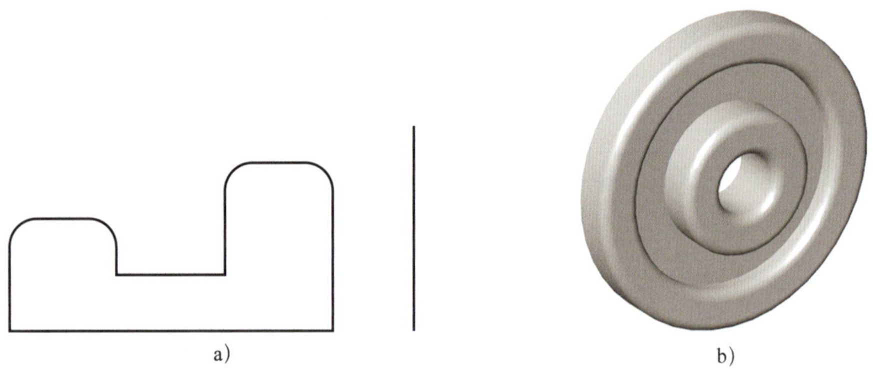

图 6–23　旋转示例

a）旋转面域　b）“体着色”视觉样式三维实体

1. 切换视图

启动中望 CAD 2023，将视图切换到俯视图。

2. 绘制二分之一台阶轴轮廓线

执行“多段线”命令，依次按尺寸指定多段线起点坐标和经过点的坐标，即（0，0）、（@0，6.5）、（@1，1）、（@12，0）、（@0，1.5）、（@15，0）、（@0，1）、（@19，0）、（@0，3）、（@2，2）、（@29，0）、（@2，–2）、（@0，–3.5）、（@10，0）、（@0，–3）、（@2，0）、（@0，1）、（@12，0）、（@1，–1）、（@0，–6.5）、（0，0），最终闭合成为封闭的多段线，如图 6–24 所示。

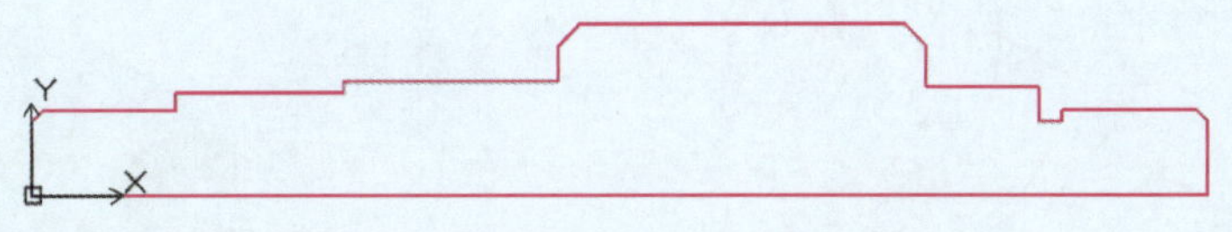

图 6-24　绘制二分之一台阶轴轮廓线

3. 生成面域

执行“面域”命令，系统提示如下：

命令：_region（执行“面域”命令）
选择对象：找到 1 个（二分之一台阶轴轮廓线）
选择对象：↙（按 Enter 键结束选择对象）
提取 1 个环。
创建 1 个面域。

4. 生成三维实体

（1）将视图切换至西南等轴测视图，如图 6-25 所示。

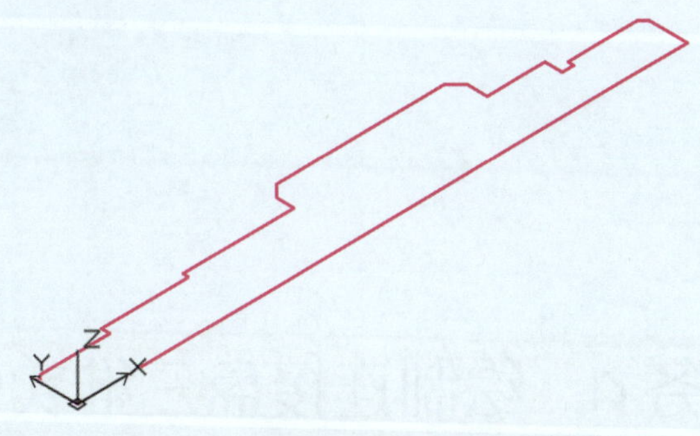

图 6-25　西南等轴测视图下的面域

（2）在功能区中单击“实体”→“实体”→“旋转”按钮 ，系统提示如下：

命令：_revolve（执行“旋转”建模命令）
当前线框密度：ISOLINES=4，闭合轮廓创建模式 = 实体
选择对象或 [模式（MO）]：（拾取面域）
找到 1 个
选择对象或 [模式（MO）]：↙（按 Enter 键结束选择）
指定旋转轴的起始点或通过选项定义轴 [对象（O）/X 轴（X）/Y 轴（Y）/Z 轴（Z）]
< 对象 >：x↙（指定旋转轴）
指定旋转角度或 [起始角度（ST）] <360.0000>：（确定旋转角度）

执行上述操作，绘制出如图 6-26a 所示图形。在菜单栏中单击“视图”→“着色”→“体着色”命令，结果如图 6-26b 所示。

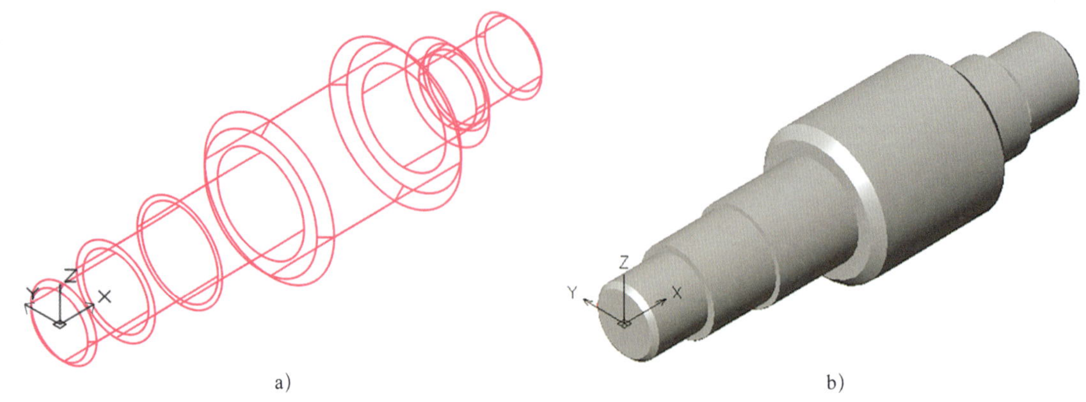

a) b)

图 6–26 台阶轴实体图

a）“二维线框”视觉样式 b）“体着色”视觉样式

如多段线上被旋转的中心线不是位于原点上，则不能选择 *X*、*Y*、*Z* 轴作为旋转轴。此时，可以直接捕捉多段线上作为转旋轴线的两个端点，作为旋转轴的起点和端点。

5. 整理并保存

整理图形并保存。

任务 4 绘制连接盘三维实体

1. 掌握“拉伸”命令的功能与操作方法。
2. 掌握“布尔运算”的功能与操作方法。
3. 能创建连接盘三维实体。

本任务要求根据图 6–27a 所示的连接盘零件图绘制如图 6–27b 所示三维实体。连接盘是

由圆柱体和圆凸台组成的，中间有 ϕ20 mm 的孔，周边有 6 个 ϕ10 mm 的均布孔。绘制三维实体时，先在俯视图上绘制连接盘的主视图，然后将各封闭圆建成面域，再应用“拉伸”命令生成三维实体，最后通过布尔运算完成实体创建。

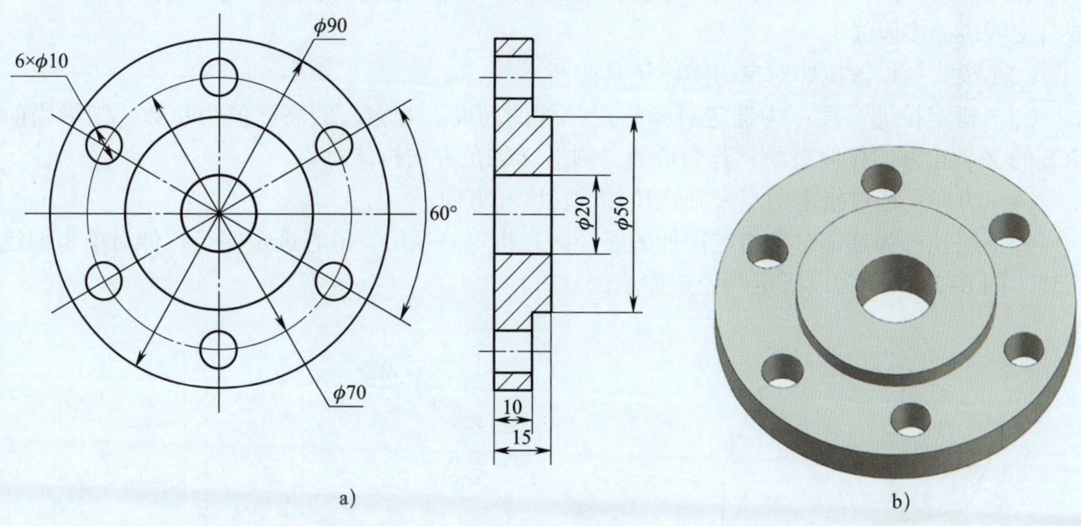

图 6–27 连接盘

a）零件图 b）三维实体

一、拉伸

“拉伸”命令是以指定的路径、高度值或倾斜角拉伸选定的对象来创建三维实体或曲面。拉伸对象为开放曲线时，可创建曲面；拉伸对象为闭合曲线时，可创建实体或曲面。

1. 命令执行方法

（1）功能区：单击“实体”→“实体”→“拉伸”按钮 。

（2）菜单栏：单击“绘图”→“实体”→“拉伸”命令。

（3）命令行：extrude（ext）。

2. 示例

下面以指定高度方式拉伸正六边形为例，执行“拉伸”命令，系统提示如下：

```
命令：_extrude
当前线框密度：ISOLINES=4，闭合轮廓创建模式 = 实体
选择对象或［模式］：（选择待拉伸的正六边形）
找到 1 个
选择对象或［模式（MO）］：↙（按 Enter 键结束选择对象）
指定拉伸高度或［方向（D）/ 路径（P）/ 倾斜角（T）］：12↙（指定拉伸高度）
```

完成上述操作，结果如图 6–28 所示。

3. 选项说明

（1）选择对象：选择要拉伸的对象。可拉伸的对象有平面、多段线、多边形、圆、椭圆、样条曲线、圆环、面域和实体，包含在块中的对象不能进行拉伸，也不能拉伸具有相交或自交线段的多段线。

（2）模式：设置拉伸对象为实体还是曲面。

（3）指定拉伸高度：为选定对象指定拉伸的高度。若输入的高度值为正数，则沿当前 UCS 的 *Z* 轴正方向拉伸对象，若为负数，则沿 *Z* 轴负方向拉伸对象。

（4）方向：通过指定两点来确认拉伸的长度和方向。

（5）路径：为选定对象指定拉伸的路径。在指定路径后，沿着选定路径拉伸对象来创建实体。图 6–29 所示为以指定路径拉伸示例。

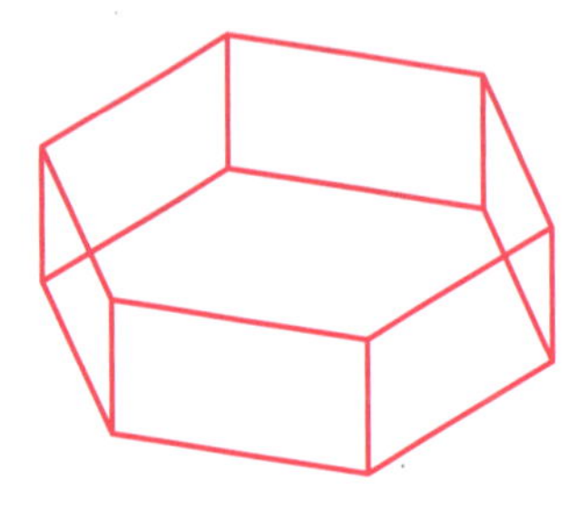

图 6–28　指定高度拉伸正六边形

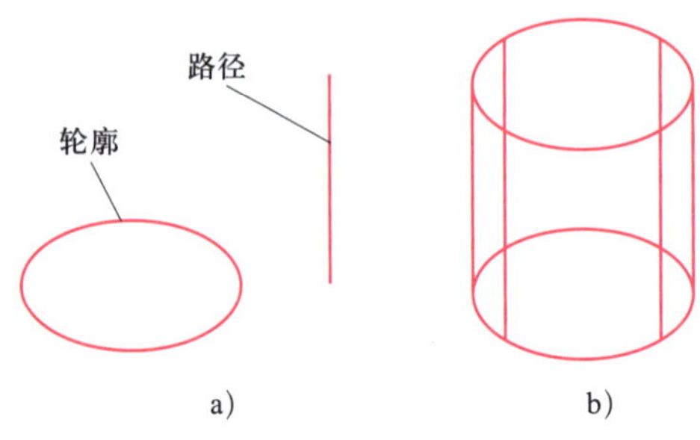

图 6–29　拉伸示例

a）拉伸对象及路径　b）拉伸结果

注意：路径不能与对象处于同一平面，也不能具有高曲率的部分。拉伸始于对象所在平面并沿着路径进行拉伸。

（6）倾斜角：倾斜角可为 –90° ~ +90° 之间的任何角度值，若输入正的角度值，则从基准对象开始逐渐变细地拉伸，若输入负的角度值，则从基准对象开始逐渐变粗地拉伸，如图 6–30 所示。角度为 0° 时，表示在拉伸对象时，对象的粗细不发生变化，而且是在其所在平面垂直的方向上进行拉伸。只有顶部连续的环才可进行锥状拉伸。

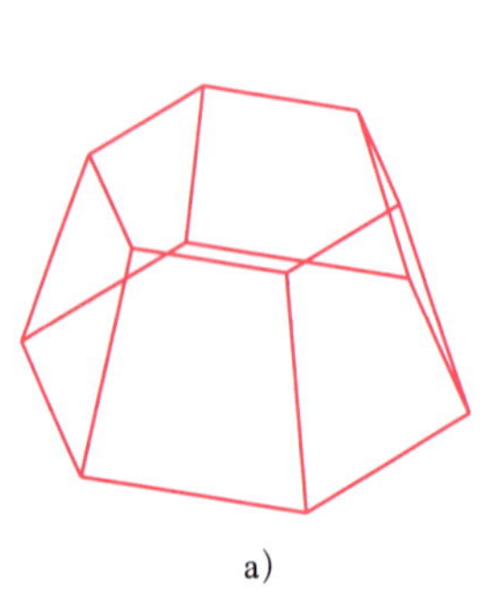

a）

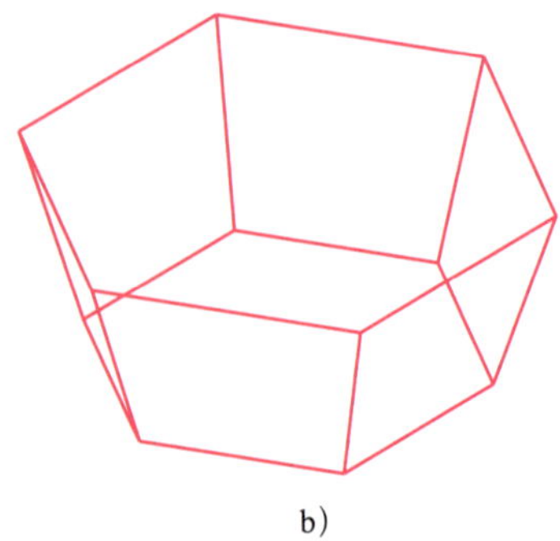

b）

图 6–30　拉伸正六边形

a）以倾斜角 15° 拉伸　b）以倾斜角 –15° 拉伸

二、布尔运算

布尔运算通过对两个以上的物体进行并集、差集、交集的运算，从而得到新的物体形态。中望 CAD 系统提供了三种布尔运算方式：并集、差集和交集。

1. 并集

并集就是将两个或多个三维实体、曲面或二维面域合并为一个复合三维实体、曲面或面域。

（1）命令执行方法

1）菜单栏：单击“修改”→“实体编辑”→“并集”命令。

2）功能区：单击“实体”→“布尔运算”→“并集”按钮 。

3）命令行：union（uni）。

（2）示例

选择图 6-31a 中的长方体和圆柱体，执行“并集”命令，系统提示如下：

命令：_union（执行“并集”命令）
选择对象求和：（选择长方体及圆柱体）
找到 2 个
选择对象求和：↙（按 Enter 键结束选择）

执行上述操作，结果如图 6-31b 所示。

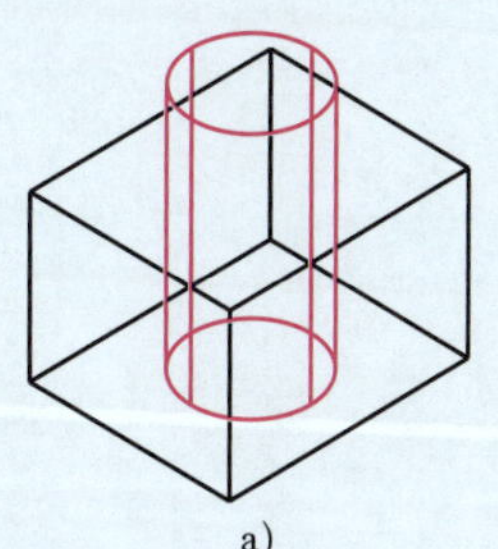
a)

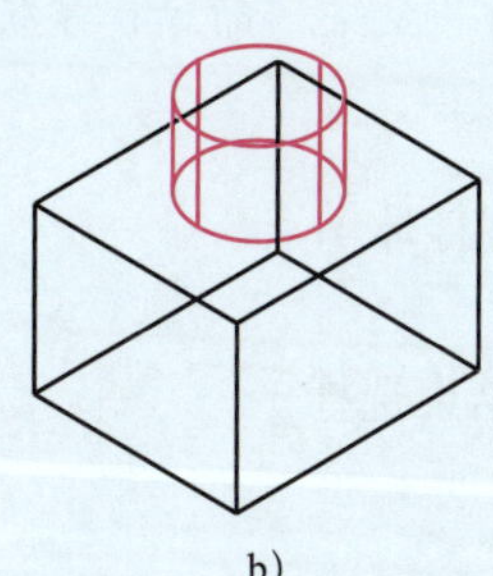
b)

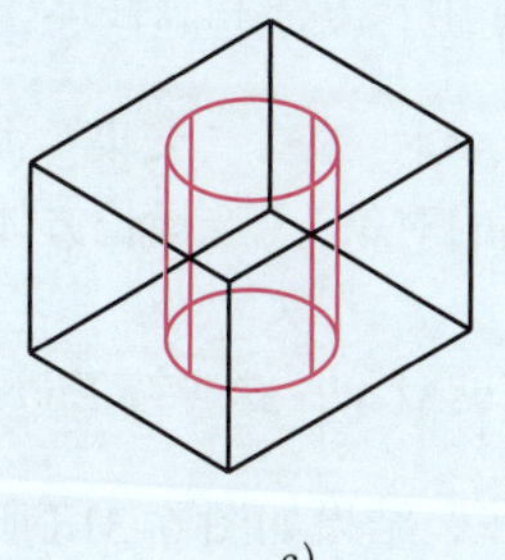
c)

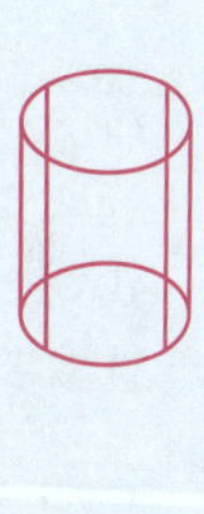
d)

图 6-31 布尔运算示例

a）布尔运算前 b）并集结果 c）差集结果 d）交集结果

2. 差集

差集就是将两个或多个三维实体、曲面或面域通过“减”操作合并为一个整体对象。操作时，首先选择被减对象（构成第一选择集），然后选择要减去的对象（构成第二选择集），操作结果是第一选择集减去第二选择集后形成的新对象。

（1）命令执行方法

1）菜单栏：单击“修改”→“实体编辑”→“差集”命令。

2）功能区：单击“实体”→“布尔运算”→“差集”按钮 。

3）命令行：subtract（su）。

（2）示例

执行“差集”命令，然后选择图 6-31a 中的长方体作为被减对象，选择圆柱体作为减去的对象，系统提示如下：

命令：_subtract（执行“差集”命令）
选择要从中减去的实体、曲面和面域：（选择长方体）
找到 1 个
选择要从中减去的实体、曲面和面域：↙（按 Enter 键结束选择）
选择要减去的实体、曲面和面域：（选择圆柱体）
找到 1 个
选择要减去的实体、曲面和面域：↙（按 Enter 键结束选择）

完成上述操作，结果如图 6–31c 所示。

3. 交集

交集就是在两个或多个三维实体、曲面或面域间获取相交的公共部分，将公共部分创建为一个组合三维实体、曲面或面域，并删除其他部分。

（1）命令执行方法

1）菜单栏：单击“修改”→“实体编辑”→“交集”命令。

2）功能区：单击“实体”→“布尔运算”→“交集”按钮 。

3）命令行：intersect（in）。

（2）示例

选择图 6–31a 中长方体和圆柱体，执行“交集”命令，系统提示如下：

命令：_intersect（执行“交集”命令）
选取要相交的对象：（选择长方体及圆柱体）
找到 2 个
选取要相交的对象：↙（按 Enter 键结束选择）

完成上述操作，结果如图 6–31d 所示。

1. 切换视图

启动中望 CAD 2023，将视图切换到俯视图。

2. 绘制连接盘主视图

根据图 6–27 所示尺寸绘制连接盘主视图，并删除中心线和 6 个小孔的定位线，如图 6–32 所示。

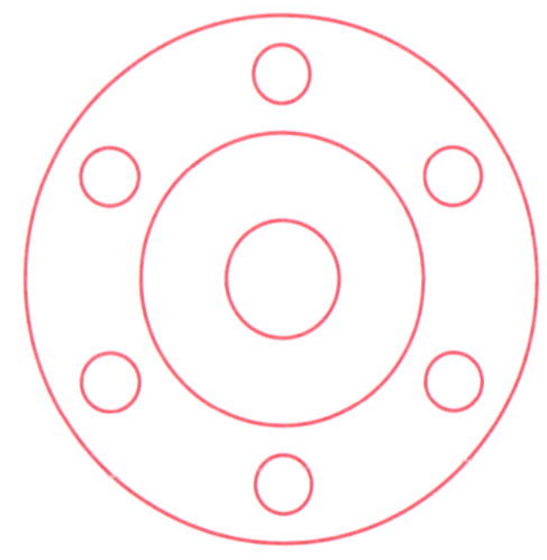

图 6–32　绘制连接盘主视图

3. 创建面域

应用“面域”命令，将连接盘主视图上的封闭圆创建成面域。

4. 拉伸面域

应用“拉伸”命令，将 ϕ90 mm 圆面域拉伸 10 mm，将

ϕ50 mm 和 ϕ20 mm 圆面域拉伸 15 mm，将 6 个 ϕ10 mm 圆面域拉伸 10 mm，结果如图 6–33 所示。

5. 布尔运算

（1）并集运算

执行“并集”命令，将 ϕ90 mm 圆柱与 ϕ50 mm 圆柱并成一个实体，如图 6–34 所示。

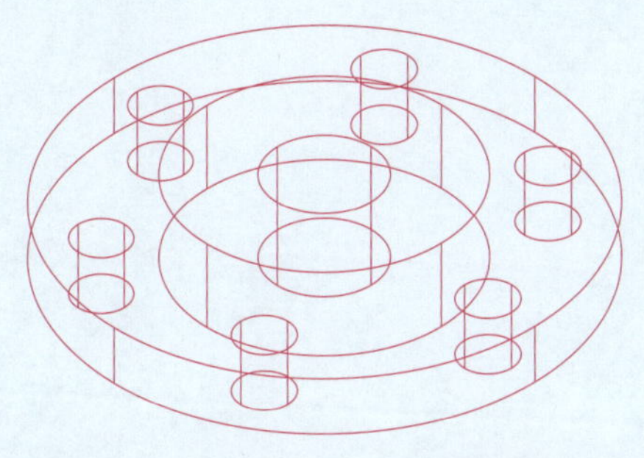

图 6–33　拉伸面域（西南等轴测）

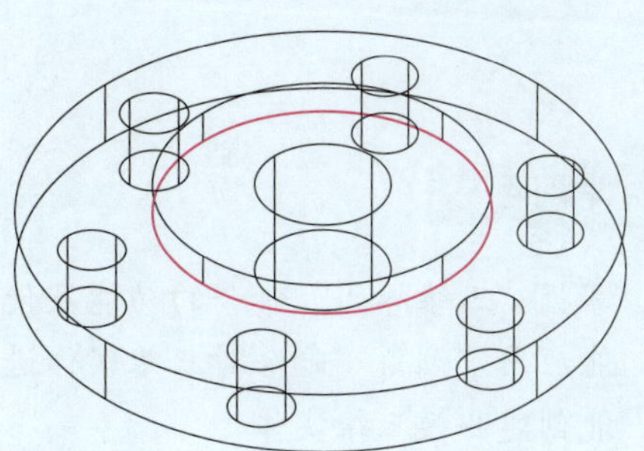

图 6–34　并集运算

（2）差集运算

执行“差集”命令，将 ϕ20 mm 圆柱和 6 个 ϕ10 mm 圆柱从主体中去除，结果如图 6–35 所示。

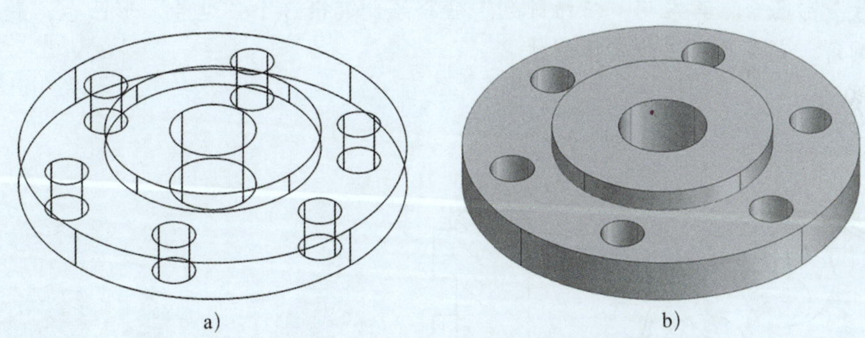

a）　　　　b）

图 6–35　差集运算

a）“二维线框”视觉样式　b）“带边框体着色”视觉样式

6. 整理并保存

整理图形并保存。

任务5　绘制凸模三维实体

1. 掌握“三维阵列”命令的功能及使用方法。
2. 能应用“倒角”命令对三维实体进行倒角。
3. 能创建凸模三维实体。

本任务要求根据图6-36a所示的凸模零件图绘制图6-36b所示三维实体。凸模主体为圆柱体，其顶面均匀分布了4个“逗号”形凸台，绘制时可先绘制圆柱体，然后在其顶面绘制一个“逗号”形凸台，再应用“三维阵列”命令绘制其余3个“逗号”形凸台，最后进行布尔运算和倒角，完成凸模三维实体创建。

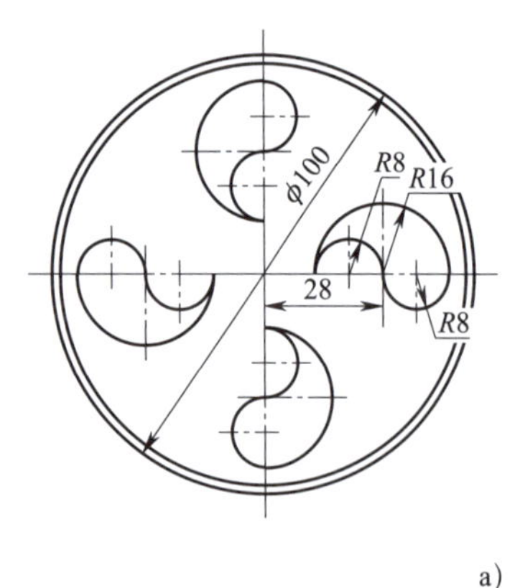

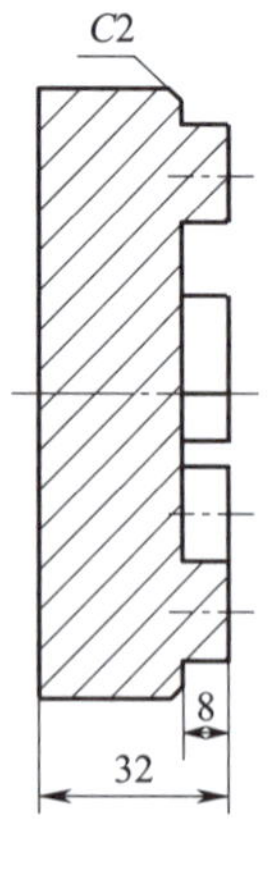

a)

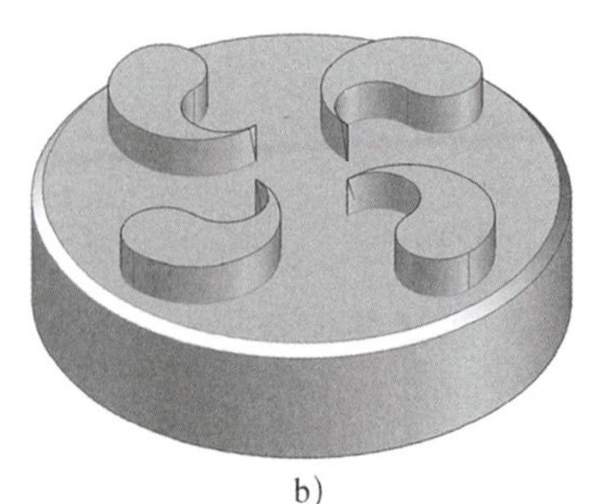

b)

图6-36　凸模

a）零件图　b）三维实体

一、三维阵列

“三维阵列”命令可在三维空间中创建三维矩形或环形阵列。

1. 执行“三维阵列”命令的方法

（1）功能区：单击“实体”→“三维操作”→“三维阵列”按钮 。

（2）菜单栏：单击“修改”→“三维操作”→“三维阵列”命令。

（3）命令行：3darray（3da）。

2. 矩形阵列

通过指定阵列的行数和列数，以及在 *Z* 轴方向的层数来创建三维矩形阵列。在行（*X* 轴）、列（*Y* 轴）和层（*Z* 轴）矩形阵列中复制对象。

（1）示例

创建一个长方体，尺寸如图 6–37a 所示，用“矩形阵列”命令将长方体编辑成图 6–37b 所示两行、四列、两层的矩形阵列图形。

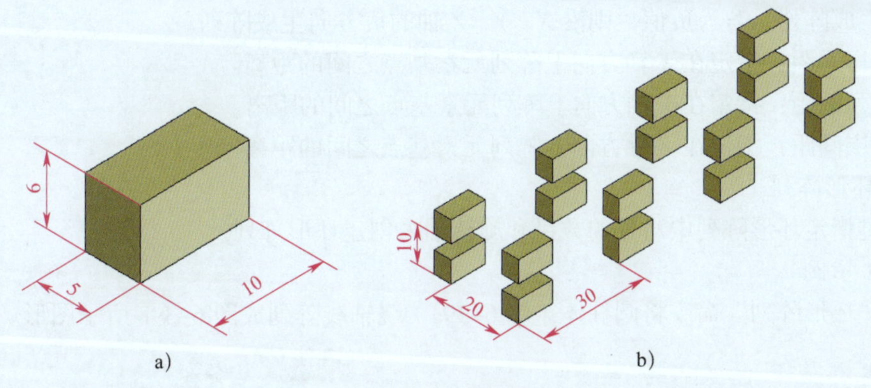

图 6–37　矩形阵列

a）阵列前　b）阵列后

（2）操作步骤

1）创建一个 10 mm × 5 mm × 6 mm 的长方体。

2）执行“三维阵列”命令，系统提示如下：

命令：_3darray（执行“三维阵列”命令）
选择对象：（选择长方体）
找到 1 个
选择对象：↙（按 Enter 键结束选择）
输入阵列类型［矩形（R）/ 环形（P）］< 矩形 >：（选择矩形阵列，按 Enter 键确定）
输入行数（---）<1>：2↙（输入行数）
输入列数（|||）<1>：4↙（输入列数）

输入层数（...）<1>：2↙（输入层数）
指定行间距（---）：20↙（指定行间距）
指定列间距（|||）：30↙（指定列间距）
指定层间距（...）：10↙（指定层间距）

执行上述操作，结果如图 6–38 所示。

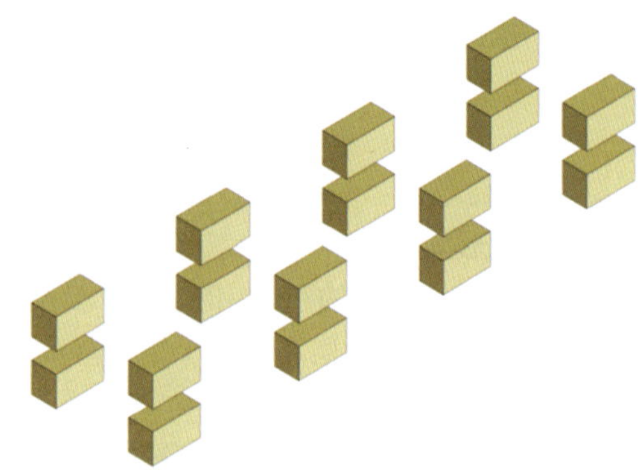

图 6–38　矩形阵列结果

（3）选项说明

1）行数：指定矩形阵列在 X 轴方向重复的次数。

2）列数：指定矩形阵列在 Y 轴方向重复的次数。

3）层数：指定将要形成的矩形阵列在 Z 轴方向的层数。若只指定一层则创建二维阵列。

说明：在阵列的行数、列数或层数值大于 1 时，需要继续指定行间距、列间距或层间距。若三者间距值输入的是正值，则沿 X、Y、Z 轴的正方向生成阵列，若为负值，则沿 X、Y、Z 轴的负方向生成阵列。

4）行间距：指定在 X 轴方向上阵列元素基点之间的距离。

5）列间距：指定在 Y 轴方向上阵列元素基点之间的距离。

6）层间距：指定在 Z 轴方向上阵列元素基点之间的距离。

3. 环形阵列

通过指定环形阵列中对象的数目和旋转轴来创建环形阵列。

（1）示例

用“环形阵列”命令将圆柱体（图 6–39a）绕轴线阵列成图 6–39b 所示图形。

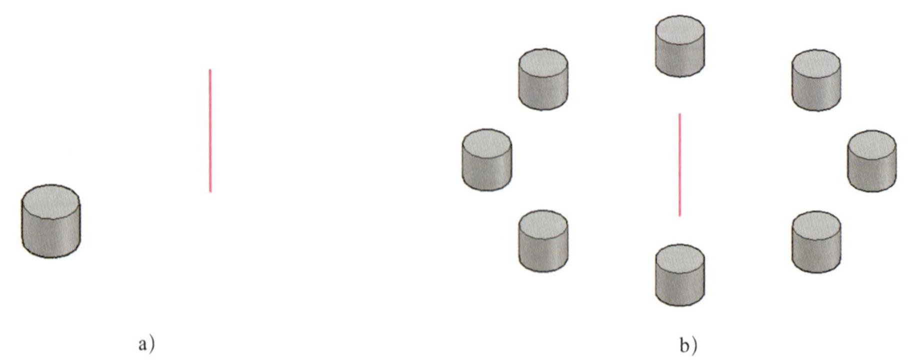

图 6–39　环形阵列

a）对象　b）环形阵列结果

（2）操作步骤

1）创建一个半径为 5 mm、高为 10 mm 的圆柱体。

2）执行“三维阵列”命令，系统提示如下：

命令：_3darray（执行“三维阵列”命令）
选择对象：（选择圆柱体）
找到 1 个
选择对象：↙（按 Enter 键结束选择）
输入阵列类型［矩形（R）/ 环形（P）］<矩形>：p↙（指定阵列类型）
输入阵列中的项目数目：8↙（指定阵列项目数目）
指定要填充的角度（+= 逆时针，-= 顺时针）<360>：↙（指定要填充的角度）
是否旋转阵列中的对象？［是（Y）/ 否（N）］<是>：↙（指定是否旋转阵列对象）
指定阵列的圆心：（指定阵列的圆心）
指定旋转轴上的第二点：（指定旋转轴上的第二点）

执行上述操作，结果如图 6-39b 所示。

二、三维实体倒角

应用“倒角”命令可对三维实体的棱边创建倒角。

1. 执行三维实体“倒角”命令的方法

（1）功能区：单击“常用”→“修改”→“倒角”按钮 ⍁。

（2）菜单栏：单击“修改”→“倒角”命令。

（3）命令行：chamfer。

2. 示例

应用“倒角”命令对图 6-40 所示长方体顶面 4 个棱边进行倒角，倒角距离为 4 mm。

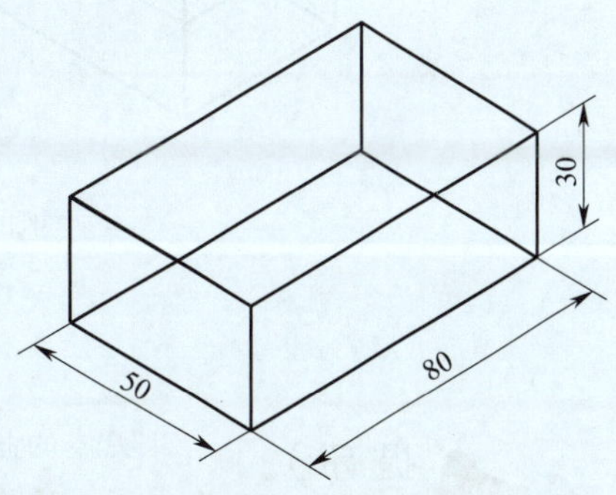

图 6-40 “倒角”示例

执行“倒角”命令，系统给出如下提示：

命令：_chamfer（执行“倒角”命令）
当前设置：模式 =TRIM，距离 1=2.0000，距离 2=2.0000
选择第一条直线或［多段线（P）/ 距离（D）/ 角度（A）/ 方式（E）/ 修剪（T）/ 多个（M）/ 放弃（U）］：（选择长方体前面，如图 6-41a 所示）
输入曲面选择选项［下一个（N）/ 当前（OK）］<当前>：n↙（选择“下一个”选项）
输入曲面选择选项［下一个（N）/ 当前（OK）］<当前>：（选择顶面，如图 6-41b 所示，按 Enter 键确认）
指定基准对象的倒角距离 <2.0000>：4↙（指定倒角距离）
指定另一个对象的倒角距离 <4.0000>：↙（指定倒角距离）
选择边或［环（L）］：（选择长方体顶面的一条边）
选择边或［环（L）］：（选择长方体顶面的第二条边）
选择边或［环（L）］：（选择长方体顶面的第三条边）
选择边或［环（L）］：（选择长方体顶面的第四条边）
选择边或［环（L）］：↙（按 Enter 键确认）

执行上述操作，结果如图 6-42 所示。

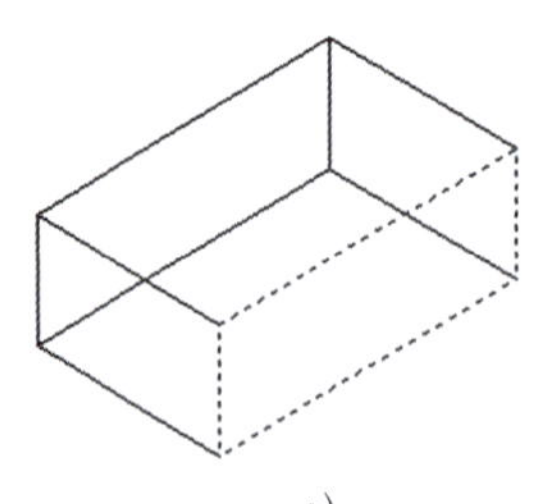

a）

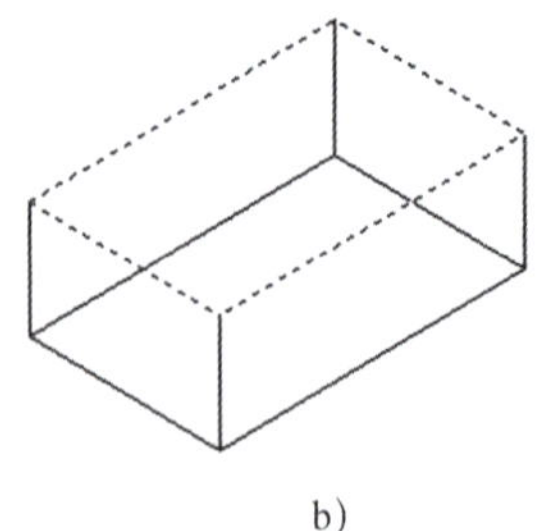

b）

图 6-41　选择基准面

a）长方体的前面作为第一基准面　b）长方体的顶面作为第二基准面

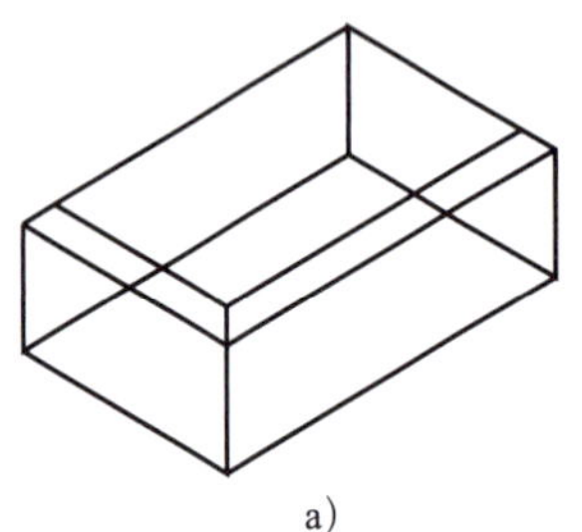

a）

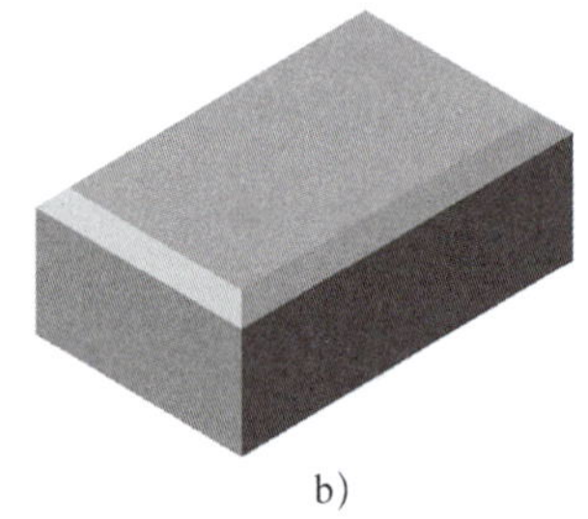

b）

图 6-42　长方体倒角后的结果

a）“二维线框”显示　b）“体着色”显示

实体的棱边是两个面的交线，当第一次选择棱边时，选择面的边为虚线，这个面代表倒角基准面，用户可通过“下一个”选项使另一个表面为倒角的基准面。

1. 切换视图

启动中望 CAD 2023，将视图切换到俯视图。执行“UCS”命令，新建用户坐标系。

2. 绘制圆柱体

执行“圆柱体”命令，绘制直径为 100 mm、高为 24 mm 的圆柱体，操作步骤如下：

命令：_cylinder（执行“圆柱体”命令）

指定底面的中心点或［三点（3P）/ 两点（2P）/ 切点、切点、半径（T）/ 椭圆（E）］：0，0，0↙（确定底面中心点）

指定圆的半径或［直径（D）］<0.000>：50↙（输入圆的半径）

指定高度或［两点（2P）/ 中心轴（A）］<0.000>：24↙（输入圆柱体高度）

执行上述操作，结果如图 6-43 所示。

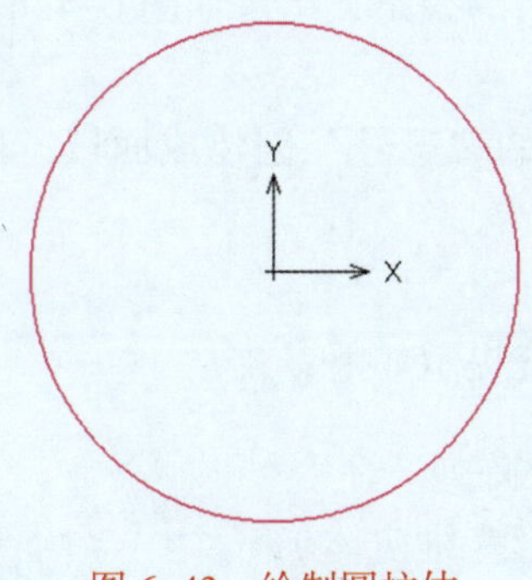

图 6-43　绘制圆柱体

3. 绘制“逗号”

（1）绘制一个 *R*16 mm 和 2 个 *R*8 mm 圆

命令: _circle（执行“圆”命令）

指定圆的圆心或［三点（3P）/ 两点（2P）/ 切点、切点、半径（T）］: 28，0↙（输入圆心坐标）

指定圆的半径或［直径（D）］: 16↙（输入圆的半径）

命令:（按 Enter 键或 Space 键重复执行“圆”命令）

_CIRCLE

指定圆的圆心或［三点（3P）/ 两点（2P）/ 切点、切点、半径（T）］: 20，0↙（输入圆心坐标）

指定圆的半径或［直径（D）］<16.0000>: 8↙（输入圆的半径）

命令:（按 Enter 键或 Space 键重复执行“圆”命令）

_CIRCLE

指定圆的圆心或［三点（3P）/ 两点（2P）/ 切点、切点、半径（T）］: 36，0↙（输入圆心坐标）

指定圆的半径或［直径（D）］<8.0000>: 8↙（输入圆的半径）

执行上述操作，结果如图 6-44a 所示。

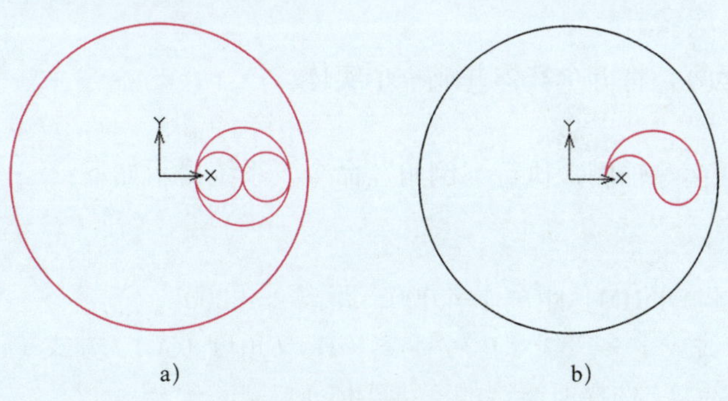

图 6-44　绘制“逗号”

a）绘制圆　b）修剪结果

（2）修剪图形

执行“修剪”命令，修剪多余的线条，结果如图 6–44b 所示。

4. 创建并拉伸面域

应用“面域”命令，将绘制的“逗号”创建成面域；执行“拉伸”命令，将面域拉伸 32 mm。

5. 三维阵列

执行“三维阵列”命令，系统提示如下：

命令：_3darray（执行“三维阵列”命令）
选择对象：（选择“逗号”形三维实体）
找到 1 个
选择对象：↙（按 Enter 键结束选择对象）
输入阵列类型［矩形（R）/ 环形（P）］< 矩形 >：p↙（选择“环形”阵列）
输入阵列中的项目数目：4↙（输入项目数目）
指定要填充的角度（+= 逆时针，–= 顺时针）<360>：↙（指定要填充的角度）
是否旋转阵列中的对象？［是（Y）/ 否（N）］< 是 >：↙（选择旋转对象）
指定阵列的圆心：（指定阵列的圆心）
指定旋转轴上的第二点：0，0，30↙（指定旋转轴上的第二点）

执行上述操作，结果如图 6–45 所示。

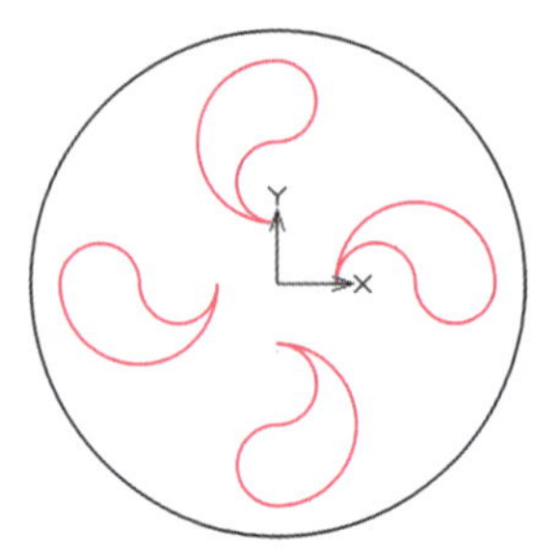

图 6–45　三维阵列

6. 布尔运算

执行布尔并集运算，将五个实体并成一个实体。

7. 倒角

将视图切换到西南等轴侧，执行“倒角”命令，系统提示如下：

命令：_chamfer
当前设置：模式 =TRIM，距离 1=4.000，距离 2=4.000
选择第一条直线或［多段线（P）/ 距离（D）/ 角度（A）/ 方式（E）/ 修剪（T）/ 多个（M）/ 放弃（U）］：（选择所绘制的三维实体）
输入曲面选择选项［下一个（N）/ 当前（OK）］< 当前 >：↙（按 Enter 键结束选择）

指定基准对象的倒角距离 <4.000>：2↙（指定倒角距离）
指定另一个对象的倒角距离 <2.000>：↙（指定倒角距离）
选择边或［环（L）］：（选择圆柱体顶边）
选择边或［环（L）］：↙（按 Enter 结束选择）

执行上述操作，结果如图 6-46 所示。

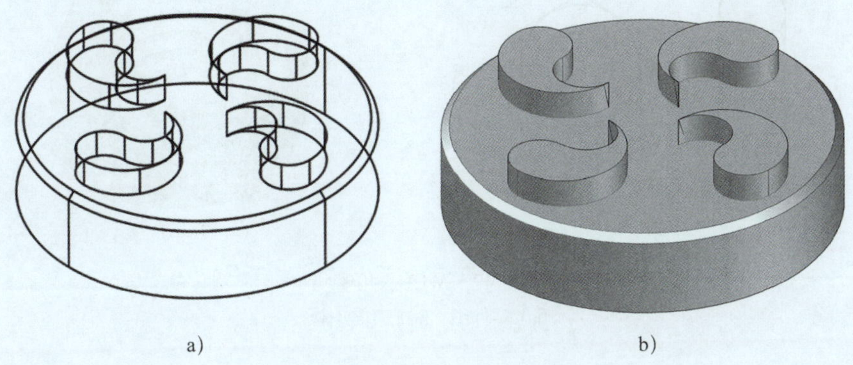

a）　　　　b）

图 6-46　倒角
a）“二维线框”视觉样式　b）“体着色”视觉样式

8. 整理并保存

整理图形并保存。

任务 6　绘制六角螺母三维实体

学习目标

1. 掌握“剖切”“三维镜像”“螺旋”“扫掠”等命令的使用方法。
2. 能绘制六角螺母三维实体。

任务引入

本任务要求绘制如图 6-47 所示的 M12 六角螺母（GB/T 6170—2015）三维实体。六角螺母主体为正六面体，两端为30°倒角，中间为M12的螺纹孔。由此可知，绘制六角螺母首先绘制正六面体和圆锥体，求二者的交集形成螺母倒角处的三维实体，再通过拉伸和镜像绘制出整个螺母的外形实体，最后在螺母实体中心绘制M12螺纹孔，即可获得六角螺母三维实体。

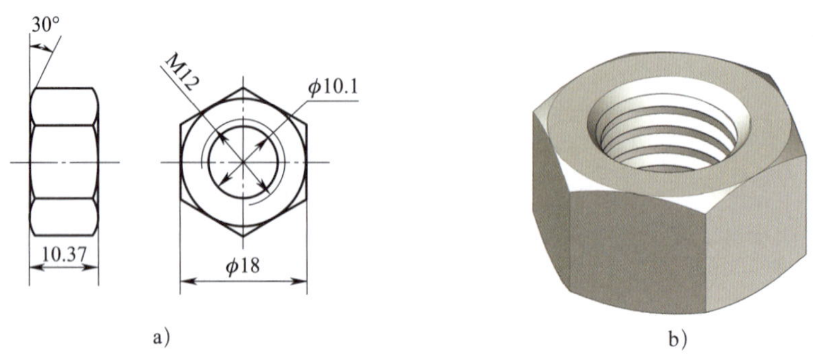

图 6–47　M12 六角螺母

a）零件图　b）三维实体

一、剖切

通过剖切或分割现有对象可创建新的三维实体和曲面。可以剖切的对象有三维实体和曲面；可以用作剖切的对象有曲面、圆、椭圆、圆弧或椭圆弧、二维样条曲线和二维多段线。剖切实体时，可以保留剖切三维实体的一个或两个侧面，如图6–48所示。剖切对象将保留原始对象的图层和颜色特性，但是生成的实体或曲面对象不会保留原始对象的历史记录。

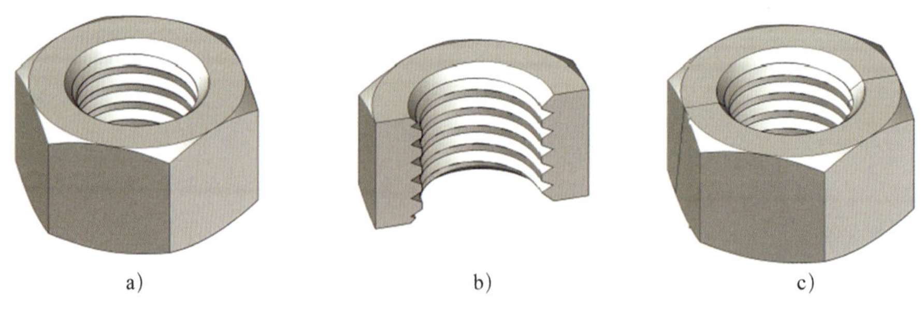

图 6–48　剖切操作示例

a）原实体　b）保留一个侧面　c）保留两个侧面

1. 命令执行方法

（1）菜单栏：单击“绘图”→“实体”→“剖切”命令。

（2）功能区：单击“常用”→“实体编辑”→“剖切”按钮 。

（3）命令行：slice（sl）。

2. 示例

剖切图 6–48a 所示螺母，系统提示如下：

命令：_slice（执行“剖切”命令）
选择要剖切的对象：（拾取螺母）
找到 1 个
选择要剖切的对象：↙（按 Enter 键结束拾取）
指定剖切平面起点或［平面对象（O）/ 曲面（S）/Z 轴（Z）/ 视图（V）/XY/ YZ / ZX/ 三点（3）］< 三点 >：zx↙（沿 *ZX* 平面剖切）
指定 ZX 平面上的点 <0，0，0>：（指定螺母上表面的中心为剖切面上的点）
在需求平面的一侧拾取一点或［保留两侧（B）］< 两侧 >：（单击螺母后侧，则保留螺母的后半部）

执行上述操作，结果如图 6–48b 所示。如选择保留两个侧面，结果如图 6–48c 所示。

3. 选项说明

（1）要剖切的对象：选择要剖切的对象，可以是三维实体或曲面。

（2）指定剖切平面起点：指定用于定义剖切平面的第一点。根据命令行提示继续指定用于定义剖切平面的第二点和第三点。

（3）平面对象：以选定对象所在的平面作为剖切平面。可选择的对象包括圆、椭圆、圆弧、样条曲线和二维多段线。

（4）曲面：选择曲面作为剖切面。

（5）Z 轴：通过指定剖切平面上的一个点，以及在平面法线（*Z* 轴）上指定的一点来定义剖切平面。

（6）视图：指定剖切平面与当前视图平面对齐。

（7）XY：使剖切平面与 *XY* 平面平行，并指定一点来确定平面的位置。

（8）YZ：使剖切平面与 *YZ* 平面平行，并指定一点来确定平面的位置。

（9）ZX：使剖切平面与 *ZX* 平面平行，并指定一点来确定平面的位置。

（10）三点：通过指定三点来确定剖切平面。

（11）在需求平面的一侧拾取一点：通过指定一点来确定保留剖切对象的哪一侧。指定点不可在剖切平面上。

（12）保留两侧：保留剖切对象的两侧。

二、拉伸面

将选择的三维实体对象面拉伸指定的高度或按指定的路径拉伸。

1. 命令执行方法

（1）功能区：单击“实体”→“实体编辑”→“拉伸面”按钮 。

（2）菜单栏：单击“修改”→“实体编辑”→“拉伸面”命令。

2. 示例

对图 6–49a 所示顶面执行“拉伸面”操作，系统提示如下：

命令：_solidedit
输入实体编辑选项［面（F）/ 边（E）/ 体（B）/ 放弃（U）/ 退出（X）］< 退出 >：_face

输入面编辑选项［拉伸（E）/ 移动（M）/ 旋转（R）/ 偏移（O）/ 倾斜（T）/ 删除（D）/ 复制（C）/ 颜色（L）/ 放弃（U）/ 退出（X）］< 退出 >: _extrude（执行“拉伸面”命令）

选择面或［放弃（U）/ 删除（R）］:（选择图 6-49a 所示顶面）

找到 1 个面

选择面或［放弃（U）/ 删除（R）/ 全部（ALL）］: ↙（按 Enter 键确认）

指定拉伸高度或［路径（P）］: 20↙（指定拉伸高度）

指定拉伸的倾斜角度 <0.0000>: ↙（指定拉伸倾斜角度）

输入面编辑选项［拉伸（E）/ 移动（M）/ 旋转（R）/ 偏移（O）/ 倾斜（T）/ 删除（D）/ 复制（C）/ 颜色（L）/ 放弃（U）/ 退出（X）］< 退出 >: ↙（按 Enter 键退出“拉伸面”命令）

输入实体编辑选项［面（F）/ 边（E）/ 体（B）/ 放弃（U）/ 退出（X）］< 退出 >: ↙（按 Enter 键退出“实体编辑”命令）

执行上述操作，结果如图 6-49b 所示。

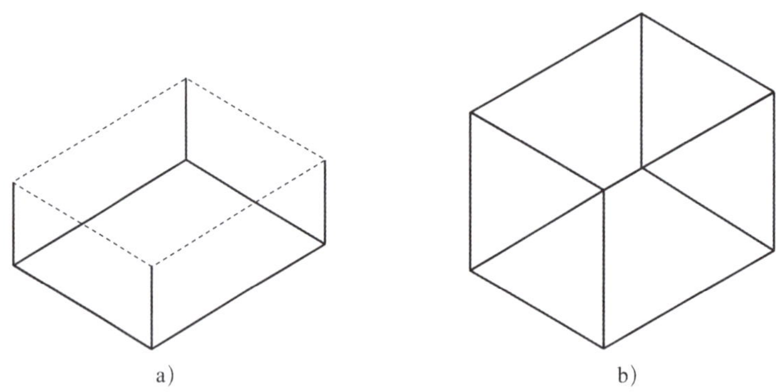

a）　　　　b）

图 6-49 “拉伸面”示例

a）选择拉伸面　b）拉伸后的结果

3. 选项说明

（1）选择面：指定要拉伸的面。

（2）放弃：放弃选择最近添加到选择集中的面。

（3）删除：从选择集中移除指定面。

（4）全部：将所有面添加到选择集中。

（5）拉伸高度：指定拉伸的高度和方向。若输入正值，则沿面的法向拉伸；若输入负值，则沿面的反法向拉伸（沿坐标轴正方向为法向，沿坐标轴负方向为反法向）。

（6）倾斜角度：指定拉伸的倾斜角度。当使用默认角度 0 时，垂直拉伸平面。若指定的倾斜角度为正，向内倾斜拉伸选定面；若指定的角度为负，向外倾斜拉伸选定面，如图 6-50 所示。

（7）路径：以指定的直线或非闭合曲线对象为路径拉伸选择的面，如图 6-51 所示。所选定的面将沿所选路径拉伸。

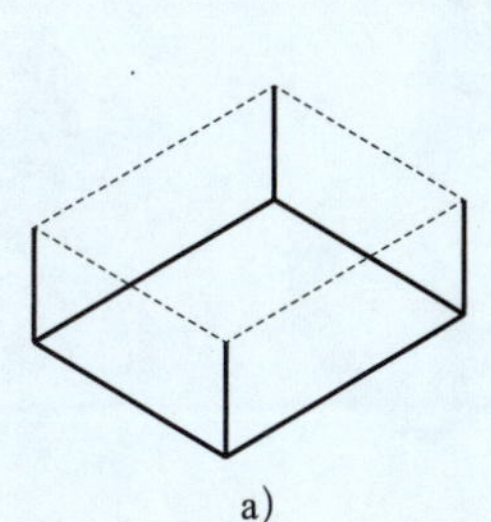
a）

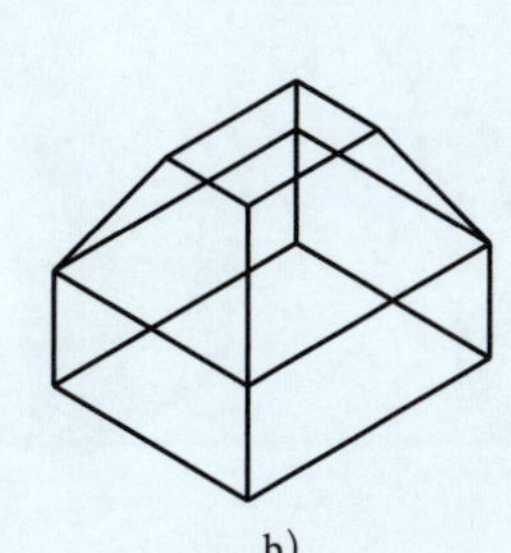
b）

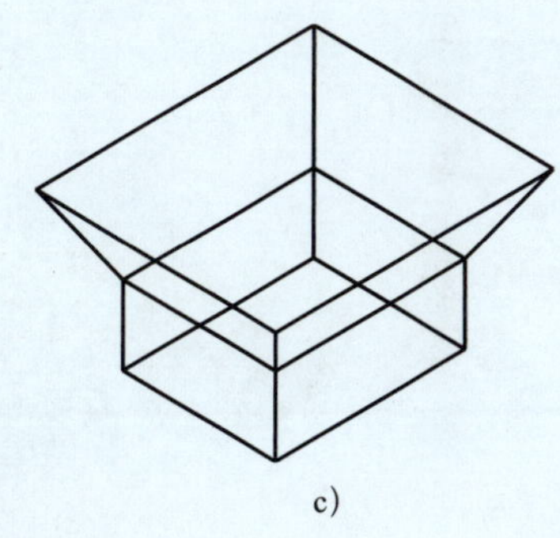
c）

图 6–50　以指定的倾斜角度拉伸面

a）选择拉伸面　b）倾斜角度为 30°　c）倾斜角度为 –30°

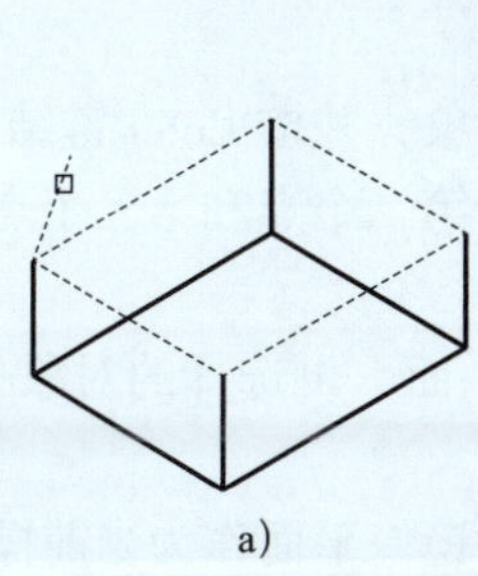
a）

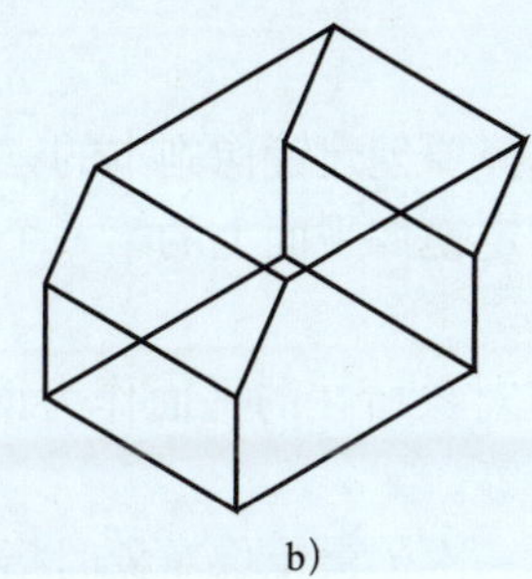
b）

图 6–51　以路径拉伸面

a）选择拉伸面和拉伸路径　b）拉伸结果

三、三维镜像

以平面为基准，创建选定三维对象的镜像副本。

1. 命令执行方法

（1）菜单栏：单击“修改”→“三维操作”→“三维镜像”命令。

（2）功能区：单击“实体”→“三维操作”→“三维镜像”按钮。

（3）命令行：mirror3d。

2. 示例

对图 6–52a 所示实体执行“三维镜像”命令，系统提示如下：

命令：_mirror3d（执行“三维镜像”命令）

选择对象：（选择图 6–52a 所示实体）

找到 1 个

选择对象：↙（按 Enter 键确认拾取结束）

指定镜像平面上的第一个点（三点）或［对象（O）/ 上一次（L）/Z 轴（Z）/ 视图（V）/XY 平面（XY）/YZ 平面（YZ）/ZX 平面（ZX）/ 三点（3）］< 三点 >:xy↙（指定 *XY* 平面）

指定 XY 平面上的点 <0，0，0>：（指定实体上面上的一点）

删除源实体？［是（Y）/ 否（N）］< 否 >：↙（按 Enter 键，不删除源对象）

执行上述操作，结果如图 6–52b 所示。

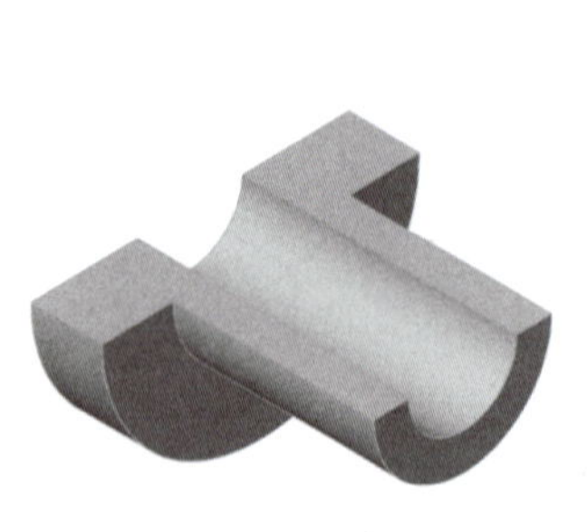

a）

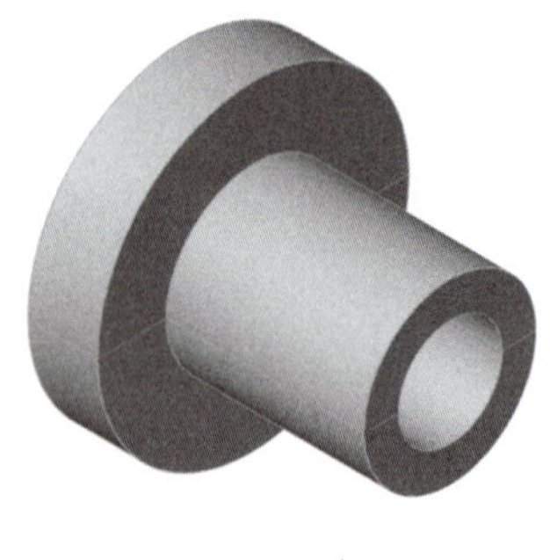

b）

图 6–52　三维镜像操作示例

a）原实体　b）镜像后实体

3. 选项说明

（1）选择对象：选择要创建镜像副本的三维对象，并按 Enter 键结束选择。

（2）三点：依次指定镜像平面上的第一个点、第二个点和第三个点，通过三个点来确定镜像平面。

（3）对象：以选定对象所在的平面作为镜像平面。可选择的对象包括圆、椭圆、圆弧、样条曲线和二维多段线等。

（4）上一次：以上一次创建镜像对象时指定的镜像平面作为当前操作的镜像平面。

（5）Z 轴：以平面上的一点和平面法线（*Z* 轴）上的一点来确定镜像平面。

（6）视图：指定一个点，镜像平面将通过指定点并与当前视图平面平行。

（7）XY 平面、YZ 平面、ZX 平面：指定一个点，镜像平面将通过指定点并与当前坐标系的 *XY*、*YZ* 或 *ZX* 平面平行。

（8）删除源实体：指定是否删除源对象。选择“是”，删除源对象，并在当前图形中创建该对象的镜像副本。选择“否”，保留源对象，并在当前图形中创建该对象的镜像副本。

四、螺旋

应用“螺旋”命令可创建二维螺旋或三维弹簧，通常将螺旋用作扫掠的路径以创建弹簧、螺纹和环形楼梯。

1. 命令执行方法

（1）菜单栏：单击“绘图”→“螺旋”命令。

（2）功能区：单击“实体”→“图元”→“螺旋”按钮 。

（3）命令行：helix。

2. 示例

绘制一个底面中心为（0，0，0）、底面半径为 15 mm、顶面半径为 15 mm、高度为 20 mm、顺时针旋转 7 圈的弹簧线。执行“螺旋”命令，系统提示如下：

命令：_helix（执行“螺旋”命令）

圈数 =3.0000　　扭曲 = 逆时针

指定底面的圆心：0，0，0↙（指定底面的圆心）

指定底面半径或［直径（D）］<10.0000>：15↙（指定底面半径 15 mm）

指定顶面半径或［直径（D）］<15.0000>：↙（指定顶面半径 15 mm）

指定螺旋高度或［轴端点（A）/ 圈数（T）/ 圈高（H）/ 扭曲（W）］<20.0000>：t↙（指定“圈数”选项）

输入圈数 <3.0000>：7↙（输入圈数）

指定螺旋高度或［轴端点（A）/ 圈数（T）/ 圈高（H）/ 扭曲（W）］<20.0000>：w↙（指定“扭曲”选项）

输入螺旋的扭曲方向［顺时针（CW）/ 逆时针（CCW）］< 逆时针 >：cw↙（指定顺时针）

指定螺旋高度或［轴端点（A）/ 圈数（T）/ 圈高（H）/ 扭曲（W）］<20.0000>：20↙（指定螺旋高度）

执行上述操作，结果如图 6–53a 所示。上述参数也可以在螺旋线绘制之后，在其“特性”面板里修改，如图 6–53b 所示，其中的圈高在绘制螺纹时可作为螺距进行调整，如果底面半径与顶面半径不相等，则为圆锥螺旋。

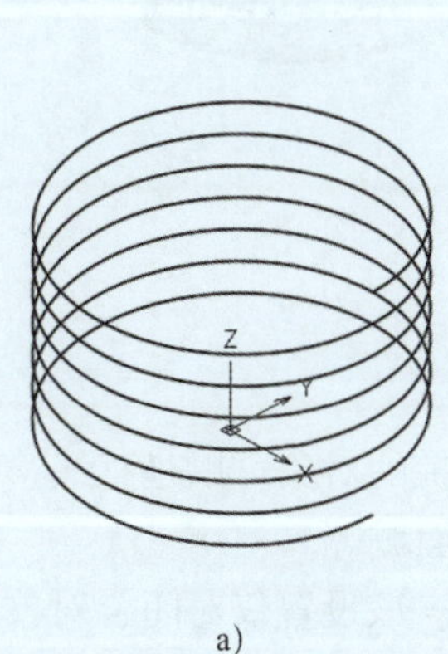

a）

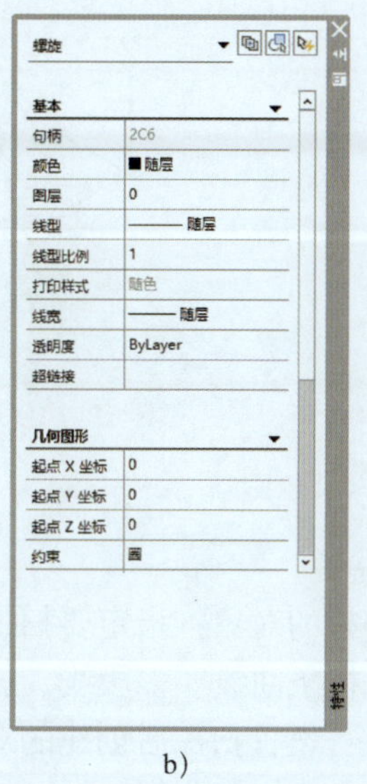

b）

图 6–53　绘制螺旋线

a）螺旋线　b）螺旋线“特性”面板

五、扫掠

可沿路径扫掠平面曲线创建三维实体或曲面。开放对象扫掠可以生成三维曲面，闭合对象扫掠可以生成三维平面或实体。

1. 命令执行方法

（1）菜单栏：单击“绘图”→“实体”→“扫掠”命令。

（2）功能区：单击“实体”→“实体”→“扫掠”按钮。

（3）命令行：sweep。

2. 示例

对图 6–54a 中的圆面域，沿螺旋线扫掠，系统提示如下：

命令：_sweep（执行“扫掠”命令）
当前线框密度：ISOLINES=4，闭合轮廓创建模式 = 实体
选择要扫掠的对象或［模式（MO）］：（拾取圆面域）
找到 1 个
选择要扫掠的对象或［模式（MO）］：↙（按 Enter 键结束拾取）
选择扫掠路径或［对齐（A）/ 基点（B）/ 比例（S）/ 扭曲（T）］：（拾取图 6–54a 中的螺旋线）

执行上述操作，结果如图 6–54b 所示（“体着色”视觉样式）。

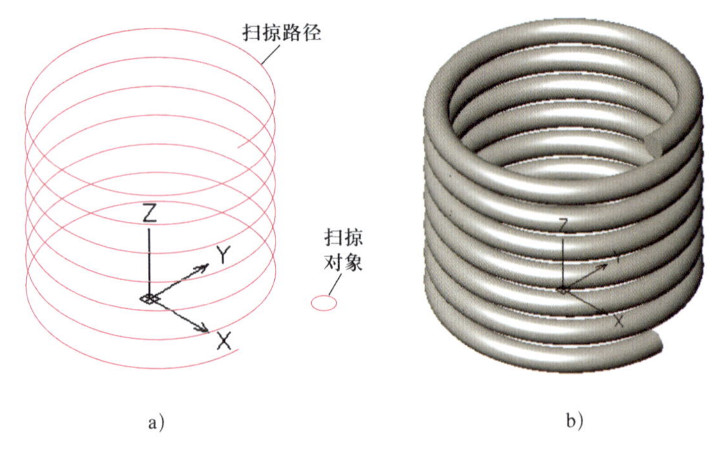

图 6–54　创建弹簧实体
a）扫掠前　b）扫掠后的实体

3. 选项说明

（1）要扫掠的对象：指定要扫掠的二维对象。要扫掠的对象可以是直线、圆弧、圆、椭圆、椭圆弧、样条曲线、多段线、三维多段线、实体、面域等。

（2）模式：设置扫掠后创建的对象为实体还是曲面。该设置仅对闭合对象有效，开放对象扫掠后的对象为三维曲面。

（3）扫掠路径：指定作为扫掠路径的对象。可以用作扫掠路径的对象有直线、圆弧、圆、椭圆、椭圆弧、样条曲线、多段线、三维多段线等。

（4）对齐：指定是否将轮廓线所在平面的法线方向调整为与扫掠路径切向一致。当要扫掠对象（截面轮廓）与扫掠路径相交时，以交点作为对齐点；若不相交，则以截面轮廓中心点作为对齐点。

（5）基点：在扫掠对象上指定要扫掠的基点。

（6）比例：指定扫掠对象沿路径从扫掠开始到扫掠结束其大小更改的比例。

（7）扭曲：指定扫掠对象的扭曲角度。

1. 绘制螺母倒角处三维实体

启动中望 CAD 2023，并将视图切换到西南等轴测。

（1）绘制正六边形及其外接圆

查国标 GB/T 6170—2015 可知，M12 螺母外接圆直径为 18 mm，根据该尺寸可以绘制如图 6-55 所示正六边形及其外接圆。

（2）拉伸正六边形

应用“拉伸”命令，拉伸正六边形 5 mm，如图 6-56 所示。

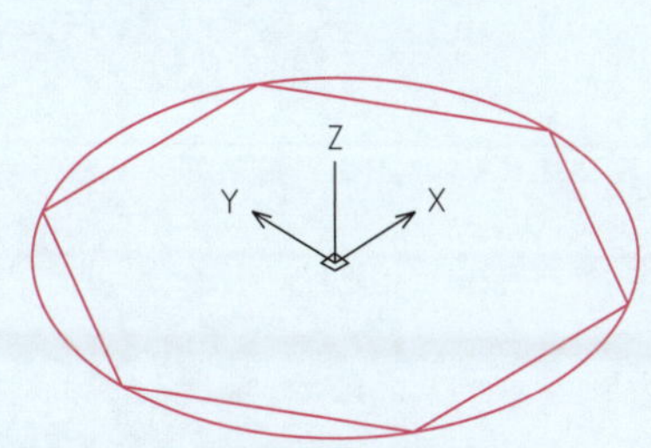

图 6-55　绘制正六边形及其外接圆

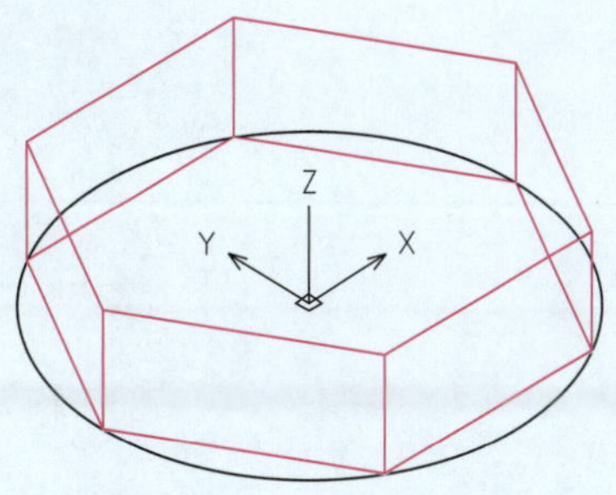

图 6-56　拉伸正六边形

（3）绘制倾斜角为 60° 的圆台

命令: _extrude（执行“拉伸”命令）
当前线框密度: ISOLINES=4，闭合轮廓创建模式 = 实体
选择对象或［模式（MO）］:（拾取正六边形外接圆）
找到 1 个
选择对象或［模式（MO）］: ↙（按 Enter 键结束拾取）
指定拉伸高度或［方向（D）/ 路径（P）/ 倾斜角（T）]<5.0000>: t↙（选择“倾斜角”选项）
指定拉伸的倾斜角度 <0.0000>：60↙（指定拉伸倾斜角度）
指定拉伸高度或［方向（D）/ 路径（P）/ 倾斜角（T）]<5.0000>：5↙（指定拉伸高度）

执行上述操作，结果如图 6-57 所示。

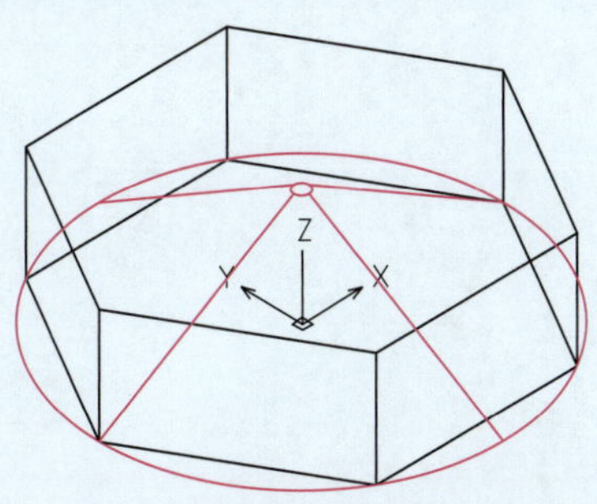

图 6-57　绘制倾斜角为 60° 的圆台

（4）交集运算

执行“交集”命令，系统提示如下：

命令：_intersect（执行“交集”命令）
选取要相交的对象：（拾取六棱柱与圆台）
找到 2 个
选取要相交的对象：↙（按 Enter 键结束选取）

执行上述操作，结果如图 6–58 所示。

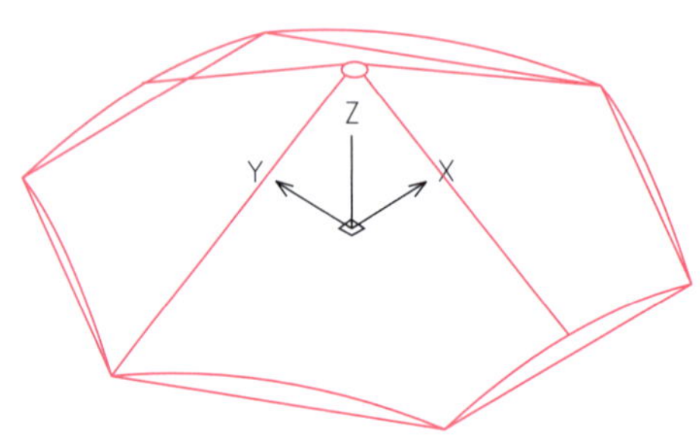

图 6–58　交集运算结果

（5）对形成的实体进行剖切

执行“剖切”命令，系统提示如下：

命令：_slice（执行“剖切”命令）
选择要剖切的对象：（选择交集后的实体）
找到 1 个
选择要剖切的对象：↙（按 Enter 键结束选择）
指定剖切平面起点或［平面对象（O）/ 曲面（S）/Z 轴（Z）/ 视图（V）/XY/YZ/ZX/三点（3）］< 三点 >：xy↙（以 *XY* 平面作为剖切平面）
指定 XY 平面上的点 <0，0，0>：（捕捉图 6–59 所示中点作为剖切平面上的点）
在需求平面的一侧拾取一点或［保留两侧（B）］< 两侧 >：（鼠标左键单击下部）

执行上述操作，结果如图 6–60 所示。

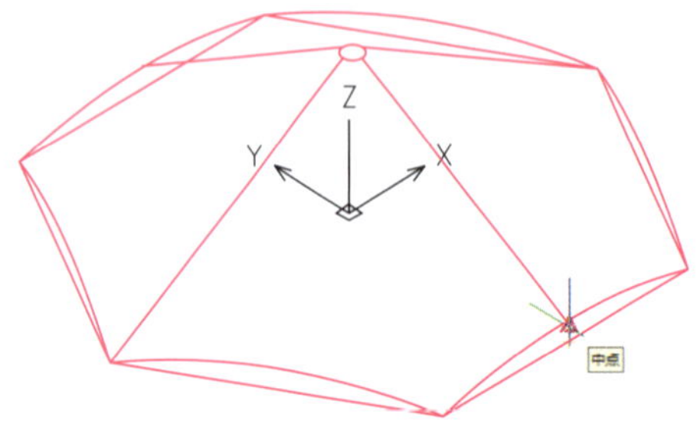

图 6–59　捕捉中点

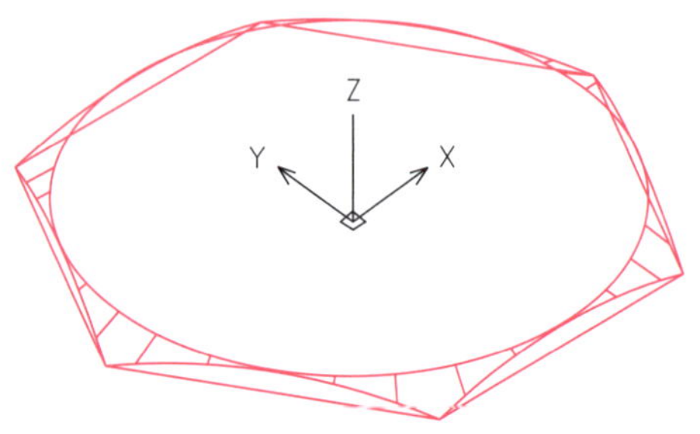

图 6–60　剖切后的实体

2. 绘制螺母外形实体

（1）拉伸面

执行“拉伸面”命令，系统提示如下：

输入实体编辑选项［面（F）/ 边（E）/ 体（B）/ 放弃（U）/ 退出（X）］<退出>: _face

输入面编辑选项［拉伸（E）/ 移动（M）/ 旋转（R）/ 偏移（O）/ 倾斜（T）/ 删除（D）/ 复制（C）/ 颜色（L）/ 放弃（U）/ 退出（X）］<退出>: _extrude（执行“拉伸面”命令）

选择面或［放弃（U）/ 删除（R）］:（执行“动态观察”命令，选择实体底面）

找到 1 个面

选择面或［放弃（U）/ 删除（R）/ 全部（ALL）］: ↙（按 Enter 键结束选择）

指定拉伸高度或［路径（P）］：4.485↙（指定拉伸高度）

指定拉伸的倾斜角度 <0.0000>：↙（指定拉伸的倾斜角度）

输入面编辑选项［拉伸（E）/ 移动（M）/ 旋转（R）/ 偏移（O）/ 倾斜（T）/ 删除（D）/ 复制（C）/ 颜色（L）/ 放弃（U）/ 退出（X）］<退出>:（按 Esc 键退出命令）

执行上述操作，结果如图 6–61 所示。

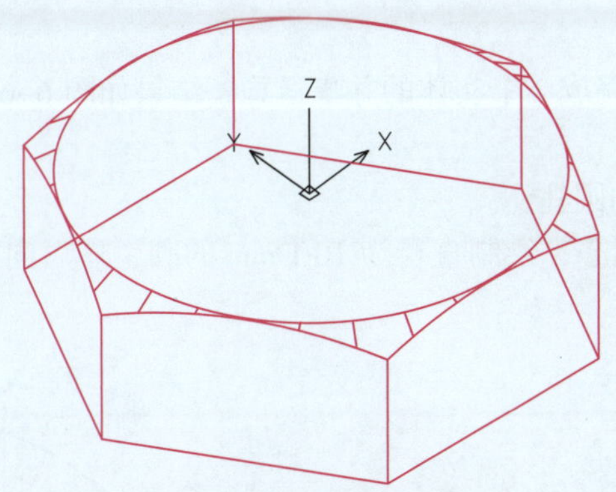

图 6–61　拉伸实体底面

注意：图 6–47 所示 M12 螺母的厚度为 10.37 mm，而图 6–60 剖切后的实体高度为 0.7 mm，所以拉伸高度为 10.37 mm ÷ 2–0.7 mm=4.485 mm。

（2）三维镜像

执行“三维镜像”命令，系统提示如下：

命令: _mirror3d（执行“三维镜像”命令）

选择对象:（拾取实体）

找到 1 个

选择对象：↙（按 Enter 键结束拾取）

指定镜像平面上的第一个点（三点）或［对象（O）/ 上一次（L）/Z 轴（Z）/ 视图（V）/ XY 平面（XY）/YZ 平面（YZ）/ZX 平面（ZX）/ 三点（3）］<三点>: xy↙（指定 *XY* 平面为镜像平面）

指定 XY 平面上的点 <0，0，0>：（指定实体最底面六边形的任意一个顶点）
删除源实体？［是（Y）/ 否（N）］< 否 >：（不删除源对象）

执行上述操作，结果如图 6–62 所示。

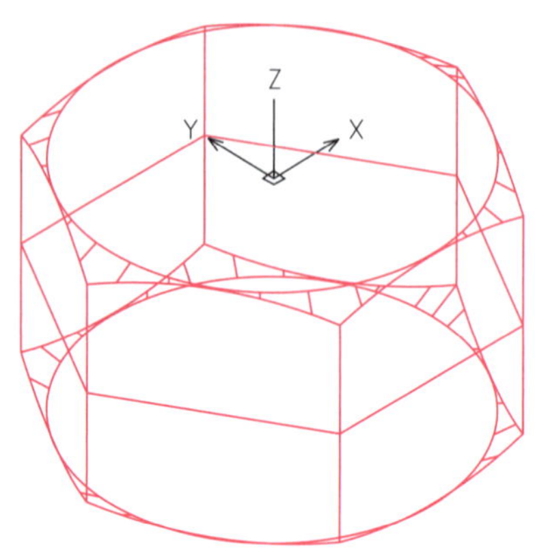

图 6–62　三维镜像结果

（3）布尔并集运算

执行“并集”命令，完成 2 个实体的并集运算，结果如图 6–63 所示。

3. 绘制 M12 螺纹孔

（1）绘制 ϕ10.1 mm 的圆柱

以点（0，0，5）为圆心，绘制直径为 10.1 mm 的圆，然后向下拉伸 15 mm，如图 6–64 所示。

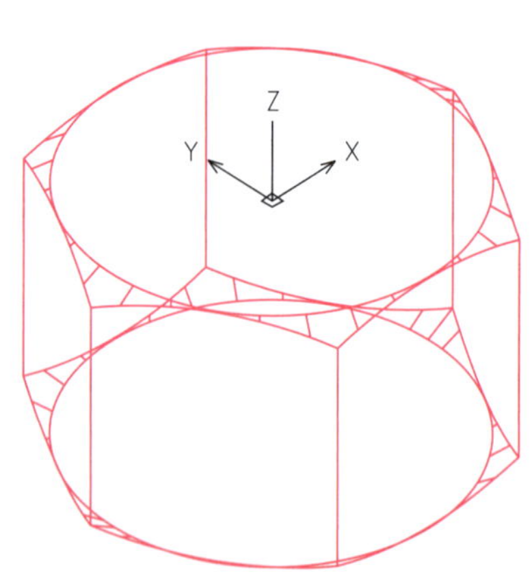

图 6–63　布尔并集运算结果

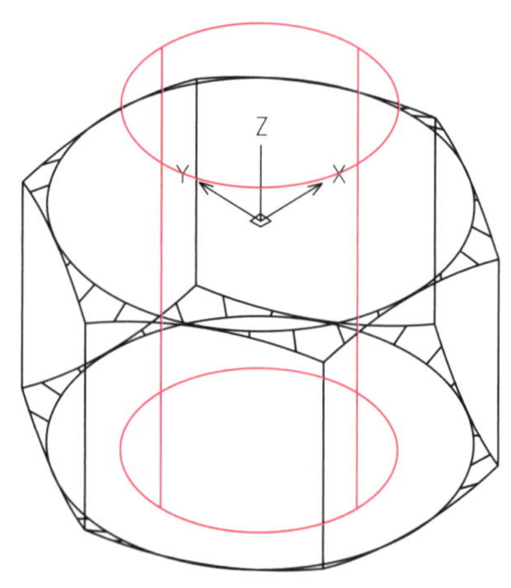

图 6–64　创建圆柱

M12 螺纹的小径 D_1=12 mm−1.082 5P=12 mm−1.082 5×1.75 mm≈10.1 mm。

（2）布尔差集运算

命令：_subtract（执行布尔差集运算）
选择要从中减去的实体、曲面和面域：（选择螺母实体）
找到 1 个
选择要从中减去的实体、曲面和面域：↙（按 Enter 键结束选择）
选择要减去的实体、曲面和面域：（选择 ϕ10.1 mm 的圆柱）
找到 1 个
选择要减去的实体、曲面和面域：↙（按 Enter 键结束选择）

执行上述操作，结果如图 6–65 所示。

（3）内孔倒角

执行“倒角”命令，对内孔两端分别倒角 C1 mm，结果如图 6–66 所示。

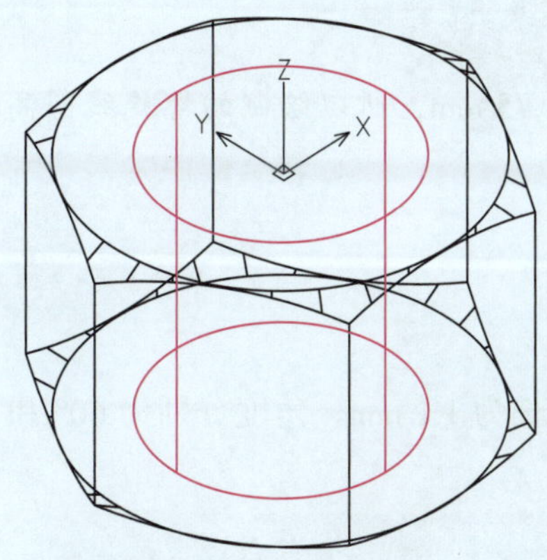

图 6–65 布尔差集运算结果

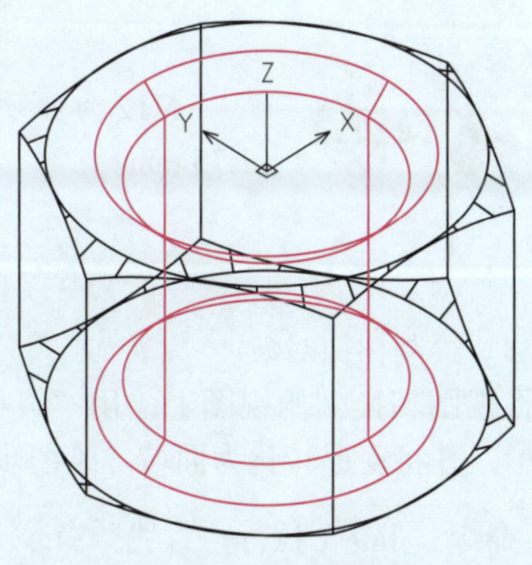

图 6–66 内孔倒角

（4）绘制螺旋线

执行“螺旋”命令，系统提示如下：

命令：_helix（执行“螺旋”命令）
圈数 =3.0000　　扭曲 = 逆时针
指定底面的圆心：0，0，–10↙（指定螺旋线底面的中心点）
指定底面半径或［直径（D）］<1.0000>：5.05↙（指定螺旋线底面半径）
指定底面半径或［直径（D）］<5.0500>：5.05↙（指定螺旋线顶面半径）
指定螺旋高度或［轴端点（A）/ 圈数（T）/ 圈高（H）/ 扭曲（W）］<1.0000>：h↙（选择“圈高”选项）
指定圈间距 <0.2500>：1.75↙（指定圈间距）
指定螺旋高度或［轴端点（A）/ 圈数（T）/ 圈高（H）/ 扭曲（W）］<1.0000>：t↙（选择“圈数”选项）
输入圈数 <3.0000>：10↙（输入圈数）

执行上述操作，结果如图 6–67 所示。

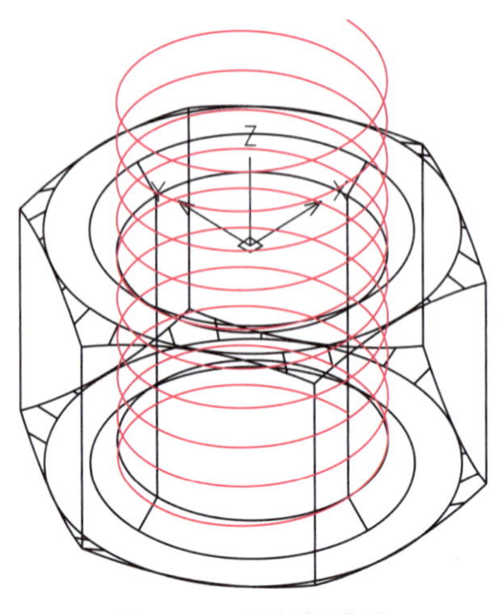

图 6–67　绘制螺旋线

M12 为粗牙螺纹，螺距为 1.75 mm，所以绘制的螺旋线圈高应为 1.75 mm。

（5）绘制扫掠对象

将视图切换到俯视图上，用“直线”命令绘制边长为 1.1 mm、角度分别为 60° 和 120° 的菱形，并将菱形转化为面域。绘图步骤如下：

命令：_line（执行“直线”命令）

指定第一点：（用鼠标左键在适当位置确定线段第一点）

指定下一点或 [角度（A）/ 长度（L）/ 放弃（U）]：@1.1<-30↙（用相对极坐标确定第二点）

指定下一点或 [角度（A）/ 长度（L）/ 放弃（U）]：@1.1<30↙（用相对极坐标确定第三点）

指定下一点或 [角度（A）/ 长度（L）/ 闭合（C）/ 放弃（U）]：@1.1<150↙（用相对极坐标确定第四点）

指定下一点或 [角度（A）/ 长度（L）/ 闭合（C）/ 放弃（U）]：c↙（选择“闭合”选项，图形闭合）

命令：_region（执行“面域”命令）

选择对象：（拾取菱形 4 条边）

找到 4 个

选择对象：↙（按 Enter 键结束选择）

提取了 1 个环。

创建了 1 个面域。

完成上述操作，结果如图 6–68 所示。

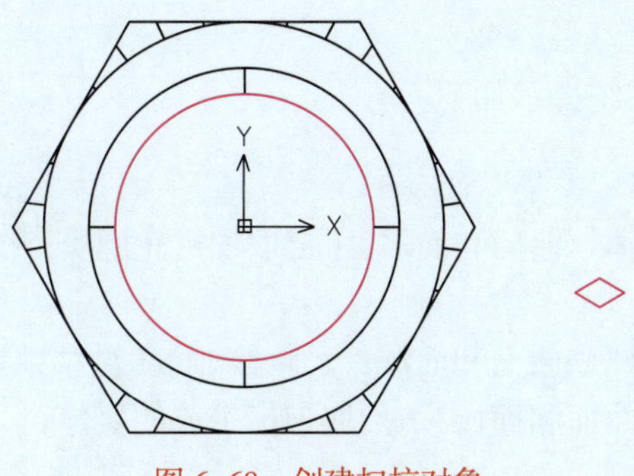

图 6-68　创建扫掠对象

1）由于 M12 粗牙螺纹的螺距为 1.75 mm，所以牙高 h 为 0.95 mm（h=0.541 3×1.75 mm≈0.95 mm），而粗牙螺纹的牙形角为 60°，所以螺纹牙形为正三角形，其边长为 1.1 mm（h/cos30°=0.95 mm/cos30°≈1.1 mm）。所以绘制的菱形的边长为 1.1 mm。

2）绘制菱形时，其长对角线应平行于 X 轴，这样扫掠形成的实体才和实际螺纹一致。

（6）扫掠

执行“扫掠”命令，以菱形面域为扫掠对象，以螺旋线为路径进行扫掠，如图 6-69 所示。操作步骤如下：

命令：_sweep（执行“扫掠”命令）
当前线框密度：ISOLINES=4，闭合轮廓创建模式 = 实体
选择要扫掠的对象或［模式（MO）］：（拾取菱形面域）
找到 1 个
选择要扫掠的对象或［模式（MO）］：↙（按 Enter 键结束选择）
选择扫掠路径或［对齐（A）/ 基点（B）/ 比例（S）/ 扭曲（T）］：（拾取螺旋线）

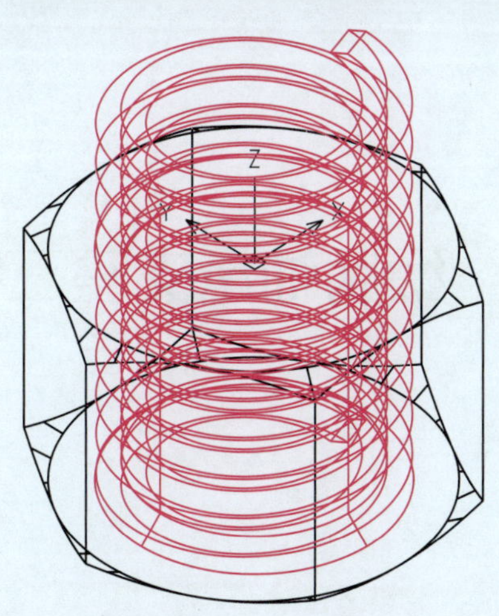

图 6-69　扫掠生成的螺纹

（7）布尔差集运算

执行“差集”命令，系统提示如下：

命令：_subtract（执行“差集”命令）
选择要从中减去的实体、曲面和面域：（拾取螺母轮廓）
找到 1 个
选择要从中减去的实体、曲面和面域：↙（按 Enter 键结束选择）
选择要减去的实体、曲面和面域：（拾取扫掠生成的实体）
找到 1 个
选择要减去的实体、曲面和面域：↙（按 Enter 键结束选择）

完成上述操作，结果如图 6–70 所示。

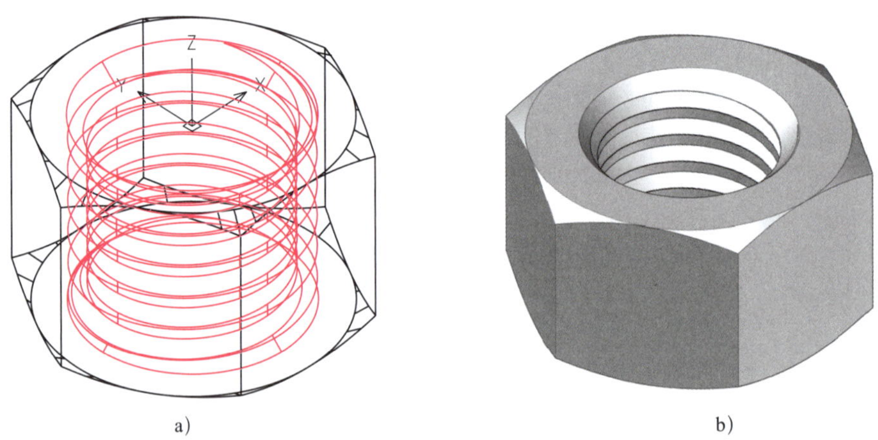

a）　　　　b）

图 6–70　六角螺母三维实体

a）“二维线框”视觉样式　b）“带边框体着色”视觉样式

4. 整理并保存

整理图形并保存。

任务 7　绘制轴承支座三维实体

学习目标

1. 掌握“圆角”“边界”命令的使用方法。

2. 能绘制轴承支座三维实体。

本任务要求绘制如图 6–71a 所示的轴承支座三维实体，其零件图如图 6–71b 所示。轴承支座主要由底板、支架、轴承孔及肋板组成。绘制轴承支座可先用“长方体”命令绘制底板，并对底板进行倒圆角、开孔、倒角；接着绘制轴承孔和支架，轴承孔可先作两同心圆，之后进行拉伸，支架则以边界的方式经拉伸来创建；然后用多段线来绘制肋板，经拉伸来创建其实体；最后通过布尔运算完成该轴承支座的绘制。

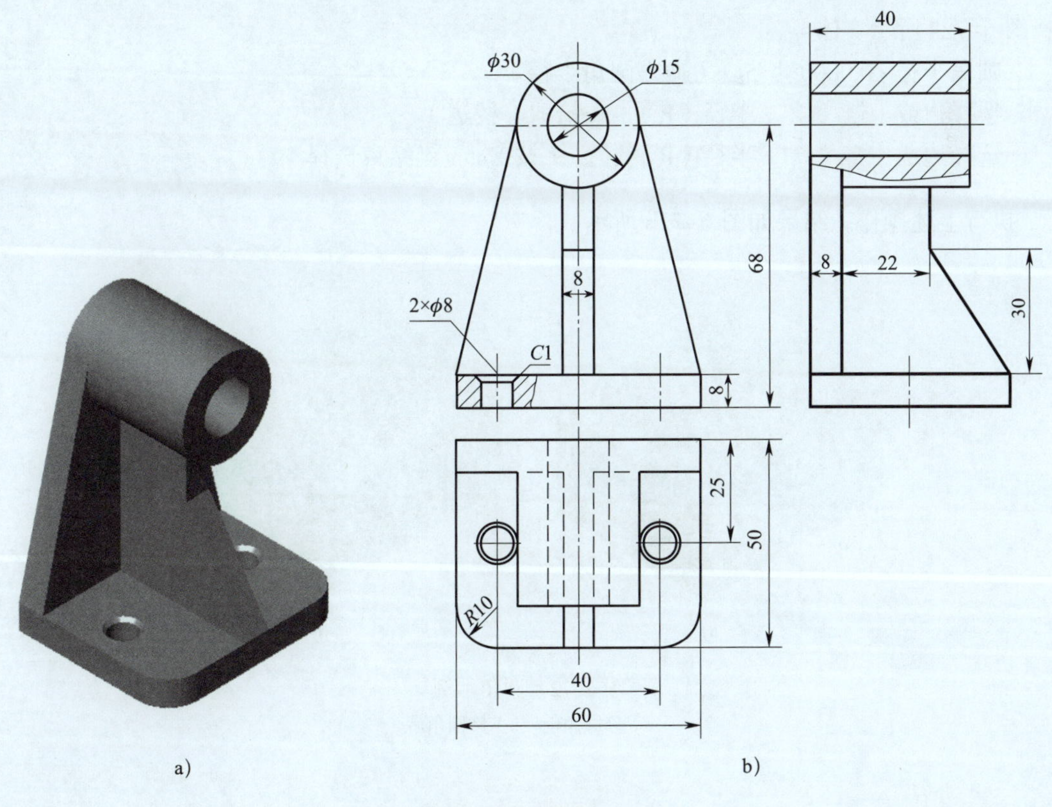

图 6–71　轴承支座

a）三维实体　b）零件图

一、三维实体修圆角

应用“圆角”命令可以对三维实体的棱边修圆角。“圆角”是给对象加圆角，它是二维绘图中一个常用的命令，在三维绘图里它可以对实体的棱边修圆角，使两个相邻面间生成一个圆滑过渡的曲面。

1. 命令执行方法

（1）功能区：单击“常用”→“修改”→“圆角”按钮 。

（2）菜单栏：单击“修改”→“圆角”命令。

（3）命令行：fillet（f）。

2. 示例

对图 6-72a 所示实体的 *a* 棱边修圆角，圆角半径为 5mm。执行“圆角”命令，系统提示如下：

命令：_fillet（执行“圆角”命令）

当前设置：模式 =TRIM，半径 =0.0000

选取第一个对象或 [多段线（P）/ 半径（R）/ 修剪（T）/ 多个（M）/ 放弃（U）]：（选择图 6-72a 所示实体）

圆角半径 <0.0000>：5↙（输入圆角半径）

选择边或 [链（C）/ 半径（R）]：（拾取 *a* 棱边）

选择边或 [链（C）/ 半径（R）]：↙（按 Enter 键结束选择）

执行上述操作，结果如图 6-72b 所示。

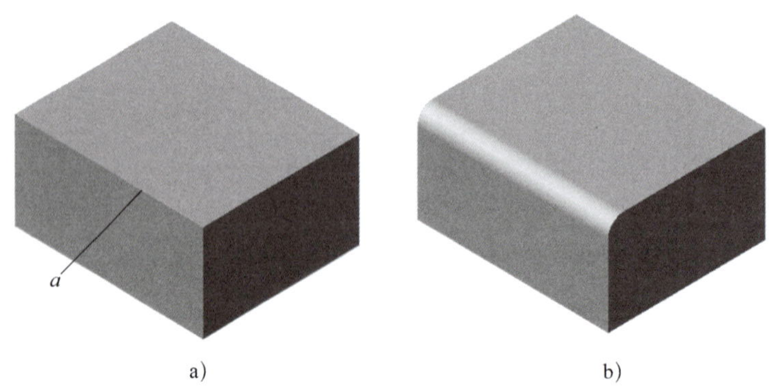

图 6-72　圆角示例

a）修圆角前　b）修圆角后

二、边界

利用“边界”命令可以在封闭区域创建多段线或面域。因而在创建实体时，就可以对用边界生成的面域或多段线进行拉伸、旋转等操作，将其转化为三维实体。

1. 命令执行方法

（1）功能区：单击“常用”→“绘图”→“边界”按钮 □。

（2）菜单栏：单击“绘图”→“边界”命令。

（3）命令行：boundary（bo）。

2. 示例

将图 6-73a 中的由线段、圆弧、长方体边所组成的封闭区域 *A* 创建为边界。执行“边界”命令，系统提示如下：

命令: _boundary（执行“边界”命令，系统弹出图 6-73b 所示的“边界”对话框，单击“选择区域”按钮，系统关闭对话框，并返回绘图界面）
选择一个点以定义边界或剖面线区域:（拾取封闭区域内一点）
正在选择所有可见对象 ...
正在分析所选数据 ...
选择一个点以定义边界或剖面线区域: ↙（按 Enter 键结束选择）
已创建 1 个多段线

完成上述操作，结果如图 6-73c 所示。

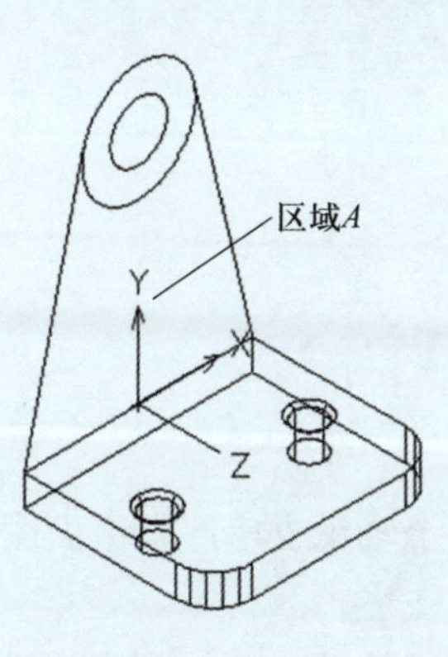

a)

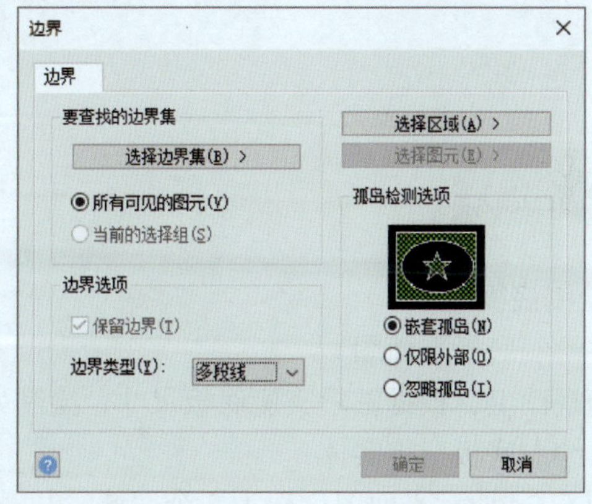

b)

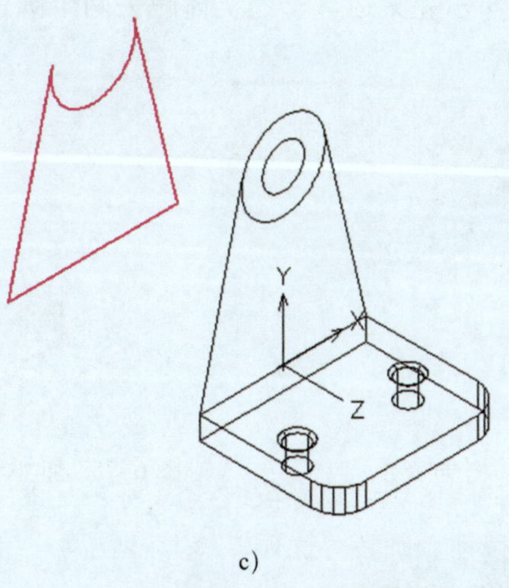

c)

图 6-73　创建边界示例

a）将区域 A 创建为边界　b）“边界”对话框

c）完成边界创建（多段线类型）

3. 选项说明

（1）拾取封闭区域内一点：指定封闭区域内的点，根据形成封闭区域的现有对象创建边界。在对象相交的情况下，会将最接近指定点所在区域的封闭图形视为边界。

（2）“边界”对话框：通过“边界”对话框，设定创建边界的边界集、是否进行孤岛检测、创建边界后生成的对象类型。

1）边界集：确定指定的内部点定义边界时分析的对象集。可以使用已有的边界集，也可以新建边界集。

2）孤岛检测：设置创建边界时是否进行孤岛检测，将最外层边界内的对象作为边界对象。

3）边界类型：设置创建边界后生成的对象类型是面域还是多段线。

创建边界应在 *XY* 平面内，否则需用 UCS 将 *XY* 平面设在应创为边界的封闭区域上。

1. 绘制底板

（1）绘制底板平面图

在俯视图上，根据轴承支座底板尺寸，绘制如图 6–74 所示轴承支座底板平面图。

（2）绘制底板三维实体

将图 6–74 所示平面图创建为 3 个面域，并对 3 个面域进行拉伸，拉伸高度为 8 mm，形成 3 个实体，对 3 个实体进行布尔差集运算（大实体减去两个圆柱体），绘制出轴承支座底板三维实体图，如图 6–75 所示。

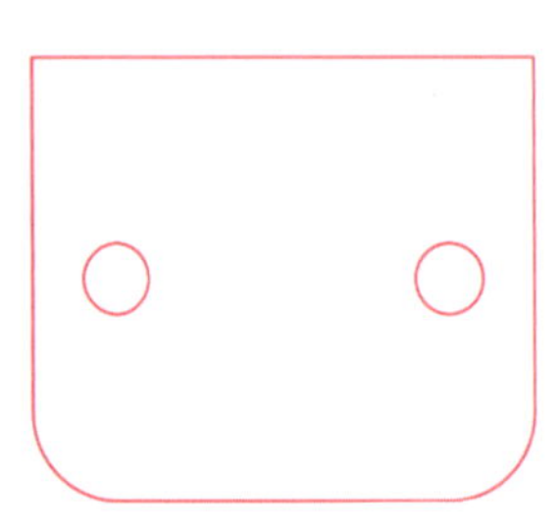

图 6–74 绘制轴承支座底板平面图

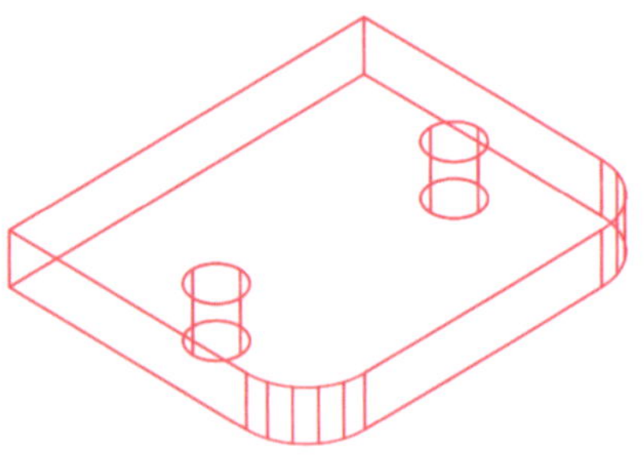

图 6–75 轴承支座底板三维实体图

（3）圆孔倒角

执行“倒角”命令，系统提示如下：

命令：_chamfer（执行“倒角”命令）

当前设置：模式 =TRIM，距离 1=1.000，距离 2=1.000

选择第一条直线或 [多段线（P）/ 距离（D）/ 角度（A）/ 方式（E）/ 修剪（T）/ 多个（M）/ 放弃（U）]：（选择实体顶面）

输入曲面选择选项 [下一个（N）/ 当前（OK）]< 当前 >: ↙（按 Enter 键确定选择 “当前”）

指定基准对象的倒角距离 <1.000>：↙（按 Enter 键确认）

指定另一个对象的倒角距离 <1.000>：↙（按 Enter 键确认）

选择边或 [环（L）]：（选择一个圆孔顶部棱线）

选择边或 [环（L）]：（选择另一个圆孔顶部棱线）

选择边或 [环（L）]：↙（按 Enter 键结束选择）

执行上述操作，结果如图 6–76 所示。

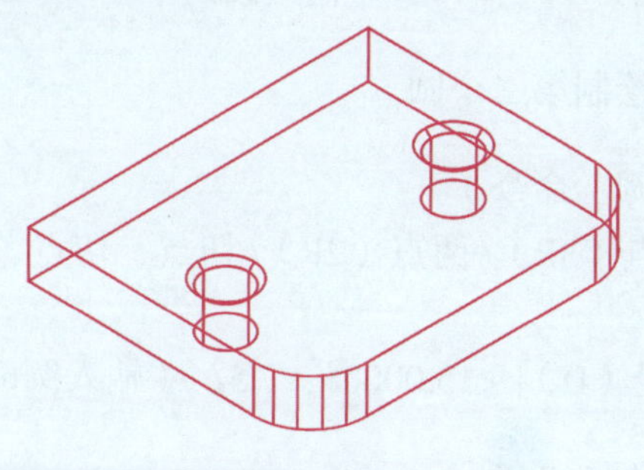

图 6–76　圆孔倒角

2. 绘制轴承孔和支架

（1）设置用户坐标系

执行 “UCS” 命令，系统提示如下：

命令：UCS（执行 “UCS” 命令）

当前在世界 UCS。

指定 UCS 的原点或 [？ / 面（F）/3 点（3）/ 删除（D）/ 对象（OB）/ 原点（O）/ 上一个（P）/ 还原（R）/ 保存（S）/ 视图（V）/X/Y/Z/Z 轴（ZA）/ 世界（W）]< 世界 >:（捕捉底板上表面左端棱线中点作为用户坐标系的原点）

指定 X 轴上的点或 < 接受 >:（捕捉底板上表面左端棱线的右端点）

指定 XY 平面上的点或 < 接受 >:（光标竖直向上移动，单击鼠标左键，确定 *Y* 轴）

执行上述操作，结果如图 6–77 所示。

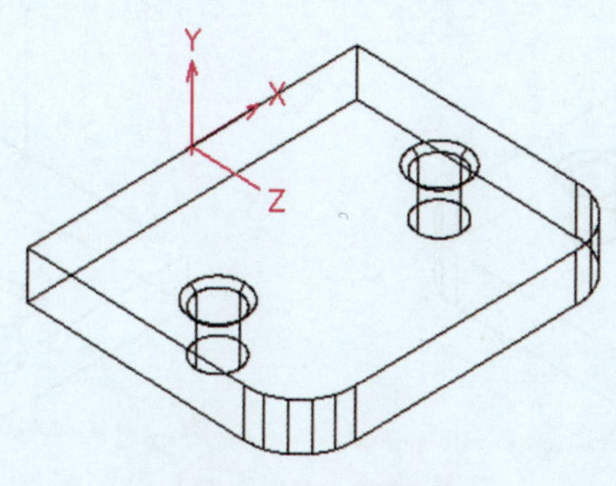

图 6–77　设置 UCS

（2）绘制 ϕ15 mm、ϕ30 mm 圆

在新建立的用户坐标系中的 *XY* 平面上，绘制 ϕ15 mm、ϕ30 mm 圆，圆心坐标为（0，60），绘制方法与二维绘圆完全一样。

执行“圆”命令，系统提示如下：

命令：_circle（执行“圆”命令）

指定圆的圆心或［三点（3P）/ 两点（2P）/ 切点、切点、半径（T）］：0，60↙（输入轴承孔的圆心坐标）

指定圆的半径或［直径（D）］：15↙（输入圆的半径）

重复执行“圆”命令，绘制第二个圆。

命令：_circle（执行“圆”命令）

指定圆的圆心或［三点（3P）/ 两点（2P）/ 切点、切点、半径（T）］：0，60↙（输入轴承孔的圆心坐标）

指定圆的半径或［直径（D）］<15.0000>：7.5↙（输入圆的半径）

执行上述操作，结果如图 6–78 所示。

（3）绘制支架两条边线

应用“直线”命令绘制支架两条边线，如图 6–79 所示。

（4）生成支架边界

执行“边界”命令，拾取支架边框内部一点，生成封闭边界，如图 6–80a 所示。注意：生成的边界位于实体之外。应用“移动”命令，将生成的边界移至所要绘制实体处，如图 6–80b 所示。

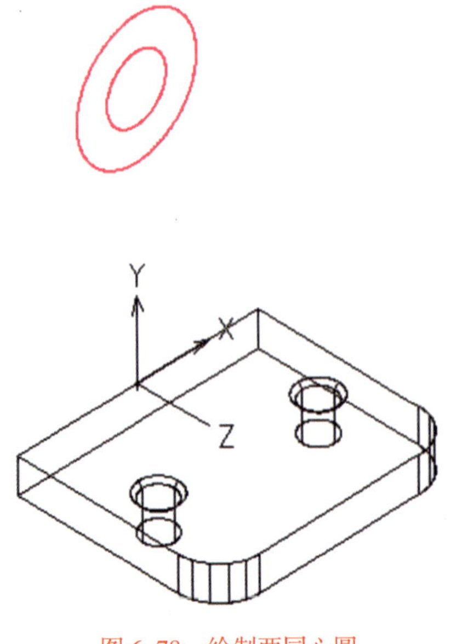

图 6–78　绘制两同心圆

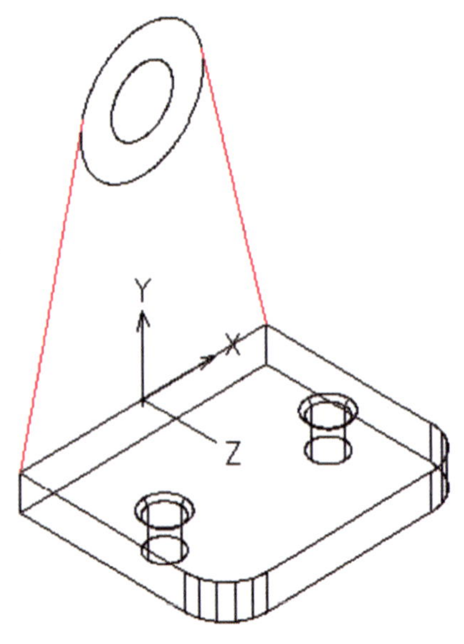

图 6–79　绘制支架两条边线

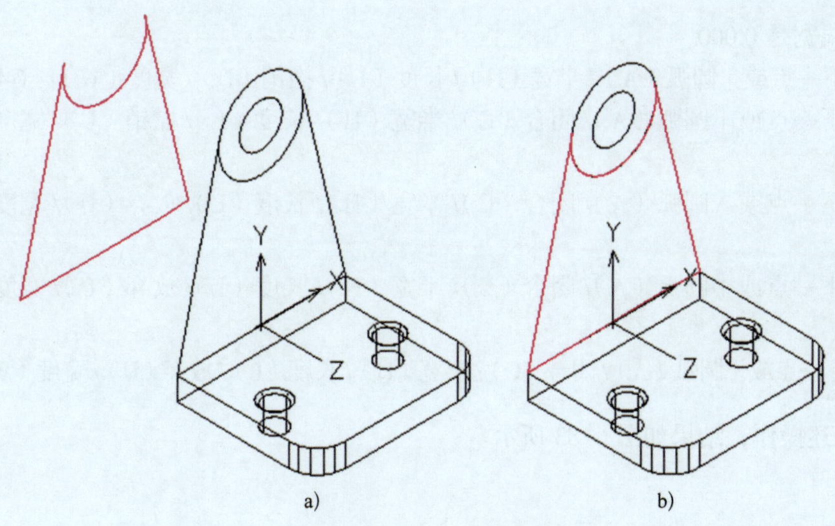

图 6-80　生成支架边界

a）创建边界　b）移动边界

（5）生成轴承孔和支架

分别对支架边界及两同心圆进行拉伸，并对两圆柱进行布尔差集运算，生成支架及轴承孔实体，结果如图 6-81 所示。

3. 创建肋板

（1）新建用户坐标系

执行“UCS”命令，新建如图 6-82 所示用户坐标系。

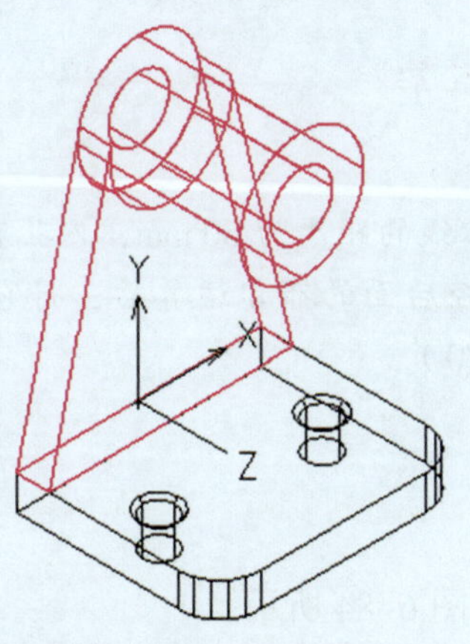

图 6-81　生成轴承孔和支架

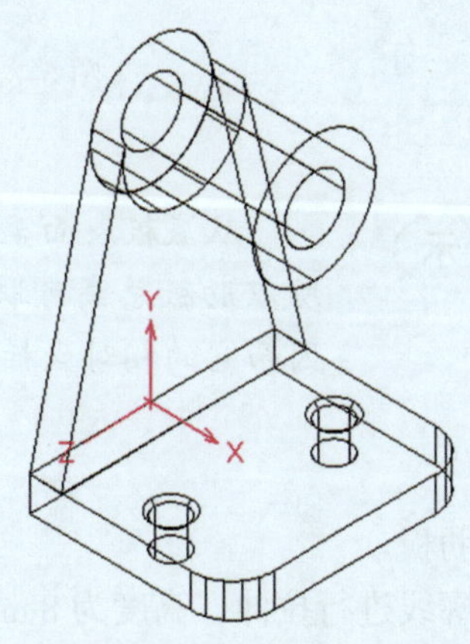

图 6-82　新建用户坐标系

（2）绘制肋板轮廓线

执行“多段线”命令，系统提示如下：

命令：_pline（执行“多段线”命令）
指定多段线的起点或 < 最后点 >：8，0↙（确定多段线的起点坐标）

当前线宽是 0.000

指定下一点或［圆弧（A）/ 半宽（H）/ 长度（L）/ 撤销（U）/ 宽度（W）］: @42，0↙

指定下一点或［圆弧（A）/ 闭合（C）/ 半宽（H）/ 长度（L）/ 撤销（U）/ 宽度（W）］: @-20，30↙

指定下一点或［圆弧（A）/ 闭合（C）/ 半宽（H）/ 长度（L）/ 放弃（U）/ 宽度（W）］: @0，20↙

指定下一点或［圆弧（A）/ 闭合（C）/ 半宽（H）/ 长度（L）/ 放弃（U）/ 宽度（W）］: @-22，0↙

指定下一点或［圆弧（A）/ 闭合（C）/ 半宽（H）/ 长度（L）/ 放弃（U）/ 宽度（W）］: c↙

执行上述操作，结果如图 6-83 所示。

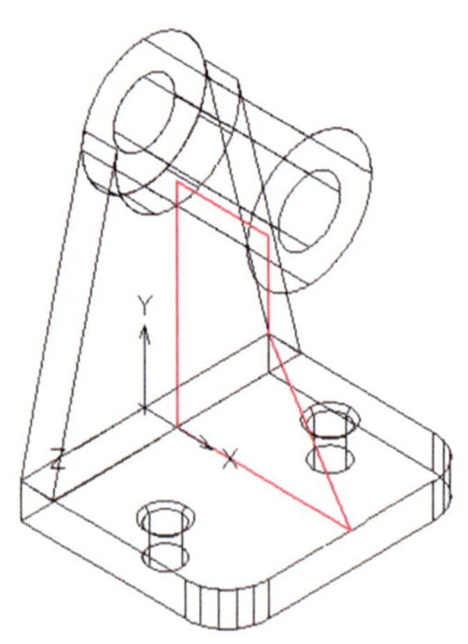

图 6-83　绘制肋板轮廓线

从底板表面至轴承孔中心线的距离为 60 mm，内孔直径为 15 mm，所以肋板总高可取 50 mm，经后面的布尔运算后，将它们合为一体，因而它的相对坐标为（@0，20）。

（3）生成肋板

对肋板轮廓线进行拉伸，高度为 8 mm，结果如图 6-84 所示。

（4）移动肋板

将肋板沿 *Z* 轴负方向移动 4 mm，使其位于中心位置，如图 6-85 所示。

4. 布尔运算

对上述绘制的底板、支架、轴承孔及肋板进行布尔并集运算，使其形成一个整体，结果如图 6-71a 所示。

5. 整理并保存

整理图形并保存。

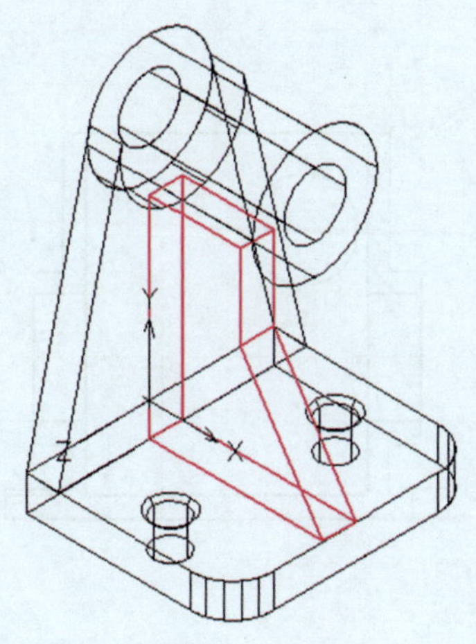

图 6-84　生成肋板

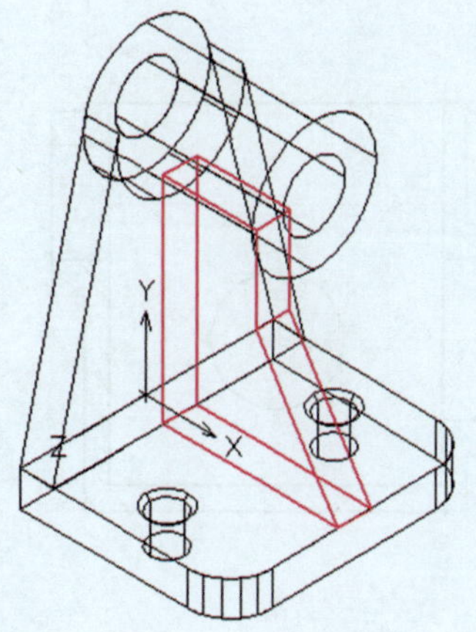

图 6-85　移动肋板

任务 8　绘制箱体三维实体

学习目标

1. 掌握“抽壳”命令的功能及使用方法。
2. 能创建箱体三维实体。

任务引入

本任务要求根据如图 6-86a 所示箱体零件图，创建如图 6-86b 所示箱体三维实体。由图样可知，创建箱体可先创建箱体底板，接着创建箱壁，然后创建前、后、左、右箱壁上的凸台及内孔，最后通过布尔运算完成箱体的创建。在创建过程中要灵活运用“UCS”命令，尽量用熟悉的命令在 *XY* 平面上绘成二维图，之后经过拉伸形成三维实体，箱壁可使用“抽壳”命令创建。

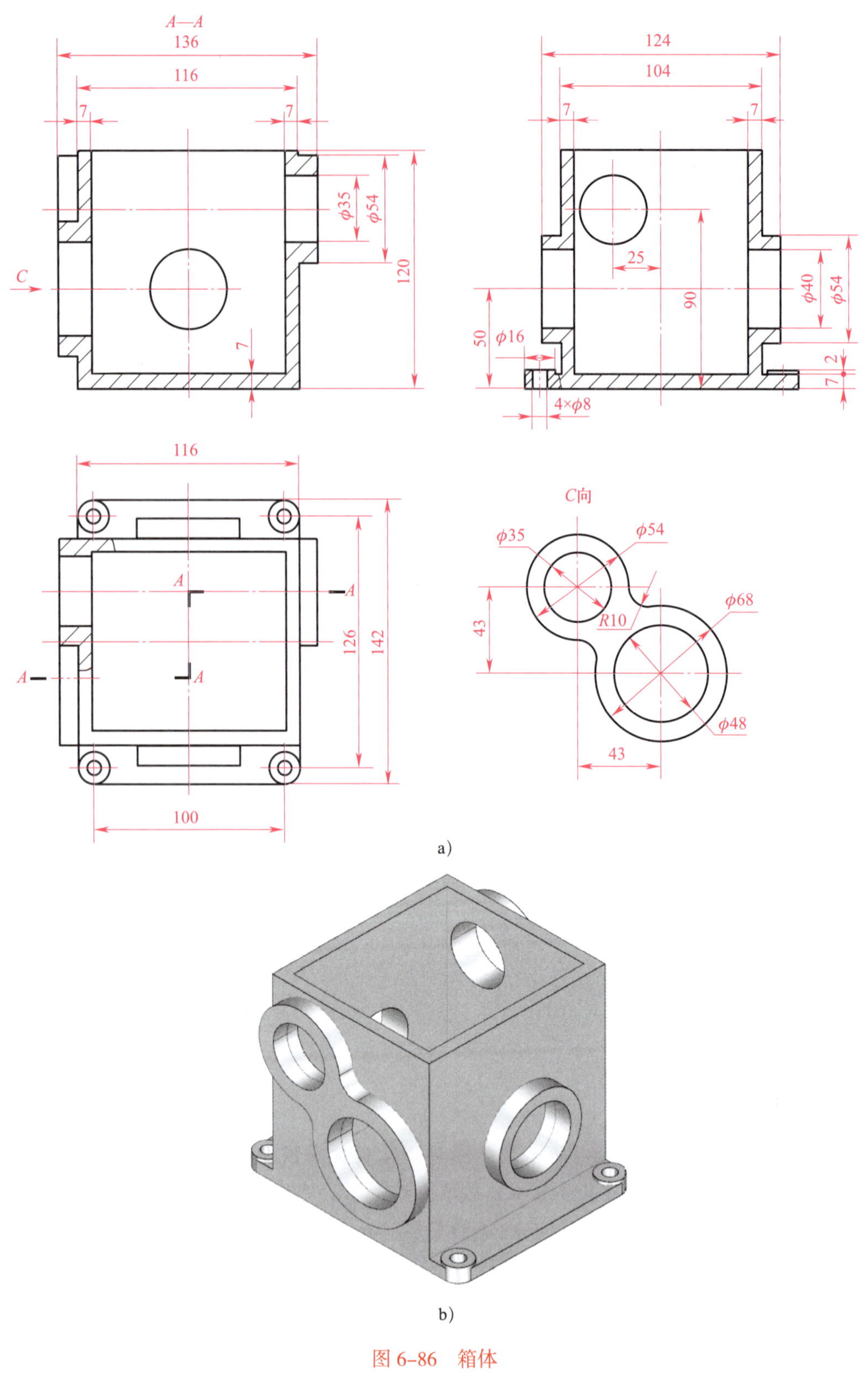

图 6-86　箱体

a）零件图　b）三维实体

相关知识

“抽壳”命令可以将三维实体转换为中空薄壁或壳体。

1.“抽壳”命令执行方法

（1）功能区：单击“实体”→“实体编辑”→“抽壳”按钮。

（2）菜单栏：单击“修改”→“实体编辑”→“抽壳”命令。

2. 示例

对如图 6-87a 所示实体执行“抽壳”命令，系统提示如下：

命令：_solidedit（执行“抽壳”命令）

输入实体编辑选项［面（F）/边（E）/体（B）/放弃（U）/退出（X）］<退出>：_body

输入体编辑选项［压印（I）/分割实体（P）/抽壳（S）/清除（L）/检查（C）/放弃（U）/退出（X）］<退出>：_shell

选择三维实体：（拾取长方体）

删除面或［放弃（U）/添加（A）/全部（ALL）］：（拾取上端面）

找到 1 个面，已删除 1 个。

删除面或［放弃（U）/添加（A）/全部（ALL）］：↙（按 Enter 键结束删除面）

输入外偏移距离：2↙（输入外偏移距离）

输入体编辑选项［压印（I）/分割实体（P）/抽壳（S）/清除（L）/检查（C）/放弃（U）/退出（X）］<退出>：（按 Esc 键结束“抽壳”命令）

执行上述操作，结果如图 6-87b 所示。进行抽壳操作时，若输入的偏移距离为正值，表示从实体开始向里抽壳，如为负值，则表示从实体开始向外抽壳，如图 6-87b、c 所示。

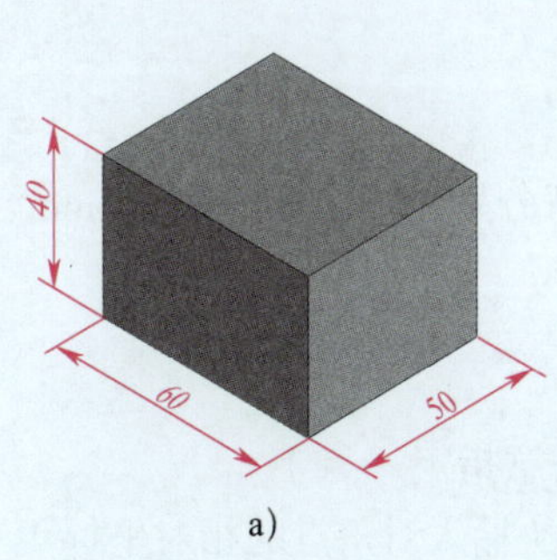

a）

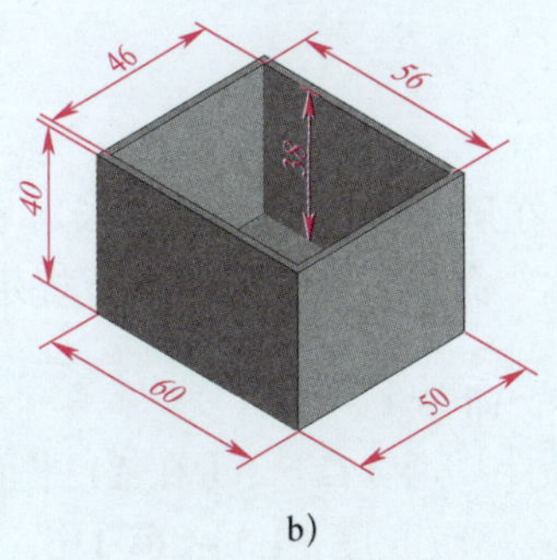

b）

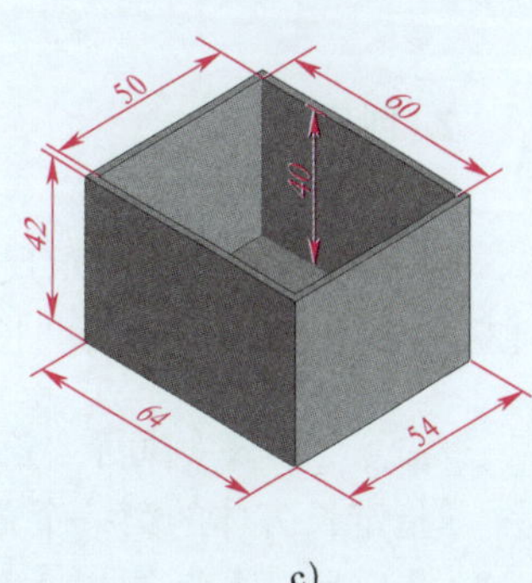

c）

图 6-87 “抽壳”示例

a）抽壳前实体 b）从实体开始向里抽壳 c）从实体开始向外抽壳

任务实施

1. 创建底板

（1）绘制底板平面图

在俯视图上，根据图 6–86a 所示尺寸，绘制如图 6–88 所示底板平面图。

图 6–88　绘制底板平面图

（2）创建底板三维实体

1）将如图 6–88 所示平面图创建为 9 个面域（1 个外边框、4 个小圆和 4 个大圆）。

2）将外边框拉伸，高度为 7 mm。

3）将 8 个圆拉伸，高度为 9 mm。

4）对外边框拉伸后的实体和 4 个大圆柱体进行并集运算，创建出箱体底板及四个圆形凸台。

5）执行布尔差集运算，大实体减去 4 个小圆柱体。

通过以上操作创建出箱体底板的实体，如图 6–89 所示。

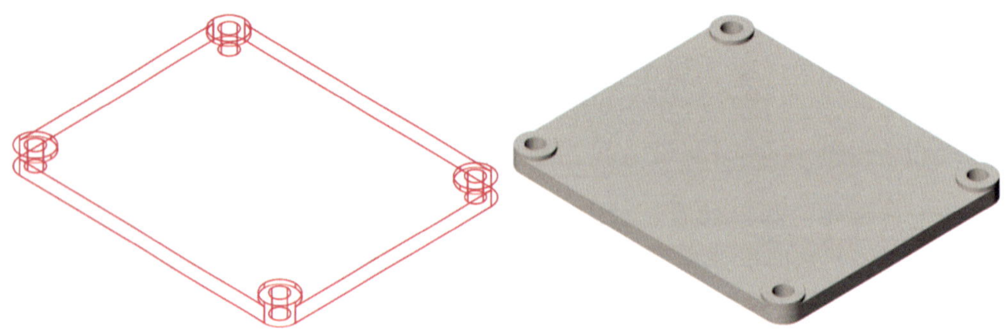

图 6–89　箱体底板实体（西南等轴测视图）

2. 创建箱壁

（1）创建长方体

根据如图 6–86a 所示尺寸，在屏幕的空白处创建长、宽、高分别为 116 mm、104 mm、113 mm 的长方体。执行“长方体”命令，系统给出如下提示：

> 命令：_box（执行“长方体”命令）
> 指定长方体的第一个角点或［中心（C）］:（在 *XY* 平面内任意指定一点）
> 指定另一个角点或［立方体（C）/ 长度（L）］：@ 116，104↙（输入对角点的相对坐标）
> 指定高度或［两点（2P）］<40.000>：113↙（指定高度，高度的尺寸应减去底板的厚度，即 *Z*=120–7=113）

执行上述操作，结果如图 6–90 所示。

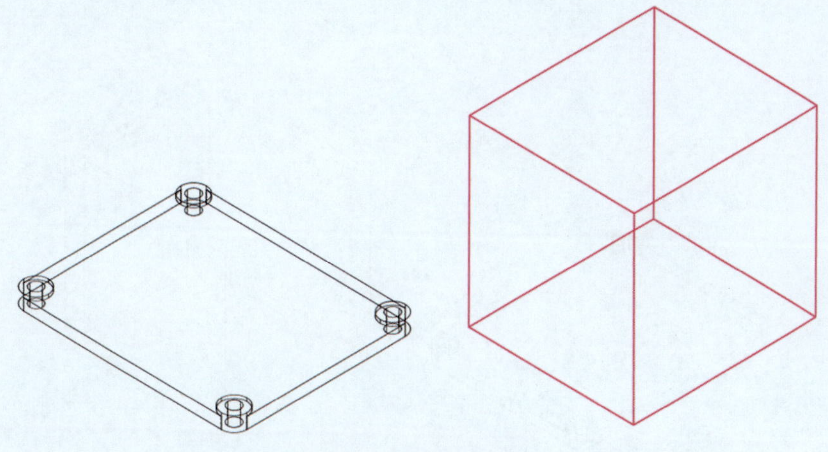

图 6-90　创建长方体

（2）抽壳

应用"抽壳"命令对长方体进行抽壳，其中上、下表面排除在抽壳之外。

命令：_solidedit（执行"抽壳"命令）

输入实体编辑选项［面（F）/ 边（E）/ 体（B）/ 放弃（U）/ 退出（X）］<退出>：_body

输入体编辑选项［压印（I）/ 分割实体（P）/ 抽壳（S）/ 清除（L）/ 检查（C）/ 放弃（U）/ 退出（X）］<退出>：_shell

选择三维实体：（选择长方体）

删除面或［放弃（U）/ 添加（A）/ 全部（ALL）］：（选择上表面）

找到一个面，已删除 1 个。

删除面或［放弃（U）/ 添加（A）/ 全部（ALL）］：（执行"动态观察"命令，旋转长方体，查看下表面，选择下表面）

找到一个面，已删除 1 个。

删除面或［放弃（U）/ 添加（A）/ 全部（ALL）］：↙（按 Enter 键结束删除面）

输入外偏移距离：7↙（输入抽壳偏移距离）

输入体编辑选项［压印（I）/ 分割实体（P）/ 抽壳（S）/ 清除（L）/ 检查（C）/ 放弃（U）/ 退出（X）］<退出>：（按 Esc 键退出"抽壳"命令）

执行上述操作，结果如图 6-91 所示。

（3）并集运算

应用"移动"命令，将抽壳后的壳体移至底板上。执行布尔并集运算，创建出箱壁，图 6-92 所示为并集后的实体。

3. 创建前、后凸台及通孔

（1）新建用户坐标系

新建用户坐标系，用户坐标系原点设置在前箱壁左下角顶点上，并将 *XY* 平面设置在前箱壁上，如图 6-93 所示。

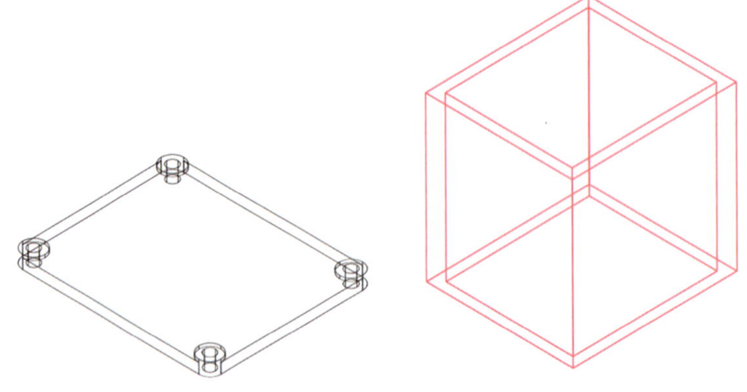

图 6-91　抽壳

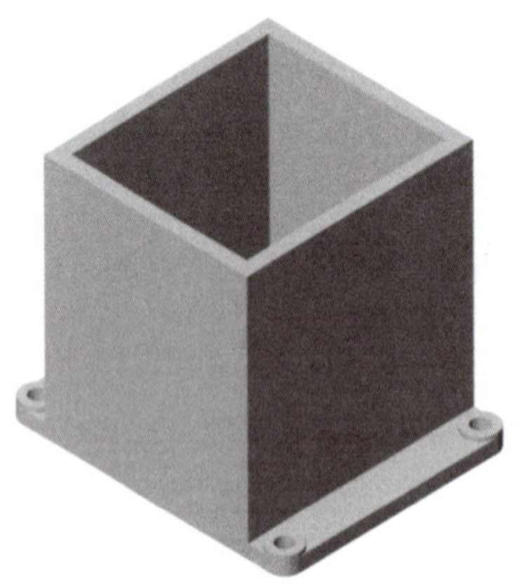

图 6-92　并集后的实体

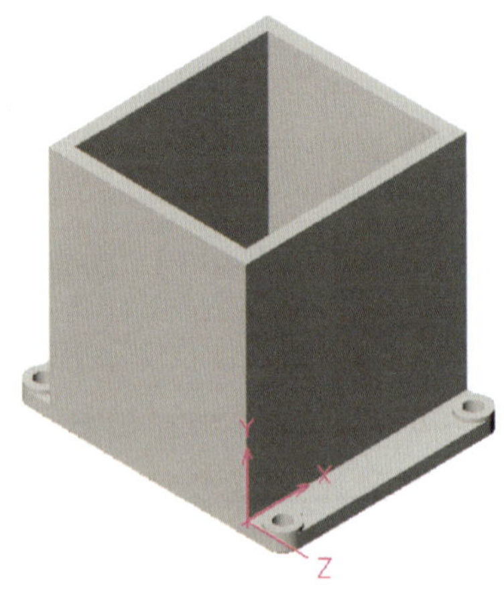

图 6-93　在前箱壁新建用户坐标系

（2）创建前凸台

执行“圆柱体”命令，系统给出如下提示：

命令：_cylinder（执行“圆柱体”命令）
指定底面的中心点或［三点（3P）/ 两点（2P）/ 切点、切点、半径（T）/ 椭圆（E）］：58，43↙（输入圆柱体中心点坐标，由图 6-86 可知 X=116÷2=58，Y=50-7=43）
指定圆的半径或［直径（D）］：27↙（输入前凸台半径）
指定高度或［两点（2P）/ 中心轴（A）］：10↙（输入凸台高度）

前凸台的创建结果如图 6-94 所示。

（3）创建后凸台

用“三维镜像”命令创建后凸台，然后对箱体及前、后凸台进行并集运算，结果如图 6-95 所示。

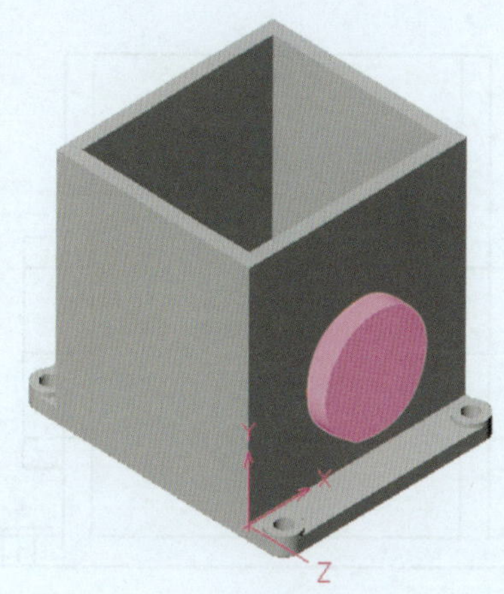

图 6-94　创建前凸台

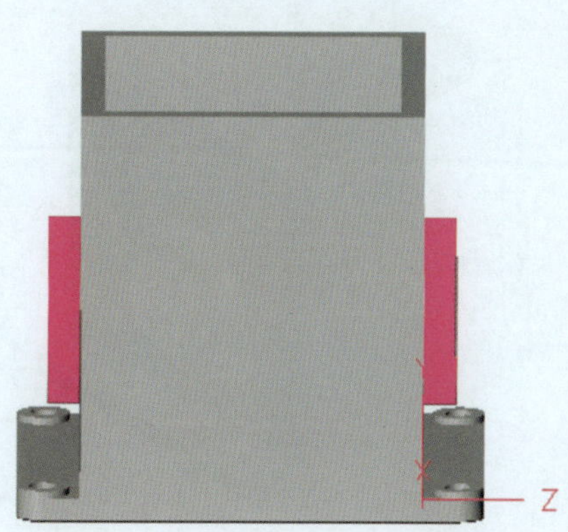

图 6-95　创建后凸台（动态观察效果）

（4）创建通孔

应用“圆柱体”命令创建圆柱，圆柱体底面中心为（58，43，15），半径为 20 mm，长为 125 mm（沿 *Z* 轴负方向绘制），如图 6-96a 所示。执行布尔差集运算，创建出通孔，结果如图 6-96b 所示。

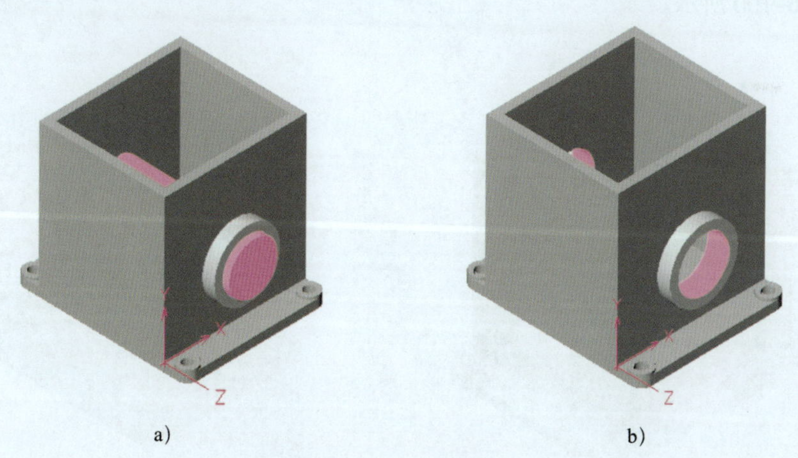

图 6-96　创建通孔

a）创建圆柱体　b）布尔差集运算结果

4. 创建左、右凸台及通孔

（1）新建用户坐标系

新建用户坐标系，用户坐标系原点设置在左箱壁左下角顶点上，并将 *XY* 平面设置在左箱壁上，如图 6-97 所示。

（2）绘制左凸台的轮廓线

根据如图 6-86a 所示尺寸，绘制左凸台的轮廓线，如图 6-98 所示。

图 6–97　在左箱壁新建用户坐标系

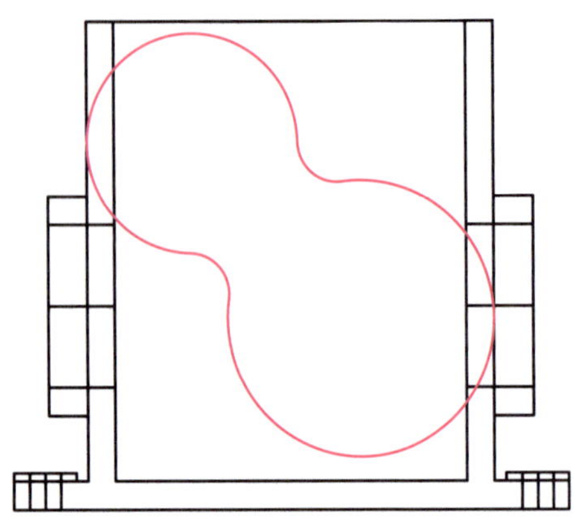
图 6–98　绘制左凸台轮廓线

（3）创建左凸台

将左凸台轮廓线创建为面域，并对其进行拉伸，拉伸高度为 10 mm，创建出左凸台，并进行布尔并集运算，如图 6–99 所示。

（4）创建右凸台

将视图切换至东南等轴测视图，按照创建左凸台的方法，创建右凸台，并进行布尔并集运算，如图 6–100 所示。

图 6–99　创建左凸台

图 6–100　创建右凸台

（5）创建通孔

1）将视图切换至西南等轴测视图，创建两圆柱。长圆柱直径为 35 mm，长度为 145 mm；短圆柱直径为 48 mm，长度为 40 mm，如图 6–101 所示。

2）进行布尔差集运算，结果如图 6–102 所示。至此，箱体实体创建完毕。

5. 整理并保存

整理图形并保存。

图 6-101　创建两圆柱

图 6-102　箱体实体

任务 9　绘制三通三维实体

学习目标

1. 掌握“三维旋转”命令的功能与使用方法。
2. 能绘制三通三维实体。

任务引入

本任务要求绘制如图 6-103 所示的三通三维实体，三个模型尺寸完全相同，但摆放角度

a)　　b)　　c)

图 6-103　三通三维实体

a）水平摆放　b）、c）竖直摆放

不同，图 6–103a 所示为水平摆放，图 6–103b、c 所示为竖直摆放。绘制时，可以按如图 6–104 所示尺寸绘制一个模型，然后复制其余两个模型，最后应用“三维旋转”命令进行旋转，即可得到不同摆放角度的效果。

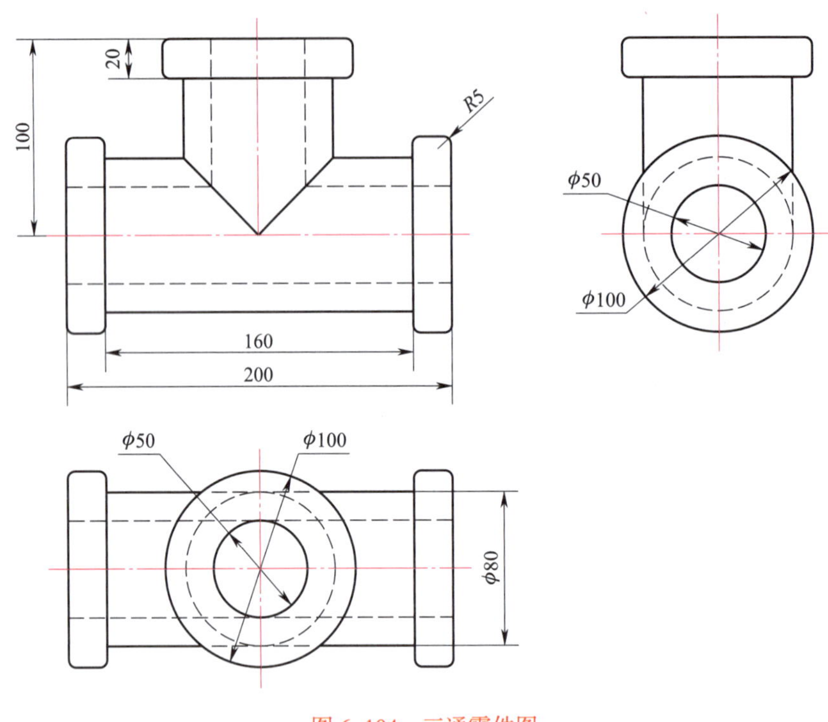

图 6–104　三通零件图

相关知识

“三维旋转”命令可以在三维空间内绕轴旋转对象。执行该命令时，选择要旋转的对象，指定旋转轴的第一点和第二点，接着指定旋转角度，将选取对象从初始位置围绕旋转轴旋转指定的角度。

1. 命令执行方法

（1）功能区：单击“实体”→“三维操作”→“三维旋转”按钮 。

（2）菜单栏：单击“修改”→“三维操作”→“三维旋转”命令。

（3）命令行：rotate3d。

2. 示例

将图 6–105a 所示的图形绕 *X* 轴旋转 90°。执行“三维旋转”命令，系统提示如下：

命令：_rotate3d（执行“三维旋转”命令）
当前正向角度：ANGDIR= 逆时针　ANGBASE=0
选择对象：（选择图 6–105a 所示实体）

找到 1 个
选择对象：↙（按 Enter 键结束选择）
指定旋转轴的起始点或通过选项定义轴［对象（O）/ 上一次（L）/ 视图（V）/X 轴（X）/Y 轴（Y）/Z 轴（Z）/ 两点（2）］：x↙（确定旋转轴）
指定 X 轴上一点 <0，0，0>：（确定 X 轴上一点）
指定旋转角度或［参考角度（R）］：90↙（输入旋转角度）

执行上述操作，结果如图 6–105b 所示。

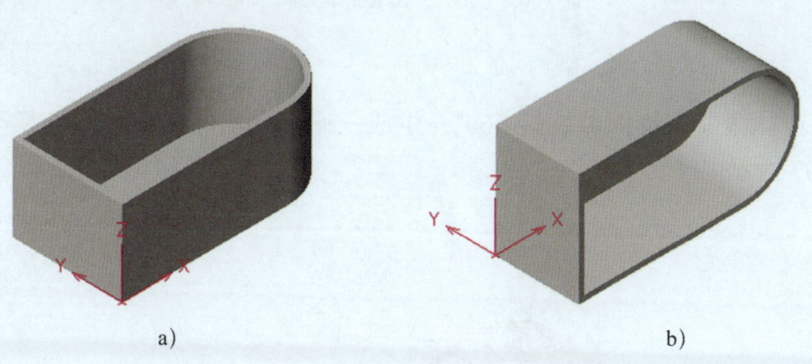

图 6–105 “三维旋转”示例

a）原始图形 b）旋转结果

3. 选项说明

（1）选择对象：选择要旋转的对象。

（2）起始点：指定旋转轴的第一点。

（3）终止点：指定旋转轴的第二点。

（4）旋转角度：选取对象从初始位置围绕旋转轴旋转一定的角度。

（5）对象：选择与对象对齐的旋转轴。可以选择的对象包括：直线、圆、椭圆、圆弧或二维多段线上的一段。

（6）上一次：以上一次执行“rotate3d”命令使用的旋转轴作为本次操作的旋转轴。

（7）视图：旋转轴通过指定点并与当前视口的观察方向对齐。

（8）X 轴：将旋转轴与指定点所在 UCS 的 *X* 轴对齐。

（9）Y 轴：将旋转轴与指定点所在 UCS 的 *Y* 轴对齐。

（10）Z 轴：将旋转轴与指定点所在 UCS 的 *Z* 轴对齐。

（11）两点：通过指定两个点定义旋转轴。

1. 绘制三通左端实体

（1）绘制左端轮廓

启动中望 CAD 2023，并将视图切换到俯视图，应用“直线”和“圆角”命令，绘制三通左端二分之一轮廓，如图 6–106 所示，并将其创建成面域。

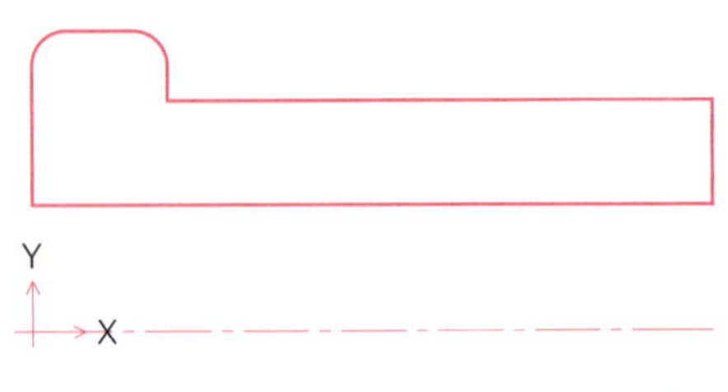

图 6-106　绘制三通左端二分之一轮廓

（2）生成实体

应用“旋转”命令，将面域旋转 360°，生成三通左端实体，将视图切换至西南等轴测，结果如图 6-107 所示。

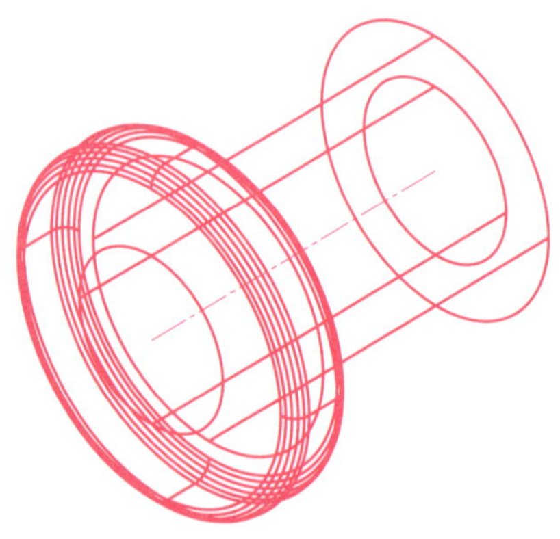
图 6-107　生成三通左端实体

2. 绘制三通中间竖直实体

（1）三维镜像

执行“三维镜像”命令，以实体右端中心为基点，以右端面为镜像面，将实体进行三维镜像。执行“三维镜像”命令，系统提示如下：

命令：_mirror3d（执行“三维镜像”命令）

选择对象：（选择三通左端实体）

找到 1 个

选择对象：↙（按 Enter 键结束选择）

指定镜像平面上的第一个点（三点）或［对象（O）/ 上一次（L）/Z 轴（Z）/ 视图（V）/XY 平面（XY）/YZ 平面（YZ）/ZX 平面（ZX）/ 三点（3）]< 三点 >:yz↙（选择 *YZ* 平面）

指定 YZ 平面上的点 <0，0，0>:（捕捉右端的圆心）

删除源实体？［是（Y）/ 否（N）］< 否 >：↙（按 Enter 键确定不删除源实体）

执行上述操作，结果如图 6-108 所示。

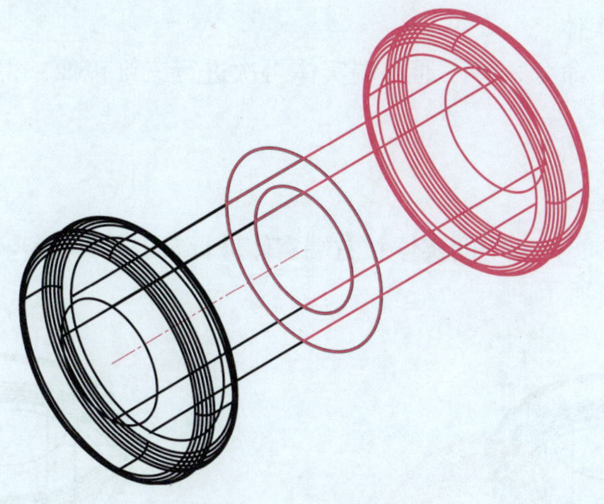

图 6-108　三维镜像结果

（2）三维旋转

执行“三维旋转”命令，将镜像得到的实体绕 *Y* 轴旋转 90°，系统提示如下：

命令：_rotate3d（执行“三维旋转”命令）

当前正向角度：ANGDIR= 逆时针　ANGBASE=0

选择对象：（选择三通右端实体）

找到 1 个

选择对象：↙（按 Enter 键结束选择）

指定旋转轴的起始点或通过选项定义轴［对象（O）/ 上一次（L）/ 视图（V）/X 轴（X）/Y 轴（Y）/Z 轴（Z）/ 两点（2）］：y↙（确定 *Y* 轴为旋转轴）

指定 Y 轴上一点 <0，0，0>：（指定中间圆心为 *Y* 轴上的一点）

指定旋转角度或［参考角度（R）］：-90↙（指定旋转角度）

执行上述操作，结果如图 6-109 所示。

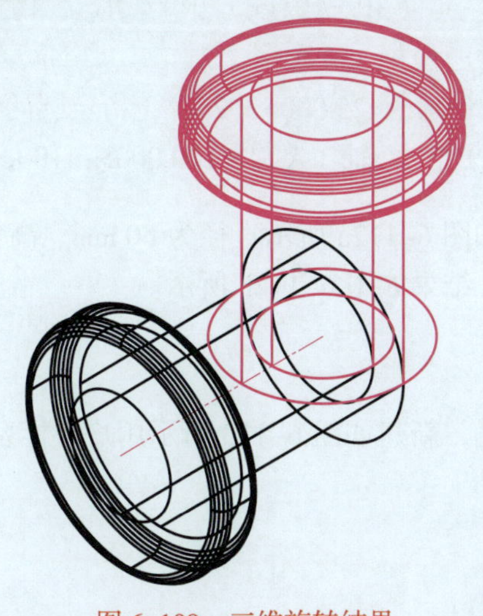

图 6-109　三维旋转结果

3. 绘制三通右端实体

应用“三维镜像”命令，将三通左端实体再次进行三维镜像，得到三通右端实体，如图 6–110 所示。

4. 绘制三通内孔

（1）布尔并集运算

对绘制的三通左端实体、中间实体和右端实体进行布尔并集运算，使其构成一个完整的实体，结果如图 6–111 所示。

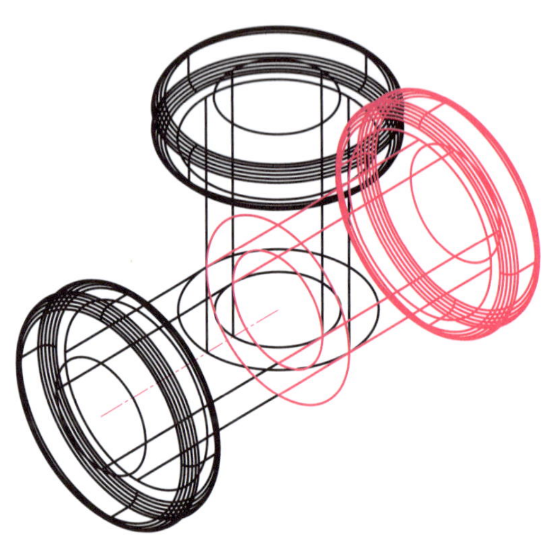

图 6–110　绘制三通右端实体

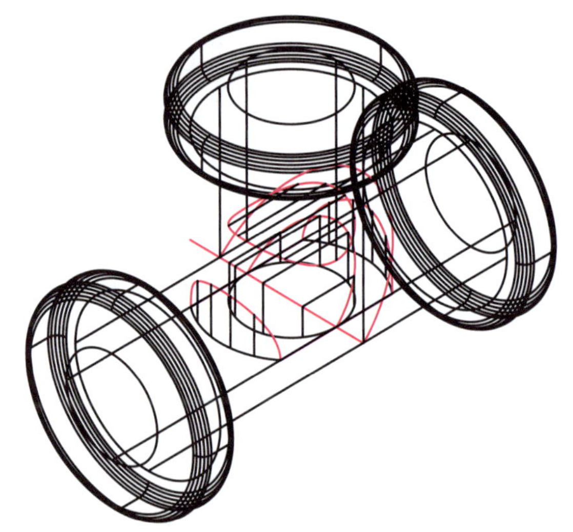

图 6–111　布尔并集运算

（2）打通中间竖直通孔

执行“圆柱体”命令，系统提示如下：

命令：_cylinder（执行“圆柱体”命令）

指定底面的中心点或［三点（3P）/ 两点（2P）/ 切点、切点、半径（T）/ 椭圆（E）]：100，0，0↙（指定底面的中心坐标）

指定圆的半径或［直径（D）] <25.000>：25↙（指定圆的半径）

指定高度或［两点（2P）/ 中心轴（A）] <100.000>：100↙（指定圆柱高度）

执行上述操作，绘制出如图 6–112a 所示直径为 50 mm、高为 100 mm 的圆柱体。执行布尔差集运算，打通竖直通孔，结果如图 6–112b 所示。

（3）打通水平通孔

1）新建用户坐标系

为了方便打通三通水平孔，新建如图 6–113 所示用户坐标系。

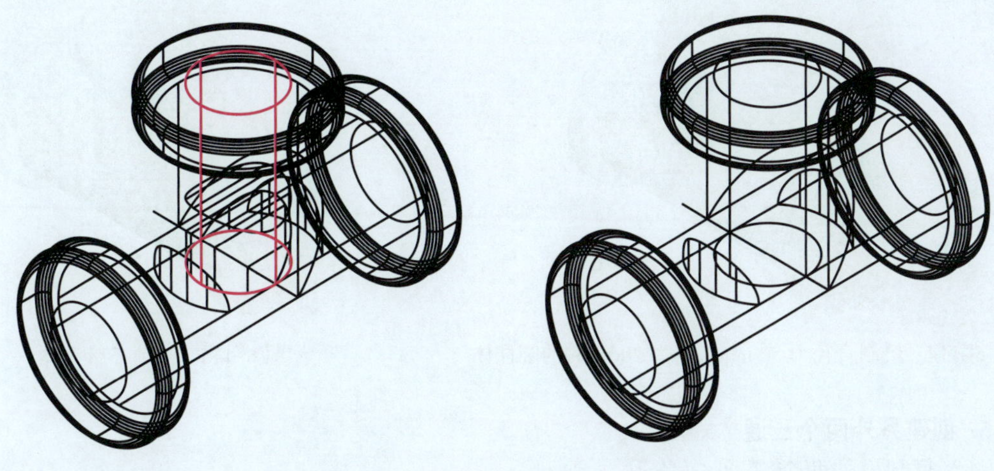

图 6–112　打通竖直通孔

a）绘制直径为 50 mm、高为 100 mm 的圆柱体　b）布尔差集运算结果

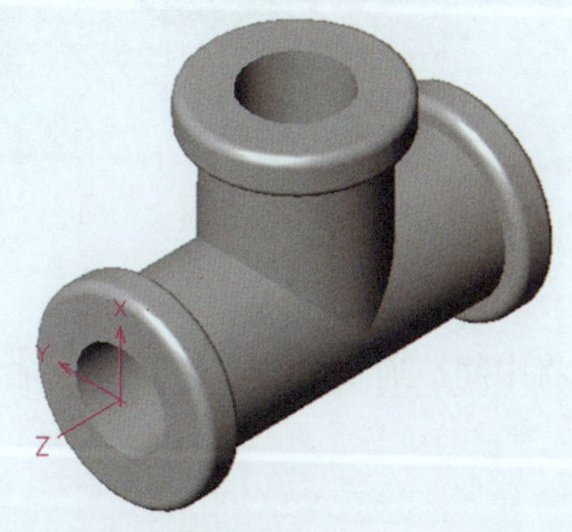

图 6–113　新建用户坐标系

2）绘制圆柱体

执行“圆柱体”命令，系统提示如下：

命令：_cylinder（执行“圆柱体”命令）

指定底面的中心点或 [三点（3P）/ 两点（2P）/ 切点、切点、半径（T）/ 椭圆（E）]：0，0，0↙（指定圆柱体底面中心坐标）

指定圆的半径或 [直径（D）] <25.000>：25↙（指定圆的半径）

指定高度或 [两点（2P）/ 中心轴（A）]<100.000>：-200↙（输入高度，向右生成圆柱体）

执行上述操作，结果如图 6–114 所示。

3）布尔差集运算

执行布尔差集运算，打通水平通孔，结果如图 6–115 所示。

图 6-114　绘制直径为 50 mm、高为 200 mm 的圆柱体

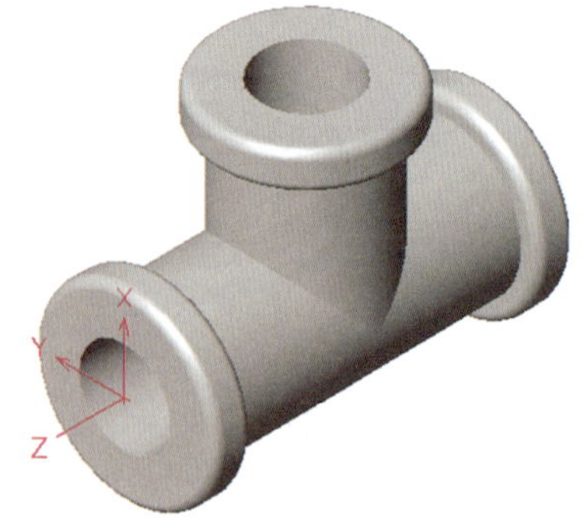

图 6-115　三通三维实体

5. 创建另外两个三通

（1）复制另外两个三通

应用“复制”命令，生成另外两个三通，并将它们移动到合适位置，如图 6-116 所示。

图 6-116　复制另外两个三通

（2）三维旋转

执行“三维旋转”命令，将中间三通绕 *Y* 轴旋转 -90°，右边三通绕 *Y* 轴旋转 90°，结果如图 6-117 所示。

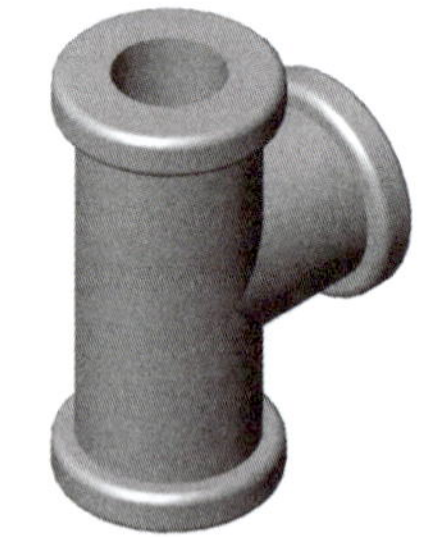

图 6-117　旋转另外两个三通

6. 整理并保存

整理图形并保存。

任务 10　绘制渐开线直齿圆柱齿轮三维实体

学习目标

1. 掌握渐开线的绘制方法。
2. 能绘制渐开线直齿圆柱齿轮三维实体。

任务引入

本任务要求绘制如图 6–118 所示的渐开线直齿圆柱齿轮三维实体，该模型的模数 m=6 mm，齿数 z=20，压力角 α=20°，齿轮宽 b=50 mm，孔径 d_n=30 mm，键槽宽为 8 mm，键槽深 t=3.3 mm，两侧倒角为 C2 mm。

图 6–118　渐开线直齿圆柱齿轮三维实体

由于渐开线齿轮端面齿廓为渐开线，所以绘制难点在于齿形的绘制。根据渐开线的形成原理，可确定齿廓上的点，用样条曲线连接起来，近似绘制齿形，将其创建为面域，并拉伸生成一个轮齿，对轮齿两端倒角后，再应用“环形阵列”命令生成其他轮齿。

任务实施

1. 渐开线直齿圆柱齿轮几何参数计算

分度圆直径：$d=mz$=6 mm × 20=120 mm。

齿顶圆直径：$d_a=m(z+2)$=6 mm ×（20+2）=132 mm。

齿根圆直径：$d_f=m(z-2.5)$=6 mm ×（20−2.5）=105 mm。

基圆直径：$d_b=d\cos a$=120 mm × cos20° ≈ 112.8 mm。

2. 渐开线的绘制方法

（1）渐开线的形成

直线在圆上纯滚动时，直线上一点 K 的轨迹称为该圆的渐开线，该圆称为渐开线的基圆，直线称为渐开线的发生线。因而，发生线在基圆上滚过的长度等于基圆上被滚过的相应弧长。

（2）渐开线的绘制方法

根据渐开线性质，在绘制渐开线时，可以绘制与弧长相等长度的发生线，其上的端点作为渐开线的轨迹点，之后将这些点用样条线光滑连接起来，就得到一段渐开线。

渐开线的绘制从基圆开始，到齿顶圆结束；基圆到齿根圆部分为非渐开线，用直线和圆弧绘制。绘制时，只需要绘制出齿的一侧齿形轮廓，再通过镜像绘制出另一侧的齿形轮廓。为绘制基圆到齿顶圆部分渐开线，应先对基圆进行等分，可将其分为 40 等份，之后在基圆上绘制一部分切线，取其长度为对应的弧长。40 等份的每段弧长 $L=\pi d_b/40\approx3.14\times112.8$ mm/40≈8.85 mm，若基圆上的点不算，则第 1 个点的切线长是 8.85 mm，第 2 个是 2×8.85 mm=17.7 mm，第 3 个是 3×8.85 mm=26.55 mm，第 4 个是 4×8.85 mm=35.4 mm，依此类推，最后将这些切线的端点用样条曲线光滑相连，即可得到一条渐开线。

3. 绘制渐开线直齿圆柱齿轮三维实体

（1）绘制齿顶圆、齿根圆、基圆和分度圆

根据渐开线直齿圆柱齿轮几何参数，绘制齿顶圆、齿根圆、基圆和分度圆 4 个同心圆，如图 6–119 所示。

（2）40 等分

应用“环形阵列”命令，将齿顶圆、齿根圆、基圆和分度圆等分 40 份，如图 6–120 所示。

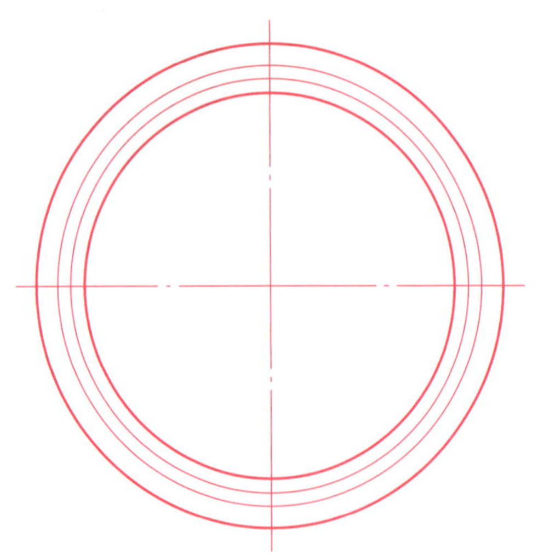

图 6–119　绘制齿顶圆、齿根圆、基圆和分度圆

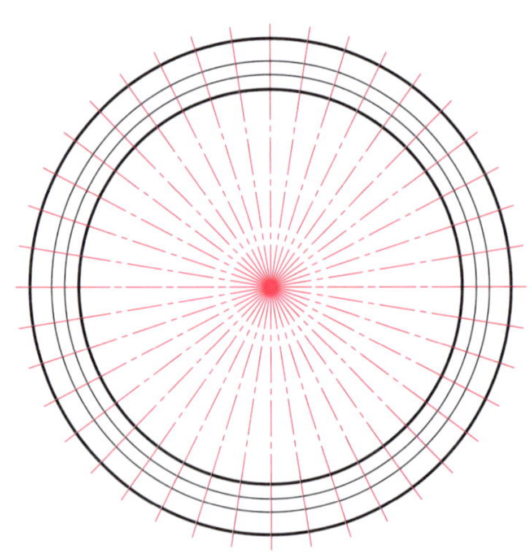

图 6–120　40 等分

（3）绘制一个齿形轮廓

1）绘制 4 条切线。新建用户坐标系，如图 6–121a 所示，UCS 的原点设置在辅助线与基圆的交点上，其中 *X* 轴与其中的一条辅助线平行。从 UCS 原点起，沿 *Y* 轴正方向绘制一条长为 8.85 mm 的切线，该切线与基圆相切，其端点为渐开线上的一点，如图 6–121b 所示。用同样的方法再绘制长度为 2×8.85 mm=17.7 mm，3×8.85 mm=26.55 mm，4×8.85 mm=35.4 mm 三条切线，如图 6–121c 所示，因 35.4 mm 的切线已与齿顶圆相交，故无须再往下画。

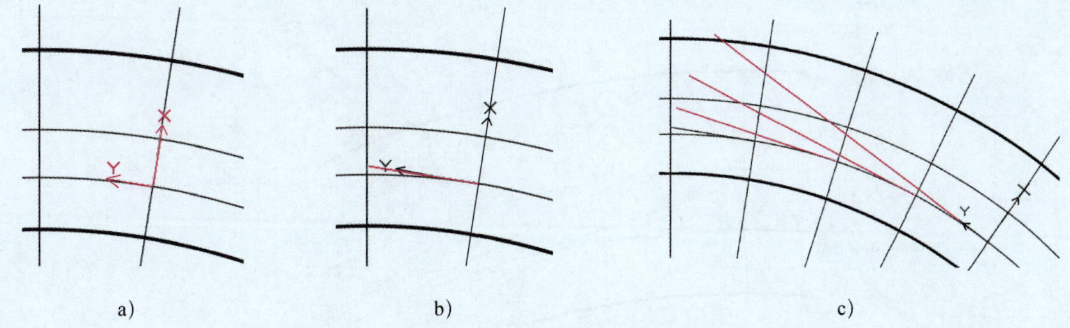

图 6–121　绘制 4 条切线

a）新建用户坐标系　b）绘制 8.85 mm 线段　c）绘制其余三条线段

2）绘制渐开线。应用样条曲线，将竖直中心线与基圆的交点以及四条切线的端点连接起来，如图 6–122 所示。

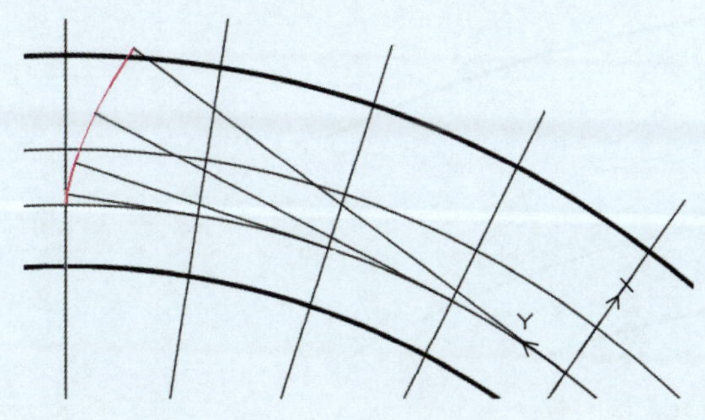

图 6–122　绘制渐开线

3）将 UCS 设置在基圆的渐开线起点上。绘制一条线段，终点坐标为（–5，0），相当于延伸到齿根圆且与齿根圆相交，如图 6–123 所示。

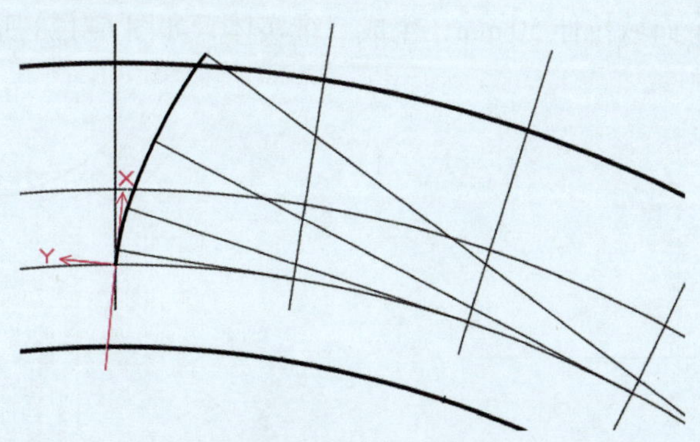

图 6–123　设置 UCS 并绘制一条线段

4）用“直线”命令将基圆与两相邻等分线的交点连接起来，这条线段的中点及圆心的连线作为镜像时的对称线。执行“镜像”命令，得到图 6–124 所示的另一侧齿形轮廓线。

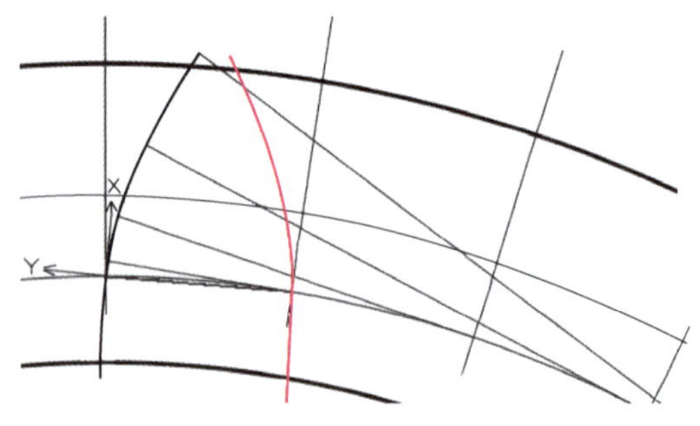

图 6-124　绘制另一侧齿形轮廓线

5）对齿廓与齿根圆相交处倒圆角，圆角半径为 R2.28 mm，结果如图 6-125 所示。
6）修剪、删除多余的线条，并将其建成面域，如图 6-126 所示。

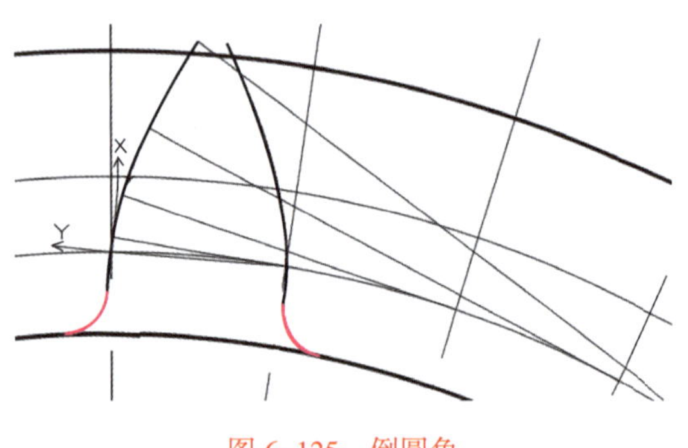

图 6-125　倒圆角

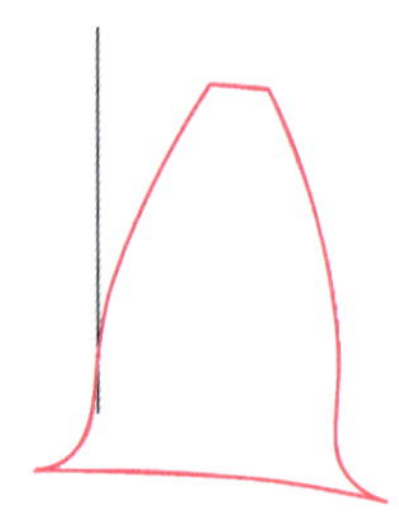
图 6-126　一个齿形轮廓面域

（4）绘制齿根圆、ϕ30 mm 孔及键槽

绘制齿根圆、ϕ30 mm 孔及键槽，并将两封闭区域创建成面域，如图 6-127 所示。

（5）拉伸面域生成三维实体

将上述生成的 3 个面域拉伸 50 mm，生成三维实体，如图 6-128 所示。

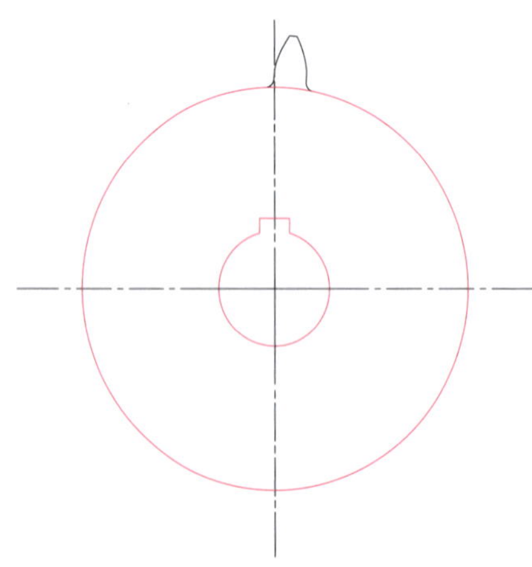
图 6-127　绘制齿根圆、ϕ30 mm 孔及键槽

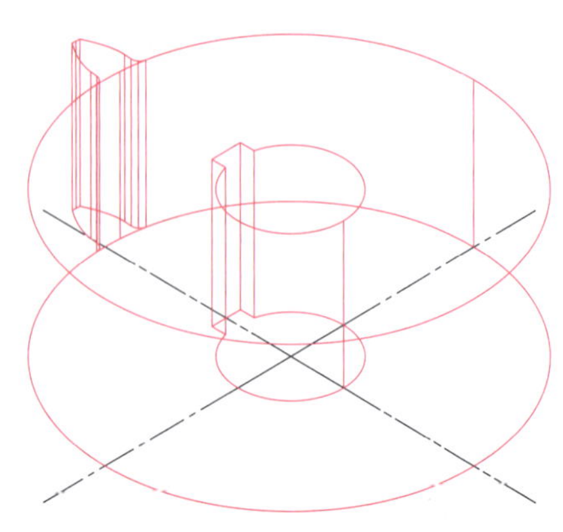
图 6-128　拉伸面域生成三维实体

（6）齿端倒角

为便于拾取齿端边线，将视图切换到“东北等轴测”，应用“倒角”命令对齿端两边线进行倒角，如图 6–129 所示。

（7）环形阵列

执行“三维阵列”命令，对轮齿实体进行环形阵列，齿数为 20，结果如图 6–130 所示。

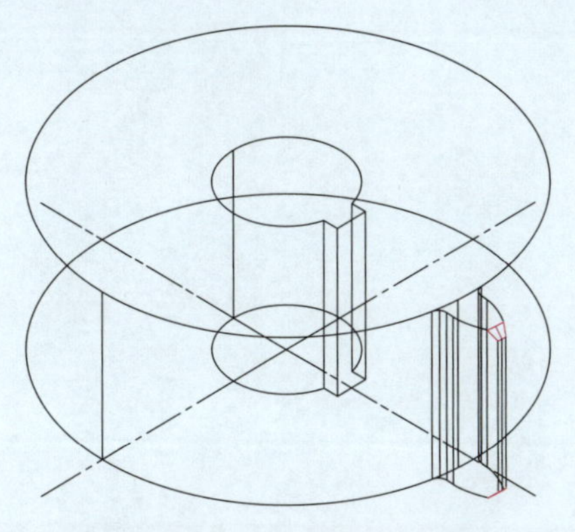

图 6–129　齿端倒角

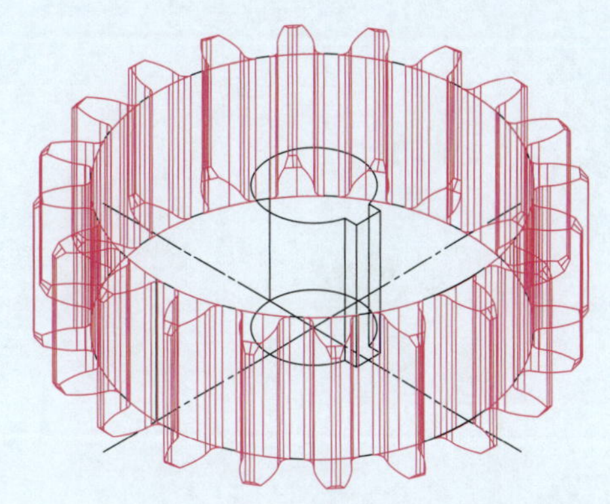

图 6–130　环形阵列

（8）进行布尔运算

先执行布尔差集运算，用齿根圆实体减去内孔和键槽实体。再执行布尔并集运算，将所有实体合并成一个整体，结果如图 6–131 所示。

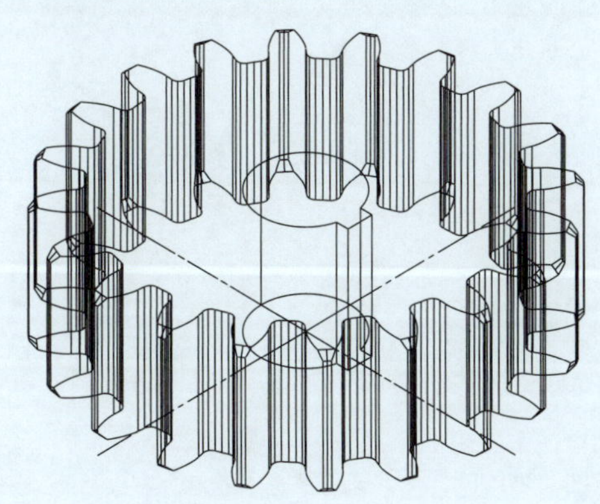

图 6–131　布尔运算

4. 更改视觉样式

将“二维线框”改为“体着色”视觉样式。双击所绘制的实体，系统弹出其特性对话框，将实体颜色改为“黄色”。应用“三维旋转”命令，将实体沿 *X* 轴旋转 90°，结果如图 6–118 所示。

5. 整理并保存

将绘制好的图形保存在适当位置。